土建工程施工工艺标准（上）

主　编　蒋金生
副主编　刘玉涛　陈松来

ZHEJIANG UNIVERSITY PRESS
浙江大学出版社

图书在版编目（CIP）数据

土建工程施工工艺标准. 上 / 蒋金生主编. —杭州：
浙江大学出版社，2020.5
ISBN 978-7-308-20101-8

Ⅰ. ①土… Ⅱ. ①蒋… Ⅲ. ①土木工程—工程施工—
标准—中国 Ⅳ. ①TU7-65

中国版本图书馆 CIP 数据核字(2020)第 047486 号

土建工程施工工艺标准(上)

蒋金生　主编

责任编辑	候鉴峰　金佩雯
责任校对	殷晓彤
封面设计	周　灵
出版发行	浙江大学出版社
	（杭州市天目山路 148 号　邮政编码 310007）
	（网址：http://www.zjupress.com）
排　　版	杭州中大图文设计有限公司
印　　刷	杭州杭新印务有限公司
开　　本	787mm×1092mm　1/16
印　　张	24.75
字　　数	624 千
版 印 次	2020 年 5 月第 1 版　2020 年 5 月第 1 次印刷
书　　号	ISBN 978-7-308-20101-8
定　　价	120.00 元

编委会名单

主　　编　蒋金生

副主编　刘玉涛　陈松来

编　　委　马超群　陈万里　叶文启　孔涛涛　吴建军
　　　　　　杨利剑　彭建良　赵琅珀　程湘伟　程炳勇
　　　　　　孙鸿恩　李克江　周乐宾　蒋宇航　刘映晶
　　　　　　王　刚　徐　晗　盛　丽　李小玥　陈　亮
　　　　　　龚旭峰

前　　言

　　近年来,国家对建筑行业的法律法规、规范标准进行了广泛的新增、修订,以铝模、爬架、装配式施工为代表的"四新"技术在施工现场得到了普及应用,在建筑科技领先型现代工程服务商这一新的企业定位下,第一版施工工艺标准的部分内容已经不能满足当前实际需要。因此,中天建设集团组织相关人员对现有标准开展全面修订,修订内容主要体现在以下几个方面。

　　(1)根据新发布或修订的国家规范、标准,结合本企业工程技术与管理实践,补充了部分新工艺、新技术、新材料的施工工艺标准,删除了已经落后的、不常用的施工工艺标准。

　　(2)通过修订,本版施工工艺标准数量在第一版237项的基础上增补至246项,施工工艺标准分成24个类别。

　　(3)施工工艺标准编写深度力求达到满足对施工操作层进行分项技术交底的需求,用于规范和指导操作层施工人员进行施工操作。

　　本标准在编写过程中得到了集团各区域公司及相关子公司的大力支持,在此表示感谢!由于受实践经验和技术水平的限制,文本内容难免存在疏漏和不当之处,恳请各位领导、专家及坚守在施工现场一线的施工技术人员对本标准提出宝贵的意见和建议,我们力求及时修正、增补和完善。(联系电话:0571-28055785)

编　者

2020 年 3 月

目　　录

1 基坑开挖施工工艺标准

1.1 基坑人工挖土施工工艺标准

基坑人工挖土系采用人力对基坑进行分层开挖,以达到基础或地下设施施工要求的尺寸和标高,并保证基土符合设计规定和施工作业安全标准。本工艺标准适用于各种建(构)筑物的基坑和管沟土方工程。工程施工应以设计图纸和有关施工规范为依据。

1.1.1 主要机具设备

(1)机械设备。包括机动翻斗车、皮带输送机、水泵等。

(2)主要工具。包括十字镐、铁锹、大锤、钢纤、钢撬棍、手推车等。

1.1.2 作业条件

(1)开挖前,施工场地已由建设单位负责清除或拆迁开挖区域内地上和地下障碍物,但对靠近基坑的原有建筑物、构筑物,应由施工方采取防护或加固措施,其方案应经建设单位审定。

(2)场地已平整,并使其有一定坡度,同时挖好临时排水沟,以保证边坡不被冲刷塌方,基土不被地面水浸泡破坏,同时修筑好运输道路,该道路宜与设计要求的永久道路相结合。

(3)根据建设单位所提供的工程场地的地质、水文资料及周围环境情况,结合施工具体条件,制订土方开挖、运输、堆放和调配平衡方案。

(4)开挖有地表滞水和地下水的基坑、管沟时,应做好地表、基坑的排水,或采取措施以降低地下水位(一般要降至低于开挖底面下 0.5m),并做好土壁加固的机具和材料准备。

(5)根据建筑总平面和基础平面图进行测量放线,设置控制定位轴线桩、龙门板或水平桩,放出挖土灰线,经检查并办完预检手续。

(6)夜间作业,应根据需要设置照明设施,在危险区域设置明显警戒标志。

(7)熟悉图纸,做好技术交底。

(8)编好挖土、降水专项施工方案,并已经公司审批。

(9)开挖土方必须有经公司批准的挖方令。

1.1.3 施工操作工艺

(1)基坑开挖应按放线定出的开挖宽度,分块(段)分层挖土。根据土质和水文情况,在四侧或两侧直立开挖或放坡,以保证施工操作安全。

(2)临时性挖方边坡坡度应根据工程地质和开挖边坡高度要求,结合当地同类土体的稳定坡度确定。

(3)在坡体整体稳定的情况下,如地质条件良好、土(岩)质较均匀,高度在 3m 以内的临时性挖方边坡坡度宜符合表 1.1.3 中的规定。

表 1.1.3 临时性挖方边坡度①

土的类别		边坡坡度
砂土(不包括细砂、粉砂)		1∶1.25～1∶1.50
一般性黏土	硬	1∶0.75～1∶1.00
	硬塑	1∶1.00～1∶1.25
	软	1∶1.50 或更缓
碎石类土	充填坚硬、硬塑黏性土	1∶0.50～1∶1.00
	充填砂土	1∶1.00～1∶1.50

注:1.设计有要求时,应符合设计标准。

2.如采用降水或其他加固措施,可不受本表限制,但应计算复核。

3.软土的开挖深度不应超过 4m,硬土的开挖深度不应超过 8m。

(4)土方开挖应从上至下分层分段依次进行,随时注意控制边坡坡度,并在表面上做成一定的流水坡度。在开挖的过程中,若发现土质弱于设计要求,土(岩)层外倾于(顺坡)挖方的软弱夹层,应通知设计单位调整坡度或采取加固措施,防止土(岩)体滑坡。

(5)在坡地开挖时,挖方上侧不宜堆土;对于临时性堆土,应根据挖方边坡处的土质情况、边坡坡度和高度,设计确定堆放的安全距离,确保边坡的稳定。在挖方下侧堆土时,应确保土堆表面平整,其高程应低于相邻挖方场地设计标高,保持排水畅通,堆土边坡坡度不宜大于 1∶5;在河岸处堆土时,不得影响河堤稳定安全和排水,不得阻塞污染河道。

(6)不具备自然放坡条件或有重要建(构)筑物地段的开挖,应根据具体情况采用支护措施。土方施工应按设计方案要求分层开挖,严禁超挖,待上一层支护结构施工完成且强度达到设计要求后,再进行下一层土方开挖,并对支护结构进行保护。

(7)当开挖基坑的土体含水量大而不稳定,或基坑较深,或受到周围场地限制需用较陡的边坡或直立开挖而土质较差时,应采用临时性支撑加固措施或加大放坡力度。对于开挖宽度较大的基坑,当在局部地段无法放坡,或下部土方受到基坑尺寸限制不能放较大坡度时,应根据工程具体条件及水文地质资料,进行护坡或围护结构设计。大型护坡或围护结构

---

① 书中图表按节序号编号。若该节下仅一图(表),直接以节序号编号;若该节下有多图(表),则在节序号后以"-1""-2"等依次编号。

施工方案需经建设单位审批,必要时由建设单位组织专家审定。

(8)一般基坑开挖程序是:测量放线→切线分层开挖→排降水→修坡→整平→留足预留土层等。相邻基坑开挖时,应遵循先深后浅或同时进行的施工程序。挖土应自上而下水平分段分层进行,边挖边检查坑底宽度,不够时及时修整,每1m左右修边一次,在已有建筑物侧挖基坑必须严格按施工组织设计所规定的方案进行,并及时回填。

(9)开挖条形浅基坑不放坡时,应沿灰线里面切出基槽的轮廓线。对普通软土,可自上而下分层开挖,每层深度为30～60cm,从开挖端向后倒退按踏步型挖掘;对黏土、坚硬黏土和碎石类土,先用镐刨松后,再向前挖掘,每层挖土厚度15～20cm,每层应清底和出土,然后逐步挖掘。

(10)基坑、管沟放坡,应先按规定的坡度粗略开挖,再按坡度要求分层并做出坡度线,每隔3m左右做一条,以此线为准进行铲坡。挖基坑或挖较大面积土方时,从地面下挖1m便可开始刷边,挖至距离基坑底0.5m时,应沿基坑边每隔2～3m高差打入小木桩(竹签),并注明标高,同时配备0.5m长的木(竹)标杆若干根。操作人员用标杆按设计标高找平,由两端轴线(中心线)引桩拉通线,检查槽宽、修理槽边、铲平槽底、清除余土。

(11)开挖深基坑或管沟时,为了弃土方便,可根据土质特点将坡度沿全高做出1～2个宽0.7～0.8m的台阶,作为倒土台。然后按浅基坑或管沟放坡分阶开挖,从下阶弃到上阶土台后,再从倒土台弃至槽边,完成流水作业。

(12)基坑开挖应防止对地基的扰动。若基坑用人工挖土,挖好后不能立即进行下道工序时,应根据土质条件和气温状况预留15～30cm一层土不挖,待下道工序开始再挖至设计标高。

(13)在地下水位以下挖土时,应根据工程项目的水文地质条件,采用相应降低地下水的方案,当用明沟排水时,应在基坑四侧或两侧挖好临时排水沟和集水井,将水位降至坑底以下500mm,以利于挖方进行。降水工作应持续到基础(包括地下水位下回填土)施工完成。

(14)在基坑边缘上侧堆土或堆放材料时,应与基坑边缘保持1m以上距离,以保证坑边直立壁或边坡的稳定。当土质良好时,堆土或材料应距挖方边缘0.8m以外,高度不宜超过1.5m,同时,在已完基础一侧不应过高堆土,以免使基础、墙、柱产生歪斜和裂缝。

(15)如开挖的基坑深于邻近建筑基础,开挖应保持一定的距离和坡度(见图1.1.3),以免影响邻近建筑基础的稳定,一般应满足$h/l \leqslant 0.5～1.0$。如不能满足要求,应在坡脚设挡墙或支撑,进行加固处理。

(16)开挖基坑或管沟时,不得超过基底标高,如个别地方超挖时,应用与基土相同的土料补填,并夯实至要求的密实度;或用灰土或砂砾石填补并夯实。在重要部位超挖时,可用低强度等级混凝土填补。所有处理方案均应取得设计单位同意。

(17)在基坑挖土过程中,应随时注意土质变化情况,如基底出现软弱土层、枯井、古墓,应与设计单位共同研究,采取加深、换填或其他加固地基方法处理。遇有文物,应做好保护,并报文物部门,妥善处理后再施工。

(18)一般情况下,应尽量避免在雨期挖土方。在雨期施工时,基坑应分段开挖,挖好一段,浇筑一段垫层,并在基坑两侧围以土堤或挖排水沟,以防地面雨水流入基坑;同时应经常检查边坡和支护稳定情况,必要时放缓边坡坡度或设置支撑,以防止坑壁受水浸泡而造成塌方。

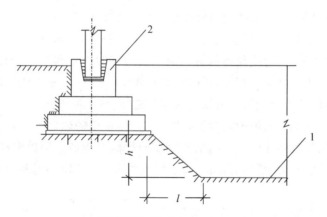

1—开挖深基坑(槽)底部;2—邻近基础

图 1.1.3　基坑(槽)与邻近基础应保持的距离

(19)土方开挖不宜在严寒冬期施工。在冬期严寒天施工时,应采取措施(如表土覆盖保温材料,或将表土翻松),防止土层冻结,挖土要连续挖掘、清除,以免间歇时土重新冻结。基坑土方开挖完毕,应立即进行下道工序施工,当有停歇(1~2d)时,应覆盖草袋、草垫等简单保温材料;如停歇时间较长,应在地基上预留一层松散土层(20~30cm)不挖除,并用保温材料覆盖,待下道工序施工时,再清除到设计标高,以防基土受冻。

(20)基坑挖完后应及时请勘察、设计、监理和建设单位一起验槽,检查基底土质是否符合设计要求;对不符合要求的,应做好地基处理记录,认真处理,完全符合设计要求后,参加各方应签证隐蔽工程记录,作为竣工资料保存。

1.1.4　质量标准

(1)主控项目。柱基、基坑和管沟基底的土质必须符合设计要求,严禁扰动。

1)要明确基底的土质是否符合设计要求,组织有关单位共同对基底进行检验,即进行地基验槽。地基验槽的主要内容及要求如下。

①对基底土质的类别及状态进行鉴别,判断其是否符合设计要求。土的野外鉴别参照表 1.1.4-1 进行。

表 1.1.4-1　土的野外鉴别法

项目	黏土	粉质黏土	黏质粉土	砂土
湿润时用刀切	切面光滑、有黏刀阻力	稍有光滑面,切面平整	无光滑面,切面稍粗糙	无光滑面,切面粗糙
湿土用手捻摸时的感觉	有滑腻感,感觉不到有砂粒,水分较大时很黏手	稍有滑腻感,有黏滞感,感觉到有少量砂粒	有轻微黏滞感或无黏滞感,感觉到砂粒较多、粗糙	无黏滞感,感觉到全是砂粒、粗糙

项目		黏土	粉质黏土	黏质粉土	砂土
土的状态	干土	土块坚硬,用锤才能打碎	土块用力可压碎	土块用手捏或抛扔时易碎	松散
	湿土	易黏着物体,干燥后不易剥去	能黏着物体,干燥后较易剥去	不易黏着物体,干燥后一碰就掉	不能黏着物体
湿土搓条情况		塑性大,能搓成直径小于0.5mm的长条(长度不短于手掌),手持一端不易断裂	有塑性,能搓成直径为0.5~2.0mm的土条	塑性小,能搓成直径为2.0~3.0mm的短条	无塑性,不能搓成土条

②检查基底是否有不良土存在。所谓不良土,一般包括淤泥、暗浜、流砂、松土坑、洞穴、古墓、古井以及局部硬土、旧基础等。当发现有不良土时,须及时与设计单位联系,提出技术处理方案,并做好不良土的详细记录(包括类别、范围、坐标位置、深度等),在处理过程中应做好质量检验记录。

2)地基验槽时,必须检查基底土的扰动状态。引起地基土扰动的主要原因有:基坑开挖时,排水措施差,特别是在基底积水或土壤含水量大的情况下进行施工操作活动,土壤很容易被扰动;土方开挖中对基底标高控制不力,发生超挖后又用虚土回填。保护基底土免遭扰动的主要措施及注意事项如下。

①认真做好基坑排水、降低地下水位工作。在软土地基开挖,地下水位应降到基底以下0.5~1.0m后方可开挖,降水工作应持续到回填土完毕。深基坑用井点降水时,在基坑底四周挖排水沟排水,排水沟布置原则和方法如下。

a.排水沟应设在基础轮廓线之外。

b.排水沟沟宽一般为0.3m,沟底低于基底面0.3~0.5m。

c.排水沟边离基坑坡脚不小于0.3m。

d.排水沟沟底应设0.2%~0.5%的坡度,坡向集水井。

e.集水井一般宜设在基坑四角,中间每隔20~30m设置一个,集水井直径约0.7~1.0m,井底宜低于排水沟底0.5~1.0m,或处于抽水泵进水阀高度以上。

f.当排水量$Q \leqslant 20m^3/h$时,一般选用隔膜水泵或潜水电泵;当排水量Q为20~60m^3/h时,一般选用隔膜水泵或离心式泵;当排水量$Q > 60m^3/h$时,选用离心式泵。

②土方开挖应连续进行,尽快完成。

③基坑开挖,严格控制基底标高。

④在软土地区开挖,挖出的土不得堆放在边坡坡顶上或已有建筑物、构筑物附近。

⑤在相邻基坑挖沟时,应遵守"先深后浅"或同时施工的顺序,并应及时做好垫层与基础。

⑥在密集群桩上开挖基坑时,应在打桩完成后间隔一段时间再对称、分层挖土。

(2)允许偏差项目。土方开挖工程外形尺寸的允许偏差和检验方法见表1.1.4-2。

表 1.1.4-2　土方开挖工程外形尺寸的允许偏差和检验方法

项目	序号	细分项目	允许偏差或允许值/mm					检验方法
			柱基、基坑、基槽	挖方场地平整		管沟	地(路)面基层	
				人工	机械			
主控项目	1	标高	+0,−50	±30	±50	+0,−50	+0,−50	水准仪
	2	长度、宽度(由设计中心线向两边量)	+200,−50	+300,−100	+500,−150	+100,+100	—	经纬仪,用钢尺量
	3	边坡	按设计要求					观察或用坡度尺检查
一般项目	1	表面平整度	20	20	50	20	20	用2m靠尺和楔形塞尺检查
	2	基底土性	按设计要求					观察或土样分析

注:地(路)面基层的偏差只适用于直接在挖、填方上做地(路)面的基层。

1.1.5　成品保护

(1)对测量控制定位桩、水准点应注意保护。挖土、运土、机械行驶时,不得碰撞,并应定期复测其是否移位、下沉,平面位置、标高和边坡坡度是否符合设计要求。

(2)基坑开挖设置的支撑或支护,在施工的全过程中要做好保护,不得随意损坏或拆除。

(3)基坑的直立壁和边坡,在开挖后要防止扰动或被雨水冲刷,避免失稳。

(4)基坑开挖完后,如不能很快浇筑垫层,应预留150~300mm厚土层,在施工下道工序前再挖至设计标高。

(5)基坑开挖时,如发现文物或古墓,应妥善保护,立即报有关文物部门处理;如发现永久性标桩或地质、地震部门设置的长期观测点以及地下管网、电缆等,应加以保护,并报有关部门处理。

(6)土方深基坑开挖和降低地下水位过程中,应定期对邻近建(构)筑物、道路、管线以及支护系统进行观察和测试,观测其是否发生变形、下沉或移位,如发现异常情况,应采取防护措施,做到信息化施工。

1.1.6　安全措施

(1)基坑开挖时,两人操作间距应大于3.0m,不得对头挖土;挖土面积较大时,每人工作面面积不应小于6m²,挖土应由上而下、分层分段按顺序进行,严禁先挖坡脚或逆坡挖土,或采用底部掏空塌土方法挖土。

(2)基坑开挖应严格按规定放坡,操作时应随时注意土壁的变动情况,如发现有裂缝或部分坍塌现象,应及时进行支撑或放坡,并注意支撑的稳固和土壁的变化。当采取不放坡开挖时,应设置临时支护。冬季不设支撑的挖土作业,只许在土体冻结深度内进行。

（3）深基坑上下应先挖好阶梯或支撑靠梯，或开斜坡道，并采取防滑措施，禁止踩踏支撑上下。坑四周临边应设安全防护栏杆，高1.5m，外侧挂密目安全网。

（4）人工吊运土方时，应检查直吊工具绳索是否牢靠。吊斗下面不得站人，卸土堆应离开坑边一定距离，以防造成坑壁塌方。

（5）用手推车运土，应先平整好道路，并尽量采取单行道，以免来回碰撞；用平板车、翻斗车运土时，两车间距不得小于10m，装土和卸土时，两车间距不得小于1m。

（6）基坑的直立壁和边坡，在开挖过程中敞露期间应防止塌陷，必要时加以保护；在柱基周围、墙基一侧，不得堆土过高。

（7）重物距土坡安全距离：汽车不小于3m；起重机不小于4m；堆土高不超过1.5m。

（8）当基坑较深或晾槽时间很长时，为防止边坡失水松散或地面水冲刷、浸润影响边坡稳定，应采用边坡保护方法。

1.1.7　施工注意事项

（1）基坑开挖，应设水平桩控制基底标高，标桩间距应不大于3.0m，并加强检查，以防止超挖。

（2）软土地区基桩挖土，应在打桩完成后，间歇一段时间，使土体恢复稳定，桩身强度达到70%以上，分层对称挖土，每层高差不宜超过0.8m，以防软土滑动而造成桩基位移。

（3）土方开挖应先从底处开挖，分层分段依次进行，完成最低处的挖方，形成一定坡势，以利泄水，并且不得在影响边坡稳定的范围内积水。

（4）雨期、冬期施工应连续作业，基坑挖完后应尽快进行下道工序施工，以减少对地基土的扰动和破坏。

（5）在地下水位以下挖土，当有粉细砂层时，应采取措施，有效降低地下水位，将水位降低至开挖底层以下0.5~1.0m，防止发生流砂。

1.1.8　质量记录

（1）施工记录。
（2）隐蔽工程验收记录。
（3）工程定位测量结果。
（4）质量检查和验收记录。
（5）有关设计变更和补充文件。

1.2　基坑机械化挖土施工工艺标准

机械化挖土系采用推土机、铲运机、挖掘机、装载机等设备以及配套自卸汽车等进行土方开挖和运输，具有操作机动灵活、运转方便、生产效率高、施工速度快等特点。本工艺标准适用于工业与民用建筑的机械开挖土方工程，包括平整场地，基坑、管沟、路堑、路堤等挖土工程。工程施工应以设计图纸和有关施工规范为依据。

1.2.1 主要机具设备

机械化挖土工程常用机具设备有推土机、铲运机、挖掘机、装载机等设备以及配套自卸汽车等。设备特性、作业条件及选用数量等,应根据工程具体条件经计算与优化后选用。

1.2.2 作业条件

(1)场地已由建设单位负责清除挖方区域内所有障碍物,如架空高压线,照明线,通信线路,树木,旧有建筑物,地下给排水、煤气、供热管道,电缆,沟渠,基础,坟墓等,或进行搬迁、改建、改线。对古墓应报有关部门妥善处理;对附近原有建筑物、电杆、塔架等采取有效防护加固措施。

(2)制订好现场场地平整、基坑开挖施工方案,绘制施工总平面图和基坑土方开挖图,确定开挖路线、开挖顺序、基底标高、边坡坡度、排水沟、集水井位置及土方堆放地点,对于深基坑开挖还应提出支护、边坡保护和降水方案。

(3)完成测量控制网的设置,包括控制基线、轴线和水准基点。场地平整进行方格网桩的布置和标高测设,计算挖填土方量,对建筑物做好定位轴线的控制测量和校核;进行土方工程的测量定位放线,经检查复核无误后,作为施工控制的依据。

(4)在施工区域内做好临时性或永久性排水设施,或疏通原有排水系统,场地向排水沟方向应做成不小于2‰的坡度,使场地不积水,必要时设置截水沟、排洪沟或截洪坝,阻止山坡雨水流入施工区,尤其是要防止雨水流入已开挖基坑区域内。

(5)完成必需的临时设施,包括生产设施,生活设施,机械进出、土方运输道路,临时供水供电线路。

(6)机械设备已运进现场,并经维护检查、试运转,处于良好的工作状态。

(7)土方车辆进出口处应设置水冲洗设施,以防泥土污染城市道路,冲洗下来的污水应排入专门设置的污水坑,待泥水澄清后排入下水道。

1.2.3 施工操作工艺

(1)机械化开挖应根据工程规模、土质情况、地下水位高低、施工设备条件、进度要求等合理选用挖土机械,以充分发挥机械效率、节省费用、加速工程进度。一般,深度不大的大面积基坑开挖,宜采用推土机或装载机推土和装车;对长度和宽度均较大的大面积土方一次开挖,可用铲运机铲土;对面积大且深的基坑,多采用 $0.5m^3$、$1.0m^3$ 斗容量的液压正铲挖掘;如操作面狭窄,且有地下水,土的湿度大,可采用液压反铲挖掘;在地下水位以下不排水挖土,可采用拉铲或抓铲挖掘,效率较高。

(2)各种挖土机械采用其生产效率高的作业方法进行挖土。挖土机械选用一般可参考下列原则。

1)推土机应以切土和推运作业为主要内容。切土时应根据土质情况,采取最大切土深度并在最短距离(6~10m)内完成,一般多采用下坡推土法,借助于机械自重增加推力向下坡方向切土和推运,推土坡度控制在 15°以内;或采用并列推土法,由 2～3 台推土机并列推土,减少漏失量;或用槽形推土法,重复连续多次在一条作业线上切、推土,利用逐渐形成的浅槽,在沟槽中进行推土,减少土从铲刀两侧散漏,以增加推土量。

2)铲运机应以铲土和运土作业为主要内容。施工时的开行路线,应视挖填土区的分布不同,合理安排铲土与卸土的相对位置,一般采取环形或 8 字形开行路线;铲土厚度通常在 80～300mm 范围内。作业方法多为下坡铲土、间隔铲土、预留土埂的跨铲法等;长距离挖运坚硬土时,多采用助铲法,另用 1 台推土机配合 3～4 台铲运机顶推作业,或采用 2 台铲运机联合作业的双联铲运法等强制切土,以提高工效。

3)正铲挖土机作业多采用正向开挖和侧向开挖两种方式。运土汽车布置于挖土机的后面或侧面。开挖时的行进路线为:当开挖宽度为 0.8～1.5R(R 为最大挖掘半径)时,挖掘机在工作面一侧直线进行开挖;当开挖宽度为 1.5～2.0R 时,挖掘机沿开挖中心线前进;当开挖宽度为 2.0～2.5R 时,挖掘机做之字形移动;当开挖宽度为 2.5～3.5R 时,挖掘机沿工作面一侧做多次平行移动;当开挖宽度大于 3.5R 时,挖掘机沿工作面侧向开挖。开挖工作面的台阶高度一般不宜超过 4m,同时要经常注意边坡稳定。

4)反铲挖掘机作业常采用沟端开挖和沟侧开挖方法。当开挖深度超过最大挖深时,可采取分层开挖。运土汽车布置于反铲的一侧,以减少回转角度、提高生产率。对于较大面积的基坑开挖,反铲可做之字形移动。

5)拉铲挖掘机作业通常采用沟端和沟侧开挖方法。当宽度较小,又要求沟壁整齐时,可采用三角形挖土方法。

6)抓铲挖掘机作业动臂角应在 45°以上。抓土应从四角开始,然后向中间靠拢,分层抓土。挖掘机距边沿的距离不得小于 2m。开挖沟槽时,沟底应留出 200～300mm 的土层暂不挖土,待铺管前用人工清理至设计标高。

7)装载机作业与推土机、铲运机基本相同,亦有铲装、转运、卸料、返回等四道操作工序。对大面积浅基坑,采取分层铲土;对高度不大的挖方,可采取上下轮换开挖法,先对土层下部 1m 以下铲 30～40cm,然后再铲土层上部 1m 厚的土,上下转换开挖。土方直接从后端装自卸汽车运走。

(3)自卸汽车数量应按挖掘机械大小、生产率和工期要求配备,应能保证挖掘或装载机械连续作业。汽车载重量宜为挖掘机斗容量的 3～5 倍。

(4)大面积基础群基坑底板标高不一,机械开挖次序一般采取先整片挖至一平均标高,然后再挖个别较深部位。当一次挖深超过挖土机最大挖掘高度(5m 以上)时,宜分 2～3 层开挖,在一面修筑 10%～15%坡道,作为机械和运土汽车进出通道。挖出的土方运至弃土场堆放,最后斜坡道挖掉,基坑附近或施工区内适当地方宜留部分土做基坑回填之用,以减少土方二次搬运。

(5)基坑边角部位、机械开挖不到之处,应用少量人工配合清坡,将松土清至机械作业半径范围内,再用机械运走。大基坑宜另配一台推土机清土、送土、运土。

(6)挖土机、运土汽车进出基坑运输道路,宜尽量利用基础一侧或两侧相邻的基础以后需开挖部位,或利用提前挖除土方后的地下设施部位作为相邻的几个基坑开挖地下运输通道,以减少挖土量。

(7)对面积和深度均较大的基坑,通常采用分层挖土施工法,使用大型土方机械在坑下作业。对于软土地基或在雨期施工,进入基坑行走需铺垫钢板或铺路基箱垫道。

(8)对大型软土基坑,为减少分层挖运土方的复杂性,可采用"接力挖土法",即利用2台或3台挖土机分别在基坑的不同标高处同时挖土。1台在地表,2台在基坑不同标高的台阶上,边挖土边向上传递,到上层由地表挖土机装车,用自卸汽车运至弃土地点。上部可用大型挖土机,中、下层可用液压中、小型挖土机,以便挖土、装车均衡作业,机械开挖不到之处,再配以人工开挖修坡、找平。在基坑纵向两端设有道路出入口,上部汽车开行单向行驶。用本法开挖基坑,可一次挖到设计标高,一次成型。一般两层挖土可挖到-10m,三层挖土可挖到-15m左右,可避免将载重汽车开进基坑装土、运土作业,工作条件好、效率高、成本低。

(9)机械开挖由深而浅,基底应预留一层200~300mm厚的土用人工清底找平,从而避免超挖和基底土遭受扰动。

(10)土方工程不宜在冬期严寒天气施工,如必须在冬期挖土,应做好各项准备,做到连续施工。当冻土层厚度较小时,可采用推土机、铲土机或挖土机直接开挖;当冻土层厚度较大时,可采用松土机、破冻土犁、重锤冲击或爆破松碎等方法。冬季开挖基坑,应在冻结前用保温材料覆盖表土或将表土翻松,深度不小于30cm。开挖时应防止基底土遭受冻结,如较长时间不能进行下一道工序,应延期开挖。如遇开挖土方引起邻近建(构)筑物的地基暴露,应采取保护措施。

1.2.4 质量标准

(1)主控项目。基坑和管沟基底的土质必须符合设计要求,并严禁扰动。具体内容和要求见表1.1.4-1。

(2)允许偏差项目。土方开挖工程外形尺寸的允许偏差和检验方法具体内容和要求见表1.1.4-2。

1.2.5 成品保护

(1)开挖时应注意保护测量控制定位桩、轴线桩、水准基桩,防止被挖土和运土机械设备碰撞、行驶破坏。

(2)基坑四周应设排水沟、集水井,场地应有一定坡度,以防雨水浸泡基坑和场地。

(3)夜间施工应设足够的照明,防止地基、边距超挖。

(4)深基坑开挖全过程中要对其做好保护,不得随意拆除或损坏。

1.2.6 安全措施

(1)开挖边坡土方,严禁切割坡脚,以防导致边坡失稳;当山坡坡度陡于1/5,或山坡在软土地段时,不得在坡方上侧堆土。

(2)机械行驶道路应平整、坚实;必要时,视工地地质条件,底部应铺设建筑垃圾、卵砂、道砟或铺以枕木、钢板、路基箱垫道,防止作业时道路下陷;在饱和软土地段开挖土方,应先降低地下水位,防止设备下陷或基土产生侧移。

(3)机械挖土应分层进行,合理放坡,防止塌方、溜坡等造成机械倾翻、淹埋等事故。用推土机回填,铲刀不得超出坡沿,以防倾覆。陡坡地段堆土需设专人指挥,严禁在陡坡上转弯。正车上坡和倒车下坡的上下坡不得超过35°,横坡不得超过10°。推土机陷车时,应用钢丝绳将其缓缓地拖出,不得用另一台推土机直接推出。

(4)多台挖掘机在同一作业面机械开挖,挖掘机间距应大于10m;多台挖掘机械在不同台阶同时开挖,应验算边坡稳定;上下台阶挖掘机前后应相距30m以上,挖掘机离下部边坡应有一定的安全距离,以防造成翻车事故。

(5)在有支撑的基坑中挖土时,必须防止碰坏支撑,在坑沟边使用机械挖土时,应计算支撑强度,危险地段应加强支撑。要经常特别是在雨后检查土壁和支撑稳定情况,不得将土及其他物件堆在支撑上。

(6)机械施工区域禁止无关人员进入场地内。挖掘机工作回转半径范围内不得站人或进行其他作业。挖掘机、装载机卸土,应待整机停稳后进行,不得将铲斗从运输汽车驾驶室顶部越过;装土时任何人都不得停留在装土车上。

(7)挖掘机操作和汽车装土行驶要听从现场指挥;所有车辆必须严格按规定的开行路线行驶,防止撞车。

(8)挖掘机行走和自卸汽车卸土时,必须注意上空电线,不得在架空输电线路下工作。如在架空输电线一侧工作时,垂直不得小于2.5m,水平净距离应为4~6m(输电线电压为110~220kV时)。

(9)夜间作业,机械上及工作地点必须有充足的照明设施,在危险地段应设置明显的警示标志和护栏。

(10)冬期、雨期施工期间,运输机械和行驶道路应采取防滑措施,以保证行车安全。

(11)基坑四周必须设置1.5m高防护护栏,并要设置一定数量的临时上下楼梯。

1.2.7　施工注意事项

(1)机械化挖土应绘制详细的土方开挖图,规定开挖路线、顺序、范围、底部各层标高,边坡坡度,排水沟、集水井位置及流向,弃土堆放位置等,避免混乱和超挖、乱挖,应尽可能地使用机械多挖,减少人工挖方,避免机械超挖。

(2)在斜坡地段挖方时,应遵循由上而下、分层开挖的顺序,以避免破坏坡脚,引起滑坡。

(3)做好地面排水措施,以拦阻附近地面的地表水,防止其流入场地和基坑内,扰动地基。

(4)在软土或粉细砂地层开挖基坑,应采用轻型或喷射井点降低地下水位至开挖基坑底以下0.5~1.0m,以防止土体滑动或出现流砂现象。

(5)基坑挖完后,应尽快进行下道施工工序,如不能及时进行,应预留一层200~300mm厚土层,在进行下道工序前挖去,以避免底土遭受扰动,降低承载力。

1.2.8 质量记录

与第1.1.8节基坑人工挖土质量记录相同。

1.3 土方回填施工工艺标准

本工艺标准适用于工业与民用建筑场地、基坑和管沟、室外散水坡等回填土工程，工程施工应以设计图纸和有关施工规范为依据。

1.3.1 材料要求

（1）土料。宜优先利用基坑中挖出的原土，并清除其中有机杂质和粒径大于50mm的颗粒，含水量应符合要求。

（2）石屑。不含有机杂质，粒径不大于50mm。

（3）黏性土。含水量符合压实要求，可用作各层填料。

（4）碎石类土、砂土和爆破石渣。最大块粒径不得超过每层铺垫厚度的2/3，可用作表层以下填料。

（5）碎块草皮和有机质含量不大于8%的土，仅可用于无压实要求的填方。

（6）淤泥和淤泥质土一般不能用作回填土料。

1.3.2 主要机具设备

人工回填主要机具设备有铁锹、手推车、木夯、蛙式打夯机、筛子、喷壶等。

机械回填主要机具设备有推土机、铲运机、汽车、光碾压路机、羊足碾、平碾、平板振动器等。

1.3.3 作业条件

（1）回填土前应清除基底上树墩及拔除主根，排干水田、水库、鱼塘等的积水，对软土进行处理。

（2）施工完地面以下基础、构筑物、防水层、保护层、管道（已试水合格），填写好地面以下工程的隐蔽工程记录，并经质量检查验收、签证认可。混凝土或砌筑砂浆应达到规定强度。

（3）大型土方回填，应根据工程规模、特点、填料种类、设计对压实系数的要求、施工机具设备条件等，通过试验确定填料含水量控制范围、每层铺土厚度和打夯或压实遍数等施工参数。

（4）做好水平高程的测设，基坑或沟、坡边上每隔3m打入水平木桩，室内和散水的边墙上，做好水平标记。

1.3.4 施工操作工艺

（1）填土前应检验其土料、含水量是否在控制范围内。土料含水量一般以手握成团、落地开花为适宜。当含水量过大时，应采取翻松、晾干、风干、换土回填、掺入干土或其他吸水性材料等措施，防止出现橡皮土。如土料过干（或为砂土、碎土类石），则应预先洒水润湿，采取增加压实遍数或使用较大功率的压实机械等措施。各种压实机具的压实影响深度与土的性质、含水量和压实遍数有关，回填土的最优含水量和最大干密度，应按设计要求经试验确定，其参考数值见表1.3.4-1。

表 1.3.4-1 土的最优含水量和最大干密度

序号	土的种类	变动范围	
		最优含水量	最大干密度/(kN·m^{-3})
1	砂土	8%～12%	18.0～18.8
2	黏土	19%～23%	15.8～17.0
3	粉质黏土	12%～15%	18.5～19.5
4	粉土	16%～22%	16.1～18.0

注：1. 表中土的最大干密度应以现场实际达到的数字为准。

　　2. 一般性的回填可不做此项测定。

（2）回填土应分层摊铺和夯压实，每层铺土厚度和压实遍数应根据土质、压实系数和机具性能而定。一般铺土厚度应小于压实机械压实的作用深度，应使土方压实而机械的功耗最少。通常应通过现场夯（压）实试验确定。常用夯（压）实工具机械每层铺土厚度和所需要的夯（压）实遍数参考数值见表1.3.4-2。

表 1.3.4-2 每层铺土厚度和夯（压）实遍数

压实机具/方法	分层厚度/mm	每层压实遍数
平碾	250～300	6～8
振动压实机	250～350	3～4
柴油打夯机	200～250	3～4
人工打夯	<200	3～4

注：人工打夯时，土块粒径不应大于5cm。

（3）填方应在边缘设一定坡度，以保持填方的稳定。填方的边坡坡度根据填方高度、土的种类和其重要性，在设计中加以规定，无规定时，可参考表1.3.4-3。

表 1.3.4-3　永久性填方的边坡坡度

序号	土的种类	填方高度/m	边坡坡度
1	黏土类土、黄土、类黄土	6	1∶1.50
2	粉质黏土、泥灰岩土	6～7	1∶1.50
3	中砂和粗砂	10	1∶1.50
4	黄土或类黄土	6～9	1∶1.50
5	砾石和碎石土	10～12	1∶1.50
6	易风化的岩土	12	1∶1.50

注:1.当填方高度超过本表规定限值时,其边坡可做成折线形,填方下部的边坡坡度应为1∶1.75～1∶2.00。

2.凡永久性填方,土的种类未列入本表者,其边坡坡度不得大于$\Phi+45°/2$,Φ为土的自然倾斜角。

3.对使用时间较长的临时性填方(如使用时间超过一年的临时工程的填方)边坡坡度,当填方高度小于10m时,可采用1∶1.50;超过10m可做成折线形,上部采用1∶1.50,下部采用1∶1.75。

(1)填方应从最低处开始,由下而上,整个宽度水平分层均匀铺填土料和夯(压)实。底层如为耕土或松土,应先夯实,然后再全面填筑。在水田、沟渠或地塘上填方,应先排水疏干,挖去淤泥,换填砂砾或抛填块石等压实后再行填土。

(2)深浅坑相连时,应先填深坑,相平后与浅坑全面分层填夯。如分段填筑,交接处填成阶梯形,分层交接处应错开,上下层接缝距离不小于1.0m。每层碾迹重叠应达到0.5～1.0m。墙基及管道回填应在两侧用细土同时回填夯实。

(4)在地形起伏之处填土,应做好接槎,修筑1∶2阶梯形边坡,每台阶高可取50cm,宽100cm。分段填筑时,每层接缝处应做大于1∶1.5的斜坡。接缝部位不得在基础、墙角、柱墩等重要部位。

(5)人工回填打夯前,应将填土初步整平,打夯要按一定方向进行,一夯压半夯,夯夯相接、行行相连,两遍纵横交叉、分层夯打。夯实基槽及地坪时,行夯路线应由四边开始,然后再夯向中间。用蛙式打夯机等小型机具夯实时,打夯之前应对填土初步整平,打夯机依次夯打、均匀分开,不留间歇。基坑回填应在相对两侧或四周同时进行回填与夯实。回填高差不可相差太多,以免将墙挤歪。回填管沟时,应用人工先在管道周围填土夯实,并从管道两边同时进行,填至管顶0.5m以上,方可采用打夯机夯实。

(6)采用推土机填土时,应由下而上分层铺填,不得大坡推土、以推代压、居高临下,不得采用不分层次和一次推填的方法。推土机运土回填,可采取分堆集中、一次运送方法,以减少运土漏失量。填土程序宜采用纵向铺填顺序,从挖土区段至填土区段,以40～60m距离为宜,用推土机来回行驶进行碾压,履带应重叠一半。

(7)采用铲运机大面积铺填土时,铺填土区段长度不宜小于20m,宽度不宜小于8m。铺土应分层进行,每次铺土厚度不大于300～500mm;每层铺土后,利用空车返回时将地表面刮平,填土程序一次尽量采取横向或一次采取纵向分层卸土,以利于行驶时初步压实。

(8)大面积回填宜用机械碾压,在碾压之前先用轻型推土机、拖拉机推平,低速预压

· 14 ·

4～5遍,使表面平实,避免碾轮下陷;采用振动平碾压实爆破石渣或碎石类土,应先静压,而后振压。

(9)碾压机械压实填方时,应控制行驶速度,一般平碾、振动碾不超过2km/h,羊足碾不超过3m/h,并要控制压实遍数。碾压机械与基础或管道应保持一定距离,防止将基础或管道压坏或使其位移。

(10)用压路机进行填方压实,应采用薄填、慢驶、多次的方法。碾压方向应从两边逐渐压向中间,碾轮每次重叠宽度约15～25cm,边坡、边角边缘压实不到之处,应辅以人力夯或小型夯实机具夯实。碾压墙、柱、基础处填方,压路机与填方距离不应小于0.5m。每碾压一层完毕后,应用人工或机械(推土机)将表面拉毛,以利接合。

(11)用羊足碾碾压时,碾压方向应从填土区的两侧逐渐压向中心。每次碾压应有15～20cm重叠,同时应随时清除黏着于羊足之间的土料。为提高上部土层密实度,羊足碾压过后,宜再辅以拖式平碾或压路机压平。

(12)用铲运机及运土工具进行压实,其移动均须均匀分布于填筑层的全面,逐次卸土碾压。

(13)填土层如有地下水或滞水时,应在四周设置排水沟和集水井,将水位降低。已填好的土层如遭水浸,应把稀泥铲除后,方能进行上层回填;填土区应保持一定横坡,或中间稍高两边稍低,以利排水;当天填土应在当天压实。

(14)雨期基坑或管沟的回填,工作面不宜过大,应逐段、逐片地分期完成。从运土、铺填到压实各道工序应连续进行。雨前应压完已填土层,并形成一定坡势,以利排水。施工中应检查、疏通排水设施,防止地面水流入坑内,造成边坡塌方或使基土遭到破坏。现场道路应根据需要加铺防滑材料,保持运输道路畅通。

(15)冬期填方,要清除基底上的冰雪和保温材料,排除积水,挖出冰块和淤泥。对室内基坑和管沟及室外管沟底至顶0.5m范围内的回填土,不得采用冻土块或受冻的肥黏土作土料。对一般沟槽部位的回填土,冻土块含量不得超过回填总体积的15%,且冻土块的粒径应小于15cm,并应均匀分布。填土宜连续进行、逐层压实,以免地基土或已填的土受冻。大面积填方时,要组织平行流水作业或采取其他有效的保温防冻措施,平均气温在−5℃以下时,填方每层铺土厚度应比常温施工时减少20%～25%,逐层夯压实;冬期填方高度应增加1.5%～3.0%的预留下陷量。

(16)填土前,应对填方基底和已完隐蔽工程进行检查和验收,并做好记录。

1.3.5 质量标准

(1)主控项目。

1)基底处理必须符合设计要求;如设计无要求,应符合下列规定。

①基底上的树墩及主根应拔除,坑穴应清除积水、淤泥和杂物等,并分层回填夯实。

②对于建筑物和构筑物地面下的填方或厚度小于0.5m的填方,应清除基底上的草皮和垃圾。

③当填方基底为耕植土或松土时,应将基底碾压密实。

④在河浜、水田、池塘上填方时,应根据实际情况,采用排水疏干、挖除淤泥或抛填块石、砂砾、矿渣等方法处理,再进行填土。

2)回填的土料必须符合设计要求;如设计无要求,应符合下列规定。

①碎石类土、砂土(使用细、粉砂时应取得设计单位同意)和爆破石渣,可用作表层以下的填料。

②含水量符合压实要求的黏性土,可用作各层填料。

③碎块草皮和有机质含量大于8%的土,仅用于无压实要求的填方。

④淤泥和淤泥质土一般不能用作填料,但在软土或沼泽地区经过处理使其含水量符合压实要求后,可用于填方中的次要部位。

3)回填土必须按规定分层夯压密实,取样测定压实后土的干密度,其合格率不应小于90%;不合格干密度的最低值与设计值的差不应大于 0.8kN/m³,且不应集中。每层填土取样,可采用环刀法取样。取样要求为:基坑回填每 20～50m³ 取样一组(每个基坑不少于一组);基槽、管沟回填每层按长度 20～50m 取样一组;室内填土每层按 100～500m² 取样一组;场地平整填方每层按 400～900m² 取样一组。取样部位应在每层夯实后的往下 2/3 土层厚度处。环刀土样须保存好,送试验室试验,测定土的干土容量,提出试验报告。试验结果符合设计要求后,方可填上一层土,否则应重新夯实处理。

(2)允许偏差项目。回填土工程允许偏差及检验方法见表 1.3.5。

表 1.3.5　回填土工程允许偏差及检验方法

项目	序号	检查项目	允许偏差或允许值/mm					检验方法
			柱基、基坑、基槽	场地平整		管沟	地(路)面基础层	
				人工	机械			
主控项目	1	标高	－50	±30	±50	－50	－50	水准仪
	2	分层压实系数	设计要求					按规定方法
一般项目	1	回填土料	设计要求					取样检查或直接鉴别
	2	分层厚度及含水量	设计要求					水准仪及抽样检查
	3	表面平整度	20	20	30	20	20	用靠尺或水准仪

1.3.6　成品保护

(1)回填时,应注意妥善保护定位标准桩、轴线桩、标准高程桩,防止碰撞损坏或下沉。

(2)基础或管沟的混凝土、砂浆应达到一定强度,不致因填土受到损坏时,方可进行回填。

(3)基坑回填应分层对称进行,防止一侧回填造成两侧压力不平衡,使基础变形。

(4)夜间作业,应合理安排施工顺序,设置足够照明,严禁汽车直接倒土入槽,防止铺填超厚和挤坏基础。

(5)已完填土应将表面压实,应按设计总平面图的场地竖向设计,做成一定坡向或做好排水设施,防止地面雨水流入坑浸泡地基。

1.3.7 安全措施

(1)基坑和管沟回填前,应检查坑壁有无塌方迹象,下坑操作人员要戴安全帽。

(2)在填土夯实过程中,要随时注意边坡土的变化,坑、沟壁有松土掉落或塌方的危险时,应采取必要的支护措施,才可继续施工。基坑边上不得堆放重物。

(3)基坑及室内回填,用车辆运土时,应对跳板、便桥进行检查,以保证交通道路畅通安全。车与车的前后距离不得小于 5m。车辆上均应装设制动闸,用于推车运土回填,不得放手让车自动翻转卸土。

(4)基坑回填土时,支护(撑)的拆除,应按回填顺序,从下而上逐步拆除,不得全部拆除后再回填,以免使边坡失稳;更换支撑时必须先装新的,再拆除旧的。

(5)非机电设备操作人员不得擅自动用机电设备。使用蛙式打夯机时,要两人操作,其中一人负责移动胶皮线。操作夯机人员,必须戴胶皮手套,以防触电。打夯时要集中精神,两机平行间距不得小于 3m;在同一夯行路线上,前后距离不得小于 10m。

(6)压路机制动器必须保持良好状态,机械碾压运行中,碾轮边距填方边缘应大于500mm,以防发生溜坡倾倒。停车时应将制动器制动住,并楔紧滚轮,禁止在坡道上停车。

1.3.8 施工注意事项

(1)对有密实度要求的填方,应按规定每层取样测定夯实后的干密度,在符合设计和规范要求后,才能填筑上层,对于未达到设计要求的部位,应有处理措施。

(2)严格选用回填土料,控制含水量、夯实遍数。以不同的土填筑时,应按土类有规则地分层铺填,将透水性大的土层置于透水性较小的土层之下,不得混杂使用,以利水分排出和基土稳定,并可避免在填方内形成水囊或发生滑动现象。

(3)严格控制每层铺土厚度,严禁汽车直接向基坑中倒土,并应禁止用浇水、水撼方法使土下沉,代替夯实。

(4)对于管沟下部、机械夯压不到的边角部位、墙与地坪、散水的交接处,应用细粒土料回填,并仔细夯实。

(5)室内地坪、道路路基等部位的回填土,应有一段自然沉实的时间,测定沉降变化,稳定后再进行下道工序施工。

(6)雨天不宜进行回填施工,若必须回填,应分段尽快完成,且宜采用砂土、石屑等填料,周围应有防雨和排水措施。

1.3.9 质量记录

(1)回填土记录报告。

(2)地质处理记录。

(3)其他与第 1.1.8 节基坑人工挖土质量记录相同。

1.4 基坑支护施工工艺标准

支护为一种支挡结构物,在深基坑、管沟开挖不放坡时,用来维持天然地基土的平衡状态,保证施工安全和顺利进行,减少基坑开挖土方量,加快工程进度,同时,在施工期间,不危害邻近建筑物、道路和地下设施的正常使用,避免拆迁或加固。本工艺标准适用于在狭窄场地、邻近有建(构)筑物或土质较差的地段开挖高层建筑深基坑,或在工厂改扩建中,在原有厂房内开挖深设备基础和地坑的土方支护工程。工程施工应以设计图纸和有关施工规范为依据。

1.4.1 材料要求

(1)木板、枋材。采用各种松木,要求年轮稠密,无腐朽、虫害、劈裂、急弯、反弯、空心等弊病。单面弯曲度不得大于木板、枋材长度的1%。

(2)钢板桩。采用槽钢或拉森型板桩,应满足挡土强度和打设时的刚度要求。

(3)钢筋混凝土结构,如地下连续墙、钻孔灌注桩等。

1.4.2 主要机具设备

按不同支撑、支护方法选用相应的机具设备,钢板桩、挡土灌注桩、地下连续墙、土层锚杆支护需用机具设备分别参见第2章地基基础工程施工工艺标准中有关部分。

1.4.3 作业条件

(1)基坑支护方案已由有专业资质的设计单位完成设计,并已经业主或由业主委托的权威机构组织专家审查批准。

(2)完成场地平整和周围临时排水设施,部分基坑已挖到支撑或支护深度。

(3)对原有建筑物、道路及地下设施采取有效防护和加固措施。

(4)已编制详细的土方开挖方案,并已取得支护结构设计单位认可。

(5)在有地下水的土层开挖基坑或管沟时,应先做好降低地下水位工作。

(6)应按图纸要求进行测量放线,设置定位桩、龙门板和水平桩,放出支护位置线。在邻近建筑物埋设沉降观测点,以便支护期间定期观测建筑物沉降变形。

1.4.4 施工操作工艺

(1)对宽度不大、深5m以内的浅基坑、管沟,一般宜设置简单支撑,其型式根据开挖深度、土质条件、地下水位、施工时间、施工季节和当地气象条件、施工方法与相邻建(构)筑物情况进行选择,表1.4.4-1中的选用方法可供参考。

表 1.4.4-1　基坑(槽)、管沟支撑的选用

支撑名称	支撑方法	适用条件
间断式水平支撑	两侧挡土板水平放置,用工具式或木横撑借木楔顶紧,挖一层土支顶一层[见图 1.4.4-1(a)]	适用于能保持立壁的干土或天然湿度的黏土类土,地下水很少,基坑深度在 2m 以内
断续式水平支撑	挡土板水平放置,中间留出间隔,并在两侧同时对称立竖楞木,再用工具式或木横撑上、下顶紧[见图 1.4.4-1(b)]	适用于能保持直立壁的干土或天然湿度的黏土类土,地下水很少,基坑深度在 3m 以内
连续式水平支撑	挡土板水平连续放置,不留间隙,然后两侧同时对称立竖楞木,上下各顶一根撑木,端头加木[见图 1.4.4-1(c)]	适用于较松散的干土或天然湿度的黏土类土,地下水很少,基坑深度为 3~5m
连续式或间断式垂直支撑	挡土板垂直放置,连续或留适当间隙,然后每侧上、下各水平顶一根枋木,再用横撑顶紧[见图 1.4.4-1(d)]	适用于土质较松散或湿度很高的土,地下水较少,基坑深度不限

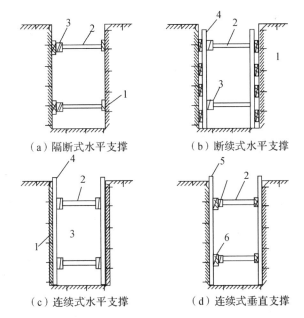

(a) 隔断式水平支撑　　(b) 断续式水平支撑

(c) 连续式水平支撑　　(d) 连续式垂直支撑

1—水平挡土板;2—横撑木;3—木楔;4—竖楞木;5—垂直挡土板;6—横楞木

图 1.4.4-1　基坑槽(管沟)支撑

(2)对宽度较大、深 5m 以上的深基坑,在地质条件较复杂时,必须选择有效的支护型式,一般应由施工单位会同设计、建设单位共同制订可靠的支护方案,表 1.4.4-2 为几种常用深基坑支护型式,可供参考。

表 1.4.4-2 深基坑支护(撑)的选用

支护名称	支护方法	特点及适用条件
型钢桩横挡板支护	沿挡土位置预先打入钢轨、工字钢或 H 型钢,间距为 1.2～1.5m,然后边挖方,边将 3～6cm 厚的挡土板塞进型钢桩之间挡土,并在横向挡板与型钢桩之间打入楔子,使横板与土体紧密接触(见图 1.4.4-2)	施工成本低,沉桩易,噪声低,振动小,是最常见的一种简单经济的支护方法;但不能止水,易导致周边地基产生下沉(凹)。适用于地下水位较低、深度不大的一般黏性土或砂土层
钢板桩支护	在开挖基坑的周围打钢板桩或钢筋混凝土板桩,桩断面有 U 形、Z 形、H 形以及冷轧薄板型钢等。板桩入土深度及悬臂长度应经计算确定。当基础坑宽度、深度很大时,可另在基坑内加设钢结构或钢筋混凝土结构支撑体系(见图 1.4.4-3)	桩材料强度高、截面种类多,可灵活地选用,打设较方便、止水性好,可多次周转使用;但施工成本高,需用柴油打桩机或振动打桩机施工,噪声和振动较大,一般宜用静力压桩施工。适用于一般地下水不旺、深度和宽度不大的黏性土、砂土层。当加设支撑时,可在饱和软弱土中开挖较大、较深基坑时应用
挡土灌注桩支护	在开挖基坑周围,用钻机钻孔,下钢筋笼,现场灌注混凝土桩,桩间距为 1～2m,成排设置,上部设连系梁,在基坑中间用机械或人工挖土,下挖 1m 左右装上横撑,在桩背面装上拉杆与已设锚桩拉紧,然后继续挖土至要求深度(见图 1.4.4-4)。如基坑深度小于 6m,或邻近有建(构)筑物,也可不设锚拉杆,而采取加密桩距或加大桩径的方法	施工设备简单,所需作业场地不大,噪声低、振动小、成本低,桩刚度较大、抗弯强度高、安全感好;但止水性差,为防止水土流失,也可在灌注桩间加粉喷桩,适合于开挖较大(大于 6m)的基坑以及邻近有建筑物、不允许放坡、不允许附近地基出现下沉位移的情况
地下连续墙支护	在开挖基坑周围,先建造混凝或钢筋混凝土地下连续墙,在墙中间用机械或人工挖土直至要求深度。跨度很大时,可在内部加设水平支撑及支柱。当采用逆作法施工时,每下挖一层,把下一层梁、板、柱混凝土浇筑完成,以此作为地下连续墙的水平框架支撑,如此循环作业,直到地下室的底层全部挖完土,地下结构混凝土挠筑完成(见图 1.4.4-5)	墙体可自行设计,刚度大、整体性好、止水性佳、施工噪声及振动较小;但施工需专门机具,施工技术较为复杂,费用较昂贵,适合于开挖较大、较深(大于 10m)、有地下水,周围有建筑物、道路的黏土类、砂土类土基坑,并作为地下结构的一部分;或用于高层建筑的逆作法施工;或作为地下室结构的部分外墙,但在坚实砂砾石中成孔困难,不宜采用

支护名称	支护方法	特点及适用条件
土层锚杆支护	沿开挖基坑(或边坡)每2～4m设置一层向下稍倾斜的土层锚杆[见图1.4.4-6(a)]。锚杆设置是用专门的锚杆钻机钻孔,安放钢筋锚杆,用水泥压力灌浆,达到强度后,安上横撑,借螺帽拉紧或施加预应力固定在坑壁上,每挖一层,装设一层锚杆,直到挖土至要求深度。土层锚杆也可与挡土灌注桩和地下连续墙支护结合使用[见图1.4.4-6(b)、1.4.4-6(c)],可减小桩、墙截面	可用于任何平面形状和场地高低差较大的部位,支护材料较省,简化支撑设置,改善施工条件,加快施工进度;但需具备锚杆成孔灌浆设备。适合于较硬土层,或在破碎岩石中开挖较大、较深基坑,邻近有建筑物必须保证边坡稳定时采用。与挡土桩、连续墙结合支护,可用于较大、较深(大于10m)的大型基坑支护

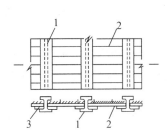

1—型钢桩;2—挡土板;3—木楔

图 1.4.4-2　型钢桩横挡板支护

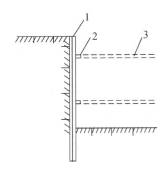

1—钢板桩;2—横撑;3—水平支撑

图 1.4.4-3　钢板桩支护

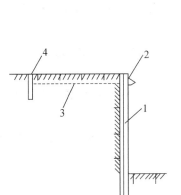

1—现场钻孔灌注桩;2—钢横撑;

3—钢拉杆;4—锚桩

图 1.4.4-4　挡土灌注桩支护

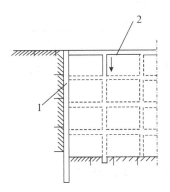

1—地下连续墙;2—地下室梁板

图 1.4.4-5　地下连续墙支护

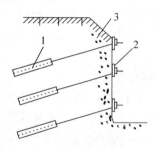 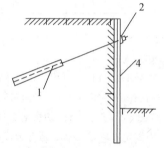 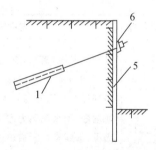

（a）土层锚杆支护　　　（b）土层锚杆与挡土灌注桩结合支护　　（c）土层锚杆与地下连续墙结合支护

1—土层锚杆;2—钢横撑;3—土层或破碎岩层;4—现场钻孔灌注桩;5—地下连续墙;6—锚头垫座

图 1.4.4-6　土层锚杆支护及土层锚杆与挡土灌注桩、地下连续墙结合支护

（3）土方开挖的顺序、方法必须与围护结构设计情况相一致，并遵循"开槽支撑、先撑后挖、分层开挖、严禁超挖"的原则，即挖至每层支撑标高，待支撑加设并起作用后再继续挖下层。不得在基坑、管沟全部挖好后，再设置支护，以免使基坑壁失稳。土方开挖应由上而下分层、分段、对称进行，使支护结构受力均匀。要控制相邻段的土方开挖高差不大于 1.0m，防止因土方高差过大产生推力，使工程桩位移或变形。

（4）基坑沟壁开挖宽度应比基础、管道每边增加工作面宽度再每边加 100～150mm 支护（撑）结构需要的尺寸。挖土时，土壁要平直，挡土板要紧贴土面，并用木楔或横撑木顶紧挡板。在支护角部要增设加强支撑。

（5）土方开挖前应先进行基坑降水，降水深度宜控制在坑底以下 500～1000mm，严格防止降水影响到支护结构外面，造成基坑周围地面产生沉降。

（6）采用钢（木）板桩、挡土灌注桩、地下连续墙支护，应事先进行打设或施工，然后再分层进行基坑土方开挖，分层设横撑、土层锚杆，其施工操作工艺参见第 2 章地基与基础工程施工工艺标准中有关部分。

（7）拆除支护（撑）时，应按照基坑、管沟土方回填顺序，从下而上逐步进行。施工过程中更换支撑时，必须先安装新的，再拆除旧的。

（8）挖土机的进出口通道，应铺设路基箱扩散压力，必要时局部注浆或用水泥土搅拌桩加固地基。

（9）挖土期间基坑边严禁大量堆载，地面载荷数量绝对不允许超过设计支护结构时采用的地面超载值。

1.4.5　质量标准

（1）支护（撑）材质必须符合设计要求和施工规范的规定。

（2）基坑（槽）、管沟土方工程验收必须以确保支护结构安全和周围环境安全为前提。当设计有指标时，以设计要求为依据，如无设计指标时，应按表 1.4.5 的规定执行。

表 1.4.5　基坑变形的监控值

基坑类别	围护结构墙顶位移监控值/cm	围护结构墙体最大位移监控值/cm	地面最大沉降监控值/cm
一级基坑	3	5	3
二级基坑	6	8	6
三级基坑	8	10	10

注:1.符合下列情况之一,为一级基坑:①重要工程或支护作主体结构的一部分;②开挖深度大于10m;③与邻近建筑物,重要设施的距离在开挖深度以内;④基坑范围内有历史文物、近代优秀建筑、重要管线等需严加保护的基坑。

2.三级基坑为开挖深度小于7m,且周围环境无特别要求时的基坑。

3.除一级基坑和三级基坑外的基坑属二级基坑。

4.当周围已有的设施有特殊要求时,尚应符合这些要求。

1.4.6　安全措施

(1)深基坑支护上部应设1.5m高的安全护栏和危险标志,夜间应设红灯标志。

(2)在设置支撑的基坑挖土不得碰动支撑,支撑上不得放置物件;严禁将支撑当脚手架使用。

(3)在设置支护的基坑中使用机械挖土时,应防止碰坏支护,或直接压过支护结构的支撑杆件;在基坑上边行驶,应复核支护强度,必要时应进行加固。

(4)钢板桩、挡土灌注桩、地下连续墙与土层锚杆结合的支护,必须逐层及时设置土层锚杆,以保证支护的稳定,不得在基坑全部挖完后再设置锚杆。

(5)支护(撑)的设置应遵循由上到下的顺序,支护(撑)拆除应遵循由下而上的程序,以防止基坑失稳塌方。

(6)安装支撑应戴安全帽,安装支护(撑)横梁、锚杆等应在脚手架上进行,高空作业应挂安全带。

(7)操作人员上下基坑,严禁攀登支护或支撑上下。

1.4.7　施工注意事项

(1)支护(撑)的设置必须结构合理、构造简单、装拆方便、能回收利用、节省费用、使用可靠,保证施工期间的安全,不给邻近地基和已有建(构)筑物带来有害影响;拆除支护(撑)要研究好拆除时间、顺序和方法,以免给施工安全和地下工程造成危害。

(2)支护(撑)安装和使用期间要加强检查、观察和监测,监测工作一般委托专业单位进行,做到信息化施工。当发现支撑折断,支护变形,坑壁裂缝、掉渣,上部地面裂缝,邻近建筑物下沉裂缝、变形倾斜时,应及时向业主、监理等有关方报告,并及时进行分析和处理,或进行加固。

(3)当基坑地下水较大,而土质为粉细砂层,易产生流砂时,需用围幕截水与人工降低地下水位相结合,可在挡土灌注桩之外加设旋喷桩(深层搅拌桩或喷粉桩)阻水。

1.4.8　质量记录

(1)工程所用材料应有产品合格证。

(2)隐蔽工程检查验收资料及工程质量验收记录。

(3)施工监测记录。

1.5　钢丝网水泥砂浆护坡施工工艺标准

钢丝网水泥砂浆护坡系在坡面上铺设钢丝网,按一定间距楔入锚筋,抹水泥砂浆形成护面层,以保护边坡表层土免受风化和冲刷,使土体具有一定的强度和稳定性,在一定荷载的作用下不会发生强度破坏和失稳。其中护面层起盖面作用;水泥砂浆内加钢丝网,增加了护面强度,可承受荷载;锚筋楔入土体,既可使护面层与土体连接成整体,又可抵抗水平土压力作用,因而可增强土体的稳定性。这种护坡具有可保护边坡,使开挖边坡加陡,省去横向支挡结构,节约施工用料和用地,减少土方开挖量,保证安全施工,降低施工费用等特点。但本工艺标准必须结合具体工程项目的基坑开挖深度、工程地质与水文地质条件及当地施工经验研究采用。工程施工应以设计图纸和有关施工规范为依据。

1.5.1　材料要求

(1)水泥。35 级矿渣水泥或普通水泥,新鲜无结块。

(2)砂。中砂,使用前过 5mm 孔径筛,含泥量小于 5%。

(3)白灰膏。使用前 3 天消解,过 3mm 孔径筛,淋成石灰膏,不得夹有未熟化的颗粒及杂质。

(4)磨细生石灰粉。使用前 3 天加水熟化。

(5)钢丝网、锚筋。钢丝网六角形,20 号;土坡锚筋直径 10～12mm,长 1～2m。

(6)其他射钉、铁皮条带等。

1.5.2　主要机具设备

(1)机械设备。包括砂浆搅拌机、机动翻斗车等。

(2)主要工具。包括铁锹、磅秤、射钉枪、手推胶轮车、溜槽、胶皮管、大锤、铁抹子、木抹子、刮杠、托灰板等。

1.5.3　作业条件

(1)削除护坡桩外部滞留的土体,使护坡桩外露。

(2)清除坡面、坡顶、坡底的虚土、杂物,防止出现烂根现象,增加水泥砂浆与土体的粘结力。

(3)搭设好脚手架,采用固定式或移动式或临时脚手架。

1.5.4　施工操作工艺

(1)钢丝网水泥砂浆护坡有两种做法:在土坡面铺钢丝网水泥护坡;在护坡灌注桩表面和上部土坡面均铺设钢丝网水泥护坡。

(2)土坡面钢丝网水泥砂浆护坡施工程序:基坑上口截水沟挖土→基坑周围埋设防护栏,浇筑 C10 混凝土或抹水泥砂浆散水并养护→土坡面喷水湿润→人工修坡→土坡喷水湿润→楔入锚筋→铺设钢丝网→护层抹水泥混合砂浆→喷水养护。

(3)护坡桩面钢丝网水泥砂浆护坡施工程序为:用射钉枪将钢丝网片钉于护坡桩上,或将射钉固定在护坡桩上,在射钉上焊 Φ6mm 或 Φ8mm 钢筋,将钢丝网片绑扎到钢筋上固定→桩面、土壁面喷水湿润→护层抹水泥混合砂浆→喷水养护。

(4)护层施工中修坡、搅拌砂浆、供灰、压抹、锚筋、敷设钢丝网、养护均由人工操作。

(5)用射钉枪加垫铁片,将射钉固定在护坡桩上,间距为 25～30cm,将钢丝网片钉于护坡桩上,竖直方向每隔 2.5～3.0m 用铁皮条带将钢丝网绑紧;坡面锚筋用锤砸入土中,末端露出土面 50～100mm 与钢丝网绑牢。

(6)在已固定好的钢丝网上表面抹 1:2:6 或 1:3:9(水泥:白灰膏:砂)混合砂浆,压实压光。钢丝网及水泥砂浆面层要抹过坡顶及基坑底部不少于 30cm,厚 1.0～1.5cm。

1.5.5　质量标准

(1)护坡水泥砂浆强度应不低于 M5,应抹实、抹匀、抹平、抹光,应随坚实土体的凹凸压抹,不得露出土体;水泥砂浆厚度应符合设计要求,误差不大于±5mm。

(2)抗渗延伸区的施工应符合设计要求,坑底根部应做好钢丝网水泥砂浆底靴,以防止烂根。

1.5.6　成品保护

(1)做好坡顶散水、排水沟坡及护层的稳定。

(2)雨期前,将基础混凝土垫层浇筑完成,以免基坑受雨水浸泡,造成护坡烂根。

(3)施工用具、模板支撑、脚手材料应尽量防止撞击护坡坡面;不得在护坡面溜放混凝土、砂浆和模板材料等。

1.5.7　安全措施

(1)施工操作人员应戴安全帽,2m 以上高空作业应系安全带。

(2)在临时性脚手板上挂钢丝网、抹护坡水泥砂浆时,严禁在同一垂直线上同时站人操作。

(3)采用塔式起重机吊装移动式脚手架时,应缓慢平稳,不得撞击坑壁、脚手架和操作人员。

1.5.8　施工注意事项

（1）注意保护土坡原状土特性，不受外界扰动，在基坑开挖完成后立即进行护层施工，以防间隔时间过长、土体受扰动而导致局部塌方。

（2）为使护层与土体紧密结合，修坡与抹灰浆前均应喷水湿润表面；钢丝网位置应设在灰层中间；水泥砂浆新旧接槎要注意搭接，以保证护层良好的整体性和不透水性。

（3）基层必须清理干净，同时防止雨水、地面水渗入坡体内，以防护面层与土坡脱节剥离或扩层沿坡面滑动。

1.5.9　质量记录

（1）水泥的出厂合格证及复试证明。

（2）水泥砂浆配合比、强度试验报告等。

（3）施工记录。

主要参考标准名录

[1]《建筑工程施工质量验收统一标准》(GB 50300—2013)

[2]《建筑地基基础工程施工质量验收标准》(GB 50202—2018)

[3]《土方与爆破工程施工及验收规范》(GB 50201—2012)

[4]《建筑地基基础设计规范》(GB 50007—2011)

[5]《建筑基坑工程监测技术规范》(GB 50497—2009)

[6]《工程测量规范》(GB 50026—2007)

[7]《建筑基坑支护技术规程》(JGJ 120—2012)

[8]《建筑机械使用安全技术规程》(JGJ 33—2012)

[9]《建筑施工安全检查标准》(JGJ 59—2011)

[10]《施工现场临时用电安全技术规程》(JGJ 46—2005)

[11]《建筑分项施工工艺标准手册》，江正荣，中国建筑工业出版社，2009

[12]《建筑施工手册》(第五版)，中国建筑工业出版社，2013

[13]《建筑分项工程施工工艺标准》，北京建工集团有限责任公司，中国建筑工业出版社，2008

[14]集团 CIS 标准化参考标准

2 基坑降水施工工艺标准

2.1 轻型井点降水施工工艺标准

轻型井点系在基坑外围或一侧、两侧埋设井点管深入含水层内,井点管的上端通过连接弯管与集水总管连接,集水总管再与真空泵和离心水泵相连,启动抽水设备,地下水便在真空泵吸力的作用下,经滤水管进入井点管和集水总管,排出空气后,地下水由离心水泵的排水管排出,使地下水位降低到基坑底以下。本法具有机具设备简单、使用灵活、装拆方便、降水效果好、可提高边坡稳定性、防止流砂现象发生、降水费用较低等优点。但需配置一套井点设备。本工艺标准适用于渗透系数为 0.1～5.0m/d 的土以及土层中含有大量的细砂和粉砂的土,或用明沟排水易引起流砂、坍方的基坑降水工程。最大降水深度对单层轻型井点一般为 6m,对双层轻型井点一般为 12m。工程施工应以设计图纸和有关施工规范为依据。

2.1.1 材料要求

材料要求应根据工程具体地质条件、降水深度经设计计算确定。

(1)井点管。用直径 38～55mm 钢管,带管箍,下端为长 1.2～2.0m 的同直径钻有 Φ10～18mm 梅花形孔(6 排)的滤管,外缠 8 号铁丝、间距 20mm,管壁外包两层滤网,内层为细滤网,采用网眼 30～50 孔/cm^2 的黄铜丝网或尼龙丝网,外层为粗滤网,用网眼 3～10 孔/cm^2 的铁丝网或尼龙丝网或棕树皮,滤网外再缠 20 号铁丝、间距 40mm。

(2)连接管。用塑料透明管、胶皮管,直径 38～55mm,顶部装铸铁头。

(3)集水总管。用直径 75～100mm 钢管带接头。

(4)滤料。粒径为 0.5～3.0cm 的石子,含泥量小于 1%。

2.1.2 主要机具设备

根据抽水机组类型不同,轻型井点主要有真空泵轻型井点、射流泵轻型井点两种。前者设备组成规格及技术性能见表 2.1.2-1,国内有定型产品供应;后者设备组成、规格及技术性能见表 2.1.2-2。工程实际选型与数量配备应由施工设计决定,表列内容仅供参考。

表 2.1.2-1　真空泵轻型井点系统设备规格与技术性能

名称	数量	规格与技术性能
往复式真空泵	1台	V5 型(W6 型)或 V6 型,生产率 4.4m³/min,真空度 100kPa,电动机功率 5.5kW,转速 1450r/min
离心式水泵	2台	B 型或 BA 型,生产率 20m³/h,扬程 25m,抽吸真空高度 7m,吸口直径 50mm,电动机功率 8kW,转速 2900r/min
水泵机组配件	1套	井点管 100 根,集水总管直径 75～100mm,每节长 1.6～4.0m,每套 29 节,总管上节间距 0.8m,接头弯管 100 根;冲射管用冲管 1 根;机组外形尺寸 2600mm×1300mm×1600mm,机组重 1500kg

注:1.地下水位降低深度为 5.5～6.5m。

　　2.离心式水泵数量含一台备用。

表 2.1.2-2　Φ50 型射流泵轻型井点系统设备规格及技术性能

名称	数量	型号及技术性能	备注
离心泵	1台	3BL-9,流量 45m³/h,扬程 35m	供给工作水
电动机	1台	JQ2-42-2,功率 7.5kW	水泵的配套动力
射流泵	1个	喷嘴 Φ50mm,空载真空度 100kPa,工作水压 0.15～0.3MPa,工作水流量 45m³/h,生产率 10～35m³/h	形成真空
水　箱	1个	1100mm×600mm×1000mm	循环用水

注:每套设备带 9m 长井点 25～30 根,间距 1.6m,总长 180m,降水深 5～9m。

2.1.3　作业条件

(1)地质勘探资料完备,根据地下水位深度、土的渗透系数和土质分布已确定降水方案。

(2)基础施工图纸齐全,并掌握施工场地自然标高或整平标高,以便根据基层标高确定降水深度。

(3)已编制施工组织设计并经公司审批,必要时报业主确认批准,确定基坑放坡系数、井点布置及数量、观测井点位置、泵房位置并已测量放线定位。

(4)现场三通一平工作已完成,并设置了排水沟。

(5)井点管及设备已购置,材料已备齐,并已加工和配套完成。

2.1.4　施工操作工艺

(1)井点布置根据基坑平面形状与大小、地质和水文情况、工程性质、降水深度等而定。当基坑宽度小于 6m,且降水深度不超过 6m 时,可采用单排井点,设在地下水上游一侧;当基坑宽度大于 6m 或土质不良、渗透系数较大时,宜采用双排井点,设在基坑的两侧;当基坑面积较大时,宜采用环形井点,挖土设备进出通道处,可不封闭,间距可达 4m。井点管距坑壁不应小于 1.0m,间距 1.2~2.0m,埋深根据降水深度及含水层位置决定,但必须埋入含水层内。

(2)井点管施工工艺程序:放线定位→铺设总管→冲孔→安装井点管、填滤料、上部填黏土密封→用弯联管将井点管与总管接通→安装集水箱和排水管→开动真空泵排气→开动离心泵抽水→测量观测井中地下水位变化。

(3)井点管埋设时,用冲击式或回转式钻机成孔,孔径为 300mm,井深比井点设计深 50cm;洗井用 0.6m³ 空压机或水泵将井内泥浆抽出;井点用机架吊起,徐徐插入井孔中央,使之露出地面 200mm,然后倒入 5~30mm 粒径石子,使管底高 500mm,再沿井点管四周均匀投放 2~4mm 粒径粗砂,距上部 1.0m 深度内,用黏土填实以防漏气。

(4)井点管埋设完毕后应接通总管。总管设在井点管外侧 50cm 处,铺前先挖沟槽,并将槽底整平,将配好的管子逐根放入沟内,在端头法兰穿上螺栓、垫上橡胶密封圈,然后拧紧法兰螺栓,总管端部用法兰封牢。一组井点干管铺好后,用吸水胶管将井点管与干管连接,并用 8 号铁丝绑牢。一组井点管部件连接完毕后,与抽水设备连通,接通电源,即可进行试抽水,检查有无漏气、淤塞情况,出水是否正常。如有异常情况,应检修后再使用。如压力表读数在 0.15~0.20MPa,真空度在 93.3kPa 以上,表明各连接系统无问题,即可投入正常使用。

(5)井点使用时,应保持连续不断抽水,并配用双电源以防断电。一般抽水 3~5d 后水位降落漏斗基本趋于稳定。

(6)基础和地下构筑物完成并回填土后,方可拆除井点系统。拔出可借助于倒链或杠杆式起重机,所留孔洞用砂或土堵塞。

(7)井点降水时,应对水位降低区域邻近的建筑物及地下管线、城市道路等进行沉降观测,发现沉陷、开裂或水平位移过大时,应及时采取防护技术措施。

2.1.5　质量标准

(1)井点管间距、埋设深度应符合设计,一组井点管和接头中心,应保持在一条直线上。

(2)井点埋设应无严重漏气、淤塞、出水不畅或死井等情况。

(3)埋入地下的井点管及井点连接总管,均应除锈并刷防锈漆一道;各焊接口处焊渣应凿掉,并刷防锈漆一道。

(4)各组井点系统的真空度应保持在 55.3~66.7kPa,压力应保持在 0.16MPa。

(5)质量检验标准见表 2.1.5。

表 2.1.5　轻型井点降水施工质量检验标准

序号	检查项目	允许值或允许偏差	检查方法
1	井点管垂直度	1%	插管时目测
2	井点间距(与设计方案比)/mm	≤150	用钢尺量

续表

序号	检查项目	允许值或允许偏差	检查方法
3	井点管插入深度(与设计方案比)/mm	≤200	水准仪
4	滤料填灌(与计算值相比)/mm	≤5	检查回填料用量
5	井点真空度/kPa	>60	真空度表

2.1.6 成品保护

(1)井点成孔后,应立即下井点管并填入豆石滤料,以防坍孔。不能及时下井点管时,应盖盖板,防止物件掉入井孔内堵孔。

(2)井点管埋设后,管口要用木塞堵住,以防异物掉入管内堵塞。

(3)使用井点时,应保持连续抽水,并设备用电源,以避免泥渣沉淀淤管。

(4)冬期施工,井点联结总管上要覆盖保温材料,或回填30cm厚以上干松土,以防冻坏管道。

2.1.7 安全措施

(1)冲、钻孔机操作时应安放平稳,防止机具突然倾倒或钻具下落,造成人员伤亡或设备损坏。

(2)已成孔尚未下井点前,井孔应用盖板封严,以免掉土或发生人员安全事故。

(3)各机电设备应由专人看管,电气必须一机一闸,严格接地、接零和安装漏电保护器,泵和部件检修时必须切断电源,严禁带电作业。

2.1.8 施工注意事项

(1)成孔时,如遇地下障碍物,可以移位再钻。井点管滤水管部分必须埋入含水层内。

(2)使用井点后,中途不得停泵,防止因停止抽水使地下水位上升,造成淹泡基坑的事故。一般应设双路供电,或备用一台发电机。

(3)使用井点时,正常出水规律是"先大后小,先混后清",如不上水,或水一直较混,或出现清后又混等情况,应立即检查纠正。真空度是判断井点系统是否良好的尺度,一般应在55.3~66.7kPa范围内,如真空度不够,表明管道漏气,应及时修好。如井点管淤塞,可通过听管内水流声,手扶管壁感受振动,夏、冬季手摸管子冷热、潮干等简便方法检查。如井点管淤塞太多,严重影响降水效果时,应逐个用高压水反复冲洗井点管或拔出重新埋设。

(4)在土方开挖后,应保持降低地下水位在基底500mm以下,以防止地下水扰动地基土体。

2.1.9 质量记录

(1)降水过程中的监测记录。

(2)降、排水施工质量检验记录。

2.2 喷射井点降水施工工艺标准

喷射井点降水是在井点管内部装设特制的喷射器,用高压水泵或空气压缩机通过井点管中的内管向喷射器输入高压水(喷水井点)或压缩空气(喷气井点),形成水气射流,将地下水经井点外管与内管之间的间隙抽出排走。本法设备较简单,排水深度大,可达8～20m,与多层轻型井点降水相比,使用设备少、施工快、费用低。本工艺标准适用于基坑开挖较深、降水深度大于6m、土渗透系数为3～50m/d的砂土或渗透系数为0.1～3.0m/d的粉土、粉砂、淤泥质土、粉质黏土中的降水工程。工程施工应以设计图纸和有关施工规范为依据。

2.2.1 材料要求

与第2.1.1节轻型井点降水材料要求相同。

2.2.2 主要机具设备

喷射井点根据其工作时使用的喷射介质的不同,分为喷水井点和喷气井点两种。其主要设备由喷射井点管、高压水泵(或空气压缩机)和管路系统组成。

(1)喷射井点管(见图2.2.2)。喷射井点管分内管和外管两部分,内管下端装有喷射器,

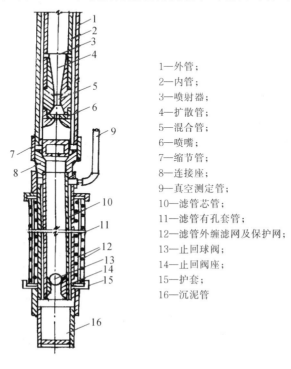

1—外管;
2—内管;
3—喷射器;
4—扩散管;
5—混合管;
6—喷嘴;
7—缩节管;
8—连接座;
9—真空测定管;
10—滤管芯管;
11—滤管有孔套管;
12—滤管外缠滤网及保护网;
13—止回球阀;
14—止回阀座;
15—护套;
16—沉泥管

图 2.2.2 喷射井点管构造

并与滤管相接。喷射器由喷嘴、混合室、扩散室等组成。常用 $\Phi100mm$、$\Phi75mm$ 喷射井点的主要技术性能见表 2.2.2。

(2)高压水泵。用 6SH6 型或 150S78 型高压水泵(流量为 140～150m³/h,扬程 78m)或多级高压水泵(流量 50～80m³/h,压力为 0.7～0.8MPa)1～2 台,每台可带动 25～30 根喷射井点管。

(3)循环水箱。钢板制,尺寸为 2.50m×1.45m×1.20m。

(4)管路系统。包括进水、排水总管(直径 150mm,每套长 60m)接头、阀门、水表、溢流管、调压管等件、零件及仪表。

表 2.2.2 $\Phi100mm$($\Phi75mm$)喷射井点主要技术性能

项目	规格	项目	规格
外管直径/mm	100(75)	喷嘴至喉管始端距离/mm	25
滤管直径/mm	100(75)	喉管长与喷嘴直径比	2
内管直径/mm	38	扩散管锥角	8°,6°(8°)
芯管直径/mm	38	工作水量/(m³·h⁻¹)	6
喷嘴直径/mm	7	吸入水量/(m³·h⁻¹)	45
喉管直径/mm	14	工作水压力/MPa	0.8
喉管长/mm	45	降水深度/m	24

注:1. 适用土层:粉细砂层、粉砂层($K=1～10m/d$);粉质黏土($K=0.1～1m/d$)。

   2. 过滤管长 5m,外包一层 70 目铜纱网和一层塑料纱网,供水回水总管长 150mm。

2.2.3 作业条件

与第 2.1.3 节轻型井点降水作业条件相同。

2.2.4 施工操作工艺

(1)喷射井点管的布置、埋设方法和要求,与轻型井点基本相同。基坑面积较大时,采用环形布置;基坑宽度小于 10m 时,采用单排线型布置;基坑宽度大于 10m 时,采用双排布置。喷射井管间距一般为 2.0～3.5m;采用环形布置,进出口(道路)处的井点间距为 5～7m。冲孔直径为 400～600mm,深度比滤管底深 1m 以上。

(2)施工工艺程序:设置泵房、安装进排水总管→水冲法或钻孔法成井→安装喷射井点管、填滤料→接通进水、排水总管,并与高压水泵或空气压缩机接通→将各井点管的外管管口与排水管接通,并通到循环水箱→启动高压水泵或空气压缩机抽取地下水→用离心泵排除循环水箱中多余的水→测量观测井中地下水位。

(3)安装前应对喷射井点管逐根冲洗,检查完好后方可使用。井点管埋设宜用套管冲枪(或钻机)成孔,加水及压缩空气排泥,当套管内含泥量经测定小于 5％时,再下井管及灌砂,然后再将套管拔起。

(4)下井管时水泵应先开始运转,每下好一根井管,立即与总管接通(不接回水管)并及时进行单根试抽排泥,测定真空度,至井管出水变清后为止,地面测定真空度不宜小于93.3kPa。全部井点管沉设完毕,再接通回水总管,全面试抽,然后让工作水循环进行正式工作。

(5)使用时开泵压力要小些(小于0.3MPa),以后再逐渐正常。抽水时如发现井管周围有泛砂冒水现象,应立即关闭井点管进行检修。工作水应保持清洁,试抽2d后应更换清水,以减轻工作水对喷嘴及水泵叶轮等的磨损,一般经7d左右即稳定,可开始挖土。

2.2.5　质量标准

与第2.1.5节轻型井点降水质量标准相同。

2.2.6　成品保护

与第2.1.6节轻型井点降水成品保护相同。

2.2.7　安全措施

与第2.1.7节轻型井点降水安全措施相同。

2.2.8　施工注意事项

(1)喷射井点降水施工前,要根据地质、水文情况(包括地质构造、土层情况、水位变化标高、涌水量、渗透系数),编制详细的降水施工方案报公司审批,必要时报业主确认批准,选定降水设备,提出购置、加工配套数量,进行必要的试验、试运转,确保各项指标符合设计降低水位的要求。

(2)沉设井点管前,应先挖井点坑和排泥沟。井点坑直径应大于冲孔直径。冲孔直径不应小于400mm,冲孔深度应比滤管底深1m以上,冲孔完毕后,应立即沉设井点管。

(3)井点管埋设在孔中心,避免插入泥浆中堵塞滤管。在井点与孔壁之间及时用中粗砂填灌实,至离地面1.0~1.5m,最后再用黏土夯实封口。

(4)进水、回水总管与每根井点管的连接管均需安装阀门,以便调节使用,防止不抽水时发生回水倒灌。井点管路接头应安装严密。

(5)喷射井点一般是将内外管和滤管组装在一起后沉设到井点孔内。井点管组装时,必须保持喷嘴与混合室中心线一致;组装后,每根井点管应在地面做泵水试验和真空度测定。地面测定真空度不宜小于91kPa。

喷射井点抽水时,如发现井点管周围有翻砂冒水现象,应立即关闭此井点,并及时检查处理。

2.2.9　质量记录

与第2.1.9节轻型井点降水质量记录相同。

2.3 管井井点降水施工工艺标准

管井井点系沿基坑每隔一定距离设置一个管井,每个管井单独用一台水泵不断抽水以降低地下水位。本法具有设备较为简单、排水量大、可代替多组轻型井点作用、水泵设在地面易于维护等特点。本工艺标准适用于渗透系数较大(20～200m/d),降水深度在5m以内,地下水丰富的土层、砂层,或用明沟排水易造成土粒大量流失与边坡塌方及用轻型井点难以满足降水要求的情况。工程施工应以设计图纸和有关施工规范为依据。

2.3.1 主要机具设备

管井井点由滤水井管、吸水管和抽水机械等组成(见图2.3.1)。

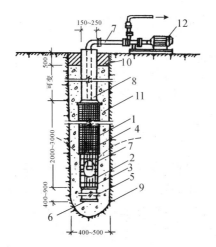

1—滤水井管;2—Φ14mm钢筋焊接骨架;3—6mm×30mm铁环@250mm;

4—10号铁丝垫筋@25mm焊于井管骨架上,外包孔眼1～2mm铁丝网;5—沉砂管;6—木塞;

7—吸水管;8—Φ100～200mm钢管;9—钻孔;10—夯填黏土;11——填充砂砾;12—抽水设备

图2.3.1 管井井点构造(单位:mm)

(1)滤水井管。下部滤水井管过滤部分用钢筋焊接骨架,外包孔眼为1～2mm的滤网,长2～3m,上部井管部分用直径200mm以上的钢管或塑料管。

(2)吸水管。用直径50～100mm的钢管或胶皮管,插入滤水井管内,其底端应沉到管井吸水时的最低水位以下,并装逆止阀,上端装设带法兰盘的短钢管一节。

(3)水泵。采用BA型或B型、流量10～25m³/h离心式水泵或自吸泵。每个井管装置一台,当水泵排水量大于单孔滤水井涌水量数倍时,可另加设集水总管,将相邻的相应数量的吸水管连成一体,共用一台水泵。

2.3.2 作业条件

与第2.1.2节轻型井点降水作业条件相同。

2.3.3 施工操作工艺

(1)管井井点采取沿基坑外围四周呈环形布置,或沿基坑(或沟槽)两侧或单侧呈直线形布置。当用冲击钻时,井中心距基坑边缘的距离为 0.5～1.5m;当用钻孔法成孔时,不小于 3m。管井埋设的深度,一般为 8～15m,间距 10～15m,降水深 3～5m。

(2)管井埋设可采用泥浆护壁冲击钻成孔或泥浆护壁钻孔方法成孔。钻孔孔径比管外径大 200mm。钻孔底部应比滤水井管深 200mm 以上。井管下沉前应清洗滤井,冲除沉渣,可灌入稀泥浆用吸水泵抽出置换,或用空压机洗井法,将泥渣清出井外,并保持滤网的畅通,然后下管。滤水井管应置于孔中心,下端用圆木堵塞管口,井管与孔壁之间用 3～15mm 砾石填充做过滤层,地面以下 0.5m 内用黏土填充夯实。

(3)水泵的设置标高应根据降水深度和选用水泵最大真空吸水高度而定,一般为 5～7m,当吸程不够时,可将水泵设在基坑内。

(4)使用管井时,应经试抽水,检查出水是否正常,有无淤塞等现象,如情况异常,应检修好后再正常使用。抽水过程中,应经常对抽水设备的电动机、传动机械、电流、电压等进行检查,并对井内水位下降与流量进行观测和记录。

(5)井管使用完毕,可用人字桅杆上的钢丝绳、倒链借助绞磨或卷扬机将井管徐徐拔出,将滤水井管洗去泥砂后储存备用,所留孔洞用砂砾填实,上部 50cm 部分用黏性土填充夯实。

2.3.4 质量标准

(1)井点管埋设位置、间距、深度应符合设计要求,垂直度应小于井深的 1/100。

(2)井点埋设井底沉渣厚度应小于 80mm,使用时应无严重淤塞,没有出水不畅或死井等情况。

(3)最低降水深度应符合设计要求。

(4)管井降水施工质量检验标准见表 2.3.4。

表 2.3.4 管井降水施工质量检验标准

序号	检查项目	允许值或允许偏差	检查方法
1	井管垂直度	1‰	插管时目测
2	井点间距(与设计方案比)/mm	≤200	用钢尺量
3	井管插入深度(与设计方案比)/mm	≤200	水准仪
4	滤料填灌(与计算值相比)/mm	≤5	检查回填料用量

2.3.5 成品保护

与第 2.1.6 节轻型井点降水成品保护相同。

2.3.6 安全措施

与第 2.1.7 节轻型井点降水安全措施相同。

2.3.7 施工注意事项

(1)安装井点管要垂直,并保持在孔中心,放到底后,在管四周分层均匀填砂砾或碎石滤层,并使其密实,最上 500mm 用黏土填压密实。井管要高出地面 200mm,以防雨水、泥砂流入井管内。

(2)洗井是管井沉设中的一道关键工序,其作用是清除井内泥砂和防止过滤层淤塞,使井的出水量达到正常要求,洗井后井底泥渣厚度应小于 80mm。

(3)管井降水应对称、同步地进行,使水位差控制在 0.5m 以内。

(4)管井供电系统应采用双电路,避免中途停电或发生故障时造成水淹基坑、破坏基土。

(5)当管井采用离心式水泵降水深度不能满足要求时,应改用潜水泵在井管内进行降水。

2.3.8 质量记录

与第 2.1.9 节轻型井点降水质量记录相同。

2.4 深井井点降水施工工艺标准

深井井点降水是指在深基坑的周围埋置深于基底的井管,使地下水通过设置在井管内的潜水电泵将地下水抽出,使地下水位低于坑底。本法具有如下特点:排水量大、降水深(>15m)、不受吸程限制、排水效果好;井距大,对平面布置的干扰较小;可用于各种情况,不受土层限制;成孔(打井)用人工或机械均可,较易于解决;井点制作、降水设备及操作工艺,维护均较简单,施工速度快;如井点管采用钢管、塑料管,可以整根拔出、重复使用;单位降水费用较轻型井点低;但一次性投资较大,成孔质量要求严格。本工艺标准适用于渗透系数较大(10～250m/d)、土质为砂类土(或有流砂和重复挖填土)、地下水丰富、降水深(15～50m)、降水时间长的深井井点降水工程。工程施工应以设计图纸和有关施工规范为依据。

2.4.1 主要机具设备

深井井点机具设备由井管、潜水泵、排水管等组成(见图 2.4.1-1)。

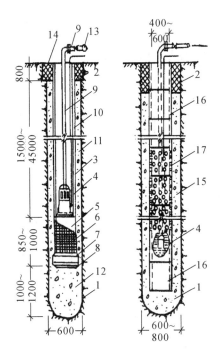

1—井孔；2—井口（黏土封口）；3—Φ300～375mm 井管；4—潜水泵；5—过滤段（内填碎石）；

6—滤网；7—导电段；8—开孔底板（下铺滤网）；9—Φ50mm 出水管；10—电缆；

11—小砾石或中粗砂；12—中粗砂；13—Φ50～75mm 出水总管；14—20mm 厚钢板井盖；

15—小砾石；16—沉砂管（混凝土实管）；17—混凝土滤水管

图 2.4.1-1 深井井点构造（单位：mm）

(1)井管。由滤水管、吸水管和沉砂管三部分组成，可用钢管、塑料管或混凝土管制成，管径一般为 300～375mm，内径宜大于潜水泵外径 50mm。

1)滤水管。滤水管一般长 3～9m，构造如图 2.4.1-2 所示。通常在钢管上分三段轴条（或开孔），在轴条（或开孔）后的管壁上焊 Φ6mm 垫筋，要求顺直，与管壁点焊固定，在垫筋外螺旋形缠绕 12 号铁丝，间距 10mm，与垫筋用锡焊焊牢，或外包 10 孔/cm² 和 41 孔/cm² 镀锌铁丝网各两层或尼龙网。上下管之间用对焊连接。当土质较好，深井深度在 15m 内时，亦可采用外径380～600mm、壁厚 50～60mm、长 1.2～1.5m 的无砂混凝土管做滤水管，或在外再包棕树皮两层做滤网。

2)吸水管。采用与滤水管同直径钢管制成。

3)沉砂管。一般采用与滤水管同直径钢管，下端用钢板封底。

(2)水泵。用 QY-25 型或 QW-25 型、QB40-25 型潜水电泵，或 QJ50-52 型浸油式潜水电泵或深井泵。每井一台，带吸水铸铁管或胶管，并配上一个控制井内水位的自动开关，在井口安装阀门，以便调节流量的大小，阀门用夹板固定，每个基坑井点群应有 2 台备用泵。

(3)排水管。用 Φ325～500mm 钢管或混凝土管，并设 3‰ 的坡度，与附近下水道接通。

(4)成孔设备。包括 CZ 型冲击钻机、回转钻机、潜水钻机及配套卷扬机等。

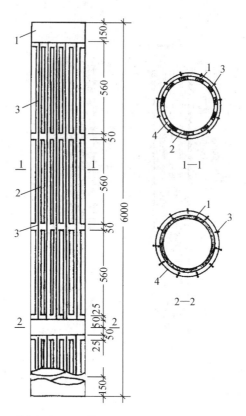

1—钢管；2—轴条后孔；3—Φ6mm 垫筋；4—缠绕 12 号钢丝与钢筋锡焊焊牢

图 2.4.1-2　深井滤水管构造（单位：mm）

2.4.2　作业条件

与第 2.1.3 节轻型井点降水作业条件相同。

2.4.3　施工操作工艺

（1）深井井点一般沿工程基坑周围离边坡上缘 0.5～1.5m 呈环形布置；当基坑宽度较窄时，亦可在一侧呈直线形布置；当独立深基坑面积不大时，亦可采取点式布置。井点宜深入到透水层 6～9m，通常还应比所需降水的深度深 6～8m，间距一般相当于埋深，为 10～30m。

（2）深井井点的一般施工工艺程序：井点测量定位→挖井口、安护筒→钻机就位→钻孔→回填井底砂垫层→吊放井管→回填井管与孔壁间的砂砾过滤层→洗井→井管内下泵、安装抽水控制电路→试抽水→降水→降水完毕拔井管→封井。

（3）成孔可根据土质条件和孔深要求，采用冲击钻（CZ-22 或 CZ-20 型）、回转钻、潜水电钻钻孔，用泥浆护壁，孔口设置护筒，以防孔口塌方，并在一侧设排泥沟、泥浆坑。孔径应较井管直径每边大 150～250mm，当不设沉砂管时，钻孔深度应比抽水期内可能沉积的高度适当加深。成孔后应立即安装井管，以防塌方。

（4）深井井管沉放前应清孔，一般用压缩空气洗井或用吊筒反复上下取出泥渣洗井，或用压缩空气（压力为 0.8MPa，排气量为 12m³/min）与潜水泵联合洗井。

（5）井管下设时，将预先制作好的井管用吊车或三木搭借卷扬机分段下设，分段焊接牢固，直下到井底。井管安放应力求垂直，并位于井孔中间；管顶部比自然地面高 500mm 左右。当采用无砂混凝土管作井管时，可在成孔完孔后，逐节沉入无砂混凝土管，外壁绑长竹片导向，使接头对正。井管过滤部分应放置在含水层适当的范围内，井管下入后，及时在井管与土壁间用铁锹分层填充砂砾滤料。砂砾粒径应大于滤网的孔径，一般为 3～8mm 细砾石。填滤料要一次连续完成，从底填到井口下 1m 左右，上部采用不含砂石的黏土封口。管周围填砂滤料后，安设水泵前应按规定先清洗滤井、冲除沉渣。一般采用压缩空气洗井，洗井应在下完井管、填好滤料、封口后 8h 内进行，一气呵成，以免时间过长，护壁泥皮逐渐老化，难以破坏，影响渗水效果。

（6）在安装潜水泵前，应对水泵本身和控制系统做一次全面细致的检查。如无问题，可放入井中使用。深井内安设潜水电泵，可用绳索吊入滤水层部位，带吸水钢管的应用吊车放入，上部应与井管口固定。设置深井泵的电动机座应安设平稳，转向严禁逆转（宜有止回阀）。潜水电动机、电缆及接头应有可靠绝缘，每台泵应配置一个控制开关。主电源线路沿深井排水管路设置。安装完毕应进行试抽水，满足要求后令其正常工作。

（7）井管使用完毕，用吊车或用三木搭借助钢丝绳、倒链，将井管口套紧徐徐拔出，滤水管拔出洗净后再用，拔出后所留的孔洞用砂砾填充、捣实。

2.4.4 质量标准

（1）井底沉渣厚度应小于 80mm，使用时应无严重淤塞，没有出水不畅等情况。

（2）深井降水施工质量检验标准见表 2.4.4。

表 2.4.4 深井降水施工质量检验标准

序号	检查项目	允许值或允许偏差	检查方法
1	井点垂直度	1%	下管时目测
2	井点间距（与设计方案比）/mm	≤150	用钢尺量
3	井点管埋入深度（与设计方案比）/mm	≤200	水准仪
4	滤料填灌（与计算值相比）/mm	≤5	检查回填料用量

2.4.5 安全措施

与第 2.1.7 节轻型井点降水安全措施相同。

2.4.6 施工注意事项

（1）使用井点时，基坑周围井点应对称，同时抽水，使水位差控制在要求的限度内。

（2）靠近建筑物的深井，应保持建筑物下及与附近水位差不大于 1m，以免造成建筑物不均匀沉降而出现裂缝。为此,要加强水位观测,当水位差过大时,应立即采取措施补救。

(3)井点供电系统应采用双线路,防止由于中途停电或发生其他故障时,影响排水。必要时设能满足施工要求的备用发电机组,以防止突然停电,造成水淹基坑。

(4)在潜水泵运行时,应经常观测水位变化情况,检查电缆线是否和井壁相碰,以防磨损后水沿电缆芯掺入电动机内。同时,还须定期检查密封的可靠性,以保证正常运转。

2.4.7 质量记录

与第 2.1.9 节轻型井点降水质量记录相同。

主要参考标准名录

[1]《建筑工程施工质量验收统一标准》(GB 50300—2013)

[2]《建筑地基基础工程施工质量验收标准》(GB 50202—2018)

[3]《土方与爆破工程施工及验收规范》(GB 50201—2012)

[4]《建筑地基基础设计规范》(GB 50007—2011)

[5]《管井技术规范》(GB 50296—2014)

[6]《工程测量规范》(GB 50026—2007)

[7]《建筑基坑工程监测技术规范》(GB 50497—2009)

[8]《建筑基坑支护技术规程》(JGJ 120—2012)

[9]《建筑机械使用安全技术规程》(JGJ 33—2012)

[10]《建筑施工安全检查标准》(JGJ 59—2011)

[11]《施工现场临时用电安全技术规程》(JGJ 46—2005)

[12]《建筑与市政工程地下水控制技术规范》(JGJ 111—2016)

[13]《建筑分项施工工艺标准手册》,江正荣,中国建筑工业出版社,2009

[14]《建筑施工手册》(第五版),中国建筑工业出版社,2013

[15]《建筑分项工程施工工艺标准》,北京建工集团有限责任公司,中国建筑工业出版社,2008

3 地基基础工程施工工艺标准

3.1 砂和砂石垫层施工工艺标准

砂和砂石垫层（或地基，以下略）系用砂或砂砾石（或碎石）混合物，经分层夯实，作为地基的持力层。其特点是：可提高基础下部地基强度、减少变形量，可加速下部土层的沉降和固结，同时施工工艺简单，可缩短工期、降低工程造价等。本工艺标准适用于工业及民用建筑中的砂和砂石地基、地基处理和基础垫层工程。工程施工应以设计图纸与施工规范为依据。

3.1.1 材料要求

(1)砂。宜用颗粒级配良好、质地坚硬的中砂或粗砂，当用细砂、粉砂时，应掺加粒径20～50mm的卵石（或碎石），但要分布均匀。砂中不得含有杂草、树根等有机杂质，含泥量应小于5％，兼做排水垫层时，含泥量不得超过3％。

(2)砂砾石。自然级配的砂砾石（或卵石、碎石）混合物，粒径应在50mm以下，其含量应在50％以内，不得含有植物残体、垃圾等杂物，含泥量小于5％。

3.1.2 主要机具设备

(1)机械设备。包括插入式振动器、平板式振动器、蛙式打夯机、推土机、6～10t压路机、翻斗汽车、机动翻斗车等，视工程具体条件选用。

(2)主要工具。包括铁锹、铁耙、胶管、喷壶、铁筛、手推胶轮车、2m靠尺、钢尺等。

3.1.3 作业条件

(1)对砂石级配进行检验，人工级配砂石应通过试验确定配合比例，使其符合设计要求。

(2)应及时组织有关单位共同对基坑和基底土质、地基处理进行验槽；并检查轴线尺寸、水平标高以及有无积水等情况，办完验槽隐蔽验收手续。

(3)在边坡及适当部位设置控制铺填厚度的水平木桩或标高桩，在边墙上弹好水平控制线。

(4)在地下水位高于基坑底面时，应采取排水或降低地下水位的措施，使基坑保持无水状态。

3.1.4 施工操作工艺

(1)铺设垫层前应将基底表面浮土、淤泥、杂物清除干净,原有地基应进行平整。

(2)垫层底面标高不同时,土面应挖成阶梯形或斜坡搭接,并按先深后浅的顺序施工,搭接处应夯压密实。分层铺设时,接头应做成斜坡或阶梯形搭接,每层错开 0.5～1.0m,并注意充分捣实。

(3)人工级配的砂砾石,应先将砂、卵石拌和均匀后,再铺夯、压实。铺筑级配砂石,在夯实、碾压前,应根据其干湿程度和气候情况适当洒水,使其达到最优含水量,以利夯、压实。

(4)垫层铺设时,严禁扰动垫层下卧层及侧壁的软弱土层,防止其被践踏、受冻或受浸泡而降低强度。

(5)垫层应分层铺设,分层夯或压实。基坑内预先安好 5m×5m 网格标桩,控制每层砂垫层的铺设厚度。每层铺设厚度、砂石最优含水量控制及施工机具、方法的选用参见表 3.1.4-1 和表 3.1.4-2。

表 3.1.4-1　砂和砂石垫层铺设厚度及施工最优含水量

捣实方法	每层铺设厚度/mm	施工时最优含水量	施工要点	备注
平振法	200～250	15%～20%	①用平板式振动器往复振捣,往复次数以简易测定密实度合格为准;②振动器移动时,每行应搭接 1/3,以防振动面积不搭接	不宜使用干细砂或含泥量较大的砂铺筑砂垫层
插振法	振动器插入深度	饱和	①用插入式振动器;②插入间距可根据机械振动大小决定;③不用插至下卧黏性土层;④插入振动完毕所留的孔洞应用砂填实;⑤应控制地注水和排水	不宜使用干细砂或含泥量较大的砂铺筑砂垫层
水撼法	250	饱和	①注水高度略超过铺设面层;②用钢叉摇撼捣实,插入点间距 100mm 左右;③控制地注水和排水;④钢叉分四齿,齿的间距 30mm,长 300mm,木柄长 900mm	湿陷性黄土、膨胀土、细砂地基上不得使用
夯实法	150～200	8%～12%	①用木夯或机械夯;②木夯重 40kg,落距 400～500mm;③一夯压半夯,全面夯实	适用于砂石垫层
碾压法	150～350	8%～12%	①6～10t 压路机往复碾压,碾压次数以达到要求密实度为准,一般不少于 4 遍;②用振动压实机械,振动 3～5min	适用于大面积的砂石垫层,不宜用于地下水位以下的砂垫层

注:在地下水位以下的地基,其最下层的铺筑厚度可比表 3.1.4-1 增加 50mm。

表 3.1.4-2 砂和砂石垫层铺设厚度及施工控制参数

捣实方法	每层铺设厚度/mm	每层压实遍数	最优含水量	压实系数
平碾(8~12t)	200~300	6~9	为获得最佳的夯实效果,宜采用垫层材料的最优含水量作为施工控制含水量。最优含水量可以根据现行国家规范标准《土工试验方法标准》(GB/T 50123—1999)中轻型击实试验的要求求得。根据不同施工方法,当采用平板式振动器时,最优含水量可取 15%~20%,当采用平碾或者蛙式夯时可取 8%~12%,当采用插入式振动器时宜为饱和	对于碎石和卵石,其压实系数为 0.94~0.97;对于中砂、粗砂、砾砂、角砾、圆砾和石屑,压实系数宜保持在 0.94~0.97
羊足碾(5~16t)	200~350	8~16		
蛙式碾(200kg)	200~250	3~4		
振动碾(8~15t)	600~1300	6~8		
插入式振动器	200~500			
平板式振动器	150~250			

(6)垫层振夯压要做到交叉重叠 1/3,防止漏振、漏压。夯实、碾压遍数以及振实时间应通过试验确定。用细砂做垫层材料时,不宜使用振捣法或水撼法,以免产生液化现象。排水砂垫层可用人工铺设,也可用推土机来铺设。

(7)当地下水位较高或在饱和的软弱地基上铺设垫层时,应加强基坑内及外侧四周的排水工作,防止砂垫层泡水引起砂的流失,保持基坑边坡稳定;或采取降低地下水位措施,使地下水位降低到基坑底 500mm 以下。

(8)当采用水撼法或插振法施工时,以振捣棒振幅半径的 1.75 倍为间距(一般为 400~500mm)插入振捣,依次振实,以不再冒气泡为准,直至完成;同时应采取措施有控制地注水和排水。垫层接头应重复振捣,插入式振动棒振完所留孔洞,应用砂填实;在振动首层到垫层时,不得将振动棒插入原土层或基槽边部,以避免使软土混入砂垫层而降低砂垫层的强度。

(9)砂和砂石垫层每层夯(振)实后,经贯入测试或设纯砂检查点,用环刀法取样,测定砂的干密度。在下层密实度经检验合格后,方可进行上层施工。具体检测方法如下。

1)环刀取样法。在捣实后的砂地基中用容积不少于 200cm^3 的环刀取样,测定其干容重,以不小于该砂料在中密状态时的干容重数值为合格。砂石地基的质量检查,可在地基中设置纯砂检查点,在同样的施工条件下,按上述方法检验;或用灌砂法进行检查。

2)贯入测定法。用贯入仪、钢筋或钢叉等以贯入度大小为指标检查砂地基的质量时,以不大于通过试验所确定的贯入度为合格。注意以下两点。

①中砂在中密状态的干容重,一般为 1.55~1.60g/cm^3。

②钢筋贯入测定法:用直径为 20mm、长为 1250mm 的平头钢筋,举离砂层面 700mm 自由下落,插入深度应根据该砂的控制干容重确定。钢叉贯入测定法:用水撼法使用的钢叉,举离砂层面 500mm 自由下落,插入深度亦应根据该砂的控制干容重确定。

3)检查数量。柱坑按总数抽查 10%,但不少于 5 个。基坑、槽沟每 10m^2 抽查一处,但不少于 5 处。

3.1.5 质量标准

(1)主控项目。

1)基底的土质必须符合设计要求。

2)石的干密度必须符合设计要求和施工规范的规定。

(2)一般项目。

1)级配砂石的配料正确、拌和均匀,虚铺厚度符合规定,夯压密实。

2)对于分层留槎位置,方法应正确,接槎应密实、平整。

(3)质量验收标准。砂和砂石地基质量验收标准见表3.1.5。

表 3.1.5　砂和砂石地基质量验收标准

项目	序号	检查项目	允许偏差或允许值	检查方法
主控项目	1	地基承载力	按设计要求	按规定方法
	2	配合比	按设计要求	检查拌和时的体积比或重量比
	3	压实系数	按设计要求	现场实测
一般项目	1	砂石料有机质含量	≤5%	焙烧法
	2	砂石料含泥量	≤5%	水洗法
	3	石料粒径/mm	≤100	筛分法
	4	含水量(与最优含水量比较)	±2%	烘干法
	5	分层厚度(与设计要求相比)/mm	±50	水准仪

3.1.6 成品保护

(1)铺设垫层时,应注意保护好现场的轴线桩、水准基点桩,并应经常复测。

(2)垫层铺设完毕,应立即进行下道工序施工,严禁手推车及人在砂垫层上行走,必要时应在垫层上铺脚手板做通行道。

(3)施工中应保证边坡稳定,防止塌方。完工后,不得在影响垫层稳定的部位进行挖掘工程。

(4)做好垫层周围排水设施,防止施工期间垫层被水浸泡。

3.1.7 安全措施

(1)施工中应使边坡有一定坡度,保持稳定,不得直接在坡顶用汽车卸料,以防失稳。

(2)向基坑、管沟内夯填砂或砂石垫层前,应检查电线绝缘是否良好,机械是否配有装置漏电开关保护,按一机一开关安装,机械不得带病运转。接地线应符合要求,夯击时严禁夯击电线。

(3)使用蛙式打夯机要2人操作,其中一人负责移动胶皮线。夯机操作人员必须戴胶皮手套,以防触电。2台打夯机在同一工作面夯实,前后距离不得小于5m。

3.1.8 施工注意事项

(1)施工前应处理好基底土层,先用打夯机打一遍使其密实;当有地下水时,应将地下水位降低到基底 500mm 以下。

(2)铺设垫层时必须严格控制材料含水量、每层厚度、碾压遍数、边缘、转角、接槎,按规定搭接和夯实,防止局部或大面积下沉。

(3)铺设砂石垫层时,应配专人及时处理砂窝、石堆问题,保证级配良好。

(4)坚持分层检查砂石地基的质量,每层砂或砂石的干密度必须符合设计规定,不符合要求的部位经处理方可进行上层铺设。

3.1.9 质量记录

(1)检测试验及见证取样文件,含地基钎探记录。

(2)施工记录及地基隐蔽验收记录。

(3)砂石的试验报告。

3.2 深层搅拌桩施工工艺标准

深层搅拌桩系利用水泥或水泥砂浆作为固化剂,通过深层搅拌机在地基深部,就地将土和固化剂(浆体或粉体)强制拌和,使之凝结成具有整体性、较好水稳性和较高强度的水泥加固体,与天然地基形成复合地基。深层搅拌桩的特点是:在施工过程中无振动、无噪音,对环境无污染;对土体无侧向挤压,对邻近建筑物影响很小;可按建筑物要求做成柱状、壁状、格子状和块状等加固形状;可有效提高地基强度(当水泥掺量分别为 8% 和 10% 时,加固体强度分别为 0.24MPa 和 0.65MPa,而天然软土地基强度仅 0.06MPa);同时施工期较短,造价低廉,效益显著。本工艺标准适用于工业与民用建筑基础工程加固较深较厚的淤泥、淤泥质土、粉土和含水量较高且地基承载力不大于 0.12MPa 的黏性土地基;在深基开挖时用于防止坑壁及边坡塌滑、坑底隆起等,并可用于地下防渗墙等工程。工程施工应以设计图纸和施工规范为依据。

3.2.1 材料要求

(1)水泥。用 32.5 级普通硅酸盐水泥,要求新鲜无结块。

(2)砂子。用中砂或粗砂,含泥量小于 5%。

(3)外加剂。塑化剂采用木质素磺酸钙,促凝剂采用硫酸钠、石膏,应有产品出厂合格证,掺量通过试验确定。

(4)配合比。水泥掺入量一般为加固土重的 7%~15%,每加固 1m³ 土体掺入水泥 110~160kg;当用水泥砂浆作固化剂时,其配合比为 1:1~1:2(水泥:砂)。为增强流动性,可掺入水泥重量 0.2%~0.25% 的木质素磺酸钙减水剂,以及 1.0% 的硫酸钠和 2.0% 的石膏。水灰比为 0.43~0.50。

3.2.2　主要机具设备

(1)机械设备。主要包括 SJB-1 型深层搅拌机(见图 3.2.2-1)、履带式起重机、灰浆搅拌机、灰浆泵、冷却泵、机动翻斗车。深层搅拌机配套设备及布置如图 3.2.2-2 所示。

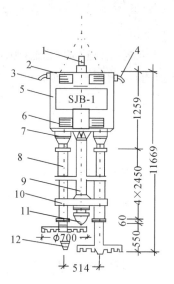

1—输浆管;2—外壳;3—出水口;4—进水口;5—电动机;6—导向滑块;7—减速器;

8—搅拌轴;9—中心管;10—横向系板 11—球形阀;12—搅拌头

图 3.2.2-1　SJB-1 型深层搅拌机(单位:mm)

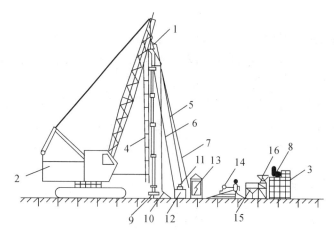

1—深层搅拌机;2—履带式起重机;3—工作平台;4—导向架;5—进水管;6—回水管;

7—电缆;8—磅秤;9—搅拌头;10—输浆压力胶管;11—冷却泵;12—贮水池;13—电气控制柜;

14—灰浆泵;15—集料斗;16—灰浆搅拌机

图 3.2.2-2　深层搅拌机配套机械及布置

(2)主要工具。包括导向架、集料斗、磅秤、提速度测定仪、电气控制柜、铁锹、手推胶轮车等。

3.2.3 作业条件

(1)场地应先整平,清除桩位处地上、地下一切障碍物(包括大块石、树根和生活垃圾等),场地低洼处用黏性土料回填夯实,不得用杂填土回填。

(2)施工前,应标定搅拌机械的灰浆泵输送量、灰浆输送管到达搅拌机喷浆口的时间以及起吊设备提升速度等施工工艺参数,并根据设计要求通过试验确定搅拌桩材料的配合比。

(3)设备开机前应经检修、试调,检查桩机运行和输料管畅通情况,应确保其处于完好工作状态。

3.2.4 施工操作工艺

(1)深层搅拌法施工工艺流程如图3.2.4所示。

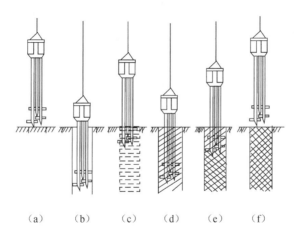

（a） （b） （c） （d） （e） （f）

图3.2.4 深层搅拌法施工工艺流程

(a)定位下沉;(b)深入到设计深度;(c)喷浆搅拌提升;(d)原位重复搅拌下沉;
(e)重复搅拌提升;(f)搅拌完成后形成加固体

(2)深层搅拌法的施工程序:深层搅拌机定位→预搅下沉→制配水泥浆(或砂浆)→喷浆搅拌、提升→重复搅拌下沉→重复搅拌喷浆、提升直至孔口→关闭搅拌机、清洗→移至下一根桩→重复以上工序。

(3)施工时,先将深层搅拌机用钢丝绳吊挂在起重机上,用输浆胶管将贮料罐砂浆泵与深层搅拌机接通,开动电动机,搅拌机叶片相向而转,借设备自重,以0.38~0.75m/min的速度沉至要求的加固深度,再以0.30~0.50m/min的均匀速度提起搅拌机。与此同时,开动砂浆泵,将砂浆从深层搅拌机中心管不断压入土中,由搅拌叶片将水泥浆与深层处的软土搅拌,边搅拌边喷浆,直到提至地面(近地面开挖部位可不喷浆,便于挖土),即完成一次搅拌过程。用同样方法再一次重复搅拌下沉和重复搅拌喷浆上升,即完成一根柱状加固体,外形呈8字形,一根接一根搭接,相搭接宽度应不小于200mm,以增强其整体性,即成壁状加固体,几个壁状加固体连成一片,即成块状加固体。

(4)施工中,固化剂应严格按预定的配比拌制,并应有防离析措施。起吊前应保证起吊设备的平整度和导向架的垂直度。成桩要控制搅拌机的提升速度和次数,连续均匀,以控制注浆量,保证搅拌均匀,同时泵送必须连续。

(5)每天加固完毕,应用水清洗贮料罐、砂浆泵、深层搅拌机及相应管道,以备再用。

3.2.5 质量标准

(1)主控项目。

1)深层搅拌地基使用的水泥品种、标号,水泥浆的水灰比,水泥加固土的掺入比以及外加剂的品种掺量,必须符合设计要求。

2)深层搅拌桩的深度、截面尺寸、搭接情况、整体稳定性和墙体、桩身强度,必须符合设计要求。

3)施工结束后,应检查桩体强度、桩体直径及地基承载力。进行强度检验时,对承重水泥搅拌桩应取 90d 后的试件,对支护水泥土搅拌桩应取 28d 后的试件。

(2)检验标准。水泥土搅拌桩地基质量检验标准见表 3.2.5。

表 3.2.5 水泥土搅拌桩地基质量检验标准

项目	序号	检查项目	允许偏差或允许值	检查方法
主控项目	1	水泥及外掺剂质量	按设计要求	查产品合格证书或抽样送检
	2	水泥用量	按参数指标	查看流量计
	3	桩体强度	按设计要求	按规定办法
	4	地基承载力	按设计要求	按规定办法
一般项目	1	机头提升速度/(m·min^{-1})	≤0.5	量机头上升距离及时间
	2	桩底标高/mm	±200	测机头深度
	3	桩顶标高/mm	+100,−50	水准仪(最上部 500mm 不计入)
	4	桩位偏差/mm	<50	用钢尺量
	5	桩径	<0.04D	用钢尺量,D 为桩径
	6	垂直度	≤1.5%	经纬仪
	7	搭接/mm	>200	用钢尺量

3.2.6 成品保护

(1)桩基基础底面以上应预留 0.7～1.0m 厚的土层,待深层搅拌桩施工结束后,将表层挤松的土挖除,或在分层夯压密实后,立即进行下道工序施工。

(2)冬期或雨期施工,应采取防冻防雨措施,防止水泥冻结或被雨水淋湿。

3.2.7　安全措施

（1）施工机械、电气设备、仪表仪器及机具等在确认完好后方可使用，并由专人负责使用。

（2）在深层搅拌机进行入土切削和提升搅拌的过程中，当负载荷太大及电机工作电流超过预定值时，应减慢升降速度或补给清水。一旦发生卡钻或停钻现象，应切断电源，将搅拌机强制提起之后，才能启动电机。

3.2.8　施工注意事项

（1）施工时，设计停浆（灰）面一般应高出基础底面标高 0.5m，在基坑开挖时，应将高出的部分挖去。

（2）制配好的浆液不得离析，泵送应连续。拌制浆液的罐数、固化剂和外加剂的用量、泵送浆液的时间、搅拌机喷浆提升的速度和次数以及每米下沉和提升的时间等，应符合施工工艺设计的要求，并应设专人负责检查和记录。

（3）预搅下沉时不宜冲水，当遇到坚硬土层时可适量冲水助沉，但应考虑冲水成桩对桩身强度的影响。

（4）当桩身强度及尺寸达不到设计要求时，可采用复喷的方法。搅拌次数以一次喷浆、一次搅拌或二次喷浆、三次搅拌为宜，且最后一次提升搅拌宜采用慢速提升。

（5）为保证桩端桩顶施工质量，确保搅拌桩与土体充分搅拌均匀，当浆液达到出浆口后，应喷浆座底 30s，使浆液完全到达桩端；当喷浆口到达桩顶标高时，应停止提升，再搅拌数秒，以保证桩头均匀密实。

（6）施工时若因故停止喷浆，宜将搅拌机下沉至停浆点以下 0.5m，待恢复供浆时，再喷浆提升。若停机时间超过 3h，应清洗管路，防止浆液硬化、堵塞管子。

（7）壁状加固时，桩与桩的搭接时间不应大于 24h，如间歇时间过长，应钻孔留出榫头或采取局部补桩、注浆等措施处理。

（8）搅拌桩施工完后，应养护 14d 以上，才可开挖。基坑基底标高以上 300mm，应采用人工开挖，以防发生断桩现象。

3.2.9　质量记录

（1）原材料的质量合格证和质量鉴定文件。

（2）施工记录及隐蔽工程验收文件。

（3）检测试验及见证取样文件等。

3.3 旋喷桩施工工艺标准

旋喷桩系利用高压泵将水泥浆液通过钻杆端头的特制喷头,以高速水平喷入土体,借助液体的冲击力切削土层,同时钻杆一面以一定的速度(20r/min)旋转,一面低速(15~30cm/min)徐徐提升,使土体与水泥浆充分搅拌混合凝固,形成具有一定强度(0.5~8.0MPa)的圆柱固结体(即旋喷桩),从而使地基得到加固。旋喷桩的特点是:可提高地基的抗剪强度;能利用小直径钻孔旋喷成比孔大8~10倍的大直径固结体;可用于已有建筑物地基加固而不扰动附近土体;施工噪声低、振动小;可用于任何软弱土层,可控制加固范围;设备较简单、轻便,机械化程度高;料源广阔、施工简便、速度快、成本低等。本工艺标准适用于工业与民用建筑工程中的淤泥、淤泥质土、黏性土、粉土、砂土、湿陷性黄土、人工填土及碎石土等的地基加固;同时适用于既有建筑和新建筑的地基处理,深基坑侧壁挡土或挡水,基坑底部加固防止管涌与隆起,坝的加固与防水帷幕等工程。工程施工应以设计图纸和施工规范为依据。

3.3.1 材料要求

水泥应采用32.5级普通水泥,要求新鲜无结块,一般泥浆水灰比为1∶1~1∶1.5。为消除离析,一般再加入水泥用量3%的陶土、0.9‰的碱。浆液宜在旋喷前1h以内配制,使用时滤去硬块、砂石等,以免堵塞管路和喷嘴。

3.3.2 主要机具设备

主要机具设备包括高压泵、钻机、浆液搅拌器等;辅助设备包括操纵控制系统、高压管路系统、材料储存系统以及各种管材、阀门、接头安全设施等。旋喷桩施工主要机具设备规格、技术性能要求见表3.3.2-1。旋喷桩的设计直径见表3.3.2-2。

表3.3.2-1 旋喷桩施工主要机具设备规格、技术性能要求

方法	设备名称	规格性能	用途
单管法	高压泥浆泵	①SNC-H300型黄河牌压浆车; ②ACF-700型压浆车,柱塞式、带压力流量仪表	旋喷注浆
	钻机	①无锡30型钻机; ②XJ100型振动钻机	旋喷用
	旋喷管	单管、42mm地质钻杆旋喷直径0.32~0.40m	注浆成桩
	高压胶管	工作压力31MPa、9MPa,内径19mm	高压水泥浆用

方法	设备名称	规格性能	用途
三重管法	高压泵	①3W-TB4 高压柱塞泵,带压力流量仪表; ②SNC-H300 黄河牌压浆车; ③ACF-700 型压浆车	高压水助喷
	泥浆泵	①BW250/50 型,压力 3～5MPa,排量 150～250L/min; ②200/40 型,压力 4MPa,排量 120～200L/min; ③ACF-700 型压浆车	旋喷注浆
	空压机	压力 0.55～0.70Mpa,排量 6～9m³/min	旋喷用气
	钻机	①无锡 30 型钻机; ②XJ100 型振动钻机	旋喷用,成孔用
	旋喷管	三重管,泥浆压力 2MPa,水压 20MPa,气压 0.5MPa	水、气、浆成桩
	高压胶管	工作压力 31MPa、9MPa,内径 19mm	高压水泥浆用
	其他	搅拌管,各种压力、流量仪表等	控制压力流量用

表 3.3.2-2 旋喷桩的设计直径

土质		单管法下直径/m	二重管法下直径/m	三重管法下直径/m
黏性土	$0 < N < 5$	0.5～0.8	0.8～1.2	1.2～1.8
	$6 < N < 10$	0.4～0.7	0.7～1.1	1.0～1.6
砂土	$0 < N < 10$	0.6～1.0	1.0～1.4	1.5～2.0
	$11 < N < 20$	0.5～0.9	0.9～1.3	1.2～1.8
	$21 < N < 30$	0.4～0.8	0.8～1.2	0.9～1.5

注:1. 钻机的转速和提升速度,根据需要应附设调速装置,或增设慢速卷扬机。

2. 二重管法选用高压泥浆泵、空压机和高压胶管等,可参照上述规格选用。

3. 三重管法尚需配备搅拌罐(一次搅拌量 3.5m³)、旋转及提升装置、吊车、集泥箱、指挥信号装置等。

4. 其他尚需配各种压力、流量仪表等。

3.3.3 作业条件

(1)应具有工程地质勘查报告、基础施工图和经公司批准的专项施工组织设计。

(2)施工场地内的地上和地下障碍物已清除或拆迁。

(3)平整场地,挖好排浆沟、排水沟,设置临时澄清池等设施。

(4)测量放线,并设置桩位标志。

(5)取现场土样,在室内按不同含水量和配合比进行配方试验,已优选出合理的浆液配方。

(6)机具设备已配齐、进场,并已维修、安装就位,进行试运转,达到完好状态。进行现场试桩,确定成桩施工的各项施工参数和工艺。

3.3.4　施工操作工艺

(1)旋喷桩可根据工程情况和机具条件采用单管法、二重管法和三重管法三种方法,工程应用较多的为单管法和三重管法。单管法成桩施工工艺流程如图 3.3.4-1 所示,三重管法施工工艺流程如图 3.3.4-2 所示。

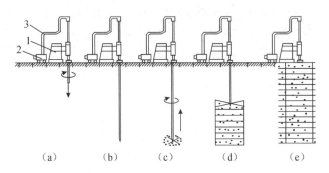

1—钻孔机械;2—超高压脉冲泵;3—高压胶管

图 3.3.4-1　单管法成桩施工工艺流程

(a)钻机就位钻孔;(b)钻孔至设计标高;(c)旋喷开始;(d)边旋喷边提升;(e)旋喷结束成桩

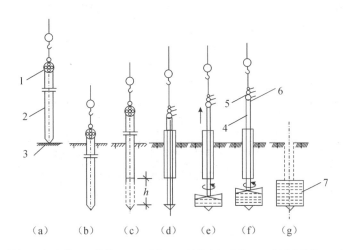

1—振动锤;2—钢套管;3—桩靴;4—三重管;5—压缩空气胶管;6—高压水胶管;7—旋喷桩

图 3.3.4-2　三重管法成桩施工工艺流程

(a)定位、放桩靴、立套管、安振动锤;(b)套管沉入设计位置;(c)拔套管、卸下上段套管,使下段露出地面(使 h 大于要求的旋喷长度);(d)套管中插入三重管;(e)开始边旋边喷,边提升;

(f)不断旋喷和提升,直至预定要求的旋喷长度;(g)拔出三重管和套管,移至下一桩位

(2)旋喷桩的施工程序:机具就位→贯入注浆管,试喷浆→旋喷注浆→拔管及冲洗等。

(3)单管法和二重管法可用注浆管射水成孔至设计深度后,一边提升,一边进行喷射注浆。三重管法施工须预先用钻机或振动打桩机钻成直径 150～200mm 的孔,然后将三重注浆管插入孔内,按旋喷、定喷或摆喷的工艺要求,由下而上进行喷射注浆,注浆管分段提升的搭接长度不得小于 100mm。

（4）在插入旋喷管前，先检查高压水与空气喷射情况，各部位密封圈是否封闭，插入后先做高压水射水试验，合格后方可喷射浆液。如坍孔插入困难时，可用低压（0.1～2MPa）水冲孔喷下，但须把用塑料布包裹高压水喷嘴，以免泥土堵塞。

（5）喷嘴直径、提升速度、旋喷速度、喷射压力、排量等旋喷参数见表3.3.4，并根据现场试验确定。

表 3.3.4　旋喷施工主要机具和参数

项目		单管法	二重管法	三重管法
参数	喷嘴孔径/mm	$\Phi 2\sim 3$	$\Phi 2\sim 3$	$\Phi 2\sim 3$
	喷嘴个数/个	2	1～2	2
	旋转速度/(r·min⁻¹)	20	10	5～15
	提升速度/(mm·min⁻¹)	200～500	100	50～150
机具性能	高压泵　压力/MPa	20～40	20～40	20～40
	高压泵　流量/(L·min⁻¹)	60～120	60～120	60～120
	空压机　压力/MPa	—	0.7	0.7
	空压机　流量/(L·min⁻¹)	—	1～3	1～3
	泥浆泵　压力/MPa	—	—	3～5
	泥浆泵　流量/(L·min⁻¹)	—	—	100～150
浆液配比		水：水泥：陶土：碱=(1-1.5)：1：0.03：0.0009		

注：高压泵喷射的是浆液（单管法、二重管法）或水（三重管法）。

（6）三重管旋喷法工艺流程如下。

1）先用振动打桩机将带有活动桩靴的套管打入土中，然后将套管拔出一段，拔出地面高度大于拟旋喷的高度，然后拆除上段套管。

2）安放钻机和慢速卷扬机，用以旋转和提升旋喷管。

3）将旋喷管通过钻机盘插入孔内。

4）接通高压管、水泥浆管、空压管，开动高压泵、泥浆泵、空压机和旋转钻机进行旋喷。用仪表控制压力、流量、风量。当压力、流量、风量分别达到预定数值时开始提升。

5）继续旋喷和提升直至预定的旋喷高度为止。

6）拔出旋喷管和套管（见图3.3.4-2）。

（7）当采用三重管法旋喷时，一开始，先送高压水，再送水泥浆和压缩空气，在一般情况下，压缩空气可晚送30s。在桩底部边旋转边喷射1min后，再边旋转、边提升、边喷射。

（8）喷射时，应先达到预定的喷射压力、喷浆量，再逐渐提升注浆管。中间发生故障时，应停止提升和旋喷，以防桩体中断，同时立即进行检查，排除故障；如发现浆液喷射不足，影响桩体的设计直径时，应进行复核。

（9）当处理既有建筑地基时，应采取速凝浆液或加大间距隔孔旋喷和冒浆回灌等措施，以防旋喷过程中地基产生附加变形和地基与基础间出现脱空现象，影响被加固建筑及邻近建筑。

(10)桩喷浆量 Q(L/根)可按下式计算:

$$Q = Hq(1+\beta)/v \qquad (3.3.4)$$

式中:H——旋喷长度(m);

  v——旋喷管提升速度(m/min);

  q——泵的排浆量(L/min);

  β——浆液损失系数,一般取 $0.1\sim0.2$。

旋喷过程中,冒浆量应控制在 $10\%\sim25\%$。对需要扩大加固范围或提高强度的工程,可采取复喷措施,即先喷一遍清水,再喷一遍或两遍水泥浆。

(11)喷到桩高后应迅速拔出注浆管,用清水冲洗管路,防止凝固堵塞。相邻两桩施工间隔时间应不小于48h,间距不得小于4m。

3.3.5 质量标准

(1)主控项目。

1)水泥的品种、标号,水泥浆的水灰比,以及外加剂的品种、掺量,必须符合设计要求。

2)高压喷射注浆(旋喷桩)深度、直径,旋喷体强度及透水性,必须符合设计要求。检验方法为钻机取样、标准贯入、荷载试验、压水试验、开挖检查等。

3)检验点的数量为施工注浆孔总数的 $2\%\sim5\%$,对不足 20 孔的工程,至少检验 2 个孔。

4)桩体质量及承载力检验应在施工结束后 28d 进行。

(2)允许偏差项目。旋喷桩的允许偏差及检验方法见表 3.3.5。

表 3.3.5　旋喷桩的允许偏差和检验方法

项目	序号	检查项目	允许偏差或允许值	检查方法
主控项目	1	水泥及外掺剂质量	符合出厂要求	检查产品合格证书或抽样送检
	2	水泥用量	按设计要求	查看流量表及水泥浆水灰比
	3	桩体强度	按设计要求	按规定办法
	4	地基承载力	按设计要求	按规定办法
一般项目	1	钻孔位置/mm	$\leqslant50$	用钢尺量
	2	钻孔垂直度	$\leqslant1.5\%$	经纬仪测钻杆或实测
	3	孔深/mm	±200	用钢尺量
	4	注浆压力	—	查看压力表
	5	桩体搭接/mm	>200	用钢尺量
	6	桩体直径/mm	$\leqslant50$	开挖后用钢尺量
	7	桩身中心允许偏差/mm	$\leqslant0.2D$	开挖后桩顶下 500mm 处用钢尺量,D 为桩径

3.3.6 成品保护

旋喷桩施工完成后,不能随意堆放重物,防止桩变形。

3.3.7 安全措施

(1)施工时,对高压泥浆泵要全面检查和清洗干净,防止泵体的残渣和铁屑存在;各密封圈应完整无泄漏,安全阀中的安全销要进行试压检验,确保能在额定最高压力时断销卸压;压力表应定期检查,保证正常使用,一旦发生故障,要停泵停机排除故障。

(2)高压胶管不能超过压力范围使用,使用时屈弯应不小于规定的弯曲半径,防止高压管爆裂伤人。

(3)高压喷射旋喷注浆在高压下进行,高压射流的破坏力较强,浆液应过滤,使颗粒不大于喷嘴直径;高压泵必须有安全装置,当超过允许泵压时,应能自动停止工作;因故需较长时间中断旋喷时,应及时用清水冲洗输送浆液系统,以防硬化剂沉淀管路内;冬季施工时,高压泵不得在负温下工作,施工完应及时将泵和管路内的积水排出,以防结冰,造成爆管。

(4)操纵钻机人员要有熟练的操作技能,了解注浆全过程及钻机旋喷注浆性能,严禁违章操作。

3.3.8 施工注意事项

(1)钻机就位后,应进行水平和垂直校正,钻杆应与桩位一致,偏差应符合表3.3.5的要求,以保证桩垂直度正确。

(2)旋喷桩的主要材料为水泥,对于无特殊要求的工程,宜采用强度等级为32.5级及以上的普通硅酸盐水泥。根据需要可以加入适量外加剂及掺合料,其用量应通过试验确定。

(3)在旋喷过程中往往有一定数量的土粒随着一部分浆液沿注浆管壁冒出地面,如冒浆量小于注浆量的20%,可视为正常现象,超过者或出现不冒浆时,应查明原因,采取相应的措施。通常冒浆量过大是有效喷射范围与注浆量不匹配所致,可采取提高喷射压力、适当缩小喷嘴孔径、加快提升和旋喷速度等措施,来减小冒浆量;不冒浆大多是地层中有较大空隙所致,可采取在浆液中掺加适量的速凝剂、缩短固结时间或增大注浆量,填满空隙,再继续正常旋喷。

(4)在插管旋喷过程中,要防止喷嘴被泥砂堵塞,水、气、浆、压力和流量必须符合设计值,一旦堵塞,要拔管清洗干净,再重新插管和旋喷。插管时应边射水边插,水压力控制在1MPa,高压水喷嘴要用塑料布包裹,以防泥土进入管内。

(5)钻杆的旋转和提升应连续进行,不得中断;拆卸钻杆要保持钻杆伸入下节有100mm以上的搭接长度,以免桩体脱节。钻机发生故障时,应停止提升钻杆和旋喷,以防断桩,并应立即检修排除故障;为提高桩的承载力,在桩底部1m范围内应适当增加旋喷时间。端承桩应深入持力层2m为宜。

(6)当处理既有建筑地基时,应采取速凝浆液、大间距隔孔旋喷、冒浆回灌等措施,以防旋喷过程中地基产生附加变形和地基与基础间出现脱空现象,影响被加固建筑及邻近建筑;同时应对建筑物进行沉降观测。

3.3.9 质量记录

与第3.2.9节深层搅拌桩质量记录相同。

3.4 喷粉桩施工工艺标准

喷粉桩系采用喷粉桩机成孔,运用喷粉桩机借助压缩空气将粉体(水泥或石灰粉)输送到桩头,以雾状喷入加固地基的土层中,并借钻头的叶片旋转,加以搅拌,使其充分混合形成水泥(或石灰)土桩体,与原地基构成复合地基。喷粉桩的特点是:加固改良地基,提高地基承载力(2~3倍)和水稳性,减少沉降量(1/3~2/3),加快沉降速率,无须向地基土中注入附加水分;喷粉密封,对环境无污染,施工无振动、无噪音,对周围环境无不良影响;施工机具设备较简单,机具液压操纵,连续钻进,方便迅速、效率高、装配费用低,无须高压设备,安全可靠、施工操作简便、成桩效率高(每台喷粉机为50根/d),可就地取材,费用较低,比采用混凝土灌注桩地基,处理费用降低70%,工期仅为原来的1/3。本工艺标准适用于荷载不大的工业厂房与七层以下民用建筑地基处理;公路、铁路路基和边坡的加固以及地下工程支护、防渗墙等工程应用;特别适于有地下水或含水率大于23%、小于45%的黏性土、粉土、砂土、杂填土、软土地基做浅层(深14m以内)加固的工程。工程施工应以设计图纸和施工规范为依据。

3.4.1 材料要求

(1)水泥。用32.5级及以上的普通水泥,要求新鲜无结块,入罐最大粒度不超过5mm,不含有纸屑、塑料布、垃圾等杂物。

(2)石灰。用磨细生石灰,最大粒径应小于0.2mm,质地纯净无杂质,石灰中氧化钙和氧化镁的总和应不少于85%,其中氧化钙的含量应不低于80%。

3.4.2 主要机具设备

主要机具设备包括喷粉桩机及配套水泥罐、贮灰罐、喷粉系统、空气压缩机等;喷粉桩机由液压步履式底架、井架和导向加减压机构、钻机传动系统、钻具、液压系统、喷粉系统、电气系统等部分组成,其构造组成系统如图3.4.3所示,规格与技术性能要求见表3.4.3。

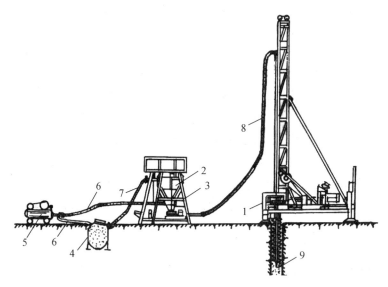

1—喷粉桩机;2—贮灰罐;3—灰罐架;4—水泥罐;5—空气压缩机;

6—进气管;7—进灰管;8—喷粉管;9—喷粉桩体

图 3.4.3 喷粉桩机构造

表 3.4.3 喷粉桩机规格与技术性能要求

名称	数量	规格技术性能	用途
喷粉桩机	1台	PH-5A 型,加固深度≤15m,成桩直径≤600mm,转速 27.0～80.6r/min,提升速度 0.57～1.70m/min,液压步履,纵向 1.2m,横向 0.5m,接地比压≤0.027N/mm²,电机功率 37kW,重量 8t	钻孔、喷气、喷粉、搅拌
贮灰罐	1个	容量 1.3m³,设计压力 0.6N/mm²,带灰罐架、旋转供料器、电子计量系统	贮存粉料和加压输送
空气压缩机	1台	XK0.6-0.10 型,工作压力 1.0N/mm²,排量 1.6m³/min,电机功率 13kW	输送、喷粉、供气

注:PH-5A 型喷粉桩机系由武汉工程机械研究所制造。

3.4.3 作业条件

(1)根据工程地质勘查报告,通过原位测试及室内试验,取得地基土、灰土物理力学及化学指标,优选出最佳含灰量,作为设计掺灰量,决定设置搅拌范围,选择桩长、截面及根数的依据。

(2)其他与第 3.3.3 节旋喷桩施工作业条件相同。

3.4.4 施工操作工艺

(1)喷粉桩机具设备布置及施工工艺如图 3.4.3 所示。

(2)施工程序:放线定桩位→钻机就位→钻桩孔至设计深度→边搅拌、喷粉,边提升钻杆→至桩顶以上 50cm 停止搅拌、喷粉→全程或局部复搅(复喷)一次,提杆至地面→移至下一桩位继续施工。

(3)施工前,应进行场地整平和桩位放线,清除地上和地下的障碍物,当遇明浜、池塘及洼地时,应抽水清淤,回填黏性土料并压实,不得回填杂填土和生活垃圾。

(4)组装架立喷粉桩机,检查主机各部分的连接,喷粉系统各部分安装试调情况及灰罐、管路的密封连接情况是否正常,做好必要的调整和紧固工作;灰罐装满料后,进料口应加盖密封,排除异常情况后,方可开始施工,送气(粉)管的长度不宜大于 60m。

(5)成桩时,先用喷粉桩机在桩位钻孔,至设计要求深度后(钻速为 0.57～0.97m/min,一般钻一根 10m 长桩需 15～25min),将钻头以 0.97m/min 速度边搅拌、边提升,同时以喷粉系统将水泥(或石灰粉)通过钻杆端喷嘴定时定量向搅动的土体喷粉,使土体和水泥(或石灰)进行充分搅拌混合,形成水泥、水、土(或石灰土)混合体。

(6)桩体喷粉要求一气呵成,不得中断,每根桩宜装一次灰,搅拌完一根桩;喷粉深度在钻杆上标线控制,喷粉压力控制在 0.5～0.8MPa。

(7)当搅拌头达到设计桩底以上 1.5m 时,应开启喷粉机提前进行喷粉作业,当搅拌头提升至地面下 500mm 时,喷粉机应停止喷粉。

3.4.5　质量标准

(1)主控项目。

1)喷粉桩所用材料的各种指标,包括含灰量、灰液性指数和外加剂品种掺量,必须符合设计要求。

2)喷粉桩的桩径、深度及灰土质量,必须符合设计要求。

3)喷粉桩复合地基养护 14d 后,进行荷载试验,其承载力应符合设计要求。

(2)允许偏差项目。喷粉桩地基的允许偏差及检验方法与旋喷桩相同(见表 3.3.5)。

3.4.6　成品保护

与第 3.4.6 节旋喷桩施工成品保护相同。

3.4.7　安全措施

(1)在现场设水泥罐、石灰池,石灰粉要遮盖,操作人员要戴防护眼镜,以防止因粉体飞扬污染或溅伤皮肤和眼睛。

(2)严加控制空压机的压力及风量,不宜太大;高压管不能超过压力范围使用,使用时弯曲半径不应小于规定值,以防爆管。

(3)喷粉系统安全阀、压力表应定期检查,保证正常使用;一旦发生故障,要停机排除故障后,才可继续进行喷粉作业。

(4)钻机操作人员应经培训持证上岗,应了解喷粉全过程并能熟练操作。

3.4.8 施工注意事项

(1)单位桩长喷粉量是成桩质量的关键,喷粉量随土质情况、桩体强度要求而定,一般为40~70kg/m,常用50kg/m,相当于桩体的12%,每个工程喷粉量应一次大体调定。

(2)为避免桩机移动路线和管路过长,喷粉桩施工时宜采用先中轴、后边轴,先里排、后外排的次序进行。桩机移动最长距离不应大于50m。

(3)当钻头提升到高于桩顶面约0.5m(此时钻头仍处于地面下)时,喷粉系统应停止向孔内喷射水泥(或石灰粉);遇荷载较大和不正常情况,为避免桩上部受力最大的部位因气压骤减出现松散层,为提高桩体质量,在桩顶下部3.5m范围内,宜再钻进提升,复喷(水泥用量为10kg/m)一次,桩体即告完成,复喷桩体强度一般可达到1.2MPa左右。

(4)成桩过程中因故停止喷粉,应将搅拌头下沉至停灰面以下1m处,待复喷时再喷粉搅拌提升。

(5)喷粉桩应自然养护14d以上,方可挖基坑土方。桩基上部500mm高土层尽可能用人工开挖,避免挖土机、推土机在其上行驶或站在桩上挖土,将桩头压碎或施加水平推力造成断桩。切割上部桩头时应用人工在周边凿槽,再用锤击破碎。

3.4.9 质量记录

与第3.2.9节深层搅拌桩质量记录相同。

3.5 钢筋混凝土打入桩施工工艺标准

钢筋混凝土打入桩采用各类桩锤或振动锤对钢筋混凝土预制桩施加冲击力或振动力,把桩打(沉)入土中成桩。本法的优点是:桩可在工厂或现场就地预制,质量易于保证,单桩承载力大;施工设备较简单,移动灵活、操作方便,可用于多种土层,沉桩效率高、速度快;但存在振动且噪音大,对周围居民和建筑物有一定干扰和影响;在饱和软土地基中用打入桩,其挤土效应会严重影响邻近建筑物、构筑物,发生变形、开裂等问题。本工艺标准适用于工业与民用建筑基础采用钢筋混凝土预制方桩、圆桩或管桩的打入桩工程。工程施工应以设计图纸和施工规范为依据。

3.5.1 材料要求

(1)钢筋混凝土预制桩。规格、质量必须符合设计要求和施工规范的规定,并有出厂合格证明,强度要求达到100%,且无断裂等情况。

(2)焊条(接桩用)。牌号、性能必须符合设计要求和有关标准的规定,一般宜用E43XX。

(3)钢板(焊接接桩用)。材质、规格符合设计要求,宜用Q235钢。

(4)当采用硫黄胶泥接桩时,其配合比与物理力学性能参见第3.6节机械静力压桩施工工艺标准相关内容。

3.5.2　主要机具设备

打(沉)桩机械可根据桩尺寸、土质情况和设备条件采用柴油打桩机、振动沉桩机、蒸汽打桩机或落锤打桩机。主要设备包括桩锤、桩架和动力装置三部分。送桩、吊运桩一般另配一台履带式起重机或轮胎式起重机。其他辅助机具有电焊机、氧割工具、索具、扳手、撬棍和钢丝刷等。

3.5.3　作业条件

(1)应具有工程地质资料、桩基施工平面图、经公司审批的桩基施工组织设计或施工方案。

(2)排除桩基范围内的高空、地面和地下障碍物。场地已平整压实,能保证打(沉)桩机械在场内正常运行。若在雨期施工,应做好排水措施。

(3)桩锤的选用应根据地质条件、桩型、桩的密集程度、单桩竖向承载力及现有施工条件确定,也可按照《建筑桩基技术规范》(JGJ94—2008)附录 H 参照选用。

(4)打桩场地附近建(构)筑物有防振要求时,已采取防振措施。

(5)桩基的轴线桩和水准基点桩已设置完毕,并经过复查办理签证手续。每根桩的桩位已经测定,用小木桩或短钢筋打好定位桩,并用白灰做出标记。

(6)选择和确定打桩设备进出路线和打桩顺序。

(7)检查桩的质量,将需用的桩按平面布置图堆放在打桩机附近,不合格的桩另行堆放。

(8)检查打桩机械设备及起重工具,铺设水、电管线,进行设备架立组装。在桩架上设置标尺或在桩侧面画上标尺,以便观测桩身入土深度。

(9)施工前应根据设计要求先打试桩,并委托专业单位进行桩的承载力试验,试验报告应经设计单位确认后,再进行工程桩施工。同时通过试桩,确定贯入度及桩长,并校验打桩设备和施工工艺及技术措施是否符合要求。

(10)准备好桩基工程沉桩记录和隐蔽工程验收记录表格,安排好记录和监理人员等。

3.5.4　施工操作工艺

(1)打桩机就位时,应垂直平稳地将其架设在打桩部位,桩锤应对准桩位,确保施打时不发生歪斜或移动。

(2)起吊预制桩一般利用桩架上的吊索与卷扬机进行。起吊时吊点必须正确,起吊应缓慢均匀。如桩架无起吊装置,则另配起重机送桩就位。将桩插入土中时,位置应准确,偏差不得超过本标准的相关规定。

(3)打桩时,应用导板夹具或桩箍将桩嵌固在桩架两导柱中,校正桩位置及垂直度后,方可将锤连同桩帽压在桩顶,桩帽与桩周边应有 5～10mm 间隙,桩锤与桩帽、桩帽与桩之间应加弹性衬垫(如硬木、绳垫、尼龙垫),桩锤、桩帽与桩身中心线要一致。

(4)开始沉桩时应起锤轻压并轻击数下,观测桩身、桩架、桩锤等垂直一致,方可转入正常施打。开始落距应小,待入土达一定深度且桩稳定后,方将落距提高到规定的高度施打。用落锤或单动汽锤打桩时,落距最大不宜超过 1m。振动沉桩系将桩头套入振动箱连固桩帽或液压夹桩器夹紧,启动振动箱借助激振力将桩逐渐沉入土中。

（5）打桩顺序根据地基土质情况,桩基平面布置、尺寸、密集程度、深度,方便打桩机移动等因素确定。一般采取从中间向两边对称施打,或从中间向四周施打;当一侧毗邻现有建筑物或城市道路、地下管线时,应由毗邻建筑物、构筑物处向另一方向施打。对基础标高不一的桩,宜先深后浅打入;对不同规格的桩,宜先大后小,先长后短,可使土挤密均匀,防止位移或偏斜。

（6）当桩顶标高较低,需送桩入土时,应用钢制送桩放于桩头上,锤击送桩,将桩送入土中。

（7）当桩长度不够时,应按设计要求进行接桩;当采用焊接接桩时,钢板宜采用 Q235 钢,使用 E43XX 焊条。预埋铁件的表面必须清理干净,并应将桩上下节之间的间隙用铁皮垫实焊牢。焊接时,先将四角点焊固定,然后对称焊接,焊缝应连续饱满,并应采取减少焊缝变形的措施。接桩一般在距地面 1m 左右时进行,上下节桩的中心线对准。接桩处应补刷防腐漆。

（8）打桩时若下沉量突然增大,应对照资料进行检查。若桩尖进入软土层,应继续施打;若桩身被打断,可在桩旁补桩。若桩打到一定深度打不下去,或桩锤和桩突然回弹,可能是由于桩遇孤石或硬土层,应减少桩锤落距,慢慢往下打,待桩尖穿过障碍物之后,再加大落距。施打过程中,如桩头已严重破坏,不得再打,待采取措施后,方可继续施打。

（9）当打桩的贯入度已达到要求,桩的入土深度接近设计要求时,即可进行控制。一般要求最后两次十锤的平均贯入度不大于设计规定的数值,或以桩尖入土深度来控制其符合设计要求;振动法沉桩,以最后三次振动（加压）,每次 10min 或 5min,测出每分钟的平均贯入度,以不大于设计规定的数值为合格。最后填好打桩施工记录,即可移机到新桩位。

3.5.5　质量标准

（1）主控项目。

1）桩的质量必须符合设计要求和施工规范的规定,并有出厂合格证。

2）打桩的标高及贯入度、桩的接头节点处理,必须符合设计要求。桩端（指全截面处）位于一般土层时,以控制桩端设计标高为主,贯入度可做参考;当桩端达到坚硬、硬塑黏土层,中密粉土,砂土,碎石,风化岩时,以贯入度控制为主,桩端标高可做参考;当贯入度已达到,而桩端设计标高未达到时,应继续锤击 3 阵,按每阵 10 击的贯入度不大于设计规定的数值加以确认。

（2）钢筋混凝土预制桩骨架质量检验标准见表 3.5.5-1,骨架制作允许偏差见表 3.5.5-2,桩的质量检验标准见表 3.5.5-3,桩位允许偏差见表 3.5.5-4。

表 3.5.5-1　钢筋混凝土预制桩骨架质量检验标准

项目	序号	检查项目	允许偏差或允许值/mm	检查方法
主控项目	1	主筋距桩顶距离	±5	用钢尺量
	2	多节桩锚固钢筋位置	5	用钢尺量
	3	多节桩预埋铁件	±3	用钢尺量
	4	主筋保护层厚度	±5	用钢尺量
一般项目	1	主筋间距	±5	用钢尺量
	2	桩尖中心线	10	用钢尺量
	3	箍筋间距	±20	用钢尺量
	4	桩顶钢筋网片	±10	用钢尺量
	5	多节桩锚固钢筋长度	±10	用钢尺量

表 3.5.5-2　钢筋混凝土预制桩骨架制作允许偏差

桩型	项目	允许偏差/mm	检查方法
钢筋混凝土实心桩	横截面边长	±5	用钢尺量
	桩顶对角线之差	≤5	用钢尺量
	保护层厚度	±5	用钢尺量
	桩身弯曲矢高	不大于1‰,且桩长不大于20	用钢尺量
	桩尖偏心	≤10	用钢尺量
	桩端面倾斜	≤0.005	用钢尺量
	桩节长度	±20	用钢尺量
钢筋混凝土管桩	直径	±5	用钢尺量
	长度	±0.5%桩长	用钢尺量
	管壁厚度	−5	用钢尺量
	保护层厚度	+10,−5	用钢尺量
	桩身弯曲矢高	1‰桩长	用钢尺量
	桩尖偏心	≤10	用钢尺量
	桩头板平整度	≤2	用钢尺量
	桩头偏心	≤2	用钢尺量

表 3.5.5-3　钢筋混凝土预制桩的质量检验标准

项目	序号	检查项目		允许偏差或允许值	检查方法
主控项目	1	桩体质量检验		按基桩检测技术规范	按基桩检测技术规范
	2	桩位偏差		见表 3.5.5-4	用钢尺量
	3	承载力		按基桩检测技术规范	按基桩检测技术规范
一般项目	1	砂、石、水泥、钢材等原材料（现场预制时）		符合设计要求	查出厂质保文件或抽样送检
	2	混凝土配合比及强度（现场预制时）		符合设计要求	检查称量及查试块记录
	3	成品桩外形		表面平整，颜色均匀，掉角深度<10mm，蜂窝面积小于总面积的 0.5%	观察
	4	成品桩裂缝（收缩裂缝或起吊、装运、堆放引起的裂缝）		深度<20mm，宽度<0.25mm，横向裂缝不超过边长的一半	裂缝测定仪，本项在地下水有侵蚀地区及锤击数超过 500 击的长桩不适用
	5	成品桩尺寸	横截面边长/mm	±5	用钢尺量
			桩顶对角线差/mm	<10	用钢尺量
			桩尖中心线/mm	<10	用钢尺量
			桩身弯曲矢高	<1/1000L	用钢尺量，L 为桩长
			桩顶平整度/mm	<2	用水平尺量
	6	电焊接桩	焊缝质量	见《建筑地基基础工程施工质量验收标准》(GB 50202—2002)中表 5.5.4-2	见《建筑地基基础工程施工质量验收标准》(GB 50202—2002)中表 5.5.4-2
			电焊结束后停歇时间/min	>1.0	秒表测定
			上下节平面偏差/mm	<10	用钢尺量
			节点弯曲矢高	<1/1000L	用钢尺量，L 为两节桩长
	7	硫黄胶泥接桩	胶泥浇注时间/min	<2	秒表测定
			浇注后停歇时间/min	>7	秒表测定
	8	桩顶标高/mm		±50	水准仪
	9	停锤标准		符合设计要求	现场实测或查沉桩记录

表 3.5.5-4　钢筋混凝土预制桩桩位允许偏差

序号	项目		允许偏差
1	盖有基础梁的桩	垂直基础梁的中心线	$100mm+0.01H$
		沿基础梁的中心线	$150mm+0.01H$
2	桩数为 1～3 根桩基中的桩		$100mm$
3	桩数为 4～16 根桩基中的桩		1/2 桩径或边长
4	桩数大于 16 根桩基中的桩	最外边的桩	1/3 桩径或边长
		中间桩	1/2 桩径或边长

注：H 为施工现场地面标高与桩顶设计标高的距离。

3.5.6　成品保护

（1）桩达到设计强度的 70% 方可起吊，达到 100% 才能运输，以防出现裂缝或断裂。

（2）起吊桩和搬运桩时，吊点应符合设计要求，并应平稳，不得损伤。

（3）桩的堆放场地应平整、坚实，不得产生不均匀沉降；垫木应放在靠近吊点处，并应保持在同一平面内；同规格的桩应堆放在一起，桩尖应向一端；桩重叠堆放时，上下层垫木应对齐，堆放层数一般不宜超过 4 层。

（4）妥善保护桩基的轴线桩和水平基点桩，避免碰撞和振动而造成位移。

（5）在软土地基中打桩完毕，基坑开挖应制定合理的开挖顺序和采取一定的技术措施，防止桩倾斜或位移。

（6）在凿除高出设计标高的桩顶混凝土时，应自上而下进行，不横向凿打，以免桩受水平冲击力而受到破坏或松动。

3.5.7　安全措施

（1）打桩前，应对邻近施工范围内的原有建筑物、地下管线等进行检查，对有影响的工程，应采取有效的加固防护措施或隔振措施，这些措施应征得建设单位、监理单位的同意；同时，施工前宜由建设单位委托有资质的专业单位进行监测，做到信息化施工，以确保施工安全。

（2）打桩机行走道路必须平整、坚实，必要时宜铺设道砟，经压路机碾压密实。场地四周应挖排水沟以利排水，保证移动桩机时的安全。

（3）打（沉）桩前应先全面检查机械各个部件及润滑情况，钢丝绳是否完好，发现有问题时应及时解决；检查后要进行试运转，严禁机械带病作业。打（沉）桩机械设备应由专人操作，并经常检查机架部分有无脱焊和螺栓松动，注意机械的运转情况，加强机械的维护保养，以保证机械正常使用。

（4）打（沉）桩机架安设应铺垫平稳、牢固。吊桩就位时，起吊要慢，并拉住溜绳，防止桩头冲击桩架，撞坏桩身。吊立后要加强检查，若发现不安全情况，应及时处理。

（5）在打（沉）桩过程中遇有地坪隆起或下陷时，在分析原因后，应及时调平或垫平机架及路轨。

(6)现场操作人员要戴安全帽,高空作业时系安全带,高空检修桩机时不得向下乱丢物件。

(7)机械司机在打(沉)桩操作时,要精力集中,服从指挥信号,并应经常注意机械运转情况,若发现异常情况,应立即检查处理,以防止机械倾斜、倾倒或桩锤不工作时突然下落等事故的发生。

(8)打桩时桩头垫料严禁用手拨正,不得在桩锤未打到桩顶时就起锤或过早刹车,以免损坏桩机设备。

(9)夜间施工,必须有足够的照明设施;雷雨天、大风、大雾天,应停止打(沉)桩作业。

3.5.8　施工注意事项

(1)打桩时预制桩强度必须达到设计强度的100%。

(2)打桩时如发现设计要求的土层与地质资料或实际土层不符,应停止施工,与有关单位研究处理。

(3)在邻近有建筑物的地方或岸边、斜坡上打桩时,施工方案应事先征得建设单位、监理单位的同意,并应监测施工。

(4)送桩拔出后留下的桩孔,应及时回填和加盖。

(5)当遇到贯入度剧变,桩身突然发生倾斜、位移或有严重回弹,桩顶或桩身出现严重裂缝、破碎等情况时,应暂停打桩,并分析原因,采取相应措施。

3.5.9　质量记录

(1)原材料的质量合格证及质量鉴定文件。

(2)半成品(如预制桩)产品合格证书。

(3)施工记录和隐蔽工程验收文件。

(4)检测试验和见证取样文件等。

3.6　机械静力压桩施工工艺标准

机械静力压桩系采用静力压桩机将预制钢筋混凝土桩分节压入地基土层中成桩。本法特点为:液压操作、自动化程度高、行走方便、运转灵活、桩位定点精确,可提高桩基施工质量;施工无噪声、无振动、无污染;沉桩采用全液压夹持桩身向下施加压力,可避免打碎桩头,施工速度较快,压桩速度每分钟可达2m,比锤击法可缩短1/3工期。本工艺标准适用于软土、填土、一般黏性土层中,以及居民稠密和危房附近环境保护要求严格的地区。工程施工应以设计图纸和施工规范为依据。

3.6.1　材料要求

(1)预制桩。预制桩(包括普通钢筋混凝土方桩和高强混凝土预应力管桩)一般按设计要求,以商品形式由专业预制厂供给,产品必须有出厂证和产品证明,也可以在施工现场预制。桩强度要求达到设计强度100%。

(2)桩接头采用焊接时,材质要求与打入桩相同。

(3)采用硫黄胶泥接桩时,其物理性能指标应达到设计要求和施工规范的规定。其配合比与物理力学性能见第3.6.4节第8条。

3.6.2 主要机具设备

(1)机械设备。包括 WJY 型(最大压桩力 900～1600kN)或 YZY 型(最大压桩力 2000～6500kN)全液压静力压桩机、轮胎式起重机、运输汽车。

(2)主要工具。包括钢丝绳吊索、卡环、撬杠、砂浴锅、铁盘、长柄勺、浇灌壶、扁铲、台秤、温度计等。

3.6.3 作业条件

与第3.5.3节钢筋混凝土打入桩作业条件相同。

3.6.4 施工操作工艺

(1)机械静力压桩的施工程序:测量桩位→桩机就位→吊桩插桩→桩身对中调直→静压沉桩→接桩→再静压沉桩→终止压接→切割桩头。

(2)压桩机的安装,必须按有关程序或说明书进行。压桩机的配重应平衡配置于平台上。压桩机就位时应对准桩位,启动平台支腿油缸,校正平台处于水平状态。

(3)启动门架支撑油缸,使门架微倾15°,以便吊插预制桩。起吊预制桩时先拴好吊装用的钢丝绳及索具,然后应用索具捆绑桩上部约50cm处,起吊预制桩,使桩尖垂直对准桩位中心,缓缓插入土中,回复门架在桩顶扣好桩帽,卸去索具,桩帽与桩顶之间应有相适应的衬垫,一般采用硬木板,其厚度为10cm左右。

(4)当桩尖插入桩位后,微微启动压桩油缸,待桩入土至 50cm 时,再次校正桩的垂直度和平台的水平度,使桩的纵横双向垂直偏差不超过 0.5%。然后再启动压桩油缸,将桩徐徐压下,控制施压速度不超过 2m/min。

(5)压桩的顺序。当建筑面积较大、桩数较多时,可将基桩分为数段,压桩在各段范围内分别进行。对多桩台,应由中央向两边或从中心向外施压。当一侧毗邻现有建筑物、构筑物时,为避免或减少挤土影响,应由毗邻建筑物、构筑物处向另一方向施打。在粉质黏土及黏土地基施工,应避免沿单一方向进行,以免向一边挤压,造成压入深度不一、地基挤密程度不均。场地地层中局部含砂、碎石、卵石时,宜先对该区域进行压桩;当持力层埋深或桩的入土深度差别较大时,宜先施压长桩,后施压短桩。

(6)桩长度不够时,接桩方法应按设计图的要求进行。当采用浆锚法接桩时,其方法是:起吊上节桩,矫直外露锚固钢筋,对准下节桩放下,使上节桩的外露锚筋全部插入下节桩的预留孔中,测量上下两节桩,确保其垂直、和接触面吻合,然后稍微提升上节桩,使上下节桩保持 20～25cm 的间隙,在下节桩四侧箍上特制的夹箍,及时将熔融的硫黄胶泥注入预留孔内,直到溢出孔外至桩顶整个平面,送下上节桩使两端面贴合,等硫黄胶泥自然冷却5～10min后,拆除夹箍继续压桩。接桩一般在距离地面1m左右进行。

(7)压桩应连续进行,用硫黄胶泥接桩间歇不宜过长(正常气温下为10～18min);接桩面应保持干净,浇筑时间不应超过2min;上下桩中心线应对齐,偏差不大于10mm;节点矢高不得大于0.1%桩长。

(8)硫黄胶泥的配合比及物理力学性能分别见表3.6.4-1和表3.6.4-2。

表 3.6.4-1 硫黄胶泥的配合比

成分	配合比	
硫磺	44	60
水泥	11	—
石墨粉	—	5
粉砂	40	—
石英砂	—	34.3
聚硫胶	1	—
聚硫甲胶	—	0.7

表 3.6.4-2 硫黄胶泥的物理力学性能

物理力学性能		数值
密度/(kg·m^{-3})		2280～2320
吸水率/%		0.12～0.24
弹性模量/MPa		5×10^4
抗拉强度/MPa		4
抗压强度/MPa		40
抗折强度/MPa		10
握裹强度/MPa	与螺纹钢筋	11
	与预留孔砼	4

(9)当压桩力已达到设计荷载的2倍或桩端已到达设计要求的持力层时,应随即进行稳压。当桩长小于15m或黏性土为持力层时,宜取略大于设计荷载的2倍作为最后稳压力,并且稳压不少于5次,每次1min;当桩长大于15m或密实砂土为持力层时,宜取设计荷载的2倍作为最后稳压力,并且稳压不少于3次,每次1min。测定最后各次稳压时的贯入度。

(10)当桩较密集,或地基为饱和淤泥、淤泥质土以及黏性土时,应设置塑料排水板、袋装砂井消减超孔压,或采取引孔措施。在压桩施工过程中,应对总桩数10%的桩设置上涌和水平偏位观测点,若位移值较大,应采取复压等措施。

(11)压桩施工时,应由专人或开启自动记录设备做好施工记录;开始压桩时,应记录桩每沉下1m时的油压表压力值;当下沉至设计标高或2倍于设计荷载时,应记录最后三次稳压时的贯入度。

3.6.5 质量标准

(1)主控项目。

1)预制桩的质量必须符合设计要求和施工规范的规定,并有出厂合格证。

2)桩的贯入度必须符合设计要求,最后几次的贯入度不能依次递增。

3)预制混凝土方桩,预应力混凝土空心桩、压入桩的桩位偏差应符合表 3.5.5-4 的规定。

4)桩的接头节点处理必须符合设计要求和施工规范的规定。

5)钢筋混凝土方桩接桩时,所使用的硫黄胶泥的抗压强度、抗拉强度、抗折强度和粘结强度必须达到设计要求和施工规范的规定,并有出厂合格证。

(2)允许偏差项目。预制桩机械静力压桩施工允许偏差及检验方法见第 3.5.5 节钢筋混凝土打入桩质量标准。

3.6.6 成品保护

与第 3.5.6 节钢筋混凝土打入桩成品保护相同。

3.6.7 安全措施

(1)机械司机在施工操作时,听从指挥信号,不得随意离开岗位,应经常注意机械的运转情况,发现异常应立即检查处理。

(2)桩达到设计强度的 75% 方可起吊,达到 100% 方可运输和压桩。

(3)桩在起吊和搬运时,吊点应符合设计要求,如设计无规定,当桩长在 16m 内时,可用一个吊点起吊,吊点位置应设在距桩端 0.29 桩长处。

(4)硫黄胶泥的原料及制品在运输、贮存和使用时应注意防火。熬制胶泥时,操作人员应穿戴防护用品,熬制场地应通风良好,人应在上风操作,严禁水溅入锅内。胶泥浇注后,上节桩应缓慢放下,防止胶泥飞溅伤人。

(5)其他与第 3.5.7 节钢筋混凝土打入桩安全措施相同。

3.6.8 施工注意事项

(1)压桩施工前,应清除桩位下的障碍物,必要时应对每个桩位进行钎探清查一遍。要对桩平直度进行检查,若发现桩身弯曲度超过 1/1000 桩长并大于 20mm,或桩尖不在桩纵轴线上,不应使用,避免压桩时出现断裂或桩顶位移。

(2)接桩施工时,应清理干净连接部位上的杂质、油污、水分等;上下节桩应在同一轴线上;使用硫黄胶泥严格按操作规程进行,保证配合比、熬制时间、施工温度符合要求,以防接桩处出现松脱开裂。

（3）静力压桩施工质量应符合下列规定。

1）第一节桩下压时垂直度偏差不应大于 0.5%。

2）宜将每根桩一次性连续压到底，且最后一节有效桩长不宜小于 5m。

3）抱压力不应大于桩身允许侧向压力的 1.1 倍。

4）对于大面积群桩，应控制日压桩量。

（4）其他与第 3.5.8 节钢筋混凝土打入桩施工注意事项相同。

3.6.9　质量记录

与第 3.5.9 节钢筋混凝土打入桩质量记录相同。

3.7　冲击钻成孔灌注桩施工工艺标准

冲击钻成孔灌注桩系用冲击式钻机或卷扬机悬吊冲击钻头（又称冲锤）上下往复冲击，将硬质土或岩层破碎成孔，部分碎渣和泥浆挤入孔壁中，大部分成为泥渣，用掏渣筒掏出成孔，然后再灌注混凝土成桩。冲击钻成孔灌注桩的特点是设备构造简单、适用范围广、操作方便，所成孔壁较坚实、稳定，坍孔少，不受施工场地限制，无噪声和振动影响等，因此被广泛地采用。本工艺标准适用于工业与民用建筑中采用冲击成孔灌注桩的黄土、黏性土或粉质黏土和人工杂填土以及含有孤石的砂砾石层、漂石层、坚硬土层、岩层地基的工程。工程施工应以设计图纸和施工规范为依据。

3.7.1　材料要求

（1）水泥。32.5 级普通硅酸盐或矿渣硅酸盐水泥，新鲜无结块。

（2）砂子。用中砂或粗砂，含泥量小于 5%。

（3）石子。卵石或碎石，粒径 5～40mm，含泥量不大于 2%。

（4）钢筋。品种和规格均符合设计要求，并有出厂合格证及试验报告。

（5）外加剂、掺合料。根据施工需要通过试验确定，外加剂应有产品出厂合格证。

（6）火烧丝。规格 18～22 号。

（7）垫块。用 1∶3 水泥砂浆埋 22 号火烧丝预制成。

3.7.2　主要机具设备

（1）机械设备。包括 CZ-15、CZ-22、CZ-30 等型号冲击钻孔机或简易的冲击钻机，3～5t 双筒卷扬机，混凝土搅拌机，插入式振捣器，洗石机，皮带式运输机，翻斗汽车，机动翻斗车，水泵以及钢筋加工系统设备等。

（2）主要工具。包括冲锤或冲击钻头、钢护筒、掏（抽）渣筒、钢吊绳；测渣铁砣、混凝土浇灌台架、下料斗、卸料槽、导管、预制混凝土塞、大小平锹、磅秤。

3.7.3 作业条件

(1)施工前,必须取得所需的地质勘查报告、桩基施工图,并编制施工技术方案或措施,报公司审批后实施。

(2)施工场地内所有地上障碍物和地下埋设物(如管线、电缆、旧圬土、石块、树根等)已经排除,对附近有隔震要求的建筑物和危房已采取保护措施,有关施工方案经建设单位认可。

(3)场地已经整平,周围已设排水设施,对场地中影响施工机械进场的松软土层已进行适当碾压处理。

(4)施工临时供水、供电、运输道路及小型临时设施已经铺设或修筑,泥浆池及废浆处理池等已设置。

(5)桩基测量控制桩、水准基点桩已经设置并经复核,桩位已钉小木桩或撒白灰标志。

(6)已在现场进行成孔试验,数量不少于2个,已摸清地质情况并取得有关成孔技术参数。当设计要求在工程桩全面施工前先做试桩时,试桩成果报告应报设计单位认可。

3.7.4 施工操作工艺

(1)冲击钻成孔灌注桩施工工艺程序:场地平整→桩位放线,开挖浆池、浆沟→护筒埋设→钻机就位,孔位校正→冲击造孔,泥浆循环,清除废浆、泥渣,清孔换浆→终孔验收→下钢筋笼和钢导管→灌注水下混凝土→成桩养护。

(2)成孔时应先在孔口设圆形6~8mm钢板护筒,护筒(圈)内径应比钻头直径大200mm,深一般为1.2~1.5m,然后使冲孔机就位,冲击钻应对准护筒中心,要求偏差在±20mm以内,开始低锤(小冲程)密击,锤高0.4~0.6m,并及时加块石与黏土泥浆护壁,泥浆密度和冲程可按表3.7.4选用,使孔壁挤压密实,直至孔深达护筒下3~4m后,才加快速度、加大冲程,将锤提高至1.5~2.0m以上,转入正常连续冲击,在造孔时要及时将孔内残渣排出孔外。各类土层中的冲程和泥浆密度选用标准见表3.7.4。

表3.7.4 各类土层中的冲程和泥浆密度选用标准

序号	项目	冲程/m	泥浆密度/(t·m^{-3})	备注
1	在护筒中及护筒刃脚下3m以内	0.9~1.1	1.1~1.3	土层不好时,宜提高泥浆密度,必要时加入小片石和黏土块
2	黏土	1.0~2.0	清水	或用稀泥浆,经常清理钻头上泥块
3	砂土	1.0~2.0	1.3~1.5	抛黏土块,勤冲勤掏渣,防坍孔
4	砂卵石	2.0~3.0	1.3~1.5	加大冲击能量,勤掏渣
5	风化岩	1.0~4.0	1.2~1.4	如岩层表面不平或倾斜,应抛入20~30cm厚块石使之略平,然后低锤快击使其成一紧密平台,再进行正常冲击,同时加大冲击能量,勤掏渣
6	坍孔回填重成孔	1.0	1.3~1.5	反复冲击,加黏土块及片石

（3）冲孔时应随时测定和控制泥浆密度，每冲击1~2m深应排渣一次，并定时补浆，直至设计深度。排渣用抽渣筒法，即用一个下部带活门的钢筒，将其放到孔底，进行上下来回活动，提升高度在2m左右，当抽筒向下活动时，活门打开，残渣进入筒内，向上运动时，活门关闭，可将孔内残渣抽出孔外。排渣时，必须及时向孔内补充泥浆，以防亏浆造成孔内坍塌。

（4）在钻进过程中，每1~2m要检查一次成孔的垂直度。如发现偏斜应立即停止钻进，采取措施进行纠偏。对于变层处和易于发生偏斜的部位，应采用低锤轻击、间断冲击的办法穿过，以保持孔形良好。

（5）成孔后，应用测绳下挂0.5kg重铁砣测量检查孔深，核对无误后，进行清孔。可使用底部带活门的钢抽渣筒，反复掏渣，将孔底淤泥、沉渣清除干净。密度大的泥浆借水泵用清水置换，使密度控制在1.15~1.25t/m³范围内。

（6）清孔后应立即放入钢筋笼，并将其固定在孔口钢护筒上，使其在浇灌混凝土过程中不向上浮起，也不下沉。钢筋笼下完并检查无误后，应立即浇筑混凝土，间隔时间不应超过4h，以防泥浆沉淀和坍孔。混凝土灌注一般采用导管法在水中灌注，具体方法同第3.14节地下连续墙施工工艺标准相关内容。

3.7.5 质量标准

（1）主控项目。

1）灌注桩用的原材料和混凝土强度，必须符合设计要求和施工规范的规定。

2）成孔深度必须符合设计要求。

3）实际浇筑混凝土量严禁小于计算体积。

4）浇筑后的桩顶标高、钢筋笼（插筋）标高及浮浆的处理，必须符合设计要求和施工规范的规定。

（2）允许偏差项目。冲（钻）孔灌注桩钢筋笼的允许偏差和检验方法，混凝土灌注桩质量检验标准，以及混凝土灌注桩平面位置和垂直度要求见表3.7.5-1、表3.7.5-2和表3.7.5-3。

表 3.7.5-1 冲（钻）孔灌注桩钢筋笼的允许偏差和检验方法

项目	序号	检查项目	允许偏差或允许值/mm	检查方法
主控项目	1	主筋间距	±10	用钢尺量
	2	长度	±100	用钢尺量
一般项目	1	钢筋材质检验	按设计要求	抽样送检
	2	箍筋间距	±20	用钢尺量
	3	直径	±10	用钢尺量

表 3.7.5-2　混凝土灌注桩质量检验标准

项目	序号	检查项目		允许偏差或允许值	检查方法
主控项目	1	桩位		见表 3.7.5-3	基坑开挖前量护筒，开挖后量桩中心
	2	孔深/mm		+300	只深不浅，用重锤测，或测钻杆、套管长度，嵌岩桩应确保进入设计要求的嵌岩深度
	3	桩体质量检验		按基桩检测技术规范。如钻芯取样，大直径嵌岩桩应钻至桩尖下 50cm	按基桩检测技术规范
	4	混凝土强度		设计要求	试件报告或钻芯取样送检
	5	承载力		按基桩检测技术规范	按基桩检测技术规范
一般项目	1	垂直度		见表 3.7.5-3	测套管或钻杆，或用超声波探测，干施工时吊垂球
	2	桩径		见表 3.7.5-3	井径仪或超声波检测，干施工时用钢尺量，人工挖孔桩不包括内衬厚度
	3	泥浆比重（黏土或砂性土中）		1.15～1.20	用比重计测，清孔后在距孔底 50cm 处取样
	4	泥浆面标高（高于地下水位）/m		0.5～1.0	目测
	5	沉渣厚度	端承桩/mm	≤50	用沉渣仪或重锤测量
			摩擦桩/mm	≤150	
	6	混凝土坍落度	水下灌注/mm	160～220	坍落度仪
			干施工/mm	70～100	
	7	钢筋笼安装深度/mm		±100	用钢尺量
	8	混凝土充盈系数		>1	检查每根桩的实际灌注量
	9	桩顶标高/mm		+30～50	水准仪，需扣除桩顶浮浆层及劣质桩体

表 3.7.5-3 混凝土灌注桩平面位置和垂直度要求

序号	成孔方法		桩径允许偏差/mm	垂直度允许偏差	桩位允许偏差/mm	
					1～3根、单排桩基垂直于中心线方向和群桩基础的边桩	条形桩基沿中心线方向和群桩基础的中间桩
1	泥浆护壁钻孔桩	$D\leqslant1000mm$	±50	$<1\%$	$D/6$,且不大于 100	$D/4$,且不大于 150
		$D>1000mm$			$100+0.01H$	$150+0.01H$
2	套管成孔灌注桩	$D\leqslant500$	-20	$<1\%$	70	150
		$D>500$			100	150
3	干成孔灌注桩		-20	$<1\%$	70	150
4	人工挖孔桩	混凝土护壁	$+50$	$<0.5\%$	50	150
		钢套管护壁		$<1\%$	100	200

注:1. 桩径允许偏差的负值是指个别断面。

2. 采用复打、反插法施工的桩,其桩径允许偏差不受表 3.7.5-3 限制。

3. H 为施工现场地面标高与桩顶设计标高的距离,D 为设计桩径。

（3）冲击成孔质量控制应符合下列规定。

1）开孔时,应低锤密击,当表层土为淤泥、细砂等软弱土层时,可加黏土块夹小石片反复冲击造壁,孔内泥浆面保持稳定。

2）在各种不同的土层、岩层中成孔时,可按照表 3.7.5-4 的操作要点进行。

表 3.7.5-4 冲击成孔操作要点

项目	操作要点
在护筒刃脚以下 2m 范围内	小冲程 1m 左右,泥浆相对密度 1.2～1.5,软土层投入黏土块夹小片石
黏性土层	中、小冲程 1～2m,泵入清水或稀泥浆,经常清除钻头上的泥块
粉砂或中粗砂	中冲程 2～3m,泥浆相对密度 1.2～1.5,投入黏土块,勤冲勤掏渣
砂卵石层	中、高冲程 3～4m,泥浆相对密度 1.3 左右,勤掏渣
软土层或坍孔回填重钻	小冲程反复冲击,加黏土块加小片石,泥浆相对密度 1.3～1.5

3）进入基岩后,应采用大冲程、低频率冲击,当发现成孔偏移时,应回填石片至坍孔上方 300～500mm 处,然后重新冲孔。

4）当遇到孤石时,可预爆或采用高低冲程交替冲击,将大孤石击碎或挤入孔壁。

5）应采用有效措施防止扰动孔壁、坍孔、扩孔、卡钻和掉钻及泥浆流失等事故。

6）每钻进 4～5m,应验孔一次,在更换钻头前或容易缩孔处,均应验孔。

7）进入基岩后,非桩端持力层每钻进 300～500mm 和桩端持力层每钻进 100～300mm 时,应清孔取样一次,并做记录。

8)冲击成孔操作要点见表 3.7.5-4。

3.7.6 成品保护

(1)冬期施工期间,桩顶混凝土未达到设计强度等级的40%时,应采取适当保温措施,防止受冻。

(2)对于刚浇完混凝土的灌注桩,不宜立即在其附近冲击相邻桩孔,宜采取间隔施工,防止因振动或土体侧向挤压而造成桩变形或裂断。

3.7.7 安全措施

(1)认真查清邻近建(构)筑物情况,采取有效的防震安全措施,以避免冲击(钻)成孔时,震坏邻近建(构)筑物,或造成裂缝、倾斜甚至倒塌。

(2)进行冲击(钻)成孔机械操作时应安放平稳,防止冲孔时突然倾倒或冲锤突然下落,造成人员伤亡和设备损坏。

(3)采用泥浆护壁成孔,应根据设备情况、地质条件和孔内情况变化,认真控制泥浆密度、孔内水头高度、护筒埋设深度、钻机垂直度、钻进和提钻速度等,以防坍孔,造成机具塌陷。

(4)进行冲击锤(钻)操作时,距落锤6m范围内不得有人员走动或进行其他作业,非工作人员不准进入施工区域内。

(5)冲(钻)孔灌注桩在已成孔尚未灌注混凝土前,应用盖板封严,以免掉土或发生人身安全事故。

(6)所有成孔设备的电路要架空设置,不得使用不防水的电线或绝缘层有损伤的电线。电闸箱和电动机要有接地装置,加盖防雨罩;电路接头要安全可靠,开关要有保险装置。

(7)恶劣气候冲(钻)孔机应停止作业,休息或作业结束时,应切断操作箱上的总开关,并将离电源最近的配电盘上的开关切断。

(8)混凝土灌注时,装、拆导管人员必须戴安全帽,并注意防止扳手、螺丝等掉入桩孔内;拆卸导管时,其上空不得进行其他作业,导管提升后、继续浇注混凝土前,必须检查其是否垫稳或挂牢。

3.7.8 施工注意事项

(1)冲击钻具必须连接牢固,总重量不得超过钻机或卷扬机使用说明书规定的重量,钢丝绳不得超负荷使用,以免发生意外事故。

(2)下钻时应先将钻头垂直吊稳后,再导正下入孔内。进入孔内后,不得松刹车,高速下放。提钻时应先缓慢提数米,未遇阻力后,再按正常速度提升。如发现有阻力,应将钻具下放,使钻头转动方向后再提,不得强行提拉。

(3)钻进中,当发现坍孔、扁孔、斜孔时,应及时处理。发现缩颈时,应经常提动钻具,修护孔壁,每次冲击时间不宜过长,以防卡钻。

(4)整个成孔过程中,应注意始终保持孔内液面比地下水位高 1.5～2.0m,以保持液柱的静压和渗压稳定。

3.7.9 质量记录

(1)原材料的质量合格证及质量鉴定文件。

(2)半成品(如钢筋笼)产品合格证书或检验记录。

(3)施工记录和隐蔽工程验收文件。

(4)检测试验和见证取样文件等。

3.8 回转钻成孔灌注桩施工工艺标准

回转钻成孔灌注桩是用一般地质钻机,在泥浆护壁条件下,慢速钻进排渣成孔,灌注混凝土成桩。其特点是:可利用地质部门常规地质钻机,用于各种地质条件、各种大小孔径(300～2500mm)和深度(10～20m);护壁效果好,成孔质量可靠,施工无噪音、无振动、无挤压;机具设备简单、操作方便、费用较低;但成孔速度慢、效率低、用水量大、泥浆排放量大,污染环境,扩孔率较难控制。本工艺标准适用于工业与民用建筑中地下水位较高的淤泥、黏性土、砂土、软质岩层采用回转钻成孔灌注桩的工程。工程施工应以设计图纸和施工规范为依据。

3.8.1 材料要求

对水泥、砂子、石子、钢筋、外加剂、掺合料、火烧丝、垫块等的要求,与第3.7.1节冲击钻成孔灌注桩材料要求相同。

3.8.2 主要机具设备

(1)机械设备。包括SPC型或SPJ型回转钻机、卷扬机、泥浆泵或离心式水泵、空气压缩机、混凝土搅拌机、插入式振动器、洗石机、皮带运输机、翻斗汽车、机动翻斗车以及钢筋加工系统设备等。

(2)主要工具。包括龙门式四角式钻架、钻杆、钻头、测渣铁砣、混凝土浇灌台架、下料斗、卸料槽、导管、预制混凝土塞、大小平锹、磅秤。

3.8.3 作业条件

(1)地质资料、施工图纸、经公司批准的施工组织设计已齐全。

(2)施工场地范围内的地面、地下障碍物均已排除或处理。场地已平整,对影响施工机械运行的松软场地已进行适当处理,并有排水措施。

(3)施工用水、用电、道路及临时设施均已就绪。

(4)现场已设置测量基准线、水准基点,并妥加保护。施工前已复核桩位。

(5)在复杂土层中施工时,应事先进行成孔试验,数量一般不少于2个。设计要求的试桩,其试桩报告已经设计认可。

3.8.4 施工操作工艺

(1)钻机就位前,先平整场地,铺好枕木并用水平尺校正,保证钻机平稳、牢固,在桩位埋设6～8mm厚钢板护筒,内径比孔口大200mm,埋深1.2～1.5m,同时挖好水源坑、排泥槽、泥浆池等。

(2)钻进时如土质情况良好,可采取清水钻进,自然造浆护壁,或加入红黏土泥浆护壁,泥浆密度为1.3t/m³。

(3)钻进时应根据土层情况加压,开始应轻压力,慢转速,逐步转入正常,一般土层按钻具自重钢绳加压,不超过10kN;基岩中钻进压力为15～25kN;钻机转速:对合金钻头为180r/min;钢粒钻头100r/min。

(4)钻进程序,根据场地、桩距和进度情况,可采用单机跳打法(隔一打一或隔二打一)、单机双打(一台机在二个机座上轮流对打)、双机双打(两台钻机在两个机座上轮流按对角线对打)等。

(5)桩孔钻完,应用空气压缩机洗井,可将30mm左右石块排出,直至井内沉渣厚度符合要求为止。清孔后泥浆密度不大于1.2t/m³。

(6)钢筋笼制作、吊放与冲孔、挖孔灌注桩相同。混凝土浇筑参见第3.14节。

3.8.5 质量标准

与第3.7.5节冲击钻成孔灌注桩质量标准相同。

3.8.6 成品保护

(1)钢筋笼在制作、运输和安装过程中,应采取防止变形措施。将其放入桩孔时,应绑保护垫块或垫管和垫板。

(2)钢筋笼吊入桩孔时,应防止碰撞孔壁。已下入桩孔内的钢筋笼应有固定措施,防止移位或浇筑混凝土时上浮。钢筋笼放入孔内后,应在4h内浇筑混凝土。

(3)安装钻孔机、运钢筋笼以及浇筑混凝土时,均应注意保护好现场的轴线控制和水准基点桩。

(4)对于桩头预留的主筋插筋,应妥善保护,不得任意弯折或压断。

(5)对于已完桩的软土基坑开挖,应制定合理的施工顺序和技术措施,防止造成桩位移和倾斜,并应检查每根桩的纵横水平偏差,采取纠正措施。

3.8.7 安全措施

与第3.7.7节冲击钻成孔灌注桩安全措施相同。

3.8.8 施工注意事项

(1)回转钻成孔时,为保持孔壁稳定,防止坍孔,应注意选好护壁泥浆,其黏度和密度必须符合要求;护筒要埋深、埋牢、埋正,护筒底部与周围要用黏土夯实,防止外部水渗入孔内;开孔时保持钻具与护筒同心,防止钻具撞击护筒;在松散的粉砂土层钻进时,应适当控制钻进速度,不宜过快;终孔后,清孔和做灌注混凝土的准备工作时,仍应保持足够的补水量,保持孔内有一定的水位,并尽量缩短成孔后间歇和浇筑混凝土时间等。

(2)成孔时为防止偏孔,施工前要注意做好场地平整、碾实工作;钻机安置就位要平整、稳固,钻架要垂直;同时注意下好护筒和井口管,选用性能好的泥浆;钻具要保持垂直度、刚度、同心度,防止钻机跳动、钻杆晃动等。

(3)为了保证钢筋笼安放位置正确,做到不上浮、不偏,吊放时要用 2 根 $\Phi 50mm$ 钢管将钢筋笼叉住、卡牢;在钢筋笼四周上下应采取捆扎混凝土块导正措施;在混凝土浇灌至钢筋笼下部时,应放慢浇灌速度,待混凝土进入钢筋笼 2m 后,再加快灌注速度,以保证钢筋笼轴线与钻孔轴线一致。

(4)桩混凝土灌注应注意选用合适的坍落度,必要时适当掺加木钙减水剂,下部可利用混凝土的大坍落度与下冲力和导管的上下抽动插捣使混凝土密实;上部必须用接长的软轴插入式振动器分层振捣密实,以保证桩体的密实度和强度。

(5)施工时,应保证机械的稳定、安全作业,必要时可在场地铺设能够保证其安全行走和操作的钢板或垫层(路基板)。

3.8.9 质量记录

(1)原材料的质量合格证及质量鉴定文件。
(2)半成品(如钢筋笼)产品合格证书或检验记录。
(3)施工记录和隐蔽工程验收文件。
(4)检测试验和见证取样文件等。

3.9 钻孔压浆灌注桩施工工艺标准

钻孔压浆灌注桩系用长臂螺栓钻机钻孔,在钻杆纵向设有一个高压灌注水泥浆系统,钻孔深度达到设计深度后,开动压浆泵,使水泥浆从钻头底部喷出,借助水泥的压力,将钻杆慢慢提起,直至出地面后,移开钻杆,在孔内放置钢筋笼,再另外放入一根直通孔底的压力注浆塑料管或钢管,并与高压浆管接通,向桩孔内设放粒径 2~4cm 碎石或卵石直至桩顶,再向孔内胶管进行二次补浆,把带浆的泥浆挤压干净,至浆液溢出孔口不再下降,桩即告完成。桩径可达 300~1000mm,深 30m 左右,一般常用桩径为 400~600mm,桩长 10~20m,桩混凝土为无砂混凝土,强度等级为 C20。钻孔压浆灌注桩的特点是:桩体致密,单桩承载能力高、沉降量小;不用泥浆护壁,可避免在水下灌注混凝土;采用高压灌浆工艺,对桩孔周围地层有明显的扩散渗透、挤密、加固和局部膨胀扩径等作用；不需要清理孔底虚土，可有效地防止断桩、缩颈、桩间虚土等情况发生，质量可靠，能在复杂的地质条件下顺利成桩；施工无噪声、无振动、无排污；施工速度快、费用低。本工艺标准适用于工业与民用建筑中，一般黏性土、湿陷性黄土、淤泥质土、中细砂、砂卵石土层采用钻孔压浆灌注桩的工程。工程施工应以设计图纸和施工规范为依据。

3.9.1　材料要求

(1)水泥。用 32.5 级或 42.5 级硅酸盐水泥或普通硅酸盐水泥，要求新鲜无结块。

(2)石子。用粒径 20～40mm 的碎石或卵石，含泥量小于 3%。

(3)钢筋。品种和规格均符合设计要求，并有出厂合格证及试验报告。

(4)配合比。压浆采用纯水泥浆，水灰比为 0.55。石子体积：水泥浆体积液＝1：0.75。

3.9.2　主要机具设备

(1)机械设备。包括长螺栓钻机、高压泵车、机动翻斗车以及钢筋加工系统设备。

(2)主要工具。包括铁锹、水泥浆搅拌桶、高压输浆管、钢制灰浆过滤槽、磅秤。

3.9.3　作业条件

与第 3.7.3 节冲击钻成孔灌注桩作业条件相同。

3.9.4　施工操作工艺

(1)钻孔压浆灌注桩工艺流程如图 3.9.4 所示。

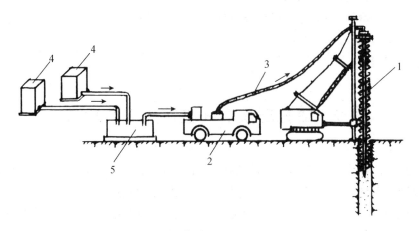

1—长螺栓钻机；2—高压泵车；3—高压输浆管；4—水泥浆搅拌桶；5—灰浆过滤槽
图 3.9.4　钻孔压浆灌注桩工艺流程

(2)钻孔可按常规方法，提钻压浆应慢速进行，一般控制在 0.5～1.0m/min，过快易坍孔或缩孔。

（3）当在软土层成孔，桩距小于 $3.5d(d$ 为桩径）时，宜跳打成桩，以防高压使邻桩断裂，中间空出的桩须待邻桩混凝土达到设计强度等级的 50% 以后方可成桩。

（4）钻孔时，应随钻随清理钻进排出的土方。成孔后应立即投放钢筋和碎石并进行补浆，间隔时间宜少于 30min。

（5）当钻进遇到较大的漂石、孤石卡钻时，应做移位处理。当土质松软，拔钻后塌方不能成孔时，可先灌注水泥浆，经 2h 后再在已凝固的水泥浆上二次钻孔。

（6）钢筋笼通常由主筋、加强箍筋和螺栓式箍筋组成。钢筋笼应加工成整体，螺旋式箍筋应绑牢，过长可分段制作，接头应采用焊接。

（7）为控制混凝土的质量，在同一水灰比的情况下，每班做 2 组试块。

3.9.5　质量标准

与第 3.7.5 节冲击钻成孔灌注桩质量标准相同。

3.9.6　成品保护

与第 3.8.6 节回转钻成孔灌注桩成品保护相同。

3.9.7　安全措施

（1）高压注浆，浆液应过滤；高压泵应有安全装置，当超过允许泵压后，应能自动停止工作；因故需较长时间中断注浆时，应及时用清水冲洗输送浆液系统，以防浆液硬化沉淀在管路内，造成爆管。

（2）注浆操作人员应注意防护，要戴眼镜、手套等防护用品；注浆结束时，必须坚持泵压回零，才能拆卸管路和接头，以防浆液喷射伤人。

（3）其他安全措施与第 3.7.7 节冲击钻成孔灌注桩安全措施相同。

3.9.8　施工注意事项

（1）高压泵不宜在负温下工作。冬期施工应采取保温、防冻措施，施工完应及时将泵和管路内的浆液或积水排除，以防冻结。

（2）配制好的水泥浆应在初凝时间内用完，不得隔日使用或掺水泥后再使用，以防降低桩体强度。

（3）成孔后应立即吊放钢筋笼、投放碎石并注浆，间歇时间不应过长，以防缩孔和注浆管阻塞，造成桩截面减小或断桩。

3.9.9　质量记录

与第 3.8.9 节回转钻成孔灌注桩质量记录相同。

3.10 套管成孔灌注桩施工工艺标准

套管成孔灌注桩系用锤击打桩机或振动沉桩机,将带有活瓣桩尖或设置钢筋混凝土预制桩尖(靴)的钢管锤击或振动沉入土中,然后边灌注混凝土,边用卷扬机拔管或边振动拔管成桩。其工艺特点是:能适应较复杂地层;有套管护壁,可避免坍孔、瓶颈、断桩、移位、脱空等缺陷,质量可靠;能沉能拔,施工速度快、效率高、操作简便安全。本工艺标准适用于工业与民用建筑基础土质为一般黏性土、淤泥、淤泥质土、稍密的砂土及杂填土土层采用套管成孔灌注桩的工程。工程施工应以设计图纸和施工规范为依据。

3.10.1 材料要求

(1)水泥。用 32.5 级普通水泥、矿渣水泥或火山灰水泥,要求新鲜无结块。

(2)石子。卵石粒径不大于 50mm;碎石粒径不大于 40mm;配筋桩石子粒径均不宜大于 30mm,并不宜大于钢筋最小净距的 1/3。

(3)钢筋。品种和规格按设计要求采用,应有出厂合格证。

3.10.2 主要机具设备

(1)锤击打桩设备。主要为一般锤击打桩机,如落锤、柴油锤、蒸汽锤等,由桩架、桩锤、桩管等组成,桩管直径为 270~370mm,长 8~15m。

(2)振动沉桩设备。包括 DZ60 或 DZ90 型振动锤、DJB25 型步履式桩架、卷扬机、加压装置、桩管、桩尖或钢筋混凝土预制桩靴等。桩管直径为 220~370mm,长 10~28m。

(3)配套机具设备。包括下料斗、1t 机动翻斗车、L-400 型混凝土搅拌机、钢筋加工机械、交流电焊机(32kV·A)、氧割装置等。

3.10.3 作业条件

与第 3.8.3 节回转钻成孔灌注桩作业条件相同。

3.10.4 施工操作工艺

(1)打(沉)桩机就位时,应垂直、平稳地架设在打(沉)桩部位,桩锤(振动箱)应对准桩位。同时,在桩架或套管上标出控制深度标记,以便在施工中进行套管深度观测。

(2)采用活瓣式桩尖时,应先将桩尖活瓣用麻绳或铁丝捆紧合拢,活瓣间隙应紧密。当桩尖对准桩基中心,并核查调整套管垂直度后,利用锤击及套管自重将桩尖压入土中。

(3)采用预制混凝土桩尖时,应先在桩基中心预埋好桩尖,在套管下端与桩尖接触处垫好缓冲材料。桩机就位后,吊起套管,对准桩尖,使套管、桩尖、桩锤在一条垂直线上,利用锤重及套管自重将桩尖压入土中。

（4）成桩施工顺序一般从中间开始，向两侧边或四周进行；群桩基础或桩的中心距小于或等于 3.5d（d 为桩径）时，应间隔施打，中间空出的桩，须待邻桩混凝土达到设计强度的 50％后，方可施打。

（5）开始沉管时应轻击慢振。锤击沉管时，可用收紧钢绳加压或加配重的方法提高沉管速率。当水或泥浆有可能进入桩管时，应事先在管内灌入 1.5m 左右的封底混凝土。

（6）应按设计要求和试桩情况，严格控制沉管最后贯入度。锤击沉管应测量最后两阵十击贯入度；振动沉管应测量最后两个 2min 贯入度。

（7）在沉管过程中，如出现套管快速下沉或套管沉不下去的情况，应及时分析原因，进行处理。如快速下沉是桩尖穿过硬土层进入软土层引起的，则应继续沉管作业。如沉不下去是桩尖顶住孤石或遇到硬土层引起的，则应放慢沉管速度（轻锤低击或慢振），待越过障碍后再正常沉管。如仍沉不下去或沉管过深，最后贯入度不能满足设计要求，则应核对地质资料，会同建设单位研究处理。

（8）钢筋笼的吊放。对通长的钢筋笼，在成孔完成后埋设，短钢筋笼可在混凝土灌至设计标高时再埋设，埋设钢筋笼时要对准管孔，垂直缓慢下降。在混凝土桩顶采取构造连接插筋时，必须沿周围对称均匀垂直插入。

（9）每次向套管内灌注混凝土时，如用长套管成孔短桩，则一次灌足，如成孔长桩，则第一次应尽量灌满。无筋混凝土坍落度宜为 6～8cm，配筋混凝土坍落度宜为 8～10cm。

（10）灌注时充盈系数（实际灌注混凝土量与理论计算量之比）应大于 1。一般土质为1.1，软土为 1.2～1.3。在施工中可根据不同土质的充盈系数，计算出单桩混凝土需用量，折合成料斗浇灌次数，以核对混凝土实际灌注量。当充盈系数小于 1 时，应采用全桩复打；对于断桩及缩颈桩可局部复打，即复打范围应超过断桩或缩颈桩 1m 以上。

（11）桩顶混凝土一般宜高出设计标高 200mm 左右，待以后施工承台时再凿除。如设计有规定，应按设计要求施工。

（12）每次拔管高度应以能容纳吊斗一次所灌注混凝土为限，并边拔边灌。在任何情况下，套管内应保持不少于 2m 高度的混凝土，并按沉管方法不同分别采取不同的方法拔管。在拔管过程中，应有专人用测锤或浮标检查管内混凝土下降情况，一次不应拔得过高，对于一般土层拔管速度宜为 1m/min，在软弱土层和较硬土层交界处拔管速度宜控制在 0.3～0.8m/min。

（13）锤击沉管拔管方法：套管内灌入混凝土后，拔管速度应均匀，对一般土层宜为 1m/min，对软弱土层及软硬土层交界处宜为 0.8m/min。采用倒打拔管的打击次数，单动汽锤不得少于 70 次/min，自由落锤轻击（小落距锤击）不得少于 50 次/min。在管底未拔到桩顶设计标高之前，倒打或轻击不得中断。

（14）振动沉管拔管方法可根据地基土具体情况，分别选用单打法或反插法进行。单打法适用于含水量较小土层，系在套管内灌入混凝土后，再振再拔，如此反复，直至套管全部拔出，在一般土层中拔管速度宜为 1.2～1.5m/min，在软弱土层中不宜大于 1.0m/min。反插法适用于饱和土层。当套管内灌入混凝土后，先振动再开始拔管，每次拔管高度为 0.5～1.0m，反插深度 0.3～0.5m，同时不宜大于活瓣桩尖长度的 2/3。拔管过程应分段添加混凝土，保持管内混凝土面始终不低于地表面，或高于地下水位 1.0～1.5m，拔管速度控制在

0.5m/min 以内。在桩尖接近持力层处约 1.5m 范围内,宜多次反插,以扩大桩底端部面积。当穿过淤泥夹层时,适当放慢拔管速度,减少拔管和反插深度。反插法易使泥浆混入桩内,造成夹泥桩,施工中应慎重采用。

(15)套管成孔灌注桩施工时,应随时观测桩顶和地面有无水平位移及隆起,必要时应采取措施进行处理。

(16)桩身混凝土浇筑后有必要复打时,必须在原桩基混凝土未初凝前在原桩位上重新安装桩尖,第二次沉管。沉管后每次灌注混凝土应达到自然地面高,不得少灌。拔管过程中应及时清除桩管外壁和地面上的污泥。前后两次沉管的轴线必须重合。

3.10.5 质量标准

(1)主控项目。

1)灌注桩用的原材料和混凝土强度,必须符合设计要求和施工规范的规定。

2)成孔深度必须符合设计要求。

3)实际浇筑混凝土量严禁小于计算体积,即充盈系数不得小于 1.0,套管成孔桩任意一段平均直径与设计直径之比严禁小于 1。对于充盈系数小于 1.0 的桩,应进行全长复打,若可能出现断桩和缩颈桩,应进行局部复打。全长复打时,桩管入土深度宜接近原桩长,局部复打应超过断桩或缩颈区域 1m 以上。

4)浇筑后的桩顶标高、钢筋笼(插筋)标高及浮浆的处理,必须符合设计要求和施工规范的规定。

(2)允许偏差项目。套管成孔灌注桩的允许偏差及检验方法同第 3.7.5 节冲击钻成孔灌注桩施工工艺标准相关内容。

3.10.6 成品保护

(1)对于中心距小于 3.5 倍桩径的群桩基础,采用套管法成孔以及间隔施工,以避免影响已灌注混凝土的相邻桩质量。

(2)承台施工时,在凿除高出设计标高的桩顶混凝土时,必须自上而下凿,不能横击,以免桩受水平力冲击遭到破坏。

3.10.7 安全措施

(1)禁止无关人员进入现场,打沉套管应有专人指挥。

(2)桩机操作人员应经培训考核持证上岗,并应了解桩机的性能、构造,熟悉操作保养方法,方能操作。

(3)在桩架上装拆维修机件、进行高空作业时,必须系安全带。

(4)桩机行走时,应先清理地面上的障碍物和挪动电缆。挪动电缆应戴绝缘手套,注意防止电缆磨损漏电。

(5)振动沉管时,若用收紧钢丝绳加压,应根据桩管沉入度,随时调整离合器,防止抬起桩架,发生事故。锤击沉管时,严禁用手扶正桩尖垫料。不得在桩锤未打到管顶时就起锤或过早刹车。

(6)施工过程中如遇大风,应将桩管插入地下嵌固,以确保桩机安全。

3.10.8 施工注意事项

(1)冬期施工,当气温低于0℃时,桩灌注混凝土要采取保温措施,拌和水要加热,混凝土入模温度不应低于5℃。桩顶要护盖保温,防止受冻。

(2)雨期施工,当砂、石含水量增大时,应按现场实测数据随时调整混凝土配合比中的加水量。同时要注意测定地下水位的变化,决定是否进行封底防水。特别要注意与回填层接触的软弱土层,在地表水的浸泡下,其会变成软塑状态,在此段应进行反插,防止发生缩颈。

(3)夏季施工,当气温高于30℃时,混凝土应掺加缓凝剂。如混凝土停放时间过长,接近初凝,不应继续使用。

(4)桩灌注混凝土时,如出现缩颈,其原因多数情况是拔管速度过快;或是桩管内混凝土高度不够,使混凝土出管速度下降,扩散压力不够;或是混凝土坍落度过小,和易性不好,混凝土不能很快扩散;或是局部受到桩周土回缩挤压作用。预防措施主要是要严格注意控制拔管速度;在软土层孔段采取反插;在拔管时一定要使管内混凝土面始终高于自然地面0.2m以上;反插时要添加混凝土;混凝土坍落度要严格控制在8~10cm。

(5)施工中要确保桩体砼密实,其主要预防措施是混凝土严格按配合比计量、均匀搅拌,石子级配和坍落度符合设计要求,振拔沉管时按停拔振动要求操作;同时施工中要注意严格进行工序质量管理,严格按操作规程操作。

(6)施工中如出现悬桩,主要是因为地下水渗入桩管,使桩底出现一松软层。一般预防措施是:在有水位地层施工,尽量不使用活瓣桩尖;增加桩管内封底混凝土量;检查桩管端部有无裂缝或缺口,如有裂缝或缺口,必须处理好后再沉管。

3.10.9 质量记录

与第3.7.9节冲击钻成孔灌注桩质量记录相同。

3.11 人工挖孔灌注桩施工工艺标准

人工挖孔灌注桩采用人工挖土成孔,灌注混凝土成桩。其特点是:单桩承载力高,可作支承、抗滑、锚拉、挡土等用;可直接检查桩直径、垂直度和持力土层情况,质量可靠;施工机具设备简单、操作简便;施工无振动、无噪声、无环境污染,对周围建筑物无影响;可多桩同时进行,施工速度快、节省设备费用、降低工程造价。本工艺标准适用于高层建筑、公用建筑中直径800mm以上、无地下水的黏性土,含少量砂、碎石、卵石的黏性土的挖孔灌注桩工程。工程施工应以设计图纸和施工规范为依据。

3.11.1 材料要求

桩使用的水泥、砂子、石子、钢筋等材料要求与第 3.7.1 节冲击钻成孔灌注桩材料要求相同。

3.11.2 主要机具设备

(1)提升机具。包括 1t 卷扬机配三木搭或 1t 以上单轨电动葫芦(链条式)配提升金属架与轨道,活底吊桶。

(2)挖孔工具。包括短柄铁锹、镐、锤、钎。

(3)水平运输机具。包括双轮手推车或 1t 机动翻斗车。

(4)混凝土浇筑机具。包括混凝土搅拌机(含计量设备)、小直径插入式振动器、插钎、串筒等。在水下灌注混凝土,应配金属导管、吊斗、混凝土储料斗、提升装置(卷扬机或起重机等)、浇灌架、测锤,以及钢筋笼吊放机械等。

(5)其他机具设备。包括钢筋加工机具、支护模板、支撑、电焊机、吊挂式软爬梯,36V 低压变压器,井内外照明设施等。若桩孔深超过 20m,另配鼓风机、输风管;若有地下水,应配潜水泵及胶皮软管等。

3.11.3 作业条件

(1)地质勘查报告、桩基施工图已齐全,并已编制施工组织设计或施工方案,已经公司批准。

(2)施工场地范围内的障碍物已拆除或迁移。场地已整平,并设置排水措施;施工用水、用电线路已铺设;临时设施及道路已修建。

(3)现场已设置测量基准线、水准基点,并妥善保护;施工前已放线定位,复核桩位。

(4)机具设备已齐备,并已维修、保养,处于完好状态。

(5)已进行挖孔、护壁试验,数量不少于 2 个。

3.11.4 施工操作工艺

(1)挖孔灌注桩的施工程序:场地整平→放线,定桩位→挖第一节桩孔土方→支模浇灌第一节混凝土护壁→在护壁上二次投测标高及桩位十字轴线→安装活动井盖、垂直运输架、起重电动葫芦或卷扬机、活底吊土桶、排水设施、通风设施、照明设施等→第二节桩身挖土→清理桩孔四壁,校核桩孔垂直度和直径→拆上节模板,支第二节模板,浇灌第二节混凝土护壁→重复第二节挖土、支模、浇灌混凝土护壁工序,循环作业直至设计深度→检查持力层后进行扩底→清理虚土,排除积水,检查尺寸和持力层→吊放钢筋笼就位→灌筑桩身混凝土。

(2)为防止坍孔和保证操作安全,直径 1.2m 以上桩孔多设混凝土支护,每节高 0.9～1.0m,厚 8～15cm,或加配适量直径 6～9mm 光圆钢筋,混凝土用 C20 或 C25;直径 1.2m 以下桩孔,井口砌 1/4 砖或 1/2 砖护圈,高 1.2m,下部遇不良土体用半砖护砌。

(3)护壁施工采取一节组合式钢模板拼装而成,拆上节支下节,循环周转使用,模板用 U 形卡连接,上下设两半圆组成的钢圈顶紧,不另设支撑;混凝土用吊桶运输,人工浇筑,上部留 100mm 高做浇灌口,拆模后用砌砖或混凝土堵塞,混凝土强度达 1MPa 即可拆模。

(4)第一节井圈护壁应符合下列规定。

1)井圈中心线与设计轴线的偏差不得大于 20mm。

2)井圈顶面应比场地高出 100～150mm,壁厚应比下面井壁厚度增加 100～150mm。

(5)挖孔由人工从自上而下逐层用镐、锹进行,遇坚硬土层,用锤、钎破碎,挖土次序为先挖中间部分,后挖周边,扩底部分采取先挖桩身圆柱体,再按扩底尺寸从上到下削土修成扩底形。为防止扩底时扩大头处的土方坍塌,宜采取间隔挖土措施,留 4～6 个土肋条作为支撑,待浇筑混凝土前再挖除。弃土装入活底吊桶内。垂直运输,在孔上口安支架、工字轨道、电葫芦或搭三木搭,用 1～2t 慢速卷扬机提升吊至地面上后,用机动翻斗车或手推车运出。

(6)桩中线控制是在第一节混凝土护壁上设十字控制点,每一节设横杆吊大线锤作为中心线,用水平尺杆找圆周。

(7)钢筋笼就位用小型吊运机具或履带式起重机进行,上下节主筋采用帮条双面焊接,整个钢筋笼用槽钢悬挂在井壁上,借自重保持垂直度正确。

(8)混凝土用翻斗汽车、机动车或手推车向桩孔内灌筑。混凝土下料采用串桶,深桩孔用混凝土溜管;混凝土要垂直灌入桩孔内,并应连续分层灌筑,每层厚不超过 1.5m。小直径桩孔,6m 以下利用混凝土的大坍落度和下冲力使其密实;6m 以内分层捣实。大直径桩应分层捣实,或用卷扬机吊导管上下插捣。对直径小、深度大的桩,可在混凝土中掺水泥用量 0.25% 的木钙减水剂,使混凝土坍落度增至 13～18cm,利用混凝土大坍落度下沉力使其密实。

(9)当遇有局部厚度或厚度不大于 1.5m 的流动性淤泥和可能出现涌土涌砂时,可将每节护壁的高度减小到 300～500mm,并随挖、随检、随灌混凝土,采用钢护筒或有效的降水措施。

(10)桩混凝土的养护,无论桩顶标高比自然场地标高高还是低,混凝土浇筑后 12h 内均应覆盖草袋,并浇水养护,养护时间不少于 7d。

3.11.5 质量标准

(1)主控项目。

1)混凝土的原材料、混凝土强度必须符合设计要求和施工规范的规定。

2)桩芯灌注混凝土量不得小于计算体积。

3)灌注混凝土的桩顶标高及浮浆处理,必须符合设计要求和施工规范的规定。

4)成孔深度和终孔质土,必须符合设计要求。

(2)一般项目。

1)钢筋笼的主筋搭接和焊接接头长度、错开距离,必须符合施工规范的规定,钢筋笼加劲箍和箍筋,焊点必须密实牢固,漏焊点数不得超出规范的规定要求。

2)护壁混凝土厚度及配筋,应符合设计要求。

(3)允许偏差项目。挖孔灌注桩的允许偏差及检验方法见第3.7节冲击钻成孔灌注桩施工工艺标准相关内容。

3.11.6　成品保护

(1)冬期施工,在桩顶混凝土未达到设计强度前,应进行保温护盖,防止受冻。

(2)当土质较差,桩距小于3.5倍桩径时,应间隔挖孔、成桩,防止坍孔。

(3)当桩底部设扩大头时,扩底完后应立即支护或浇筑扩大头混凝土,防止塌落事故。

3.11.7　安全措施

(1)在孔口应设水平移动式活动安全盖板,当土吊桶提升到离地面约1.8m时,推活动盖板关闭孔口,手推车推至盖板上,卸土后,再开盖板,下吊桶装土,以防土块、操作人员掉入孔内。采用电葫芦提升吊桶,桩孔四周应设安全栏杆。

(2)直径较大(1.2m以上)的桩孔开挖,井口应设护筒,下部应设护壁,挖一节,随即浇一节混凝土护壁,以防坍孔或孔壁掉下,保证操作安全。

(3)吊桶装土不应太满,以免在提升时掉落伤人;同时每挖完一节,应清理桩孔顶部周围松动土方、石块,防止落下伤人。

(4)人员上下可利用吊桶、吊篮,但要配备滑车、粗绳或悬挂软绳梯,供停电时人员上下应急使用。

(5)在10m深以下作业时,应在井下设100W防水带罩灯泡照明,并用36V安全电压,井内一切设备必须接零接地,绝缘良好。并根据土壤内泄放有害气体的状况,向井内通风,供给氧气,以防有害气体使人中毒。

(6)井口作业人员应挂安全带,井下作业戴安全帽和绝缘手套,穿绝缘胶鞋;提土时井下设安全区,防掉土或石块伤人;在井内必须设有可靠的上、下安全联系信号装置。

(7)加强对孔壁土层涌水情况的观察,如发现流砂、大量涌水等异常情况,应及时采取处理措施,首先要保证人员的安全。

(8)当渗水量过大时,应采取场地截水、降水或水下灌注混凝土等有效措施。严禁在桩孔中边抽水边开挖,同时不得灌注相邻桩。

(9)向井内吊放钢筋等材料时,一般井下应无人;吊放施工工具时,工具应放在吊篮内,以防发生材料和工具坠落伤人事故。

(10)桩孔挖好后,如不能及时浇筑混凝土,或中途停止挖孔时,孔口应有防护标志并对孔予以覆盖。

(11)混凝土护壁浇完后应进行检查,如发现有蜂窝、漏水等现象,应及时补救处理,以防造成事故。

(12)施工用电开关必须集中于井口,并应装设漏电保护器,防止漏电而发生触电事故;值班电工必须经常检查一切电器设备及线路,加强维护,如发现问题应及时进行妥善处理。

(13)井内抽水管线、通风管、电线等必须妥善整理,并临时固定在护壁上,以防吊桶或吊篮上下时挂住、拉断或撞断。

3.11.8　施工注意事项

（1）挖孔时，如遇上层滞水或地下水，应在孔中超前挖掘集水井，设潜水泵降低水位，边降水边挖孔，防止水位反复变化扰动土层，引起塌方。

（2）当地下水位较高，且遇淤泥层或流砂时，可采用倒挂临时槽钢井圈、密集插板，采取短挖掘、短支护，强行掘进通过该土层；亦可采用钢护筒强迫下沉，待桩身混凝土浇过此段后，予以拔出回收。

（3）如桩穿过含水土层，涌水量较大，混凝土浇筑应采用导管水下灌注混凝土的方法，严禁直接往水中灌注混凝土，或采取随抽水随浇注的方法。

3.11.9　质量记录

与第3.7.9节冲击钻成孔灌注桩质量记录相同。

3.12　筏板基础施工工艺标准

筏板基础由整块钢筋混凝土平板或板与梁等组成。这类基础的整体性好，抗弯刚度大，可减轻或避免结构物局部发生显著的不均匀沉降。本工艺标准适用于民用建筑各类筏板基础工程。工程施工应以设计图纸和施工规范为依据。

3.12.1　材料要求

（1）水泥。用32.5级或42.5级硅酸盐水泥、普通硅酸盐水泥或矿渣硅酸盐水泥，要求新鲜无结块。

（2）砂子。用中砂或粗砂，混凝土低于C30时，含泥量不大于5%，高于C30时，含泥量不大于3%。

（3）石子。卵石或碎石，粒径5～40mm，混凝土低于C30时，含泥量不大于2%，高于C30时，含泥量不大于1%。

（4）掺合料。采用Ⅱ级粉煤灰，其掺量应通过试验确定。

（5）减水剂、早强剂、膨胀剂。应符合有关标准的规定，其品种和掺量应根据施工需要通过试验确定。

（6）钢筋。品种和规格应符合设计要求，有出厂质量证明书及试验报告，并应取样做机械性能试验，合格后方可使用。

（7）火烧丝、垫块。火烧丝规格为18～22号；垫块用1∶3水泥砂浆埋22号火烧丝预制成。

3.12.2　主要机具设备

（1）机械设备。包括混凝土搅拌机、皮带输送机、插入式振动器、平板式振动器、自卸翻斗汽车、机动翻斗车、混凝土搅拌运输车和输送泵车（泵送混凝土用）等。

（2）主要工具。包括大小平锹、串筒、溜槽、胶皮管、混凝土卸料槽、吊斗、手推胶轮车、抹子。

3.12.3　作业条件

（1）已编制经公司批准的施工组织设计或施工方案，包括土方开挖、地基处理、深基坑降水和支护、支模和混凝土浇灌程序方法以及对邻近建筑物的保护方法等。

（2）基底土质情况和标高、基础轴线尺寸，已经过鉴定和检查，并办理隐蔽检查手续。

（3）模板已经过检查，符合设计要求，并办完预检手续。

（4）在槽帮、墙面或模板上划好或弹好混凝土浇筑高度标志，每隔3m左右钉上水平桩。

（5）埋设在基础中的钢筋、螺栓、预埋件以及暖卫、电气等各种管线均已安装完毕，各专业已经会签，并经质检部门验收，办完隐检手续。

（6）混凝土配合比已由试验确定，并根据现场材料调整复核；后台磅秤已经检查；已进行开盘交底，准备好试模。

（7）施工临时供水、供电线路已设置。施工机具设备已安装就位，并试运转正常。

（8）已进行详细的混凝土的浇筑程序、方法、质量要求技术交底。

3.12.4　施工操作工艺

（1）地坑开挖，如有地下水，应采用人工方法降低地下水位至基坑底50cm以下部位，保持在无水的情况下进行土方开挖和基础结构施工。

（2）基坑土方开挖应注意保持基坑底土的原状结构，采用机械开挖时，基坑底面以上30cm厚的土层应采用人工清除，避免超挖或破坏基土。如局部有软弱土层或超挖，应进行换填，并夯实。基坑开挖应连续进行，如基坑挖好后不能立即进行下一道工序，应在基底以上留置300mm一层不挖，待下道工序施工时再挖至设计基坑底标高，以免基土被扰动。

（3）筏板基础施工，一般采取底板和梁钢筋、模板一次同时支好，混凝土一次连续浇筑完成。当梁为倒置式时，梁两侧用砖砌侧模施工。

（4）当筏板基础长度超长时，应按设计图纸要求，设置后浇带；设计图上未设置后浇带时，应向设计人员提出，并征得设计人员同意。后浇带间距一般不超过30m；后浇带的浇筑时间与浇筑要求，按设计要求进行。对厚度大于1m的筏板基础，应按大体积砼施工的要求考虑采取降低水泥水化热和浇筑入模温度以及对砼表面的保温养护等措施，以避免出现过大温度收缩应力，导致基础底板裂缝。

（5）筏板与地下外墙的接缝、地下室外墙沿高度处的水平接缝应严格按施工缝要求施工，必要时可设通常隔水带。

（6）混凝土浇筑前，应先清除地基或垫层上淤泥和垃圾，基坑内不得存有积水；木模应浇水湿润，板缝和孔洞应予堵严。

(7)浇筑高度超过 2m 时,应使用串筒、溜槽(管),以防离析,混凝土应分层连续浇筑,每层厚度为 250～300mm。

(8)浇筑混凝土时,应经常注意观察模板、钢筋、预埋铁件、预留孔洞和管道有无走动情况,发现变形或位移时,应停止浇筑,在混凝土初凝前处理完后,再继续浇筑。

(9)混凝土浇筑振捣密实后,应用木抹子搓平或用铁抹子压光。

(10)基础浇筑完毕,表面应覆盖和进行洒水养护,时间不少于 7d;对大体积混凝土及有防水要求的混凝土,应采取保温养护措施,时间不少于 14d。

(11)在基础底板上按设计要求埋设好沉降观测点,定期进行观测分析,做好记录。

3.12.5 质量标准

(1)主控项目。

1)混凝土所用的水泥、水、骨料、外加剂,以及及混凝土的配合比、原材料计量、搅拌、养护和施工缝处理,必须符合国家标准《混凝土结构工程施工质量验收规范》(GB 50204—2015)及其他有关规定。

2)评定混凝土强度的试块,必须按《混凝土质量控制标准》(GB 50164—2011)的规定取样、制作、养护和试验,其强度必须符合设计要求和质量标准的规定。

3)基础中钢筋的规格、形状、尺寸、数量、锚固长度、接头设置,必须符合设计要求和施工规范的规定。

4)混凝土应振捣密实,无蜂窝、孔洞,无缝隙、夹渣层。

(2)允许偏差项目。现浇结构位置和尺寸允许偏差及检验方法见表 3.12.5。

表 3.12.5　现浇结构位置和尺寸允许偏差及检验方法

项目			允许偏差/mm	检验方法
轴线位置	整体基础		15	经纬仪及尺量检查
	独立基础		10	
	墙、柱、梁		8	尺量检查
垂直度	墙、柱层高	≤5m	8	经纬仪或吊线、尺量检查
		>5m	10	
	全高(H)		$H/1000$ 且≤30	经纬仪、尺量检查
标高	层高		±10	水准仪或拉线、尺量检查
	全高		±30	
截面尺寸			+8,−5	
电梯井	中心位置		10	尺量检查
	长、宽尺寸		+25,0	
	全高(H)垂直度		$H/1000$ 且≤30	经纬仪、尺量检查
表面平整度			8	2m 靠尺和塞尺检查

续表

项目		允许偏差/mm	检验方法
预埋设施 中心线位置	预埋板	10	尺量检查
	预埋螺栓	5	
	预埋管	5	
	其他	10	
预留洞、孔中心线位置		15	尺量检查

注：检查轴线、中心线时，应沿纵横两个方向量测，并取其中的较大值。

3.12.6 成品保护

(1)模板拆除应在混凝土强度能保证其表面及棱角不受损坏时，方可进行。

(2)在已浇筑的混凝土强度达到 1.2MPa 以上时，方可在其上行人或进行下道工序施工。

(3)在施工过程中，对给排水管、暖通、空调、电气暗管以及其所立的门口等进行妥善保护，不得碰撞。

(4)基础内预留孔洞、预埋螺栓、铁件，应按设计要求设置，不得后凿混凝土。

(5)如基础埋深超过相邻建(构)筑物基础时，应有妥善的保护措施，必要时要做围护结构。

3.12.7 安全措施

(1)基础施工时，应先检查基槽土质、边坡坡度，如发现裂缝、滑移等情况，应及时加固，堆放材料应离开坑边 1m 以上，深基坑上下应设梯子或坡道，不得踩踏模板或支撑上下。

(2)片筏基础浇灌，应搭设牢固的脚手平台、马道，脚手板铺设要严密，以防石子掉下；采用手推车、机动翻斗车、吊斗等浇灌，要有专人统一指挥、调度和下料，以保证不发生撞车事故；用串筒下料，要防堵塞，以免发生脱钩事故；泵送混凝土浇灌时，应采取措施防堵塞和爆管。

(3)操纵振动器的操作人员。必须穿胶鞋。接电要安全可靠，并设专门保护性接地导线，避免火线跑电发生危险。如出现故障，应立即切断电源修理；使用的电线如已有磨损，应及时更换。

(4)施工人员应戴安全帽、穿软底鞋；工具应放入工具袋内；向基坑内传递物件，不得抛掷。

(5)雨、雪、冰冻天施工，架子上应有防滑措施，并在施工前清扫冰、霜、积雪后才能上架子；如遇五级以上大风，应停止作业。

(6)现场机械设备及电动工具应设置漏电保护器，每机应单独设置，不得共用，以保证用电安全；夜间施工，应装设足够的照明。

3.12.8　施工注意事项

（1）混凝土应分层浇灌，分层振捣密实，防止出现蜂窝麻面和混凝土不密实；在吊帮（模、板）根部应待梁下底板浇筑完毕，停 0.5～1.0h，待沉实后，再浇上部梁，以免在根部出现"烂脖子"现象。

（2）在混凝土浇捣中，应防止垫块位移，使钢筋紧贴模板，同时防止振捣不实造成露筋。

（3）为严格保持混凝土表面标高正确，要注意避免水平桩移动，或混凝土多铺过厚，少铺过薄；操作时要认真找平，模板要支撑牢固。

（4）筏型基础地下室施工完毕后，应及时进行基坑回填工作。回填基坑时，应先清除基坑中杂物，并应在相对的两侧或四周同时回填并分层夯实。

（5）对厚度较大的筏板浇筑，应采取预防温度收缩裂缝的措施，并加强养护，防止出现裂缝。

3.12.9　质量记录

（1）原材料出厂合格证和进场复验报告。

（2）钢筋接头的试验报告。

（3）混凝土工程施工记录。

（4）混凝土试件的性能试验报告。

（5）隐蔽工程验收记录。

（6）分项工程验收记录。

（7）混凝土结构实体检验记录。

（8）其他必要的文件和记录。

3.13　箱形基础施工工艺标准

箱形基础是由钢筋混凝土底板、顶板、外墙和一定数量的内隔墙构成一封闭空间的整体箱体，基础中空部分可在内隔墙开门洞作地下室。这种基础具有整体性好、刚度大、能承受不均匀沉降能力、抗震能力强、可减少基底处原有地基自重应力、可降低总沉降量等特点。本工艺标准适用于民用建筑软弱地基上面积较大、平面形状简单、荷载较大，或上部结构分布不均的高层建筑的箱形基础工程。工程施工应以设计图纸和施工规范为依据。

3.13.1　材料要求

对水泥、砂、石子、钢材、外加剂、掺合料等材料，要求与第 3.12.1 节筏板基础材料要求相同。

3.13.2 主要机具设备

与第 3.12.2 节筏板基础主要机具设备相同。

3.13.3 作业条件

与第 3.12.3 节筏板基础作业条件相同。

3.13.4 施工操作工艺

(1)开挖基坑时,应注意保持基坑底土的原状结构,当采用机械开挖基坑时,在基坑底面设计标高以上 30cm 厚的土层,应用人工挖除并清理,如不能立即进行下道工序施工,应预留 30cm 厚土层,在下道工序施工进行前挖除,以防止地基被扰动。

(2)箱形基础底板,内外墙和顶板的支模、钢筋绑扎和混凝土浇筑,可分块进行,其施工缝的留设如图 3.13.4 所示,外墙水平施工缝应在底板面上部 300～500mm 范围内和无梁顶板下部 300～500mm 处,并应做成企口型式;有严格防水要求时,应在企口中部设止水带;外墙一般不允许设垂直施工缝;内墙的水平和垂直施工缝多采用平缝,内墙与外墙之间可留垂直缝。在继续浇筑混凝土前必须除杂物,将表面冲洗洁净,注意接浆质量,然后浇筑混凝土。

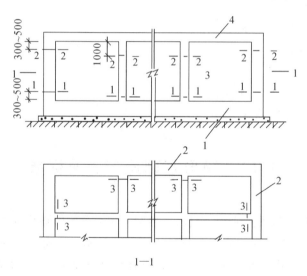

1—底板;2—外墙;3—内隔墙;4—顶板;1—1、2—2、3—3—施工缝位置

图 3.13.4　箱形基础施工缝位置留设(单位:mm)

(3)当箱形基础长度超长时,为避免出现收缩裂缝,应按设计和规范要求,在其中间适当位置设后浇带,后浇带间距一般不超过 30m,后浇带宽度不宜小于 800mm,并从两侧混凝土内伸出贯通主筋,主筋按原设计连续安装而不切断,后浇带浇筑时间按设计要求定,浇筑的砼一般为比原体砼高一强度等级的半干硬性混凝土或微膨胀混凝土(掺水泥用量 12% 的 U 形膨胀剂,简称 UEA),灌筑密实,使连成整体并加强养护,养护时间不少于 14d。

（4）钢筋绑扎应注意形状和位置，接头部位用帮条焊接或机械连接，严格控制接头位置及数量，混凝土浇筑前须经验收。

（5）外部模板宜采用大块模板组装，内壁用定型模板；墙体采用穿墙对接螺栓控制墙体截面尺寸，并确保墙侧模强度与挠度，螺栓直径与间距应经计算确定；埋设件位置应准确固定。

（6）混凝土浇筑要根据每次浇筑量，确定搅拌、运输、振捣能力，配备机械、人员，以确保混凝土浇筑均匀、连续，避免出现过多的施工缝和薄弱层面。

（7）底板混凝土浇筑，应注意以下几点。

1）砼浇筑顺序。砼浇筑采用一个坡度分区分段分层，循序退打，一次到顶的方法。商品砼由自动搅拌运输车运送，由输送泵车泵送砼，从基坑一端推进到另一端，由一个泵负责一个区进行浇筑，每次浇筑厚度 30～40cm。若有意外，砼输送能力下降，则立刻减小砼浇筑厚度，确保在底板砼浇筑过程中不出现冷缝。在浇筑砼的斜面前中后设置 3 道振捣器振捣并采用二次振捣。

2）砼浇筑。每层砼应振捣密实，前层砼必须在初凝前被新浇砼所覆盖，振动器应插入下层砼 5cm，以消除两层间的接缝。振捣时间以砼表面泛浆，不再冒气泡和砼不再下沉为准，不能漏振和过振。砼浇筑到顶后用平板振动器振捣密实。要确保平板振动器移动间距相邻搭接 5cm，防止漏振。

3）泌水排除方法。提前在基坑下端外墙模外侧砌筑集水井，砼振捣过程中的泌水流入砖砌小井内，用泥浆泵排除。

4）砼上表面标高控制。在浇筑砼前，用精密水准仪、经纬仪在墙、柱插筋上测得高出 0.5m 的标高，用红油漆做标志，使用时拉紧细麻线，用 1m 高的木条量测，初步调整标高，用全站仪和水准仪精密复核。

5）砼表面二次抹平。砼浇筑到顶面，用平板振动器振实后，随即用刮尺刮平，二次铁滚碾压两遍，用铁板抹平整一道，待砼终凝前，用木抹子抹一遍，再用铁板收一道。

（8）墙体浇筑应在墙全部钢筋绑扎完，包括顶板插筋、预埋铁件、各种穿墙管道敷设完毕，模板尺寸正确，支撑牢固安全，经检查无误后进行。一般先浇外墙，后浇内墙，或内外墙同时浇筑，分支流向轴线前进，各组兼顾横墙左右宽度各半范围。外墙浇筑可采取分层分段循环浇筑法，即将外墙沿周边分成若干段，一般分 3～4 个小组，绕周长循环转圈进行，周而复始，直至外墙体浇筑完成。当周边较长，工程量较大时，亦可采取分层分段一次浇筑法，即由 2～6 个浇筑小组从一点开始，分层浇筑混凝土，每两组相对应向后延伸浇筑，直至同边闭合。箱形基础顶板（带梁）混凝土浇筑方法与主体结构楼板浇筑方法基本相同。

（9）对特厚、超长的钢筋混凝土箱形基础底板，由于基础体积及截面大，水泥用量多，混凝土浇筑后，在混凝土内部产生的水化热升温。在降温期间，受到内外温差影响，也受到结构本身和外部地基的约束作用，箱形基础会产生较大的温度收缩应力，有可能导致其产生深进或贯穿性裂缝，影响基础结构的整体性、持久强度和防水性能。因此，对特厚、超长箱形基础底板，在混凝土浇筑前应有专项施工方案，应采取有效的技术措施，如优化砼级配、用 90 天或 60 天后期强度代替 28 天强度、减少水泥水化热温度、降低混凝土浇灌入模温度、掺加膨胀剂补偿砼收缩、改善约束条件、提高混凝土的极限拉伸强度、加强施工的温度控制与管理等,来预防出现温度收缩裂缝,保证基础混凝土的工程质量。

(10)箱形基础混凝土浇筑完后,要加强覆盖,并浇水养护;冬期要保温,防止温差过大出现裂缝,以保证结构的使用性能和防水性能。

(11)箱形基础施工完毕后,应防止长期暴露,要抓紧回填基坑土。回填要在相对的两侧或四周同时均匀进行,分层夯实。停止降水的时间,应根据设计要求来定,以防止基础上浮或倾斜;当有设计需要时,地下室施工完成并回填土后,方可停止降水。

3.13.5　质量标准

与第3.12.5节筏板基础质量标准相同。

3.13.6　成品保护

与第3.12.6节筏板基础成品保护相同。

3.13.7　安全措施

与第3.12.7节筏板基础安全措施相同。

3.13.8　施工注意事项

(1)箱形基础施工前应根据工程地质与水文地质条件及深基坑开挖时坑壁的稳定性与其对相邻建筑物的影响,编制施工组织设计,包括土方开挖、地基处理、深基坑降水和支护以及对邻近建筑物的保护等方面的具体施工方案,以指导施工和保证工程顺利进行。该施工组织设计应经公司审批后报建设单位,必要时由建设单位委托权威机构组织专家予以审定。

(2)基坑开挖,如地下水位较高,应采取措施降低地下水位至基坑底以下50cm处。当地下水位较高,土质为粉土、粉砂或细砂时,不得采用明沟排水,以免产生流砂现象,破坏基底土体;宜采用轻型井点或深井井点降水措施,并应设置水位降低观测孔,井点设置应有专门设计。降水时间一般应持续到箱形基础施工完成,回填土完毕,以防止发生基础箱体上浮事故。

(3)基础开挖应验算边坡稳定性,当地基为软弱土或基坑邻近有建(构)筑物时,应有临时支护措施,如设钢筋混凝土钻孔灌注桩,桩顶浇混凝土连续梁连成整体,支护离箱形基础应不少于1.2m,上部应避免堆载、卸土。

(4)箱形基坑开挖深度大,挖土卸载后,土中压力减小,土的弹性效应有时会使基坑坑面土体回弹变形(回弹变形量有时占建筑物地基变形量的50%以上),基坑开挖到设计基底标高经验收后,应随即浇筑垫层和箱形基础底板,防止地基土被破坏。冬期施工,应采取有效措施,防止基坑底土的冻胀。

(5)箱形基础设置后浇缝带,应按设计要求施工,并应注意后浇缝带必须是在底板、墙壁和顶板的同一位置上部留设,使形成环形,以利释放早、中期温度应力。若只在底板和墙壁上留后浇缝带,而在顶板上不留设,将会在顶板上产生应力集中的问题,可能出现裂缝,且应力会传递到墙壁,也会引起裂缝。

3.13.9　质量记录

与第3.12.9节筏板基础质量记录相同。

3.14　地下连续墙施工工艺标准

　　地下连续墙是在地面上采用一种挖槽机械,沿着深开挖工程的周边轴线,在泥浆护壁条件下,开挖出一条狭长的深槽,清槽后,在槽内吊放钢筋笼,然后用导管法灌筑水下混凝土,筑成一个单元槽段,如此逐段进行,在地下筑成一道连续的钢筋混凝土墙壁,作为截水、防渗、承重、挡土结构。本法特点是:施工振动小,墙体刚度大,整体性好,施工速度快,可省土石方,可用于密集建筑群中深基坑支护建造及进行逆作法施工,可用于各种地质条件下,砂性土层、粒径50mm以下的砂砾层中施工等。适用于建造建筑物的地下室、地下商场、停车场、地下油库、挡土墙,高层建筑的深基础、逆作法施工围护结构,工业建筑的深池、坑、竖井等。工程施工应以设计图纸和施工规范为依据。

3.14.1　材料要求

　　(1)水泥。用32.5级或42.5级普通硅酸盐水泥或矿渣硅酸盐水泥,要求新鲜无结块。

　　(2)砂。宜用粒度良好的中、粗砂,含泥量小于5%。

　　(3)石子。宜采用卵石,如使用碎石,应适当增加水泥用量及砂率,以保证坍落度及和易性的要求,其最大粒径不应大于导管内径的1/6和钢筋最小间距的1/4,且不大于40mm。含泥量小于2%。

　　(4)外加剂。可根据需要掺加减水剂、缓凝剂等外加剂,掺入量应通过试验确定。

　　(5)钢筋。按设计要求选用,应有出厂质量证明书或试验报告单,并应取试样做机械性能试验,合格后方可使用。

　　(6)泥浆材料。泥浆系由土料、水和掺合物组成。拌制泥浆使用膨润土,细度应为200~250目,膨润率5~10倍,使用前应取样进行泥浆配合比试验。如采取黏土制浆,应进行物理、化学分析和矿物鉴定,其黏粒含量应大于50%,塑性指数大于20,含砂量小于5%,二氧化硅与三氧化铝含量的比值宜为3~4。掺合物有分散剂、增黏剂(CMC)等。外加剂的选择和配方需经试验确定,制备泥浆用水应不含杂质,pH为7~9。

3.14.2　主要机具设备

　　(1)成槽设备。包括多头钻成槽机、抓斗式成槽机、冲击钻、砂泵或空气吸泥机(包括空压机)、轨道转盘等。

　　(2)混凝土浇灌机具。包括混凝土搅拌机、浇灌架(包括储料斗、吊车或卷扬机)、金属导管和运输设备等。

　　(3)制浆机具。包括泥浆搅拌机、泥浆泵、空压机、水泵、软轴搅拌器、旋流器、振动筛、泥浆比重秤、漏斗黏度计、秒表、量筒或量杯、失水量仪、静切力计、含砂量测定器、pH试纸等。

(4)槽段接头设备。主要包括金属接头管、履带或轮胎式起重机、顶升架(包括支承架、大行程千斤顶和油泵等)或振动拔管机等。

(5)其他机具设备。主要包括钢筋对焊机,弯曲机,切断机,交、直流电焊机,大、小平锹,各种扳手等。

3.14.3　作业条件

(1)根据建设单位提供的工程地质勘查报告,为选择挖槽机具、泥浆循环工艺、槽段长度等提供可靠的技术数据。同时要深入了解与摸清地下连续墙部位的地下障碍物情况,以利施工顺利进行。

(2)建设单位移交的施工场地已平整,施工区域内的房屋、通信、电力设施以及上下水管道等障碍物已拆迁,工程部位的地下障碍物已挖除。施工场地周围由承包人设置排水系统。

(3)根据工程结构、地质情况及施工条件制订施工方案,选定并准备机具设备,进行施工部署、平面规划、劳动配备及划分槽段;确定泥浆配合比、配制及处理方法,编制材料、施工机具需用量计划及技术培训计划,提出保证质量、安全及节约等的技术措施。该施工方案应经公司审批,必要时报建设单位批准后实施。

(4)按平面及工艺要求设置临时设施,修筑道路,在施工区域设置导墙;安装挖槽、泥浆制配、处理、钢筋加工机具设备;安装水电线路;进行试通水、通电、试运转、试挖槽、混凝土试浇灌。

3.14.4　施工操作工艺

(1)工艺流程(见图3.14.4)。

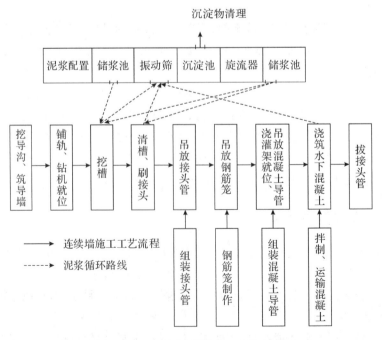

图3.14.4　地下连续墙施工工艺流程

（2）导墙设置。

1）导墙水平钢筋应连接成为整体，施工接头位置与地下连续墙施工接头位置应错开。

2）在槽段开挖前，沿连续墙纵向轴线位置构筑导墙，采用现浇混凝土或钢筋混凝土浇筑。

3）导墙深度一般为 1～2m，其顶面略高于地面 50～100mm，以防止地表水流入导沟。导墙的厚度一般为 100～200mm，内墙面应垂直，内壁净距应为连续墙设计厚度加施工余量（为 40mm）。墙面与纵轴线距离的允许偏差为±10mm，内外导墙间距允许偏差为±5mm，导墙顶面应保持水平。

4）导墙宜筑于密实的黏性土地基上。墙背宜以土壁代模，以防止槽外地表水渗入槽内。如果墙背侧需回填土，应用黏性土分层夯实，以免漏浆。每个槽段内的导墙应设一个溢浆孔。

5）导墙顶面应高出地下水位 1m 以上，以保证槽内泥浆液面高于地下水位 0.5m 以上，且不低于导墙顶面 0.3m。

6）导墙混凝土强度达到 70％以上方可拆模。拆模后，应立即将导墙间加木支撑，直至槽段开挖拆除。严禁重型机械通过、停置或作业，以防导墙开裂或变形。

（3）泥浆制备和使用。

1）泥浆的性能指标，应根据成槽方法和地质情况而定，一般可按表 3.14.4 执行。

表 3.14.4　泥浆的性能指标

项目	性能指标		检验方法
	一般地层	软弱土层	
密度/(kg·L^{-1})	1.04～1.25	1.05～1.30	泥浆密度秤
黏度/(Pa·s)	18～22	19～25	500～700 漏斗法
胶体率	＞95％	＞98％	100 量杯法
稳定性/(g·cm^{-3})	＜0.05	＜0.02	500 量筒或稳定计
失水量/(mL/30min)	30	20	失水量仪
pH	＜10	8～9	pH 试纸
泥皮厚度/(mm/30min)	1.5～3.0	1.0～1.5	失水量仪
静切力(1min)/(mg·cm^{-2})	10～20	20～50	静切力计
含砂量	4～8％	＜4％	含砂量测定器

注：1. 密度：表中上限为新制泥浆，下限为循环泥浆。一般采用膨润土泥浆时，新浆密度控制在 1.04～1.05；循环过程中的泥浆控制在 1.25～1.30；对于松散易坍地层，密度可适当加大。浇灌混凝土前槽内泥浆控制在 1.15～1.25，视土质情况而定。

2. 成槽时，泥浆主要起护壁作用，在一般情况下可只考虑密度、黏度、胶体率三项指标。

3. 当存在易塌方土层（如砂层或地下水位下的粉砂层等）或采用产生冲击、冲刷的掘削机械时，应适当考虑提高泥浆黏度，宜用 25～30Pa·s。

2)在施工过程中,应加强检查和控制泥浆的性能,定时对泥浆性能进行测试,随时调整泥浆配合比,做好泥浆质量检测记录。一般做法是:在新浆拌制后静止24h,测一次全项目(含砂量除外);在成槽过程中,一般每进尺1~5m或每4h测定一次泥浆密度和黏度。在清槽结束前测一次密度、黏度;浇灌混凝土前测一次密度。两次取样位置均应在槽底以上200mm处。失水量和pH值,应在每槽孔的中部和底部各测一次。含砂量可根据实际情况测定。稳定性和胶体率一般不在循环泥浆中测定。

3)泥浆必须经过充分搅拌,常用方法有低速卧式搅拌机搅拌、螺旋桨式搅拌机搅拌、压缩空气搅拌、离心泵重复循环。泥浆搅拌后应在储浆池内静置24h以上,或加分散剂,使膨润土或黏土充分水化后方可使用。

4)通过沟槽循环或混凝土换置排出的泥浆,如重复使用,必须进行净化再生处理。一般采用重力沉降处理,利用泥浆和土渣的密度差,使土渣沉淀,沉淀后的泥浆进入贮浆池,贮浆池的容积一般为一个单元槽段挖掘量及泥浆槽总体积的2倍以上。沉淀池和贮浆池设在地上或地下均可,但要视现场条件和工艺要求合理配置。如采用原土造浆循环,应将高压水通过导管从钻头孔射出,不得将水直接注入槽孔中。

5)在容易产生泥浆渗漏的土层施工时,应适当提高泥浆黏度和增加储备量,并备堵漏材料。如发生泥浆渗漏,应及时补浆和堵漏,使槽内泥浆保持正常。

(4)槽段开挖。

1)挖槽施工前应预先将连续墙划分为若干个单元槽段,其长度一般为4~7m。每个单元槽段由若干个开挖段组成。在导墙顶面划好槽段的控制标记,如有封闭槽段,必须采用两段式成槽,以免导致最后一个槽段无法钻进。

2)成槽前对钻机进行一次全面检查,各部件必须连接可靠,特别是钻头连接螺栓,不得有松脱现象。

3)为保证机械运行和工作平稳,轨道铺设应牢固可靠,道砟应铺填密实。轨道宽度允许误差为±5mm,轨道标高允许误差±10mm。连续墙钻机就位后应使机架平稳,并使悬挂中心点和槽段中心一致。钻机调好后,应用夹轨器固定牢靠。

4)挖槽过程中,应保持槽内始终充满泥浆,以保持槽壁稳定。成槽时,依排渣与泥浆循环方式分为正循环和反循环。当采用砂泵排渣时,依砂泵是否潜入泥浆中,又分为泵举式和泵吸式。一般采用泵举式反循环方式排渣,操作简便,排泥效率高,但开始钻进须先用正循环方式,待潜水砂泵电机潜入泥浆中后,再改用反循环排泥。

5)当遇到坚硬地层或遇到局部岩层无法钻进时,可辅以采用冲击钻将其破碎,用空气吸泥机或砂泵将土渣吸出地面。

6)成槽时要随时掌握槽孔的垂直精度,应利用钻机的测斜装置经常观测偏斜情况,不断调整钻机操作,利用纠偏装置来调整下钻偏斜。

7)挖槽时应加强观测,如槽壁发生较严重的局部坍落,应及时回填并妥善处理。槽段开挖结束后,应检查槽位、槽深、槽宽及槽壁垂直度等项目,合格后方可进行清槽换浆。在挖槽过程中应做好施工记录。

(5)清槽。

1)当挖槽达到设计深度后,应停止钻进,仅使钻头空转而不进尺,将槽底残留的土打成小颗粒,然后开启砂泵,利用反循环抽浆,持续吸渣 10～15min,将槽底钻渣清除干净。也可用空气吸泥机进行清槽。

2)当采用正循环清槽时,将钻头提高槽底 100～200mm,空转并保持泥浆正常循环,以中速压入泥浆,把槽孔内的浮渣置换出来。

3)对采用原土造浆的槽孔,成槽后可使钻头空转不进尺,同时射水,待排出泥浆密度降到 1.1kg/L 左右,即认为清槽合格。但当清槽后至浇灌混凝土间隔时间较长时,为防止泥浆沉淀和保证槽壁稳定,应用符合要求的新泥浆将槽孔的泥浆全部置换出来。

4)清理槽底和置换泥浆结束 1h 后,槽底沉渣厚度不得大于 200mm;浇混凝土前槽底沉渣厚度不得大于 300mm,槽内泥浆密度为 1.1～1.25kg/L、黏度为 18～22Pa・s、含砂量应小于 8%。

(6)钢筋笼制作及安放。

1)钢筋笼的加工制作,应根据设计要求进行,一般主筋净保护层为 70～80mm。为防止在插入钢筋笼时擦伤槽面,并确保钢筋保护层厚度,宜在钢筋笼上设置定位钢筋环、混凝土垫块。纵向钢筋底端距槽底的距离应有 100～200mm,当采用接头管时,水平钢筋的端部至接头管或混凝土接头面应留有 100～150mm 间隙。纵向钢筋应布置在水平钢筋的内侧。为便于插入槽内,纵向钢筋底端宜稍向内弯折。钢筋笼的内空尺寸,应比导管连接处的外径大100mm 以上。

2)为了保证钢筋笼的几何尺寸和相对位置准确,钢筋笼宜在制作平台上成型。钢筋笼每棱边(横向及竖向)钢筋的交点处应全部点焊,其余交点处采用交错点焊。对成型时临时扎结的铁丝,应将线头弯向钢筋笼内侧。为保证钢筋笼在安装过程中具有足够的刚度,除结构受力要求外,还应考虑增设斜拉补强钢筋,与纵向钢筋形成骨架并加适当附加钢筋。斜拉筋与附加钢筋必须与设计主筋焊牢固。钢筋笼的接头当采用搭接时,为使接头能够承受吊入时的下段钢筋自重,部分接头应焊牢固。

3)钢筋笼制作允许偏差值:主筋间距 ±10mm;箍筋间距 ±20mm;钢筋笼厚度和宽度 ±10mm;钢筋笼总长度 ±100mm。

4)钢筋笼吊放应使用起吊架,采用双索或四索起吊,以防起吊时因钢索的收紧力而引起钢筋笼变形。同时要注意在起吊时不得拖拉钢筋笼,以免造成弯曲变形。为避免钢筋笼吊起后在空中摆动,应在钢筋笼下端系上溜绳,用人力加以控制。

5)钢筋笼需要分段吊入接长时,应注意不得使钢筋笼产生变形。下段钢筋笼入槽后,临时穿钢管搁置在导墙上,再焊接接长上段钢筋笼。钢筋笼吊入槽内时,吊点中心必须对准槽段中心,竖直缓慢放至设计标高,再用吊筋穿管搁置在导墙上。如果钢筋笼不能顺利地插入槽内,应重新吊出,查明原因,采取相应措施加以解决,不得强行插入。

6)所有用于内部结构连接的预埋件、预埋钢筋等,应与钢筋笼焊牢固。在钢筋笼吊入前,应经检查,保证其数量与位置,做好隐蔽记录。

(7)浇注水下混凝土。

1)混凝土配合比应符合下列要求:混凝土的实际配制强度等级应比设计强度等级高(5MPa);水泥用量不宜少于 370kg/m³;水灰比不应大于 0.6;坍落度宜为 18～20cm,并应有一定的流动度保持率;坍落度降低至 15cm 的时间,一般不宜小于 1h;扩散度宜为 34～

38cm；混凝土拌和物的含砂率不小于45%；混凝土的初凝时间，应能满足混凝土浇灌和接头施工工艺要求，一般应控制在3～4h；混凝土抗渗等级不得小于0.6MPa，二层以上地下室不宜小于0.8MPa。

2）接头管和钢筋就位后，应检查沉渣厚度并在4h以内浇灌混凝土。浇灌混凝土必须使用导管，其内径一般为250mm，每节长度一般为2.0～2.5m。导管要求连接牢靠，接头用橡胶圈密封，防止漏水。导管接头若用法兰连接，应设锥形法兰罩，以防拔管时挂住钢筋。导管在使用前要注意认真检查和清理，使用后要立即将黏附在导管上的混凝土清除干净。

3）在单元槽段较长时，应使用多根导管浇灌，导管内径与导管间距的关系一般是：导管内径为150mm，200mm，250mm时，其间距分别为2m、3m、3～4m，且距槽段端部均不得超过1.5m。为防止泥浆卷入导管内，导管在混凝土内必须保持适宜的埋置深度，一般应控制在2～4m。在任何情况下，不得小于1.5m或大于6m。

4）导管下口与槽底的间距，以能放出隔水栓和混凝土为度，一般比栓长100～200mm。隔水栓应放在泥浆液面上。为防止粗骨料卡住隔水栓，在浇注混凝土前宜先灌入适量的水泥砂浆。隔水栓用铁丝吊住，待导管上口贮斗内混凝土的存量满足首次浇筑，导管底端能埋入混凝土中0.8～1.2m时，才能剪断铁丝，继续浇筑。

5）混凝土浇灌应连续进行，槽内混凝土面上升速度一般不宜小于2m/h，中途不得间歇。当混凝土不能畅通时，应将导管上下提动，慢提快放，但不宜超过300mm。导管不能做横向移动。提升导管应避免碰挂钢筋笼。

6）随着混凝土的上升，要适时提升和拆卸导管，导管底端埋入混凝土面以下一般保持在2～4m，不宜大于6m，并不小于1.5m，严禁把导管底端提出混凝土上面。

7）在一个槽段内同时使用两根导管灌注混凝土时，混凝土应均匀上升，各导管处的混凝土表面的高差不宜大于0.3m，混凝土浇筑完毕，终浇混凝土面高程应高于设计要求0.3～0.5m，此部分浮浆层以后凿去。

8）在浇灌过程中应随时掌握混凝土浇灌量，应有专人每30min测量一次导管埋深和管外混凝土标高。测定应取三个以上测点，用平均值确定混凝土上升状况，以决定导管的提拔长度。

（8）接头施工。

1）连续墙各单元槽段间的接头形式，常用半圆形接头形式。在未开挖一侧的槽段端部先放置接头管，后放入钢筋笼，浇灌混凝土，根据混凝土的凝结硬化速度，徐徐将接头管拔出，最后在浇灌段的端面形成半圆形的接合面，在浇筑下段混凝土前，应用特制的钢丝刷子沿接头处上下往复移动数次，刷去接头处的残留泥浆，以利新旧混凝土的结合。当墙段之间的接缝不设置止水止水带时，应选用锁口圆弧形、槽形或V形等可靠的防渗止水接头，接头面应严格控制，不得有夹泥或沉渣。

2）接头管一般用10mm厚钢板卷成。槽孔较深时，做成分节拼装式组合管，各单节长度为6m、4m、2m不等，便于根据槽深接成合适的长度。外径比槽孔宽度小10～20mm，直径误差在±3mm以内。接头管表面要求平整光滑，连接紧密可靠，一般采用承插式销接。各单节组装好后，要求上下垂直。

3)接头管一般用起重机组装、吊放。吊放时要紧贴单元槽段的端部和对准槽段中心,保持接头管垂直并缓慢地插入槽内。下端放至槽底,上端固定在导墙或顶升架上。

4)提拔接头管宜使用顶升架(或较大吨位吊车),顶升架上安装有大行程(1~2m)、起重量较大(50~100t)的液压千斤顶两台,配有专用高压油泵。

5)提拔接头管必须掌握好混凝土的浇灌时间、浇灌高度、凝固硬化速度,不失时机地提动和拔出,不能过早、过快或过迟、过缓。过早、过快会造成混凝土壁塌落;如过迟、过缓,由于混凝土强度增长,摩阻力增大,则会造成提拔不动和埋管事故。一般宜在混凝土开始浇灌后 2~3h 即开始提动接头管,然后使管子回落。以后每隔 15~20min 提动一次,每次提起 100~200mm,使管子在自重下回落,这说明混凝土尚处于塑性状态。如管子不回落,管内又没有涌浆等异常现象,宜每隔 20~30min 拔出 0.5~1.0m,如此重复。在混凝土浇灌结束后 5~8h 内将接头管全部拔出。

3.14.5　质量标准

(1)主控项目。

1)地下连续墙所用原材料、混凝土如抗压强度、抗渗等级,必须符合设计要求和施工规范的规定。

2)挖槽的平面位置、深度、宽度和垂直度,必须符合设计要求。

3)泥浆配制质量、稳定性,槽底清理和置换泥浆,必须符合施工规范的规定。

(2)一般项目。

1)钢筋骨架和预埋管件的安装应无松动和遗漏,标高、位置应符合要求。

2)裸露墙面表面密实,无渗漏、孔洞、露筋,蜂窝的面积不得超过单元槽段裸露面积的 2%。

3)地下连续墙接头应无明显夹泥和渗水现象。

(3)允许偏差项目。地下连续墙槽段的长度、厚度、深度、倾斜度应各自满足要求。

1)槽段长度(沿轴线方向)允许偏差为±50mm。

2)槽段厚度允许偏差为±10mm。

3)槽段倾斜度≤1/150。

地下连续墙质量检验标准见表 3.14.5。

表 3.14.5　地下连续墙质量检验标准

项目	序号	检查项目		允许偏差或允许值		检验方法
				单位	数值	
主控项目	1	墙体强度		设计要求		查试件记录或取芯试压
	2	垂直度	永久结构	1/300		测声波测槽仪或成槽机上的监测系统
			临时结构	1/150		

续表

项目	序号	检查项目		允许偏差或允许值		检验方法
				单位	数值	
一般项目	1	导墙尺寸	宽度/mm	$W+40$		用钢尺量,W 为地下墙设计厚度
			墙面平整度/mm	<5		用钢尺量
			导墙平面位置/mm	±10		用钢尺量
	2	沉渣厚度	永久结构/mm	≤100		重锤测或沉积物测定仪测
			临时结构/mm	≤200		
	3	槽深/mm		+100		重锤测
	4	混凝土坍落度		180～220		坍落度测定器
	5	钢筋笼尺寸		见表 3.7.5-1		见表 3.7.5-1
	6	地下墙表面平整度	永久结构/mm	<100		此为均匀黏土层,松散及易坍土层由设计决定
			临时结构/mm	<150		
			插入式结构/mm	<20		
	7	永久结构时的预埋件位置	水平向/mm	≤10		用钢尺量
			垂直向/mm	≤20		水准仪

3.14.6 成品保护

(1)钢筋笼制作、运输和吊放过程中,应采取技术措施,防止变形。吊放入槽时,不得碰刮槽壁。

(2)挖槽完毕,应尽快清槽、换浆、下钢筋笼,并在 4h 内浇筑混凝土。在灌注过程中,应固定钢筋笼和导管位置,并采取措施防止泥浆污染。

(3)注意保护外露的主筋和预埋件不受损坏。

(4)施工过程中,应注意保护现场的轴线桩和水准基点桩,不变形、不位移。

3.14.7 安全措施

(1)施工前,应根据建设单位提供的工程地质勘查报告及有关地下管线及障碍物资料,清除一切地下障碍物、电缆、管线等,以保证安全操作。

(2)操作人员应持证上岗,并熟悉成槽机械设备性能和工艺要求,严格执行各专用设备使用规定和操作规程。

(3)潜水钻机等水下用电设备,应有安全保险装置,严防漏电;电缆收放要与钻进同步进行,防止拉断电缆,造成事故;应控制钻进速度和电流大小,严禁超负荷钻进。

（4）成槽施工中要严格控制泥浆密度，防止漏浆、泥浆液面下降、地下水位上升过快、地面水流入槽内、泥浆变质等情况的发生，而使槽壁面坍塌，造成槽多头钻机埋在槽内，或造成地面下陷，导致机架倾覆，或对邻近建筑物或地下埋设物造成损坏。

（5）钻机成孔时，如被塌方或孤石卡住，应边缓慢旋转，边提钻，不可强行拔出，以免损坏钻机和机架，造成安全事故。

（6）钢筋笼吊放，要加固，并使用铁扁担均匀起吊，缓慢下放，使其在空中不晃动，以避免钢筋笼变形、脱落。

（7）槽孔完成后，应立即下钢筋笼灌筑混凝土，如有间歇，槽孔应用跳板覆盖。

（8）所有成孔机械设备必须有专人操作，实行专人专机，严格执行交接班制度和机具保养制度，发现故障和异常现象时，应及时排除，并通知有关专业人员维修和处理。

3.14.8　施工注意事项

（1）地下连续墙施工，应制定出切实可行的挖槽工艺方法、施工程序和操作规程，并严格执行。挖槽时，应加强监测，确保槽位、槽深、槽宽和垂直度符合设计要求。遇槽壁坍塌的事故，应及时分析原因，妥善处理。

（2）对于钢筋笼加工尺寸，应考虑结构要求、单元槽段、接头形式、长度、加工场地、现场起吊能力等情况，采取整体式分节制作，同时应具有必要的刚度，以保证在吊放时不致变形或散架，一般应适当加设斜撑和横撑补强。钢筋笼的吊点位置、起吊方式和固定方法应符合设计与施工要求。在吊放钢筋笼时，应对准槽段中心，并注意不要碰刮槽壁壁面，不能强行插入钢筋笼，以免造成槽壁坍塌。

（3）施工过程中应注意保证护壁泥浆的质量，彻底进行清底换浆，严格按规定灌注水下混凝土，以确保墙体混凝土的质量。

3.14.9　质量记录

地下连续墙宜采用声波透射法检测墙身结构质量，检测槽段数不应少于总槽段的20％，且不应少于3个槽段。其余要求与第3.7.9节冲击钻成孔灌注桩质量记录相同。

3.15　沉井和沉箱工程施工工艺标准

沉井基础是以沉井作为基础结构，将上部荷载传至地基的一种深基础。沉井是一种四周有壁、下部无底、上部无盖、侧壁下部有刃脚的筒形结构物。沉井通常用钢筋混凝土制成。它通过从井孔内挖土，借助自身的重量来克服井壁的摩阻力下沉至设计标高，再经过混凝土封底并填塞井孔，便可成为桥梁墩台的整体式深基础。沉井基础的特点是埋深大、整体性强、稳定性好，能承受较大的竖向作用和水平作用。沉井井壁既是基础的一部分，又是施工时的挡土和挡水结构物，施工工艺也不复杂。

沉箱基础又称气压沉箱基础，它是以气压沉箱来修筑的桥梁墩台或其他构筑物的基础。

沉箱形似有顶盖的沉井。在水下修筑大桥时,若用沉井基础施工有困难,则改用气压沉箱施工,并以沉箱作为基础。沉箱基础是一种较好的施工方法和基础形式。当沉箱在水下就位后,将压缩空气压入沉箱室的内部,排出存在于作业室中的水,施工人员在箱内进行挖土施工,并且通过升降筒和气闸,把弃土外运,从而使沉箱在自重和顶面压重的作用下逐步下沉至设计标高,最后用混凝土填实作业室。沉箱和沉井一样,可以就地建造下沉,也可以在岸边建造,然后浮运至桥基的位置穿过深水定位。当下沉处是很深的软弱层或者是受冲刷的河底,应采用浮运式。

本工艺标准适用于工业与民用建筑中不稳定含水层、黏性土、沙土、砂砾石等地基中的深基坑、地下室、水泵房、设备深基础、桥墩、码头等的沉井和沉箱工程。工程施工应以设计图纸和施工规范为依据。

3.15.1 材料要求

(1)水泥。宜用 32.5 级或 42.5 级普通或矿渣硅酸盐水泥或矿渣硅酸盐水泥。使用前必须查明其品种、标号及出厂日期。凡过期水泥、受潮或结块的水泥,均不准使用。

(2)细骨料。选用质地坚硬的中、粗砂,含泥量不大于 3%,不得含有垃圾、泥块、草根等。

(3)粗骨料。应采用质地坚硬碎石或卵石。石子级配粒径以 5~40mm 组合为宜,最大粒径不宜大于 50mm,含泥量不大于 2%。

(4)水。宜用饮用水或不含有害物质的纯净水。

(5)外加剂、掺和料。根据气候条件、工期和设计要求,通过试验确定。

(6)钢筋。级别、直径应符合设计要求。

(7)其他。砖、石、钢板、型钢、防水材料应符合设计要求。

3.15.2 主要机具设备

(1)制作机具设备。包括模板、脚手架、铁锹、扳手、钢筋混加工常规机具设备、电焊机、混凝土搅拌机、自卸汽车、机动翻斗车、手推车、插入式振动器等。

(2)下沉机具设备。包括履带式起重机、塔式起重机、出土吊斗等。

(3)排水机具设备。包括离心式水泵或潜水泵。

3.15.3 作业条件

(1)在沉井施工地点进行钻孔,了解地质、水文、地下埋设物和障碍物等情况。

(2)根据工程结构特点、地质水文情况、施工设备条件及技术的可行性,编制切实可行的施工方案或施工技术措施。

(3)沉井(箱)制作时的稳定性已经过计算。

(4)按施工方案的要求整平场地,拆迁施工区范围内的障碍物,修建临时施工用道路、临时设施、围墙、水电线路、安装施工设备等。

(5)进行技术交底,使施工人员了解并熟悉沉井的工艺过程,掌握技术要点、质量要求、可能发生的问题和处理方法。

3.15.4　施工操作工艺

（1）工艺流程。测量放线→沉井制作→沉井下沉→沉井封底。

（2）测量放线。按施工平面图和沉井（箱）平面布置,设置测量控制网和水准基点,定出沉井中心轴线和基坑轮廓线。在原有建筑物附近下沉的沉井（箱）,应定期对原建筑物进行沉降观测。

（3）沉井制作。

1）沉井可采用砖、石、混凝土和钢筋混凝土等材料,沉箱大多是钢筋混凝土。在软弱地基上制作沉井时,应采用砂、砾石、碎石或灰土等垫层,用打夯机夯实。垫层厚度视地基土质情况计算确定。

2）沉井下部刃脚的支设,可视沉井重量、施工荷载和地基承载力情况,采用砖垫架、木垫架或土底模等方法,其大小、间距应根据第一节沉井荷重计算确定。安设钢刃脚时,其外侧应与地面垂直。

3）沉井井壁宜在基坑中制作,基坑应比沉井宽 2～3m,保证工人有足够的工作面,地下水位降至基坑底下 0.5m 以下。沉井高度大于 12m 时宜分节制作,在沉井下沉过程中继续加高井身。

4）沉井制作的外模应采用钢模或刨光木模,模板应竖向支设。第一节沉井井壁应按设计尺寸周边加大 10～15mm,第二节相应缩小一些,以减少下沉摩擦力。有防水要求时,穿墙螺栓应加焊止水板。在井壁水平施工缝处,应设凸缝或钢板止水带。

5）沉井井壁的混凝土应分成若干段,同时对称、分层均匀浇筑,防止地基由于承载不均下沉发生倾斜。每节混凝土应一次连续浇筑完成,第一节混凝土强度达到设计要求的 70%,方可浇筑第二节。如有隔墙应与井壁同时浇筑,且隔墙底模板宜比刃脚上口高一些,保证沉井底板的整体性。

6）井壁混凝土应浇筑密实,外表面应平整光滑,突出表面物应在拆模时铲平,以利下沉。

（4）沉井下沉。

1）下沉前应检查沉井的外观,以及混凝土强度等级和抗渗等级。计算沉井下沉的分段摩擦力和分段下沉系数,确定下沉的方法和措施。

2）在下沉前,应分区（组）对称、同步地抽除刃脚下的垫架,每抽出一根垫木后,在刃脚下立即用砂、卵石或砾砂填实。

3）沉井下沉常用明沟集水井排水法。即在沉井内离刃脚 2～3m 挖一圆排水明沟,设3～4 个集水井,深度比开挖面底部低 1.0～1.5m,沟和井底深度随沉井挖土而不断加深;在井壁上设离心式水泵或井内设潜水泵,将地下水排出井外。当地质条件较差或有流沙时,可在沉井周围采用轻型井点、深井井点或井点与明沟排水相结合的方法进行降水。

4）沉井挖土多采用人工或风动工具进行,或在井内采用小型反铲挖土机挖掘。挖土应对称、分层、均匀地进行,一般是由中间挖向四周,每层土厚 0.4～0.5m,沿刃脚周围保留1.0～1.5m 宽的台阶,然后沿井壁每 2～3m 为一段向刃脚方向对称、均匀地削薄土层,每次削 50～100mm 厚。为不产生过大的倾斜,井内各仓的土面高度不超出 500mm。沉井内土方采用塔式起重机或履带式起重机吊出井外,汽车运走,不可堆在沉井附近。

5)在沉井外部地面上级井壁顶部四周,设置纵横十字中心线和水平基点,控制沉井位置与标高,在井壁内按 4 等分或 8 等分标出垂直轴线,各吊线坠一个分别对准下部标板,以控制沉井的垂直度。每班观测两次,做好记录。如有倾斜、位移和扭转等情况,应及时通知施工管理人员,采取措施,并使偏差控制在允许范围之内。

6)井壁下沉时,外侧土会随之下陷而与筒壁间形成空隙。一般应在筒壁外侧填砂,保持不少于 300mm 高度,随下沉灌入空隙中,减少下沉的摩擦力,并减少以后的清洁工作。

7)沉井下沉接近设计标高时,应每 2h 观测一次,如超沉,可在四周或筒壁与底梁交接处砌砖垛或垫枕木,使沉井稳定。

8)沉箱开始下沉至填筑作业室完毕,应用输气管不断地向沉箱作业室供给压缩空气,供气管路应装有逆止阀,以保证安全和正常施工。

9)在沉箱下沉过程中,作业室内设置枕木垛或采取其他安全措施,作业室内土面距顶板的高度不得小于 1.8m。

10)如沉箱自重小于下沉阻力,采取降压强制下沉时,箱内所有人员均应出闸;沉箱内压力的降低值不得超过原有工作压力的 50%,每次强制下沉量不得超过 0.5m。

11)沉箱下沉到设计标高后,应按要求填筑作业室,并采取压浆方法填实顶板与填筑物之间的缝隙。

(5)沉井封底。

1)沉井沉至设计标高,经过 2～3h 稳定,或经观测在 8h 之内累计下沉量不大于 10mm 时,即可进行封底。

2)排水封底的方法是先将刃脚处新旧混凝土接触面冲洗干净或凿毛,对井底进行修整,使之成为锅底形,由刃脚向中心挖放射形排水沟,以填卵石作为滤水盲沟,在中部设 2～3 个集水井与盲沟连通,使井底地下水汇集于集水井中,用潜水电泵排出,保持水位处于基底面 0.5m 以下。

3)封底一般铺一层 150～500mm 厚的卵石或碎石层,在其上浇一层混凝土垫层,在刃脚下切实填严、振捣密实,保证沉井最后稳定。垫层混凝土强度达到 50% 后,在垫层上铺卷材防水层及混凝土保护层,绑钢筋时钢筋两端应伸入刃脚或凹槽内,最后浇筑底板混凝土。

4)底板混凝土应分层浇筑,由四周向中央推进,每层厚 300～500mm,用振捣棒振实。如井内有隔墙,应前后左右对称地逐孔浇筑。

5)待底板混凝土强度达到 70% 后,集水井逐个停止抽水,逐个封堵。封堵的方法是将集水井内水抽干,在套管内迅速用干硬性混凝土填塞并捣实。然后上法盘螺栓拧紧或四周焊牢封死,上部用混凝土垫实捣平。

3.15.5 质量标准

(1)主控质量。沉井(箱)工程主控项目的检验标准应符合表 3.15.5-1 的规定。

表 3.15.5-1 沉井(箱)工程主控项目的检验标准

序号	项目		指标或允许偏差
1	混凝土强度		满足设计要求(下沉前必须达到70%设计强度)
2	封底前,沉井(箱)的下沉稳定/(mm/8h)		<10
3	封底结束后的位置/mm	刃脚平均标高(与设计标高比)	<100
		刃脚平面中心线位移	<1%H
		四角中任何两角的底面高差	<1%l

注:1. H 为下沉总深度,H<10m 时,控制在 100mm 之内。

2. l 为两角距离,但不超过 300mm,l<10m 时,控制在 100mm 之内。

3. 序号 3 的三项偏差可同时存在,下沉总深度指下沉前后刃脚的高差。

(2)一般项目。沉井(箱)工程一般项目的检验标准应符合表 3.15.5-2 的规定。

表 3.15.5-2 沉井(箱)工程一般项目的检验标准

项目		指标或允许偏差
钢材、对接钢筋、水泥、骨料等原材料检查		符合设计要求
结构体外观		无裂缝、蜂窝、空洞,不露筋
平面尺寸	长与宽	±0.5%
	曲线部分半径	±0.5%
	两对角线差	1.0%
	预埋件/mm	20
下沉过程中的偏差	高差	1.5%~2.0%
	平面轴线	<1.5%H
封底混凝土坍落度/mm		180~220

注:H 为下沉深度,应控制在 300mm 之内,此数值不包括高差引起的中线位移。

3.15.6 成品保护

(1)沉井制作时,待第一节混凝土强度达到 70%后方可浇筑第二节混凝土。在第一节混凝土强度达到设计要求的 100%时,而其上各节达到 70%之后,方可开始下沉。

(2)沉井下沉时,遇雨季施工应在外壁填砂,外侧做挡水堤,阻止雨水进入空隙,防止出现井壁与土体摩擦力为零而导致沉井突沉或倾斜。

(3)在井壁上设水泵抽水时,应在井壁上预埋铁件、焊钢操作平台安设水泵,垫草垫或橡皮垫避免震动。

(4)沉井下沉过程中,应始终对周围影响范围内的建筑物进行沉降观测,如有突发情况,应及时采取措施。

(5)沉井外壁应平滑,砖石砌筑的沉井(箱)外壁应抹一层水泥砂浆。

(6)沉井(箱)混凝土可采取自然养护。如需加快拆模下沉,冬期可用防雨帆布覆盖模板外侧,通蒸汽加热养护或采用抗冻早强混凝土浇筑。

3.15.7 安全措施

(1)沉井施工前,应掌握2m以内地质水文及地下障碍物的情况,摸清对邻近建筑物、地下管道等设施的影响,并采取有效措施,防止施工中出现问题,影响正常和安全施工。

(2)严格按照施工方案中确定的沉井垫架拆除和土方开挖程序,控制均匀挖土速度,防止突发性下沉和严重倾斜,导致人身事故。

(3)沉井坑边及沉井土方吊运时,应认真制定并实施安全防护措施,所以参加施工人员必须进行安全教育,并认真佩戴防护用具。

(4)沉井下沉中应做好降水排水工作,保证在挖土过程中不出现大量涌水、涌泥和流沙现象,避免淹井事故。

(5)沉井内土方吊运应由专人操作和专人指挥,统一信号,防止碰撞或脱钩;起重机吊运土方和材料靠近沉井边行驶时,应加强对地基稳定性的检查,防止发生塌陷、倾翻事故。

(6)沉井挖土应分层、分段、对称、均匀地进行,达到破土下沉时,操作人员应离开刃脚一定距离,防止突发性下沉发生事故。

(7)加强机械设备维护、检查和保养。机电设备由专人操作,认真遵守用电安全操作规程,防止超负荷作业,并设漏电保护器。夜间作业时,沉井内、外应有足够的照明,沉井内应采用36V安全电压。

3.15.8 施工注意事项

(1)沉井的垫架拆除、下沉系数、封底厚度和封底的抗浮稳定性,均应通过计算并满足设计要求。

(2)沉井壁上的预留洞在下沉前应堵塞封闭,防止下沉过程中泥土或地下水流入,影响施工操作或造成沉井重心偏移。

(3)当地质勘查报告中提出可能有流沙的地层时,沉井下沉中的挖土应先从刃脚挖起,每层厚300mm,待沉井下沉后再挖中间部分,防止周边土向井中涌起。

(4)沉井(箱)下沉困难时,可采取继续浇筑混凝土或在井顶加载,挖除刃脚下的土或在井内继续进行第二层碗形破土,在井外壁装排水管冲刷井外周围土或在井壁与土间灌入触变泥浆、黄土等措施。

(5)沉井(箱)下沉速度过快,出现异常情况时,可用木垛在定位垫架处给以支撑,并重新调整挖土。在刃脚下不挖或部分不挖;在井外壁填粗糙材料或将井外壁土夯实,加大摩擦力。如井外壁的土液化发生虚坑,可填碎石或减少每一节井深的高度。

(6)沉井(箱)下沉过程中,发生倾斜或位移应及时纠偏。当沉井垂直度出现歪斜超出允许限度时,可采取的措施有刃脚高的一侧加强取土,低的一侧少挖土或不挖土,待正位后再均匀分层取土;或在刃脚较低的一侧适当回填砂石或石块,延缓下沉速度;或在井外面深挖倾斜反面的土,回填到倾斜一面,增加倾斜面的摩擦力。

3.15.9 质量记录

(1)测量放线记录。

(2)原材料合格证、出厂检验报告和进场复验报告。

(3)钢筋接头力学性能试验报告。

(4)钢筋加工检验批质量验收记录。

(5)钢筋安装工程检验批质量验收记录。

(6)钢筋隐蔽工程检查验收记录。

(7)现浇结构模板安装工程检验批质量验收记录。

(8)模板拆除工程检验批质量验收记录。

(9)砂浆、混凝土配合比通知单。

(10)混凝土施工记录。

(11)混凝土坍落度检查记录。

(12)混凝土、砂浆试件强度试验报告。

(13)混凝土抗渗试验报告。

(14)混凝土原材料及配合比设计检验批质量验收记录。

(15)混凝土施工检验批质量验收记录。

(16)隐蔽工程检查验收记录。

(17)沉井(箱)施工记录。

(18)沉井(箱)周围建筑物的沉降观测记录。

(19)沉井(箱)纠偏记录。

(20)沉井与沉箱工程检验批质量验收记录。

(21)沉井与沉箱分项工程质量验收记录。

(22)其他技术文件。

3.16 灰土地基施工工艺标准

灰土地基是将基础底面下要求范围内的软弱土层挖去,用一定比例的石灰和土在最优含水量的情况下充分拌和,分层回填夯实或压实而成。灰土具有一定强度、水稳性和抗渗性,施工工艺简单,取材容易,费用较低,是一种应用广泛、经济、实用的地基加固方法;适用于加固深1~4m厚的软弱土、湿陷性黄土、杂填土等,还可用作结构的辅助防渗层。本工艺标准适用于工业及民用建筑基坑(槽)、管沟、室内地坪、室外散水等基础、垫层或防渗层的灰土工程。工程施工应以设计图纸和施工规范为依据。

3.16.1 材料要求

(1)土料。宜优先采用基槽中挖出的粉质黏土及塑性指数大于 4 的黏质粉土,含有机杂物不得大于 5%,不得含有冻土、耕土、淤泥、有机质等杂物。使用前应先过筛,其粒径不大于 15mm。含水量应符合规定。

(2)石灰。应用Ⅲ级以上新鲜的块灰或生石灰粉,使用前应经过 1~2d 的充分熟化并过筛,其粒径不得大于 5mm,不得夹有未熟化的生石灰块及其他杂质,也不得含有过多的水分。生石灰 CaO 含量要求大于 80%,对于室内地坪、室外散水、管沟等次要工程,其 CaO 含量不低于 61%。

(3)水泥(替代石灰)。宜采用 PO325 水泥,并应符合相关质量标准。

3.16.2 主要机具设备

(1)机械设备。包括蛙式打夯机、压路机、运输设备(翻斗汽车、1.5t 机动翻斗车)。

(2)主要工具。包括铁锹、铁耙、量斗、水桶、胶管、喷壶、木折尺、铁筛(孔径 5mm、15mm)以及手推胶轮车等。

3.16.3 作业条件

(1)基坑(槽)在铺灰土前必须先行钎探,并按设计和勘查单位的要求处理完地基,办完验槽隐蔽检查手续。

(2)基坑外侧打灰土,应对基础、地下室墙和地下防水层、保护层进行检查,并办完隐蔽检查验收手续。现浇混凝土基础墙、地梁等均应达到规定强度,施工中不得损坏混凝土。

(3)当地下室水位高于基坑(槽)底时,施工前应采取排水或降低地下水位的措施,使地下室水位低于灰土垫层以下 500mm 左右,并在 3d 之内不得受水浸泡。

(4)施工前应根据工程特点、填料种类、设计要求的压实系数、施工条件等合理确定填料含水率控制范围、铺土厚度和夯打遍数等参数。重要的填方工程应用压实试验来确定各施工参数。

(5)房心灰土和管沟灰土,应先完成上下水管道的安装或管沟墙间加固等措施后再进行,并将沟槽、地坪上的积水和有机杂物清除干净,保持沟槽干爽。

(6)灰土施工前,测量放线工应做好水平高程的标志。如在基坑(槽)或管沟的边坡上每隔 3m 钉上灰土上平的木橛,在室内和散水的边墙上弹水平线或在地坪上钉好标高控制的标准木桩。

3.16.4 施工操作工艺

(1)工艺流程。检验土料和石灰粉的质量并过筛→灰土拌和→槽底清理→分层铺灰土→夯打密实→找平验收。

(2)首先检查土料种类和质量以及石灰材料的质量是否符合标准的要求,然后分别过筛。如果是块灰闷制的熟石灰,要用 5～10mm 的筛子过筛,生石灰粉可直接使用;土料要用 15～20mm 的筛子过筛,均应确保粒径的要求。

(3)灰土拌和。灰土的配合比应用体积比,除设计有特殊要求外,一般为 2∶8 或 3∶7。基础垫层灰土必须过标准斗,严格控制执行配合比。拌和时必须均匀一致,至少翻拌 3 次;拌和好的灰土颜色应一致,要求随用随拌。

(4)灰土施工时,应适当控制含水量。工地检验方法是:用手将灰土紧握成团,两指轻捏即碎为宜。如土料水分过大或不足时,应晾干或洒水润湿,控制含水量在 14%～20%。

(5)基坑(槽)底或基土表面应清理干净,特别是槽边掉下的虚土、风吹入的树叶、木屑纸片、塑料袋等垃圾,并打两遍底夯,局部有软弱土层或孔洞时应及时挖除,然后用灰土分层回填夯实,要求坑底平整干净。

(6)分层铺灰土。每层的灰土厚度,可根据不同的施工方法,按表 3.16.4-1 选用。夯实机具可根据工程大小和现场机具条件用人力或机械。各层虚铺厚度用木耙找平,与坑(槽)边壁上的标志木桩一致,或用尺、标准杆检查。

表 3.16.4-1　灰土最大虚铺厚度

序号	夯具的种类	重量/kg	虚铺厚度/mm	夯实厚度/mm	备注
1	木夯	40～80	200～250	100～150	人力打夯,落高 400～500mm,一夯压半夯
2	轻型夯实机具	120～400	200～250	100～150	蛙式或柴油打夯机
3	压路机	机重 6～10t	200～300	100～150	双轮

(7)夯打密实。夯打(压)的遍数应根据设计要求的干土质量密度经现场试验确定,一般不少于 4 遍,并控制机械碾压速度。人工打夯应一夯压半夯,夯夯相接、行行相接,纵横交叉。

(8)灰土回填每层夯实(压)后,应根据规范规定进行环刀取样,测出灰土的质量密度,达到设计要求时,才能进行上一层的铺摊。灰土压实系数一般为 0.93～0.95,质量标准也可按照表 3.16.4-2 规定的干质量密度标准执行。用贯入度仪检查灰土质量时,应先进行现场试验仪确定贯入度的具体要求。

表 3.16.4-2　灰土干质量密度标准

序号	土料种类	灰土最小干质量密度/(g·cm^{-3})
1	轻亚黏土	1.55
2	亚黏土	1.50
3	黏土	1.45

(9)留接槎规定。灰土分段施工时,不得在墙角、柱基及承重窗间墙下接槎。上下两层灰土的接槎长度不得小于 500mm,接缝处应密实,并做成直槎。当灰土地基高度不同时,应做成阶梯形,每阶宽不少于 500mm。对做辅助防渗层的灰土,应将水位以下结构覆盖,并处理好接缝,同时注意接缝质量,每层虚土应从留缝处往前延伸 500mm,夯实时应夯过接缝

300mm 以上;接缝时,用铁锹在留缝处垂直切齐,再铺下段夯实。

(10)找平与验收。灰土最上一层完成后,应拉线或用靠尺检查标高和平整度,超高处用铁锹铲平,低洼处应及时补打灰土。

(11)季节性施工。

1)基坑(槽)或管沟灰土回填应连续进行,尽快完成。施工中应防止地面水流入槽坑内,以免边坡塌方或基土遭到破坏。

2)雨天施工时,应采取防雨或排水措施。刚打完毕或尚未夯实的灰土,如遭雨淋浸泡,则应将积水及松软灰土除去,并重新补填新灰土夯实,受浸泡的灰土应晾干后再夯打密实。

3)冬期打灰土的土料,不得含有冻土块,要做到随筛、随拌、随打、随盖,认真执行留、接槎和分层夯实的规定。在土壤松散时可允许洒盐水。气温在−10℃以下时,不宜施工,并且要有冬季施工方案。

3.16.5 质量标准

(1)主控质量。

1)基底的土质必须符合设计要求。

2)灰土的配合比必须符合设计要求。

3)灰土的压实系数必须符合设计要求。干土质量密度或贯入度必须符合设计要求和施工规范的规定。一般灰土干密度不小于 1.5t/m³,压实系数不小于 0.93。

4)灰土地基承载力必须符合设计要求。

(2)一般项目。

1)配料、含水量正确,拌和均匀,分层虚铺厚度符合规定,夯压密实,表面无松散、翘皮和裂缝现象。

2)留槎和接槎,分层留接槎的位置、方法正确,接槎密实、平整。

3)夯打遍数应符合要求,夯打略实的灰土声音清脆。

4)石灰粒径、土料粒径、有机质含量应符合相关规定。

5)灰土地基允许偏差及检验方法应符合表 3.16.5 的规定。

表 3.16.5 灰土地基允许偏差及检验方法

序号	项目	允许偏差	检验方法
1	顶面标高/mm	15	用水平仪拉线和钢尺量检查
2	表面平整度/mm	15	用 2m 靠尺和楔形塞尺检查
3	石灰粒径/mm	≤5	筛分法
4	土颗粒粒径/mm	≤15	筛分法
5	土料有机质含量	5%	试验室粒烧法
6	含水量(与要求最佳含水量比较)	±2%	烘干法
7	分层厚度(与设计要求比较)/mm	±50	水平仪

3.16.6　成品保护

（1）施工时，应注意妥善保护定位桩、轴线桩、标高桩，防止碰撞位移，并应经常复测。

（2）对基础、基础墙或地下防水层、保护层以及从基础墙伸出的各种管线，均应妥善保护，防止回填灰土时碰撞或损坏。

（3）夜间施工时，应合理安排施工顺序，设有足够的照明设施，防止铺填超厚或配合比不准确。

（4）灰土应当日铺填夯压，铺填的灰土不得隔日夯打，灰土地基打完后，应及时进行基础施工和回填基坑（槽），否则应临时遮盖，防止日晒雨淋。夯实后的灰土，3d 内不得受水浸泡。

（5）灰土铺夯完毕后，严禁小车及人在垫层上面行走，必要时应在上面铺板行走。

3.16.7　安全措施

（1）作业人员按规定佩戴安全帽和穿雨鞋等劳保用品。

（2）作业人员必须按规范要求施工，严格遵守安全操作规程。

（3）用手推车运输土和石灰时要平稳，小心掉落。运输按规定落线行驶，当心碰撞他人。

（4）使用打夯机时，严格遵守其安全操作规程，使用前进行安全检查，确认各部件安全可靠后方可正式作业。

（5）及时进行排水。

（6）及时清理杂物、垃圾，以免污染环境。

3.16.8　施工注意事项

（1）灰土回填施工时，切记每层灰土夯实后都得测定干土的质量密度，符合要求后，才能铺摊上层的灰土。并且在试验报告中，注明土料种类、配合比、试验日期、层数（步数）、结论、试验人员签字等。密实度未达到设计要求的部位，均应有处理方法和复验结果。

（2）应将块灰熟化并认真过筛，以免因石灰颗粒过大遇水体积膨胀，将上层垫层、基础拱裂。

（3）房心灰土表面平整度偏差过大，致使地面混凝土垫层过厚或过薄，造成地面开裂、空鼓。应认真检查灰土表面标高和平整度，防止造成返工损失。

（4）管道下部应按要求填夯回填土，漏夯或不实造成管道下方空虚，易造成管道折断、渗漏。

（5）雨期、冬期不宜做灰土工程，否则应编好分项施工方案；施工时应严格执行技术措施，避免造成灰土水泡、冻胀等返工事故。

（6）对大面积施工，应考虑夯压顺序的影响，一般宜采用先外后内，先周边后中部的夯压顺序，并宜优先选用机械碾压。

（7）灰土拌和及铺设时应有必要的防尘措施，控制粉尘污染。

3.16.9 质量记录

(1)岩土工程勘测资料。

(2)邻近建筑物和地下设施类型、分布及结构质量情况。

(3)工程设计图纸、设计要求、需达到的标准及检验手段。

(4)石灰或水泥(当水泥代替灰土中的石灰时)出厂证明文件、试验报告和配合比资料。

(5)地基隐蔽验收记录。

(6)灰土击实试验报告。

(7)灰土地基检验批质量验收记录。

3.17 潜水钻灌注桩施工工艺标准

本工艺标准适用于工业与民用建筑中潜水钻灌注桩的施工。

3.17.1 材料要求

(1)水泥。宜采用 32.5 级或 42.5 级普通硅酸盐水泥或矿渣硅酸盐水泥。

(2)砂。中砂或粗砂,含泥量不大于 5%。

(3)石子。粒径为 0.5~3.2cm 的卵石或碎石,含泥量不大于 2%。

(4)水。应用自来水或不含有害物质的洁净水。

(5)黏土。可就地选择塑性指数 $I_P \geqslant 17$ 的黏土。

(6)外加早强剂。应通过试验确定。

(7)钢筋。钢筋的级别、直径必须符合设计要求,有出厂证明书及复试报告。

(8)焊条。焊条规格符合设计要求并有出厂合格证。

3.17.2 主要机具设备

包括潜水钻机、翻斗车或手推车、混凝土导管、套管、水泵、混凝土搅拌机、平尖头铁锹、胶皮管、电焊机、切割机、泥浆车等。

3.17.3 作业条件

(1)地上、障碍物都清理完毕,达到"三通一平"。施工用的临时设施准备就绪。

(2)场地标高一般应为承台梁的上皮标高,并经过夯实或碾压。

(3)制作好钢筋笼。

(4)根据图纸放出的轴线及桩位点,抄上水平标高木橛,并经过预检签字。

(5)要选择和确定转机的进出路线和钻孔顺序,指定施工方案,做好技术交底。

(6)正式施工前应做成孔试验,数量不少于 2 根。

3.17.4 作业人员

（1）主要作业人员包括转机操作工、钢筋工、混凝土工、焊工、测量工、电工。

（2）钻机操作工和电工应持证上岗，其余工种接受安全和技术培训，并进行施工技术交底。

3.17.5 施工操作工艺

（1）工艺流程（见图 3.17.5）。

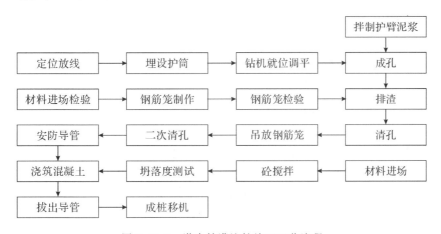

图 3.17.5 潜水钻灌注桩施工工艺流程

（2）操作工艺。

1）甲方完成施工区的"三通一平"工作，根据甲方提供资料完成施工方案编写工作。

2）测量定位。根据设计桩位图纸用全站仪或经纬仪放出桩位。

3）钻机就位。钻机就位时，必须保持平稳，不发生倾斜、位移，为准确控制钻机深度，应在机架上或机管上做出控制的标尺，以便在施工中进行观测、记录。

4）埋设护筒。在孔口埋设圆形钢板护筒，钢板视孔径大小采用 4～8mm，护筒内径应比钻头直径大 200mm，在黏性土中埋设不宜小于 1.0m，在砂土中埋深应大于 1.5m，然后钻机就位，潜水钻头应对准护筒中心，要求平面偏差不大于 20mm，垂直度倾斜不大于 1%。

5）钻孔。调直机架挺杆，在护筒中注入拌制好的泥浆，开动机器钻进，钻进过程中根据土层变化随时调整泥浆的相对密度和黏度，直至设计深度。

6）孔底清理及排渣。

①在黏土和粉质黏土中成孔时，可注入清水，以原土造浆护壁，排渣泥浆的相对密度应控制在 1.1～1.2。

②在砂土和较厚的夹砂层中成孔时，泥浆相对密度应控制在 1.1～1.3；在穿过砂夹卵石层或容易坍孔的土层中成孔时，泥浆的相对密度用控制在 1.3～1.6。

7）吊放钢筋笼。钢筋孔放前应绑好砂浆垫块；吊放要对准孔位，吊直扶稳，缓慢下沉，钢筋笼放在设计位置时，应立即固定，防止上浮。

8)二次清孔。在钢筋笼内插入混凝土导管(管内有射水装置),通过软管与高压泵连接,开动泵水即射出。射水后孔底的沉渣及悬浮于泥浆之中,再用掏渣桶将之清除。

9)浇筑混凝土。停止清孔后,应立即浇筑混凝土,随着混凝土不断增高,孔内沉渣将浮在混凝土上面,并同泥浆一同排回贮浆槽内。

①水下浇筑混凝土应连续施工;导管底部至孔底的距离为 300~500mm,导管底端应始终埋入混凝土中 2~6m,导管的底管长度一般 ≥4m。

②混凝土的配制。

(a)配合比应根据实验确定,在选择施工配合比时,混凝土的试配强度应比设计强度提高 10%~15%。

(b)水灰比宜用 0.5~0.6。

(c)有良好的和易性,在规定的浇筑期内,坍落度应为 180~220mm。

(d)水泥用量不少于 360kg/m³,一般为 360~400kg/m³。

(e)砂率一般为 40%~50%。

10)拔出导管。混凝土浇筑到桩顶时,应及时拔出导管。但混凝土的上顶标高应比设计标高高出 0.5~1.0m,以保证桩头混凝土强度。

11)同一配合比的试块,每班不得少于 2 组,每根灌注桩不得少于 2 组。

12)冬雨季施工。

①潜水钻成孔灌注桩可在冬期进行,但必须注意混凝土的防冻保护。

②雨天施工现场必须有排水措施,严防地面雨水流入桩孔内。要防止桩机移动,以免造成桩孔歪斜等情况,并对现场水泥等材料做好防淋防潮等工作。

3.17.6 质量标准

(1)潜水钻成孔灌注桩的平面位置和垂直度的允许偏差见表 3.17.6-1。

表 3.17.6-1 潜水钻成孔灌注桩的平面位置和垂直度的允许偏差

成孔方法		桩径允许偏差值/mm	垂直度允许偏差/%	桩位允许偏差	
				1~3 根、单排桩基垂直于中心线方向和群桩基础的边桩	多条桩基沿中心线方向和桩基的中间桩
泥浆护壁钻孔桩	D≤1000mm	±50	<1	D/6,且不大于 100mm	D/4,且不大于 150mm
	D>1000mm	±50		100mm+0.01H	150mm+0.01H

注:1.桩径允许值偏差的负值是指个别断面。

2.采用复打、反插法施工的桩,其桩径允许偏差不受上表限制。

3.H 为施工现场地面标高与桩顶设计标高的距离,D 为设计桩径。

(2)潜水钻成孔灌注桩的钢筋笼质量检验标准见表 3.17.6-2。

表 3.17.6-2 潜水钻成孔灌注桩的钢筋笼质量检验标准

项目	序号	检查项目	允许偏差或允许值/mm	检查方法
主控项目	1	主筋间距	±10	用钢尺量
	2	钢筋笼长度	±100	用钢尺量
一般项目	1	钢筋材质检查	设计要求	抽样送检
	2	箍筋间距	±20	用钢尺量
	3	直径	±10	用钢尺量

(3)潜水钻成孔灌注桩的质量检验标准见表 3.17.6-3。

表 3.17.6-3 潜水钻成孔灌注桩的质量检验标准

项目	序号	检查项目	允许偏差或允许值	检查方法
主控项目	1	桩位	见表 3.17.6-1	基坑开挖前量护筒,开挖后量桩中心
	2	孔深/mm	+300	只深不浅,用重锤测,或测钻杆、套管长度,嵌岩桩应确保进入设计要求的嵌岩深度
	3	桩体质量检验	设计要求	按桩基检测技术规范
	4	混凝土强度	设计要求	试件报告或钻芯取样送检
	5	承载力	设计要求	按桩基检测技术规范
一般项目	1	垂直度	见表 3.17.6-1	测套管或钻杆,或用超声波检测
	2	桩径	见表 3.17.6-1	井径仪或超声波检测
	3	泥浆比重(黏土或砂性土中)	1.15~1.20	用比重计测,清孔后在距孔底 500mm 处取样
	4	泥浆面标高(高于地下水位)/m	0.5~1.0	目测
	5	沉渣厚度/mm 端承桩	≤50	用沉渣仪或重锤测量
		沉渣厚度/mm 摩擦桩	≤150	
	6	混凝土坍落度/mm	160~220	坍落度仪
	7	钢筋笼安装深度/mm	±100	用钢尺量
	8	混凝土充盈系数	>1	检测每根桩的实际灌注量
	9	桩顶标高/mm	+30,-50	水准仪,需扣除桩顶浮浆层及劣质桩体

（4）特殊工艺关键控制点控制见表3.17.6-4。

表 3.17.6-4　特殊工艺关键控制点控制

序号	关键点	控制措施
1	成孔	随时控制泥浆比重,确保不坍孔
2	砼配置	用强制式搅拌机自动下料,及时测试坍落度等指标
3	砼浇筑	导管底部至孔底的距离为300～500mm,导管底端应始终埋入混凝土中2～6m,导管第一节底管长度应≥4m,连续浇筑
4	钻井速度	应根据土层情况、孔径、孔深、供水或供浆量的大小、钻机负荷以及成孔质量等具体情况确定
5	混凝土浇筑	水下混凝土面平均上升速度不应小于0.25m/h。浇筑前,导管中应设置球塞等隔水;浇筑时,导管插入混凝土的深度不宜小于2m
6	泥浆密度	施工中应经常测定泥浆密度,并定期测定黏度、含砂率和胶体率。泥浆黏度18～22Pa·s,含砂率控制在4%～8%。胶体率不小于90%
7	清孔	清孔过程中,必须及时补给足够的泥浆,并保持浆面稳定

3.17.7　成品保护

（1）在制作、运输和安装钢筋笼过程中,应采取措施防止其变形。吊入桩孔内,应牢固固定其位置,防止上浮。

（2）灌注桩施工完毕进行基础开挖时,应制定合理的施工顺序和技术措施,防止桩的位移和倾斜。并坚持每根桩的纵横水平偏差。

（3）在钻机安装、钢筋笼运输及混凝土浇筑时,均应注意保护现场的轴线桩、高程桩,并应经常予以核校。

（4）桩头外留的主筋要妥善保护,不得任意弯折或压断。

（5）桩头的混凝土强度没有达到5MPa时,不得碾压,以防桩头损坏。

（6）刚浇筑完混凝土的灌注桩,不宜立即在其附近钻进相邻桩孔,应采取间隔施工,防止因振动或土体侧向挤压而造成变形或裂断。

3.17.8　安全措施

施工过程中的危害源及其控制措施见表3.17.8。

表 3.17.8　施工过程中的危害源及其控制措施

序号	作业活动	危险源	控制措施
1	钻机施工	建筑物危害	认真查清相邻建(构)筑物的情况,采取有效地防震安全措施,以避免钻成孔时,震坏邻近建(构)筑物,造成裂缝、倾斜,甚至倒塌事故

序号	作业活动	危险源	控制措施
2	钻机操作	人员伤亡	潜水钻成孔钻机操作时应安放平稳,防止成孔时突然倾倒,造成人员伤亡和设备损坏
3	泥浆护壁	坍孔	采用泥浆护壁成孔,应根据设备情况、地质条件和孔内情况变化,认真控制泥浆密度、孔内水头高度、护筒埋设深度、钻机垂直度、钻进和提钻速度等,以防止坍孔,造成机具塌陷
4	成孔	人员伤亡	钻孔灌注桩在已成孔尚未灌注混凝土前,应用盖板封严,以免掉土或发生人身安全事故
5	混凝土灌注	人员伤亡	混凝土灌注时,装、拆导管人员必须戴安全帽,并防止注意扳手、螺丝等掉入桩孔内;拆卸导管时,其上空不得进行其他作业,导管提升后继续浇筑混凝土前,必须坚持其是否垫稳或挂稳
6	现场管理	人员伤害	成孔时,距作业范围 6m 内,除钻机人员不得有人员走动或进行其他作业
7	施工用电	触电	施工场内一切电源、电路的安装和拆除,应持证上岗,电器必须严格接地、接零和设置漏电保护器。现场电线、电缆必须按机室架空,严禁拖地和乱拉、乱搭

3.17.9　质量记录

(1)水泥的出厂证明及复验证明。

(2)钢筋的出厂证明或合格证,以及钢筋试验单抄件。

(3)试桩的试压记录。

(4)补桩的平面示意图。

(5)灌注桩的施工记录。

(6)混凝土试配申请单和实验室签发的配合比通知。

(7)混凝土试块 28d 标养抗压强度试验报告。

3.18　渗排水、盲沟排水施工工艺标准

渗排水、盲沟排水指采用疏导的方法,将地下水有组织地经过排水系统排走,以削弱水对地下结构的压力,减少对结构的渗透作用,从而辅助地下工程达到防水的目的。渗排水、盲沟排水适用于无自流排水条件、防水要求高且有抗浮要求的地下工程。盲沟排水适用于地基为弱透水性土层,地下水量不大,排水面积小,地下水位常年在地下建筑底板以下或在丰水期地下水位高于地下建筑底板的地下防水工程。

3.18.1　材料要求

(1)品种规格。

1)滤(渗)水层的石子宜用粒径分别为 5～15mm、20～40mm 和 60～100mm,要求洁净、坚硬、无泥沙、不易风化。砂子宜采用中粗砂,要求干净、无杂质、含泥量不大于 2%。

2)渗排水用滤水层材料宜用粒径 5～15mm 的石子或粗砂。

3)集水管应采用无砂混凝土管、有孔(Φ12mm)普通硬塑料管和加筋软管式透水盲管。

4)盲沟做渗水层的颗粒粒径:当塑性指数 $I_p \leqslant 3$(砂性土)时,采用粒径为 0.1～2mm 和 1～7mm 的砂子;当 $I_p > 3$(黏性土)时,采用粒径为 2～5mm 的砂子和粒径为 5～10mm 的小软石。砂、石应洁净,不得有杂质,含泥量不大于 2%。

5)土分布。土的密度 $\geqslant 280 \text{g/m}^2$。

(2)质量要求。

1)反滤层的砂、石粒径和含泥量、排水管、土分布等必须符合设计要求。检验方法:检查砂、石试验报告。

2)集水管的埋置深度及坡度必须符合设计要求。检验方法:观察和丈量尺寸。

3.18.2　主要机具设备

(1)当基底为土层时,基槽开挖可根据现场情况采用人工或小型反铲 PC-200 机械开挖;砂、碎石铺设及埋管均采用人工作业,夯实宜采用平板振动器夯实。

(2)当基底为岩层时,宜采用手风钻打孔,手风钻可选用 T24 型。炸药可选用 2 号岩石硝铵。排水管安装及砂、石料铺填均采用人工作业。

3.18.3　作业条件

(1)渗排水及盲沟的施工必须在地基工程验收合格后进行。

(2)现场应具备人工作业条件或机械作业条件,机械作业时尽量避免与其他机械或空中作业同时进行。

3.18.4　施工操作工艺

(1)工艺流程。

1)渗排水工程。基坑开挖→砌保护墙→滤水层→装渗排水管→分层铺设渗排水层→铺抹隔浆层→施工防水结构→施工散水坡。

2)盲沟排水。

①无管盲沟。沟槽开挖→铺设滤水层→设置滤水篦子。

②埋管盲沟。沟槽开挖→放线回填→施工分隔层→滤水管→铺设排水管→滤水层→分隔层→回填土。

（2）操作工艺。

1）渗排水工程。渗排水层构造如图 3.18.4-1 所示。

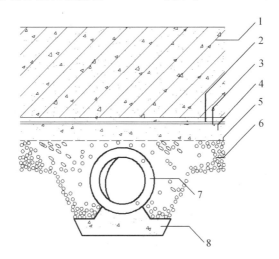

1—结构底板；2—细石混凝土；3—底板防水层；4—混凝土垫层；5—隔浆层；
6—粗砂过滤层；7—集水管；8—集水管座

图 3.18.4-1　渗排水层构造

①基坑挖土，采用人工或小型反铲 PC-200 进行。应依据结构底面积，渗水墙和保护墙的厚度，以及施工工作面，综合考虑确定基坑挖土面积。基坑挖土应将渗水沟挖成型。

②按放线尺寸砌筑结构周围的保护墙。

③在与基坑土层接触处，用 5～10mm 小石或粗砂做滤水层，其总厚度为 100～150mm。

④沿渗水沟安放渗排水管，管与管相互对接处应留出 10～15mm 间隙，在做渗排水层时，将管埋实固定。渗排水管的坡度应不小于 1%，严禁出现倒流现象。

⑤分层设渗排水层（即 20～40mm 碎石层）至结构底面。分层铺设厚度不应大于300mm。渗排水层施工时每层应用平板振动器轻振压实，要求分层厚度及密实度均匀一致，与基坑周围土接触处，均应设置粗砂滤水层。

⑥铺抹隔浆层，以防结构底板混凝土在浇筑时，水泥砂浆渗入排水层而降低结构底板混凝土质量和影响渗排水层的水流通畅。隔浆层可铺油毡或抹 30～50mm 厚的水泥砂浆。水泥砂浆应控制拌和水量，砂浆不要太稀，铺设时可抹实压平，但不要使用振动器，隔浆层可铺抹至墙边。

⑦隔浆层养护凝固后，即可施工防水结构，此时应注意不要破坏隔浆层，也不要扰动已做好的渗排水层。

⑧结构墙体外侧模板拆除后，将结构墙体至保护墙之间的隔浆层除净，再分层施工渗水墙部分的排水层和砂滤水层。

⑨最后施工渗排水墙顶部的保护层或混凝土散水坡。散水坡应超过渗排水层外缘且不小于 400mm。

2）盲沟排水工程。贴墙盲沟设置和离墙盲沟设置分别如图 3.18.4-2 和图 3.18.4-3 所示。

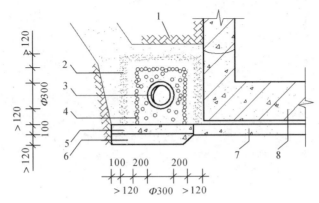

1—素土夯实；2—中砂反滤层；3—集水管；4—卵石反滤层；5—水泥/砂/碎石层；

6—碎石夯实层；7—混凝土垫层；8—主体结构

图 3.18.4-2　贴墙盲沟设置（单位：mm）

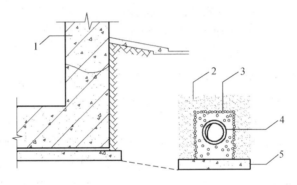

1—主体结构；2—中砂反滤层；3—卵石反滤层；4—集水管；5—水泥/砂/碎石层

图 3.18.4-3　离墙盲沟设置

①无管盲沟。

a. 按盲沟位置、尺寸放线，采用人工或小型反铲 PC-200 开挖，沟底应按设计坡度找坡，严禁倒坡。

b. 沟底审底、两壁拍平，铺设滤水层。底部开始先铺厚 100mm 的粗砂滤水层，要同时将小石子滤水层外边缘与土之间的粗砂滤水层铺好；在铺设中间的石子滤水层时，应按分层铺设的方向同时将两侧的小石子滤水层和粗砂滤水层铺好。

c. 铺设各层的滤水层要保持厚度和密实度均匀一致；注意勿使污物、泥土混入滤水层，铺设应按构造层次分明，靠近土的四周应为粗砂滤水层，再向内四周为小石子滤水层，中间为石子滤水层。

d. 盲沟出水口应设置滤水箅子。

②埋管盲沟。

a. 在基底上按盲沟位置、尺寸放线，然后用人工或机械进行回填或开挖，盲沟底应回填。

b. 按盲沟宽度用人工或机械对回填土进行刷坡整治，按盲沟尺寸成型。沿盲沟壁底人工铺设分隔层（土工布）。分隔层在两侧沟壁上口留置长度，应考虑盲沟宽度尺寸，并考虑相互搭接,不小于10cm。分隔层的预留部分应临时固定在沟上口两侧,并注意保护,不应损坏。

c.在铺好分隔层的盲沟内人工铺17~20cm厚的石子,铺设时必须按照排水沟的坡度进行找坡,此工序必须按坡度要求严防倒流,必要时应以仪器实测每段管底标高。

d.铺设排水管,接头处先用砖头垫起,再用0.2mm厚薄钢板包裹以钢丝绑平,并用沥青胶和土工布涂裹两层,撤去砖,安放好管,拐弯用弯头连接,跌落井应先用红砖或混凝土浇砌井壁在安装管件。

e.排水管安装好后,经测量管道标高符合设计要求,即可继续铺设石子滤水层至盲沟沟顶。石子铺设应使厚度、密实度均匀一致,施工时不得损坏排水管。

f.石子铺至沟顶即可覆盖土工布,将预留置的土工布沿石子表面覆盖搭接,搭接宽不应小于10cm,并顺水方向搭接。

g.最后进行回填土,注意不要损坏土工布。

3.18.5 质量标准

(1)主控项目。

1)盲沟反滤层的层次和粒径组成必须符合设计要求。检验方法:检查砂、石试验报告和隐蔽工程验收记录。

2)集水管的埋置深度及坡度必须符合设计要求。检验方法:观察和尺量检查。

(2)一般项目。

1)渗排水构造应符合设计要求。检验方法:观察检查和检查隐蔽工程验收记录。

2)渗排水层的铺设应分层、铺平、拍实。检验方法:观察检查和检查隐蔽工程验收记录。

3)盲沟排水构造应符合设计要求。检验方法:观察检查和检查隐蔽工程验收记录。

4)集水管采用平接式或承插式接口应连接牢固,不得扭曲变形和错位。检验方法:观察检查。

3.18.6 成品保护

(1)对已完工的工程及时验收隐蔽,进行下道工序施工,避免长期暴露,杂质、泥土混入,造成防水层阻塞。

(2)施工期做好排降水措施,防止被泥水淹泡。

(3)坚持按施工程序施工,精心操作,材料分规格堆放和使用,防水石子级配混杂。

3.18.7 安全措施

(1)在工程施工前进行安全培训,建立安全培训制度。

(2)在工程施工期间进行定期安全生产检查和安全文明工地的评审。

(3)在进行生产技术交底的同时进行安全技术交底,并做好交底记录。

(4)基槽及其他需要爆破的部位,应制订详细的爆破方案,严禁雾天、夜间放炮,杜绝飞石伤人。

(5)夜间施工时施工面及道路要有充足的照明。

(6)人工吊运土方之时,应检查起吊工具,绳索是否牢靠。吊头下不得站人,卸土堆放应离开坑边一定距离,以防造成坑壁塌方。

(7)用手推车运土时,应先平整好道路,卸土回填,不得放手让手推车自动翻转。用翻斗汽车运土时,运输道路的坡度、转变半径应符合有关安全规定。

(8)遵守国家和地方政府的环保政策,对施工附近的农田、农作物给予保护,施工废水排入自然排水沟。

(9)深基坑作业人员上下及材料运输时,应设斜坡道,并采取防滑措施。

3.18.8 施工注意事项

(1)材料的关键要求。施工所用材料均应符合设计及规范要求。

(2)技术关键要求。

1)渗排水粗砂过滤层总厚度宜为300mm,如较厚时应分层铺设,过滤层与基坑土层接触处应用粒径为5~10mm的石子铺填,铺填厚度为100~150mm。

2)集水管应设置在粗砂过滤层下部,坡度不应小于1%,且不得有倒坡现象。集水管之间的距离宜为5~10m,并与集水井相通。

3)工程底板与渗排水层之间应做隔浆层,建筑周围的渗排水层顶面应做散水坡。

4)盲沟在转弯处和最低处应设置检查井,出水口应设置滤水箅子。

5)钻孔爆破施工时应注意控制边线尺寸及高程。

(3)关键质量要求。

1)渗排水、盲沟排水的施工质量检验数量应按10%抽查,其中两轴线间或10延米为一处,且不得小于3处。

2)反滤层的砂、石粒径和含泥量必须符合设计和规范要求。

3)集水管的埋设深度及坡度必须符合设计及规范要求。

4)渗排水层的构造及盲沟的构造应符合设计及规范要求。

5)渗排水层的铺设应分层、铺平、拍实。

(4)职业健康安全关键要求。

1)落实安全责任,实施责任管理制度,做好安全教育及检查。

2)制定各种特种作业的安全及防护措施(如电焊作业、爆破作业)。

(5)环境关键要求。

1)在进行施工渗排水及盲沟施工时,随时注意观测周围环境的变化,并根据实际情况制定相应的防护措施,以避免造成周围土层移动,水土流失,以及邻近建筑物、道路和地下管线的变形或损伤。

2)现场施工管理应遵守国家及地方政府的环保政策及规定。接受各级政府及职能部门的监督检查。

3.18.9 质量记录

(1)技术交底记录及安全交底记录。

(2)测量放线及复测记录。

(3)各类原材料出厂合格证、检验报告、复检报告。

(4)验槽记录及隐蔽工程检查验收记录。

3.19 条形基础施工工艺标准

本工艺标准适用于工业及民用建筑条形基础项目。

3.19.1 施工准备

(1)作业条件。

1)由建设、监理、施工、勘查、设计单位进行地基验槽,完成验槽记录及地基验槽隐检手续,如遇地基处理,办理设计洽商,完成后监理、设计、施工三方复验签认。

2)完成基槽验线预检手续。

(2)材质要求。

1)水泥。根据设计要求,选水泥品种、强度等级。

2)砂、石子。有试验报告,符合规范要求。

3)水。采用饮用水。

4)外加剂、掺和料。根据设计要求通过试验确定。

5)商品混凝土所用原材料须符合上述要求,必须具有合格证、原材料试验报告、符合方碱集料反应要求的试验报告。

6)钢筋要有财政证明复试报告。

(3)工器具。主要包括搅拌机、磅秤、手推车或翻斗车、铁锹、振捣棒、刮杆、木抹子、胶皮手套、串桶或溜槽等。

3.19.2 施工操作工艺

(1)工艺流程。清理→砼垫层→清理→钢筋绑扎→支模板→相关专业施工→清理→混凝土搅拌→混凝土浇筑→混凝土振捣→混凝土找平→混凝土养护。

(2)清理及垫层浇灌。地基验槽完成后,清除表面浮土及扰动土,不得积水,立即进行垫层混凝土施工,砼垫层必须振捣密实,表面平整,严禁晾晒基土。

(3)钢筋绑扎。垫层浇灌完成达到一定强度后,在其上弹线、支模、铺放钢筋网片。

上下部垂直钢筋绑牢,将钢筋弯钩朝上,按轴线位置校核后用方木架成井字形,将钢筋固定在基础外模板上;底部钢筋网片应用与混凝土保护层同厚度的水泥砂浆或塑料垫块垫塞,以保证位置正确,表面弹线进行钢筋绑扎,钢筋绑扎不允许漏绑,柱子插筋除满足搭接要求外,应满足锚固长度的要求。

当基础高度在900mm以内时,插筋伸至基础底部的钢筋网片上,应在端部做成直弯钩;当基础高度较大时,位于柱子四角的插筋应伸到基础底部,其余的钢筋只需伸至锚固长度即可。插筋伸出基础部分长度应按柱子的受力情况及钢筋规格确定。

与地板钢筋连接的柱子四角插筋必须与地板钢筋成 45°绑扎,连接点处必须全部绑扎,距底板 5cm 处绑扎第一个箍筋,距基础顶 5cm 处绑扎最后一道箍筋,作为标高控制筋及定位筋,柱子插筋最上部再绑扎一道定位筋,上下箍筋及定位箍筋绑扎完成后间柱子插筋调整到位并用井字架木架临时固定,然后绑扎剩余钢筋,保证柱子插筋不变形走样,两道定位筋在打柱子混凝土前必须进行更换。钢筋混凝土条形基础,在 T 字形和十字形交接处的钢筋沿一个主要受力方向通常放置。

钢筋混凝土条形基础交接和拐角处配筋、条形基础钢筋绑扎示意分别如图 3.19.2-1 和图 3.19.2-2 所示。

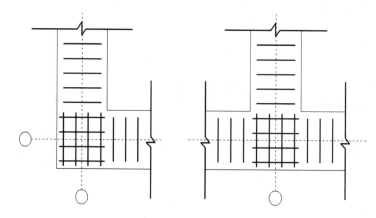

图 3.19.2-1　钢筋混凝土条形基础交接和拐角处配筋

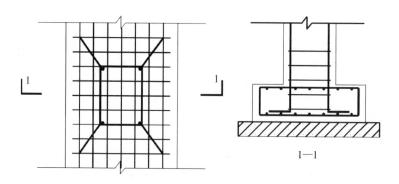

图 3.19.2-2　条形基础钢筋绑扎示意

(4)模板。钢筋绑扎及相关专业施工完成后立即进行模板安装,模板采用小钢模或木模,利用架子管或木方加固。锥形基础坡度>30°时,采用斜模板支护,利用螺栓与地板钢筋拉紧,防止上浮,模板上部设透气及振捣孔,坡度<30°时,利用钢丝网(间距 30cm),防止混凝土下坠,上口设井字木控制钢筋位置。

(5)清理。清除模板内的木屑、泥土等杂物,木模浇水湿润,堵严板缝,清除积水。

(6)混凝土搅拌。根据配合比及砂石含水率计算出每盘混凝土材料的用料,后台认真按配合比用量投料。投料顺序为石子→水泥→砂子→水→外加剂。严格控制用水量,搅拌均匀,搅拌时间不少于 90s。

(7)混凝土浇筑。浇筑条形基础时,注意柱子插筋位置的正确性,以防造成位移和倾斜。在浇筑开始时,先铺满一层 5～10cm 厚的混凝土,并捣实,使柱子插筋下段和钢筋网片的位置基本固定,然后对称浇筑。对于锥形基础,应注意保持锥体斜面坡度的正确,斜面部分的模板应有随混凝土浇捣分段支设并顶压紧,以防模板上浮变形;边角处的混凝土必须捣实。斜面部分须支模,用铁锹拍实。基础上部柱子后施工时,可在上部水平面留设施工缝。施工缝的处理应按有关规定执行。

条形基础根据高度分段分层连续浇筑,不留施工缝,各段各层间应相互衔接,每段长 2～3m,做到逐段逐层呈阶梯形推进。浇筑时先使混凝土充满模板内边角,然后浇筑中间部分,以保证混凝土密实。分层下料,每层厚度为振动棒的有效振动长度。防止下边料过厚,振捣不实或漏振,吊帮的根部砂浆涌出等造成蜂窝、麻面或孔洞。

浇筑混凝土时,经常观察模板、支模架、螺栓、预留孔洞和管有无走动情况,一经发现变形、走动或位移,立即停止浇筑,并及时修整和加固模板,然后再继续浇筑。

(8)混凝土振捣。采用插入式振捣器,插入的间距不大于作用半径的 1.5 倍。上层振捣棒插入下层 3～5cm。尽量避免碰撞预埋件、预埋螺栓,防止预埋件移位。

(9)混凝土找平。混凝土浇筑后,对于表面比较大的混凝土,使用平板振捣器振一遍,然后用大杆刮平,再用木抹子搓平。收面前必须校核混凝土表面标高,不符合要求处立即整改。

(10)混凝土养护。对于已浇筑完的混凝土,常温下,应在 12h 左右覆盖和浇水。一般常温养护不得少于 7 昼夜,特种混凝土养护不得少于 14 昼夜。养护设专人检查落实,防止由于养护不及时,造成混凝土表面裂缝。

(11)模板拆除。侧面模板在混凝土强度能保证其棱角不因拆除模板而受到损坏时方可拆模,拆模前设专人检查混凝土强度,拆除时采用撬棍从一侧顺序拆除,不得采用大锤砸或撬棍乱撬,以免造成混凝土棱角破坏。

3.19.3 质量标准

(1)主控项目。

1)现浇结构的外观质量不应有严重缺陷。对已经出现的严重缺陷,应由施工单位提出技术处理方案,并经监理(建设)单位认可后进行处理。对经处理的部位,应重新检查验收。检查数量:全数检查。检查方法:观察,检查技术处理方案。

2)现浇结构不应有影响机构性能和使用功能的尺寸偏差。混凝土设备基础不应有影响结构性能和设备安装的尺寸偏差。对超过尺寸偏差且影响结构性能和安装、使用功能的部位,应由施工单位提出技术处理方案,并经监理(建设)单位认可后进行处理。对经处理的部位,应重新检查验收。检查数量:全数检查。检查方法:观察,检查技术处理方案。

(2)一般项目。

1)现浇结构的外观质量不宜有一般缺陷,如露筋、蜂窝、孔洞、夹渣、疏松、裂缝、连接部位缺陷、外形缺陷(缺棱掉角、棱角不直、飞边凸筋等)、外表缺陷(表面麻面、掉皮、起砂、玷污等)。对已经出现的一般缺陷,应由施工单位按技术处理方案进行处理,并重新检查验收。检查数量:全数检查。检验方法:观察,检查技术处理方案。

2)现浇结构尺寸允许偏差和检验方法应符合表 3.19.3-1 的规定。

表 3.19.3-1　现浇结构尺寸允许偏差和检验方法

项目			允许偏差/mm	检验方法
轴线位置	整体基础		15	经纬仪及尺量检查
	独立基础		10	
	墙、柱、梁		8	尺量检查
垂直度	墙、柱层高	≤5m	8	经纬仪或吊线、尺量检查
		>5m	10	经纬仪或吊线、尺量检查
	全高(H)		$H/1000$ 且≤30	经纬仪、尺量检查
标高	层高		±10	水准仪或拉线、尺量检查
	全高		±30	
截面尺寸			+8,-5	尺量检查
电梯井	中心位置		10	尺量检查
	长、宽尺寸		+25,0	尺量检查
	全高(H)垂直度		$H/1000$ 且≤30	经纬仪、尺量检查
表面平整度			8	2m 靠尺和塞尺检查
预埋设施中心线位置	预埋板		10	尺量检查
	预埋螺栓		5	
	预埋管		5	
	其他		10	
预留洞、孔中心线位置			15	尺量检查

注:检查轴线、中心线时,应沿纵横两个方向量测,并取其中的较大值。

3.19.4　成品保护

(1)施工中不得用重物冲击模板,不准在吊帮的模板和支撑上搭设脚手架,以保证模板牢固、不变形。

(2)基础侧模板,应在混凝土强度能保证其棱角和表面不受损伤时,方可拆模。

(3)混凝土浇筑完,待其强度达到 1.2MPa 以上,方可在其上进行下一道工序施工。

(4)基础中预留的暖卫、电气暗管,地脚螺栓及插筋,在浇筑混凝土过程中,不得碰撞,或使之产生位移。

(5)基础内应按设计要求预留孔洞或埋设铁件,不得以后凿洞埋设。

3.19.5　安全措施

基础混凝土浇筑之前和浇筑过程中应检查基坑、槽四周土质边坡变化,如有裂缝、滑移等情况,应及时加固;堆放材料和停放机具设备应离开坑边 1m 以上,深基坑上下应设坡道,不得踩踏模板支撑。

3.19.6　施工注意事项

(1)浇筑台阶式基础,施工时,应注意防止上下台阶交接处混凝土出现脱空和蜂窝(即吊脚和"烂脖子")现象,预防措施是:待第一台阶浇筑完后停 0.5～1h,待下部沉实,再浇筑上一台阶;或待第一台阶捣实后,继续浇筑第二台阶前,先沿第二台阶模板底圈做成内外坡度,待第二台阶混凝土浇筑完成后,再将第一台阶混凝土铲平、拍实、拍平。

(2)浇筑杯行基础,应注意杯底标高和杯口模的位置,防止杯口模上浮和倾斜。浇筑时,先将杯口底混凝土振实并稍停片刻,待其沉实,再对称均衡浇筑杯口模四周混凝土。

(3)浇筑锥形基础,如斜坡较陡,斜坡部分宜支模浇筑,或随浇随安装模板,并应压紧,注意防止模板上浮。如斜坡较平坦时,可不支模,但应注意斜坡部位及边角混凝土的捣固密实,振捣完后,再用人工将斜坡表面修正、拍平、拍实。

(4)基础混凝土浇筑如基坑地下水位较高,应采取降低地下水措施,直到基坑回填土完成,方可停止降水,以防浸泡地基,造成基础不均匀沉降或倾斜、裂缝。

(5)基础拆模后应及时回填土,回填时要在相对的两侧或四周同时均匀进行,分层夯实,以保护基础并有利于进行下一道工序作业。

3.19.7　质量记录

(1)材料(水泥、砂、石、外加剂等)出厂合格证、试验报告。
(2)混凝土试配记录、施工配合比通知单。
(3)混凝土试块试验报告及强度评定。
(4)分项工程质量检验评定。
(5)隐检、预检记录。
(6)混凝土施工记录、冬季施工记录。
(7)设计变更、洽商记录。
(8)其他技术文件。

3.20　桩承台基础施工工艺标准

桩承台基础是基础结构物的一种形式,由桩和连接桩顶的桩承台(简称承台)组成的深基础简称桩基。桩基具有承载力高、沉降量小而较均匀的特点,几乎可以应用于各种工程地质条件和各种类型的工程,尤其是适用于建筑在软弱地基上的重型建(构)筑物。因此,在沿海以及软土地区,桩基应用比较广泛。本工艺标准适用于民用建筑各类桩承台基础工程。工程施工应以设计图纸和施工规范为依据。

3.20.1　材料要求

(1)水泥。用 32.5 级或 42.5 级硅酸盐水泥、普通硅酸盐水泥或矿渣硅酸盐水泥,要求新鲜无结块。

(2)砂子。用中砂或粗砂,混凝土低于 C30 时,含泥量不大于 5%;高于 C30 时,含泥量不大于 3%。

(3)石子。卵石或碎石,粒径 5～40mm,混凝土低于 C30 时,含泥量不大于 2%;高于 C30 时,不大于 1%。

(4)掺和料。采用 Ⅱ 级粉煤灰,其掺量应通过试验确定。

(5)减水剂、早强剂、膨胀剂。应符合有关标准的规定,其品种和掺量应根据施工需要通过试验确定。

(6)钢筋。品种和规格应符合设计要求,有出场质量证明书及试验报告,并应取样进行机械性能试验,合格后方可使用。

(7)火烧丝、垫块。火烧丝规格 18～22 号;垫块用 1∶3 水泥砂浆埋 22 号火烧丝预制成。

3.20.2　主要机具设备

(1)机械设备。包括混凝土搅拌机、皮带输送机、插入式振动器、平板式振动器、自卸翻斗汽车、机动翻斗车、混凝土搅拌运输车和输送泵车(泵送混凝土用)等。

(2)主要工具。包括大/小平锹、串筒、溜槽、橡皮管、混凝土卸料槽、吊斗、手推胶轮车、抹子等。

3.20.3　作业条件

(1)已编制经公司批准的施工组织设计或施工方案,包括土方开挖、地基处理、深基坑降水和支护、支模和混凝土浇灌程序方法以及对邻近建筑物的保护等。

(2)基底土质情况和标高、基础轴线和尺寸,已经过鉴定和检查,并办理隐蔽检查手续。

(3)模板已经过检查,符合设计要求,并办完预检手续。

(4)在槽帮、墙面或模板上划或弹好混凝土浇筑高度标志,每隔 3m 左右钉上水平桩。

(5)埋设在基础中的钢筋、螺栓、预埋件、暖卫、电气等各种管线均已安装完毕,各专业已经汇签,并经质检部门验收,办完隐检手续。

(6)混凝土配合比已由试验室确定,并根据现场材料调整复核;后台磅秤已经检查,并进行开盘交底,准备好试模。

(7)施工临时供水、供电线路已设置。施工机具设备已经安装就位,并试运转正常。

(8)混凝土的浇筑程序、方法、质量要求已进行详细的技术交底。

3.20.4　施工操作工艺

(1)整平拍底。

1)土方开挖时,拉线对基底进行平整,其误差在 50mm 内,并用平锹拍打实。

2)有混凝土垫层时,应按设计的混凝土强度等级和厚度浇筑混凝土。

(2)钢筋绑扎。

1)按测定给出轴线找出承台梁边框线,然后分别找出横纵向钢筋的控制线。

2)钢筋绑扎前,应先按设计图纸核对加工成型的半成品(钢筋半成品)的规格、形状、型号、品种是否与设计一致,无误后堆放整齐,挂牌标志。

3)钢筋应按顺序绑扎,一般情况下先长轴后短轴,从一端向另一端依次进行。绑扎的铅丝扣应左右交错,以八字形对称绑扎。承台梁受力钢筋的接头位置应互相错开,接头应设在受力较小处。接头的钢筋面积占钢筋面积的百分比应符合设计要求和规范的规定,所有受力钢筋和箍筋交错处全部绑扎。

4)预埋管线、铁件的位置必须正确。桩伸入承台梁的钢筋以及承台梁上的柱子或墙板插筋,均应按图纸绑扎牢固,用十字扣或焊牢,其标高、位置、搭接锚固长度等应准确,不得遗漏或移位。

5)绑好砂浆砌块,双向间隔 1000mm,底部钢筋下的砂浆垫块厚度:有垫层 35mm,无垫层 70mm。侧面也用垫块与钢筋绑牢。

6)钢筋绑好后,应对钢筋的品种、规格、数量、位置等进行预检,如发现问题应及时处理。

(3)模板安装。

1)按测量放线给定的轴线找出承台梁的边框线,作为支模的控制线。

2)按设计的断面尺寸给出钢模拼装组合图或方案,并经计算确定对拉螺栓的直径、纵横间距。

3)组合钢模版纵横肋拼接,用 U 形卡、销钉等零件,要求整体性强。组合钢模模数不符时,应用木模补缺,可参照图 3.20.4 处理。

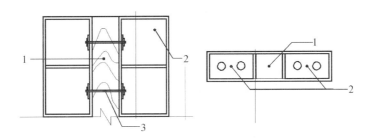

1—用木模补充钢模欠缺处;2—定型钢模板;3—对拉螺栓,直径比模板预留孔小 2mm

图 3.20.4 用木模补缺调整钢模模数

4)模板全部支完后,按测量给定的上口标高点弹出混凝土浇筑高度的控制线。班组应对模板的整体刚度、几何尺寸、标高、轴线等进行预检,如发现问题应及时处理。

(4)混凝土浇筑。

1)在浇筑混凝土前,应办理承台钢筋隐蔽验收记录,经监理工程师批准后,方可浇筑混凝土。大体积混凝土施工,应采取防止温度应力的有效措施。

2)按配合比称出每盘水泥、砂、石子及外加剂的用量,计量允许偏差:水泥、掺和料 $\pm2\%$,粗、细骨料 $\pm3\%$,水、外加剂 $\pm2\%$。并按规范规定留置标准养护和同条件养护试件。

3)浇筑前,应将桩头、坑(槽)底及木模版浇水湿润。混凝土应连续浇筑完成,承台可分层浇筑,承台梁可直接将混凝土倒入模中,如甩槎超过初凝时间,应按施工缝要求处理。如用机吊斗直接卸料入模，其料斗口距操作面高度以 0.3～0.4m 为宜，不得集中倾倒。浇筑时，应在混凝土浇筑地点检查坍落度是否与配合比一致。

4）振捣时，振捣棒与水平面的倾角约为 30°，棒头朝前进方向。插棒间距 500mm 左右，振捣时间以混凝土表面翻浆不出现气泡为宜，必须振捣密实，防止漏振。混凝土表面应随振随用铁锹配合控制标高线，并用木抹子搓平。

5）必须设置施工缝时，施工缝应留置在相邻两桩中间 1/3 范围内。纵横连接处、桩顶、独立承台一般不宜留槎，甩槎处预先用模板留成直槎，继续施工时，混凝土接槎处应用水湿润，并浇 30～50mm 厚、与混凝土配合比相同的砂浆，然后进行混凝土浇筑。

6）混凝土浇筑后，在常温条件下 12h 后浇水养护，夏天应覆盖草帘浇水养护，养护时间一般不得少于 7d。浇水次数应能保证混凝土处于湿润状态，养护水应与拌制混凝土用水相同。当日平均气温低于 5℃时，不得浇水。

3.20.5 质量标准

(1)钢筋分项工程。

1）主控项目。

①钢筋进场时，应按规定抽取试件做力学性能检验，其质量必须符合设计要求和国家现行有关标准的规定。

②当发现钢筋脆断、焊接性能不良或力学性能显著不正常时，应对该批钢筋进行化学成分检验或其他专项检验。

③钢筋的品种、级别、规格、数量以及弯钩、焊接等链接方式，应符合设计要求和规范规定。

2）一般项目。

①钢筋应平直，无损伤，表面不得有裂纹、油污、颗粒状或片状老锈。

②冷拉调直钢筋时，HPB300 级钢筋不宜大于 4%，其他带肋钢筋的冷拉率不宜大于 1%。

③钢筋接头宜设置在受力较小处；钢筋的接头形式、位置、数量、搭接长度及外观质量应符合设计要求和规范规定。

④钢筋加工的形状、尺寸等应符合设计要求，其允许偏差应符合表 3.20.5-1 的规定。

⑤钢筋安装位置的允许偏差应符合表 3.20.5-2 的规定。

表 3.20.5-1 钢筋加工的允许偏差

项目	允许偏差/mm
受力钢筋顺长度方向全长的净尺寸	±10
弯起钢筋和弯折位置	±20
箍筋内净尺寸	±5

表 3.20.5-2 钢筋安装位置的允许偏差

项目			允许偏差/mm
绑扎钢筋网	长、宽		±10
	网眼尺寸		±20
绑扎钢筋架	长		±10
	宽、高		±5
受力钢筋	间距		±10
	排距		±5
	保护层厚度	基础	±10
		柱、梁	±5
		板、墙、壳	±3
绑扎钢筋、横向钢筋间距			±20
预埋件	钢筋弯起位置		20
	中心线位置		5
	水平高差		+3,0

（2）模板分项工程。

1）主控项目。

①模板安装在基土上时，基土必须坚实并有排水措施。

②模板及其支架必须具有足够的强度、刚度和稳定性，其支架的支撑部分必须有足够的支撑面积。

③涂刷隔离剂时，不得污染钢筋和混凝土接槎处。

2）一般项目。

①模板与混凝土的接触面应清理干净，接缝处不应漏浆，浇筑混凝土前应对木模版浇水湿润。

②固定在模板上的预埋件、预留孔和预留洞均不得遗漏，且应安装牢固。

③模板安装和预埋件的允许偏差应符合表 3.20.5-2 的规定。

表 3.20.5-2 模板安装和预埋件的允许偏差

项目	允许偏差/mm
轴线位移	5
标高	±5
截面尺寸	±10
表面平整度	5
预埋钢板中心线位移	3
预埋管预留孔中心线位移	3

续表

项目	允许偏差/mm
预埋螺栓中心线位移	2
预埋螺栓外露长度	+10,0

(3)混凝土分项工程。

1)主控项目。

①混凝土所用水泥、外加剂的质量、品种和级别,必须符合设计要求和国家现行有关规范的规定。

②混凝土的配合比、原材料计量、施工缝处理必须符合施工规范的规定。

③用于检验结构构件混凝土强度的试件,应按《混凝土结构施工质量验收规范》(GB 50204—2015)的规定取样、制作、养护和试验,其强度必须符合设计要求。

④承台的外观质量不应有严重缺陷,且不应有影响结构性能和使用功能的尺寸偏差。

2)一般项目。

①混凝土所用的粗细料、拌制用水及掺和料,应符合国家现行有关标准的规定。

②施工缝、后浇带的留置,应符合设计要求和技术方案规定,并按要求做好混凝土养护。

③承台混凝土的外观质量不宜有一般缺陷。

④混凝土允许偏差应符合表 3.20.5-3 的规定。

表 3.20.5-3 混凝土允许偏差

项目	允许偏差/mm
轴线位移	15
标高	±10
截面尺寸	+8,−5
表面平整度	8
预埋钢板中心线偏移	10
预埋管孔中心线偏移	5
预埋螺栓中心线偏移	5
预埋螺栓外露长度	+10,−0

注:检查轴线、中心线位置时,应沿纵、横两个方向量测,并取其较大值。

3.20.6 成品保护

(1)基坑(槽)四周应挖排水沟,或设土坝防止雨水灌入。

(2)对安位桩、水准点进行保护,并不定期进行检测复核。

(3)安装模板和浇筑混凝土时,应注意保护钢筋,不得攀踩钢筋。

(4)暑期施工时,混凝土初凝后应及时浇水养护,并做好防雨措施。刚浇筑完的混凝土,不得让雨水淋泡。

(5)拆模时应注意避免硬撬重砸损伤混凝土。

(6)填土时应注意防止机械损伤承台梁。

3.20.7 安全措施

(1)作业中严格遵守搅拌机、振捣器的安全操作规程。作业前进行安全检查,确认正确后方可作业。振捣时为防止触电,应戴好绝缘手套。

(2)绑扎钢筋和安装骨架,高度超过1m,应搭设脚手架和马道,必须牢固可靠。多人运送时,起、落、转、停动作应一致,平稳放置,防止砸伤手脚。

(3)模板安拆必须严格遵守其安全规范,固定牢固。模板及支撑在安装过程中必须固定可靠,严防倾覆。

(4)运输混凝土等材料时要平稳,不得猛跑撒把,防止撞伤他人。

3.20.8 施工注意事项

(1)应注意的质量问题。

1)不应使用带有颗粒状或片状老锈钢筋。钢筋运输和储存时应有标牌,以免造成进库的钢材材质不明。

2)不应使用过期(水泥出厂日期超过3个月,快硬水泥超过1个月)水泥或受潮结块水泥。

3)混凝土用的骨料粒径和含泥量应符合规范规定,避免粗骨料粒径过大,被钢筋卡住或造成施工质量问题。

4)混凝土浇筑时,应设有模板工、钢筋工看护,发现模板及钢筋变形或位移时,应及时修整处理。

5)混凝土应分层振捣密实,振捣时间以混凝土表面翻浆不出现起泡为宜;混凝土表面宜二次抹压,并加强养护。

(2)应注意的安全问题。

1)基坑周边应设置围栏。

2)施工中严禁乱拖乱拉电源线和随地拖移,电源线不得绑在钢筋、钢管、脚手架上,以防止电源线损伤造成触电事故。

3)配电箱、开关箱实行一机一闸一接地制。

4)在潮湿环境中进行焊接作业,必须采用可靠绝缘措施,防止发生操作人员触电事故。

5)机械设备操作时,应按《建筑机械使用安全技术规程》(JGJ 33—2012)执行。

3.20.9 质量记录

(1)测量放线记录。

(2)原材料合格证、出场检验报告和进场复检报告。

(3)钢筋接头力学性能试验报告。

(4)钢筋加工检验批质量验收记录。

(5)钢筋安装工程检验批质量验收记录。

(6)钢筋隐蔽工程检查验收记录。

(7)钢筋分项工程质量验收记录。

(8)现浇结构模板安装工程检验批质量验收记录。

(9)模板(后浇带)拆除工程检验批质量验收记录。

(10)模板分项工程质量验收记录。

(11)混凝土原材料及配合比设计检验批质量验收记录。

(12)混凝土配合比通知单。

(13)混凝土施工记录。

(14)混凝土坍落度检查记录。

(15)混凝土施工工程检验批质量验收记录。

(16)混凝土试件强度试验报告。

(17)混凝土抗渗试验报告。

(18)混凝土结构外观及尺寸偏差检验批质量验收记录。

(19)混凝土分项工程质量验收记录。

(20)其他技术文件。

主要参考标准名录

[1]《混凝土结构工程施工质量验收规范》(GB 50204—2015)

[2]《建筑工程施工质量验收统一标准》(GB 50300—2013)

[3]《建筑地基基础工程施工质量验收标准》(GB 50202—2018)

[4]《工程测量规范》(GB 50026—2007)

[5]《钢筋焊接及验收规程》(JGJ 18—2012)

[6]《建筑地基处理技术规范》(JGJ 79—2012)

[7]《建筑施工安全检查标准》(JGJ 59—2011)

[8]《建筑桩基技术规范》(JGJ 94—2008)

[9]《建筑基坑支护技术规程》(JGJ 120—2012)

[10]《建筑分项施工工艺标准手册》,江正荣,中国建筑工业出版社,2009

[11]《建筑施工手册》(第五版),中国建筑工业出版社,2013

[12]《建筑分项工程施工工艺标准》,北京建工集团有限责任公司,中国建筑工业出版社,2008

[13]《高层建筑施工手册》,杨嗣信,中国建筑工业出版社,2001

4 地下防水工程施工工艺标准

4.1 防水混凝土结构施工工艺标准

防水混凝土结构主要依靠混凝土本身的憎水性和密实性来达到防水的目的,在工程上可兼起结构物的承重、围护、防水三重作用,与一般卷材防水相比,具有工序少、操作简便、施工速度快、可改善劳动条件、材料来源广、造价低等优点。国标《地下防水工程质量验收规范》(GB 50208—2011)规定,地下工程防水等级分为4级,其中1级、2级、3级的地下工程主体都要求应选用防水混凝土,对4级则宜选用防水混凝土,故防水混凝土已成为各类地下工程首选的防水措施之一。本工艺标准适用于地下防水工程现浇混凝土有抗渗等级要求、具有一定防水能力的地下室、水泵房、水塔、水池等工程。工程施工应以设计图纸和施工规范为依据。

4.1.1 材料要求

(1)水泥。根据设计图要求的防水混凝土强度等级及抗渗要求,以及选定的混凝土级配,采用32.5级或42.5级普通硅酸盐水泥、火山灰质硅酸盐水泥;掺用外加剂时,亦可采用矿渣硅酸盐水泥。在受侵蚀介质作用时,应按设计要求选用。不得使用过期或受潮结块的水泥。

(2)砂。宜用中砂,含泥量不得大于3%。

(3)石子。用卵石或碎石,最大粒径宜为5~40mm,含泥量不大于1%,吸水率不大于1.5%。

(4)水。拌制混凝土所用的,应采用不含有害物质的洁净水。

(5)掺和料。掺和不低于Ⅱ级粉煤灰,细度通过0.15mm筛孔筛余量不应大于5%,0.09mm筛孔筛余量应为10%~20%,掺量不宜大于20%,由试验确定。硅粉掺量不应大于3%。

(6)外加剂。根据粗、细骨料级配情况,抗渗等级要求及材料供应情况等,可采用加气剂、防水剂、减水剂及膨胀剂等,其技术性能应符合国家或行业标准一等品及以上要求,掺量由试验确定。

4.1.2 主要机具设备

(1)机械设备。考虑混凝土在施工现场自拌时所配机械设备,需要混凝土搅拌机、皮带运输机、装载机、散装水泥罐车、机动翻斗车、自卸翻斗汽车、履带式起重机、插入式振动器、平板式振动器等。

(2)主要工具。包括大/小平锹、铁板、磅秤、水桶、胶皮管、串筒、溜槽、混凝土吊斗、铁钎、抹子、试模等。

4.1.3 作业条件

(1)根据已批准的施工方案,确定施工工艺程序、浇筑方法,并做好技术交底工作。

(2)已完成钢筋绑扎、模板支设,并办理隐检预检手续,并在模板上弹好混凝土浇筑标高线。

(3)模板内的垃圾、木屑、泥土、积水和钢筋上的油污等清除干净。模板在浇筑前1天浇水湿润,但不得留有积水;模板内侧应刷好隔离剂。

(4)准备足够数量、质量合乎要求的砂、石、水泥、掺和料及外加剂等材料,以满足混凝土连续浇筑的要求。当采用商品混凝土时,已与供应商签好合同,并按施工计划,及时连续地供应商品混凝土。

(5)施工机具设备经维修、试运转,处于良好状态;电源充足,可满足施工需要。

(6)浇筑混凝土用脚手架和走道已搭设完毕,运输混凝土道路修筑好,经检查符合施工和安全要求。

(7)试验室根据实际原材料材质情况,通过试配提出防水混凝土配合比,试配的抗渗等级应按设计要求提高0.2MPa,水泥用量(含掺和料)不得少于$300kg/m^3$,掺有活性掺和料时,不得少于$280kg/m^3$。含砂率35%～45%;灰砂比宜为1:2～1:2.5;水灰比不得大于0.55;普通防水混凝土坍落度不宜大于5cm,泵送时,入泵坍落度宜为10～14cm。

(8)防水混凝土抗压、抗渗试模已备齐。

4.1.4 施工操作工艺

(1)混凝土搅拌。防水混凝土应用机械搅拌,先将砂、石子、水泥一次倒入搅拌筒内先干搅拌2.0～2.5min,再加水搅拌1.5～2.5min,外加剂最后加入。搅拌前外加剂应用拌和水稀释均匀,搅拌时间可适当延长1～1.5min。但搅拌掺引气剂的防水混凝土时,因其含气率与搅拌时间有关,不可过长,以免气泡消失,搅拌时间应控制在1.5～2.0min。

(2)模板支设。模板要求表面平整,拼缝严密,吸湿性小,支撑牢固;墙模板采用对拉螺栓固定时,应在螺栓中间加止水片(见图4.1.4-1),管道、套管等穿过墙时,应按设计要求施工,应加焊止水环(见图4.1.4-2),并需满焊。

(3)混凝土运输。混凝土从搅拌机卸出后,应及时用机动翻斗车、自卸翻斗汽车、手推胶轮车或吊斗运到浇灌地点;道路应平整,并尽量减少运输中转环节,以防混凝土产生离析,水泥浆流失;发现有离析现象,在浇筑前应进行二次拌和。

(4)混凝土坍落度检测。混凝土在浇筑地点的坍落度,每工作班至少检查两次。检测方法应符合现行《普通混凝土拌合物性能试验方法》(GB/T 50080—2002)的有关规定。实测坍落度与要求坍落度之间的偏差,应符合表4.1.4的规定。

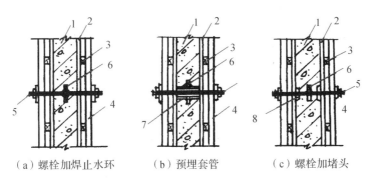

（a）螺栓加焊止水环　　　（b）预埋套管　　　（c）螺栓加堵头

1—地下防水结构;2—模板;3—横撑木;4—立楞木;5—螺栓;6—止水片;7—套管
（拆模后螺栓拔出,内用膨胀水泥砂浆封堵）;8—堵头(拆模后,将螺栓沿坑底割去,用膨胀水泥砂浆封堵)

图 4.1.4-1　预埋螺栓套管方法

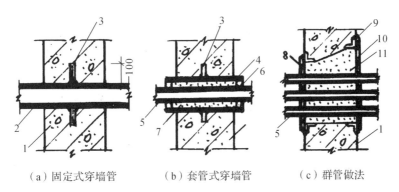

（a）固定式穿墙管　　　（b）套管式穿墙管　　　（c）群管做法

1—地下防水结构;2—预埋套管;3—止水管;4—预埋套管;5—安装管道;6—防水油膏;
7—细石混凝土或砂浆;8—封口钢板;9—固定角钢;10—浇注口;11—柔性材料

图 4.1.4-2　预埋管道、套管方法

表 4.1.4　混凝土坍落度允许偏差

要求坍落度/mm	允许偏差/mm
≤40	±10
50～90	±15
≥100	±20

（5）混凝土浇灌。拌好的混凝土要及时浇筑,常温下应在 30min 内运至现场,于初凝前浇筑完毕;如运距较远或气温较高时,宜掺缓凝型减水剂。混凝土入模时的自由倾落高度不应超过 2.0m,超过时应用串筒、溜槽、溜管或开门子下料,进行分段分层均匀连续浇筑,分层厚度为 25～30cm,相邻浇筑面必须均衡,不留垂直高低槎,必须留槎时,应做成斜面,其坡度不大于 1/7。在混凝土浇灌地点制作砼抗压、抗渗试块。

（6）混凝土振捣。防水混凝土应采用机械振捣,插入式振动器插点间距不应大于 50cm;振捣时间宜为 10～30s,振捣到表面泛浆无气泡为止,避免漏振、欠振和超振。表面再用铁锹拍平拍实,待混凝土初凝后用铁抹子抹压,以增加表面致密性。

（7）施工缝的位置及接缝形式。防水混凝土结构应尽量不留或少留施工缝。必须留设时,底板和顶板只允许留垂直施工缝,留在结构的变形缝或后浇缝带处;墙体一般只允许留水平施工缝,其位置留在底板面上部 200～300mm 处,不得留在剪力或弯矩最大处或底板与墙交接处;如墙体需留垂直施工缝,应留在结构的变形缝、后浇缝带处。墙体水平施工缝的形式可做成企口缝、高低缝、平缝加止水钢板或橡胶或塑料止水带等(见图 4.1.4-3)。当墙厚在 30cm 以上时,宜用企口缝;当墙厚小于 30cm 时,可采用高低缝或平缝加止水片。止水片采用钢板时,钢板厚 3～4mm、宽 400mm,其接缝处用电弧焊连接封闭;用橡胶或塑料止水带时应用热压胶缝。如墙体留垂直施工缝,亦应留在结构的变形缝或后浇缝带处,一般留凹形企口缝或垂直平缝埋设橡胶止水带或钢板止水片,以延长渗漏路线。

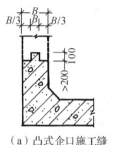 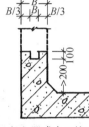 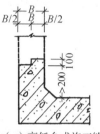 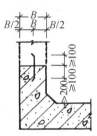

（a）凸式企口施工缝　　（b）凹式企口施工缝　　（c）高低台式施工缝　　（d）平缝加止水片或止水带

1—金属止水片或橡胶、塑料止水带

图 4.1.4-3　防水混凝土结构施工缝形式构造(单位:mm)

（8）施工缝处理。施工缝新旧混凝土接槎处,继续浇筑前,施工缝处应凿毛,清除浮浆及松散石子,用水冲洗保持湿润,用相同等级减半石子混凝土或去石子水泥砂浆先铺 20～25mm 厚一层,然后继续浇筑混凝土。

（9）养护。防水混凝土浇筑后 4～6h 应覆盖浇水养护,3 天内每天浇水 4～6 次,3 天后每天浇水 2～3 次,覆盖材料与厚度应经过计算,养护时间不少于 14d。墙体浇灌 3 天后将侧模松开,宜在侧模与砼表面缝隙中浇水,以保持湿润。

（10）拆模。防水混凝土地下结构须在混凝土强度达到 40% 以上时,方可在其上面继续进行下道工序,上部结构达到 70% 时,方可拆模。

（11）冬期施工。防水混凝土宜避免冬期施工。当不得不在冬期施工时,气温在 5℃ 以下宜采用综合蓄热法,搅拌用水适当加热,并适当掺加早强型外加剂,使混凝土浇筑入模温度不低于 5℃,模板及混凝土表面用塑料薄膜和草垫进行严密覆盖。拆模时,混凝土结构表面与周围的气温差不得超过 15℃。拆模后地下结构应及时分层回填土并夯实,不得长期暴露,以避免因干缩和温差产生裂缝,并有利于混凝土后期强度的增长和抗渗性的提高。冬期施工不宜采用蒸汽养护法或电热养护法。

4.1.5　质量标准

（1）主控项目。

1)防水混凝土的原材料、配合比及坍落度等,必须符合设计要求和施工验收规范的规定。

2)防水混凝土必须密实,其抗实强度和抗渗压力等级必须符合设计要求及施工验收规范的规定。

3)防水混凝土的施工缝、变形缝、后浇带、止水片(带)、穿墙管道、埋设铁件等的设置和构造,均必须符合设计要求和施工验收规范的规定,严禁出现渗漏。

(2)一般项目。

1)结构混凝土表面应坚实平整,不得有蜂窝、孔洞、露筋、夹层等缺陷;预埋件的位置、标高正确。

2)防水混凝土结构表面的裂缝宽度不应大于0.2mm,并不得贯穿。

3)防水混凝土构件厚度不应小于250mm,其允许偏差为+15mm、-10mm;迎水面钢筋保护层不应小于50mm,其允许偏差为±10mm。

(3)允许偏差项目。地下防水混凝土工程的尺寸允许偏差及检验方法见表4.1.5。

表 4.1.5　地下防水混凝土工程的尺寸允许偏差及检验方法

序号	项目		允许偏差/mm		检验方法
			高层框架	高层大模	
1	轴线位移		5		尺量检查
2	各层标高		±5	±10	用水准仪或尺量检查
3	截面尺寸		+5	+5 -2	尺量检查
4	墙垂直度	每层	5		用2m托线板检查
		全高	$H/1000$,且不大于30		用经纬仪或吊线和尺量检查
5	表面平整		8	4	用2m靠尺和楔形塞尺检查
6	预埋钢板中心线位置偏移		10		尺量检查
7	预埋管、预埋螺栓中心线位置偏移		5		尺量检查
8	电梯井	井筒长宽中心线	+25 -0		用经纬仪或吊线和尺量检查
		井筒全高垂直度	$H/1000$,且不大于30		

注:1.允许偏差系指高层大模、高层框架地下室,如针对其他工程,可使用其他现浇混凝土结构的允许偏差值。

2.H为墙全高。

4.1.6　成品保护

(1)保证钢筋、模板的位置正确,防止踩踏钢筋和碰坏模板支撑。

(2)保护好预埋穿墙管、电线管、电线盒、预埋铁件及止水片(带)的位置正确,并固定牢靠,防止振捣混凝土时碰动,造成位移、挤偏和表面铁件陷进混凝土内。

(3)在拆模和吊运其他物件时,应避免碰坏施工缝企口和损坏止水片(带)。

(4)拆模后应及时回填土,防止长时间曝晒,导致出现温度收缩裂缝,防止地基被水浸泡,造成不均匀沉陷。

4.1.7 安全措施

(1)混凝土搅拌机及配套机械作业前,应进行无负荷试运转,运转正常后再开机工作。

(2)搅拌机、皮带机、卷扬机等应有专用开关箱,并装有漏电保护器;停机时应拉断电闸,下班时应上锁。

(3)混凝土振动器操作人员应穿胶鞋、戴绝缘手套,振动器应有防漏电装置,不得挂在钢筋上操作。

(4)使用钢模板,应有导电措施,并设接地线,防止机电设备漏电,造成触电事故。

4.1.8 施工注意事项

(1)墙、柱模板固定应避免采用穿铁丝拉结;固定结构内部设置的紧固钢筋及绑扎铁丝不得接触模板,以免造成渗漏水通路线,引起局部渗漏。

(2)混凝土浇筑应严格控制水灰比,防止随意加大坍落度;浇筑应分层均匀进行;振捣密实,避免漏振、欠振或超振,或将止水片(带)振偏或未按要求处理施工缝而造成渗漏水。

(3)如地下水位较高,应采取措施,将地下水位降低至底板以下 0.5m,直至地下结构浇筑完成,回填土完毕,以防结构物上浮,引起结构裂缝。

(4)当设计图上未交代拟施工的地下工程的防水等级标准时,应请设计单位予以明确。施工时应按设计要求的防水等级标准编制施工方案,组织施工。

(5)地下防水工程必须有相应资质的专业防水队伍进行施工,主要施工人员应持证上岗。

(6)地下防水工程的施工,应建立各道工序的自检、交接检查和专职人员检查的"三检"制度,并有完整的检查记录。未经建设(监理)单位对上道工序的检查确认,不得进行下道工序的施工。

4.1.9 质量记录

(1)原材料(水泥、砂、外加剂等)的出厂合格证、试验报告。

(2)混凝土试块试验报告(包括抗压和抗渗试块)。

(3)隐蔽工程检验记录。

(4)分项工程质量验收记录。

(5)设计变更及洽商记录。

(6)有关技术联系单和签证。

(7)其他文件。

4.2 水泥砂浆防水层施工工艺标准

水泥砂浆防水层(又称刚性防水层)主要是利用砂浆层本身的憎水性和密实性,来达到抗渗防水的目的。按使用材料和操作工艺的不同,又有多层抹面水泥砂浆防水层、防水砂浆防水层、膨胀水泥与无收缩水泥砂浆防水层等。它具有抗渗能力较高、砂浆配制简单、操作检修方便、施工速度快、工程费用较少等优点。

本工艺标准既适用于明挖法施工地下工程防水设施,在主体结构采用防水混凝土的条件下增加另一道防水措施,又适用于地下水位较低的地下室、地下人防、水池等的墙、地面防水层工程。工程施工应以设计图纸及国家标准为依据。

4.2.1 材料要求

(1)水泥。应用 32.5 级及以上的普通硅酸盐水泥、膨胀水泥、无收缩水泥或矿渣硅酸盐水泥,如有侵蚀介质作用时,应按设计要求选用。水泥应新鲜、无结块,并有产品出厂合格证。

(2)砂。宜用中砂,不含杂质,含泥量不大于 1%,使用前过 3mm 孔径的筛子。

(3)外加剂。提高水泥砂浆抗渗性的外加剂品种较多,本标准采用氯化物金属盐类防水剂、金属皂类防水剂、氯化铁防水剂以及有机硅、无机铝盐防水剂等,应符合国家或行业标准一等品及以上的材质要求。

(4)水。应采用不含有害物质的洁净水。

4.2.2 主要机具设备

(1)机械设备。包括砂浆搅拌机、水泵。

(2)主要工具。包括手推车、木刮尺、木抹子、铁抹子、钢皮抹子、喷壶、小水桶、钢丝刷、凿子、毛刷、排笔、铁锤、小笤帚等。

4.2.3 作业条件

(1)地下结构施工完成,检查验收合格并办理交接验收手续。

(2)地下室预留孔洞及穿墙管道已施工完毕,按设计要求已做好防水处理,并办好隐检手续。

(3)混凝土墙面、地面,如有蜂窝和松散混凝土,要凿掉,后浇缝带、施工缝面要凿毛,用压力水冲洗干净。表面如有油污,应用 10% 浓度的氢氧化钠溶液刷洗干净,再用水洗净,然后在表面薄涂素水泥浆(1:1 水泥浆,掺 10%108 胶)一度,再用 1:3 水泥砂浆找平,或用 1:2 干硬性水泥砂浆填压实,较大的蜂窝应支模用比结构高一强度等级的半干硬性细石混凝土强力捣实。

(4)砖墙抹防水层时,必须在砌砖时划缝,深度为 8~10mm,如漏划,应凿出。

(5)预埋件、预埋管道露出基层,应在其周围凿出宽 20~30mm、深 50~60mm 的沟槽,湿润后用 1:2 干硬性水泥砂浆填压实。

(6)防水层材料备齐,运到现场,复查质量符合设计要求。

(7)施工机具设备准备就绪,经维修试用,处于完好状态;水、电线路已敷设,可满足施工需要。

(8)当地下水位较高时,应将水位降至地下结构底板以下 0.5m,直至防水层全部施工完成为止。

(9)施工操作人员经培训、考核,可上岗操作,并进行技术交底。

4.2.4 施工操作工艺

(1)多层抹面水泥砂浆防水层。

1)基层处理。基层处理包括清理、浇水、刷洗、补平等工序,使基层表面保持潮湿、清洁、平整、坚实、粗糙。对不同基层的具体处理方法如下。

①混凝土基层。新浇混凝土拆模后,立即用钢丝刷将混凝土表面擦毛,在抹面前冲刷干净并湿润;旧混凝土面,需凿毛,亦在抹面前清理干净,充分湿润。砼表面凹凸不平、蜂窝、孔洞,应按下列不同情况分别进行处理:

a.超过 1cm 的棱角及凹凸不平处,应剔成慢坡形,并浇水清洗干净,用素灰和水泥砂浆分层找平(见图 4.2.4-1)。

b.混凝土表面的蜂窝孔洞,应先将松散不牢的石子除掉,浇水冲洗干净,用素灰和水泥砂浆交替抹到与基层面相平(见图 4.2.4-2)。

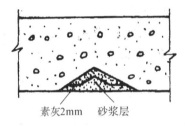
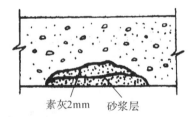

图 4.2.4-1　混凝土基层凹凸不平处的处理　　图 4.2.4-2　混凝土基层蜂窝孔洞的处理

c.混凝土表面的蜂窝麻面不深,石子粘结较牢固,只需用水冲洗干净后,用素灰打底,水泥砂浆压实找平(见图 4.2.4-3)。

d.施工缝或软弱夹层要沿缝剔成 V 形斜坡槽,宽 25mm,深约 10mm 左右,用水冲洗干净后,用素灰打底,再用 1:2.5 水泥砂浆压实抹平(见图 4.2.4-4)。

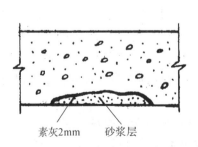
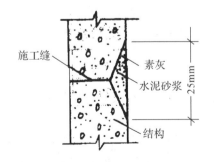

图 4.2.4-3　混凝土基层蜂窝麻面的处理　　图 4.2.4-4　混凝土结构施工缝的处理

②砖砌体基层。对新砌体可将其表面残留的砂浆及污物清除干净,并浇水冲洗、湿润。对旧砖砌体,应将其表面酥松表皮、砂浆及污物清理干净并湿润。

基层处理后必须浇水充分湿润,浇水要按次序反复浇透。砖砌体要浇到砌体表面基本饱和,抹上灰浆后没有吸水现象为合格。

2)灰浆的配制。灰浆宜以机械搅拌,用量不大时亦可用人工拌制。要严格按配合比计量,拌和均匀,颜色一致;水泥砂浆应随拌随用,普通硅酸盐水泥砂浆,当气温为 5～20℃时,使用时间不应超过 60min;当气温为 20～35℃时,不应超过 45min。矿渣硅酸盐水泥砂浆,相应温度情况不应超过 90min(5～20℃)和 50min(20～35℃)。

3)操作方法。

①一般迎水面采用五层抹面法,背水面采用四层抹面法。

②抹面顺序:先顶板,后墙面,最后地面。

③混凝土顶板与墙面五层抹面操作方法。

a.第一层素水泥浆层(水灰比 0.55～0.60):厚度 2mm,分两次抹压,基层浇水润湿后,先抹头遍 1mm 厚结合层,用铁抹子反复用力抹压5～6 遍,使素灰嵌实找平层孔隙,再均匀抹 1mm 厚素水泥浆找平,并用湿毛刷或排笔在水泥砂浆表面按顺序轻轻将灰面拉成毛面。

b.第二层 1∶2.5 水泥砂浆(水灰比 0.40～0.50):厚度 4～5mm,待第一层素水泥浆层初凝后,用手指能按入 1/4～1/2 深度时即抹,抹时要使压入水泥浆层深 1/4 左右,使一、二层牢固结合。在水泥砂浆初凝前用笤帚顺一方向扫出横向纹路,避免来回扫,以防砂浆脱落。

c.第三层素水泥浆层(水灰比 0.37～0.40):厚度 2mm,隔 24h 抹,基层适当洒水润湿,操作同第一层,但按垂直方向刮抹。

d.第四层 1∶2.5 水泥砂浆(水灰比 0.40～0.50):厚度 4～5mm,在第三层素水泥浆层凝结前进行,操作方法同第二层。抹后不扫条纹,而在砂浆凝固前分次用铁抹子抹压5～6遍,以增加密实性,最后再压光。

e.第五层素灰层(水灰比 0.37～0.40):厚度 4～5mm,在第四层砂浆层抹压两遍后,用毛刷依次均匀涂刷素水泥浆一遍,稍干,提浆,同第四层抹实压光。

注:五层抹面总厚度 15～20mm;四层抹面法没有第五层素灰层。

④砖墙面和顶板防水层操作。第一层刷素水泥浆一遍,厚度 1mm,用毛刷往返涂刷均匀。然后再按混凝土墙面相同操作方法抹第二、三、四、五层。

⑤地面防水层操作。地面水泥浆不采用刮抹方法,而是用刷将倒在地面的素水泥浆往返用力涂刷均匀,第二、四层则在素水泥浆层初凝后,将拌好的水泥砂浆按厚度要求均匀抹压,方法与墙面和顶板防水层操作相同。

4)接槎及埋设件处理。

①抹面应连续施工,分层抹压密实,避免留施工缝;必须留设时,宜留在地面上,亦可在墙面上,但须离开阴阳角处 20cm 以上。施工缝应分出层次,做成斜坡阶梯形[见图 4.2.4-1(a)和(b)],遇穿管、螺栓等部位,应在周围嵌水泥浆再做防水层[见图 4.2.4-1(c)和(d)]。做外防水时,地下结构底板与墙面转角留槎、抹灰应做成封闭形(见图 4.2.4-2)。

②接槎要依照顺序顺次操作,层层搭接紧密,内外墙防水层应做成封闭整体,阴阳角均应分层做成圆弧形,阴角半径为 50mm,阳角半径为 10mm。

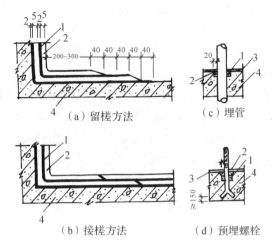

1—水泥砂浆;2—水泥砂浆层;3—水泥砂浆防水层;4—地下结构

图 4.2.4-1　水泥砂浆防水层五层抹面作法(单位:mm)

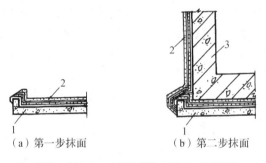

1—混凝土垫层;2—水泥砂浆防水层;3—地下结构

图 4.2.4-2　转角留槎作法

5)养护。一般在防水层终凝后,每 4h 洒水一次,养护温度不低于 5℃,时间不少于 14d;在通风良好、阳光照射的部位,表面应覆盖湿麻袋或草垫。环境潮湿、阴凉的地下室和地下沟道等,视防水层面潮湿程度,也可不洒水养护。

(2)防水砂浆防水层。

1)基层处理。基层处理与多层抹面水泥砂浆防水层相同。

2)灰浆的配制。防水砂浆是在普通水泥砂浆中掺入一定量防水剂,来提高抗渗防水的能力。常用的主要有氯化物金属盐类防水剂、金属皂类防水剂、氯化铁防水剂以及有机硅、无机铝盐防水剂等几种,市场均有成品供应,防水砂浆施工配合比见表 4.2.4。拌制时以机械拌制为宜。拌和时要严格按配合比计量加料,配制时先将水泥与砂子拌匀,然后加入配制好的防水剂稀水溶液,反复搅拌均匀,至颜色一致。配制好的防水砂浆宜在凝固前(一般不超过 30min)用完,一般应随拌随用。

表 4.2.4　防水砂浆施工配合比

序号	掺防水剂砂浆名称	配合比(体积比)						
		防水砂浆				防水净浆		
		水泥	砂	水	防水剂	水泥	水	防水剂
1	氯化物金属盐类防水砂浆	1	2～3	0.50	0.025	1	0.50	0.025
2	金属皂类防水砂浆	1	2～3	0.40～0.50	0.04～0.05	1	0.40	0.04
3	氯化铁防水砂浆	1	2～2.5	0.55	0.03	1	0.55	0.03
4	有机硅防水砂浆	1	2～2.5	0.50	0.04～0.05	1	0.50	0.04
5	无机铝盐防水砂浆	1	2.5～3	0.55	0.0125	1	0.55	0.0125

注:氯化铁、无机铝盐防水砂浆的配合比系重量比。

3)操作方法。

①抹面顺序亦为先顶板,后墙面,最后地面。

②抹面采用铺抹法,先在清理好的基层上刷掺防水剂的防水净浆一遍,然后分层铺抹,分层厚度一般为 6～10mm,总厚度为 20～30mm。每层应在前一层凝固后随即铺抹,最后一层砂浆抹完后,在初凝前应反复多次抹压密实。

4)接槎、埋设件处理。留槎、接槎、转角留槎、预埋管道、螺栓等的处理,同多层抹面水泥砂浆防水层。

5)养护。墙面和顶板防水层终凝后,应适当洒水保持湿润,地面防水层有一定强度后,表面覆盖麻袋或草垫,经常洒水湿润,养护时间不少于 7d,矿渣硅酸盐水泥不少于 14d;冬期养护环境温度不低于 5℃。

(3)膨胀水泥与无收缩水泥砂浆防水层。

1)基层处理。基层处理与多层抹面水泥砂浆防水层相同。

2)灰浆的配制。砂浆配合比为膨胀水泥(或无收缩水泥):砂子＝1:2.5(体积比),水灰比 0.4～0.5;如无这两种水泥,亦可采用 42.5 级号硅酸盐水泥与砂按 1:1 配合,另掺加水泥用量的 0.03‰的铝粉,3%的石膏粉及 0.25%的木钙减水剂,水灰比 0.36,配成无收缩水泥砂浆使用。配制时用机械搅拌为宜,严格按配合比计量,配制方法同防水砂浆防水层,配制好的砂浆宜在 45min 内用完,应随拌随用。

3)操作方法。铺抹方法与防水砂浆防水层相同。

4)养护。养护方法与防水砂浆防水层相同。

(4)纤维聚合物水泥砂浆防水层。

1)材料要求。

①水泥常用普通硅酸盐水泥、矿渣硅酸盐水泥、火山灰质硅酸盐水泥。水泥标号应在 325 号以上,无受潮结块现象,出厂期不超过 3 个月,遇有特殊情况需经过检验、质量合格才可使用。不同品种和标号的水泥不能混用。

②砂选用颗粒坚硬、粗糙洁净的粗砂,平均粒径不小于 0.5mm,最大粒径不大于 3mm。

砂中不得含有垃圾、草根等有机杂质,含泥量、硫化物和硫酸盐含量应符合高标号混凝土用砂的要求。

③水。一般采用饮用水,如用天然水应符合混凝土用水要求。

④EVA(醋酸乙烯—乙烯的共聚物)高分子乳液。

⑤母料。灰黄色粉末状,具有调凝、促硬、密实等功效。

⑥钢纤维。经特定工艺处理的成品。

⑦合成纤维。经特殊表面处理的成品。

2)配合比。

①钢纤维聚合物水泥砂浆配合比。水泥:(钢纤维+母料):(聚合物防水胶):砂:水=1:0.22:0.05:2.2:(0.30~0.36)。

②合成纤维聚合物水泥砂浆配合比。水泥:(合成纤维+母料):(聚合物防水胶):砂:水=1:0.3:0.08:2.6:(0.35~0.40)。

3)基层要求。

①基层必须坚固,且具有一定的强度。

②层表面要粗糙,必要时可凿毛处理,基层表面必须洁净、无灰尘、无油污,施工前应用净水冲刷干净。

③基层平整度应符合规范要求,否则应采取措施予以找平。

④基层表面若有孔洞、缝隙,应沿孔洞及缝隙凿成 V 形沟槽,再用聚合物水泥砂浆抹平。

⑤管道穿过处,应沿管周凿成宽 20mm、深 20mm 的环形沟槽,沟槽内先用聚氨酯嵌缝膏嵌填 5~8mm,然后用聚合物水泥砂浆抹平。

⑥基层若有孔洞或裂隙渗漏水严重者,应先堵漏,后抹纤维聚合物水泥砂浆。

4)操作方法

①在处理合格的基层上,先均匀涂刷一道聚合物水泥素浆,要薄涂、不宜过厚。净浆的配合比如下:水泥:母料:聚合物防水胶:水=1:0.1:0.05:(0.375~0.45)。净浆的配制方法是:先以定量的水加入称量好的聚合物防水胶,搅拌均匀后,再边拌边加入称量好的水泥及母料,拌匀后即可使用。

②净浆层终凝后即进行防水层施工,分两次抹压。底板防水层总厚度为 25mm,第一遍厚度为 11~13mm,抹压时要用力,厚度均匀,注意不得反复抹来抹去;第一遍砂浆初凝后,即按第一遍厚度抹压第二遍砂浆,注意均匀,并在终凝前抹实压光。立面防水层厚度为 15mm。净浆层终凝后即抹压第一遍砂浆,厚度为 6~8mm;第一遍砂浆初凝后,即可抹压第二遍砂浆,厚度为 6~8mm,要求在终凝前压光两遍。

③立面同平面相接的阴阳角应抹成圆弧形。施工缝的留设应符合规范规定。

5)养护。防水层抹面施工 12h 后,即可喷水养护。但施工温度小于 5℃时,不得使用淋水养护,应采取保温措施,或用蓄热法养护。

6)施工注意事项。

①拌和砂浆的投料顺序:在聚合物砂浆拌好后,再投入钢纤维。

②根据工程量大小决定砂浆配制数量的大小,砂浆须在初凝前用完。

③要注意对完工的防水层的保护。防水层终凝前不得上人踩踏,或放置工具重物等。

④砂浆层施工时和施工后,注意不要触碰露头的钢纤维,以免扰动砂浆,从而影响砂浆同钢纤维的粘结,形成微小缝隙。

⑤防水层上应做聚合物砂浆保护层。

4.2.5　质量标准

(1)主控项目。

1)原材料、外加剂、配合比及其分层做法,必须符合设计要求和施工规范的规定。

2)水泥砂浆防水层与基层以及各层之间必须结合牢固,无空鼓。

(2)一般项目。

1)外观表面平整、密实,无裂纹、起砂、麻面等缺陷;阴阳角呈圆弧形,尺寸符合要求。

2)留槎位置正确,按层次顺序操作,层层搭接紧密。

3)防水层的平均厚度应符合设计要求,最小厚度不得小于设计值的85%。

4.2.6　成品保护

(1)抹灰脚手架要离开墙面200mm,拆架子时不得碰坏墙面及棱角。

(2)落地灰要及时清理,不得沾污地面基层或防水层。

(3)地面防水层抹完后,24h内不得上人踩踏。

4.2.7　安全措施

(1)配制砂浆掺加外加剂,操作人员应戴防护用品。

(2)墙面抹防水层应在可靠的架子上操作。

(3)对有电器设备的地下工程,在防水层施工时,应将电源临时切断,否则应采取安全措施,保障人身安全。

(4)对地下工程施工现场应进行障碍物清理,创造文明施工条件。对施工场地内的原有设施或设备,不能移走的应做好防护,以免受损。

(5)施工现场若有深坑或深井,亦应做好防护工作,避免施工人员坠入受伤。

(6)施工现场必须有足够的照明设施。对施工照明用电,应将电压降到36V以下,以防发生触电事故。

(7)施工现场应注意做好防火、防毒工作。

(8)地下工程施工现场要便于人员疏散,必须保证疏散通道及疏散口畅行无阻。

4.2.8　施工注意事项

(1)做内防水层时,如遇渗漏水现象,应先行堵漏,再做防水层;做外防水层时,应在地下结构周围设置排水沟和集水井,将水位降低至防水结构底部500mm以下再行施工,降水时间应直至防水工程全部完成为止。

(2)抹面时应注意严格控制砂浆稠度,不得随意加大水灰比;当稠度过大时,可加同配合比较干硬的砂浆压抹,不得撒干水泥吸水压抹,以防造成起皮。

(3)抹砂浆时应注意按要求遍数抹压,并使之均匀一致,不得超压或漏压,以防起皮和渗漏。

(4)抹灰时基层必须凿毛,用氢氧化钠洗净油污,并刷素水泥浆一遍,以避免出现空鼓或脱壳。

(5)防水层往往因操作不当出现渗漏现象,如各层抹灰时间未掌握好,跟得过紧,出现流坠;素灰浆抹上后干得过快,抹面层砂浆粘结不牢,而造成较大面积渗水;或接槎、穿墙管及穿楼板管洞未处理好,而造成局部渗漏。均应针对原因,精心操作,防止出现此类现象。

(6)当设计图上未交代拟施工的地下工程的防水等级标准时,应请设计单位予以明确。施工时应按设计要求的防水等级标准编制施工方案,组织施工。

(7)地下防水工程必须有相应资质的专业防水队伍进行施工;主要施工人员应持证上岗。

(8)地下防水工程的施工,应建立各道工序的自检、交接检查和专职人员检查的"三检"制度,并有完整的检查记录。未经建设(监理)单位对上道工序的检查确认,不得进行下道工序的施工。

4.2.9 质量记录

(1)原材料(水泥、砂、外加剂等)的出厂合格证、试验报告。

(2)隐蔽工程检验记录。

(3)分项工程质量验收记录。

(4)设计变更及洽商记录。

(5)有关技术联系单和签证。

(6)其他文件。

4.3 地下改性沥青油毡(SBS)防水层施工工艺标准

SBS改性沥青防水卷材是以苯乙烯—丁二烯—苯乙烯(SBS)橡胶改性石油沥青为浸渍涂盖层,以聚酯纤维无纺布、黄麻布、玻璃毡等分别作为胎基,以塑料薄膜为防黏隔离层,经选材、配料、共焙、浸渍、复合成型、卷曲等工序加工制成。其具有很好的耐高低温性能,有较高的弹性和耐疲劳性,很高的伸长率和较强的穿刺能力、耐撕裂能力,适合于高级及高层建筑的地下室防水工程以及桥梁、车库、隧道、游泳池、蓄水池等建(构)筑物的防水。工程施工应以设计图纸和施工规范为依据。

4.3.1 材料要求

(1)高聚物改性沥青油毡防水卷材规格见表4.3.1-1。

表 4.3.1-1 高聚物改性沥青油毡防水卷材规格

标号	上表面材料	标称重量/ (kg·m⁻²)	面积/ (m²·卷⁻¹)	最低卷重/ kg	厚度/mm 平均值≥	厚度/mm 最小单值
25 号	PE 膜	25	10	20.0	2.0	1.7
	细砂			22.0	—	—
	矿物粒料			28.0	—	—
35 号	PE 膜	35	10	30.0	3.0	2.7
	细砂			32.0	—	—
	矿物粒料			38.0	—	—
45 号	PE 膜	45	7.5	30.0	4.0	3.7
	细砂			31.5	—	—
	矿物粒料			36.0	—	—
55 号	PE 膜	55	5.0	25.0	5.0	4.7
	细砂			26.0	—	—
	矿物粒料			29.0	—	—

（2）高聚物改性沥青油毡防水卷材物理性能见表 4.3.1-2。

表 4.3.1-2 高聚物改性沥青油毡防水卷材物理性能

标号	等级	可溶物含量≥/(g·m⁻²)	不透水性	耐热度/℃	拉力纵横向≥/(N/50mm)	断裂延伸率纵横向均≥/%	柔度/℃
25 号	优等品	1300	压力0.3MPa，保持时间30min	100	800	40	−20
	一等品			90	600	30	−15
	合格品				350	20	−10
35 号	优等品	2100		100	800	40	−20
	一等品			90	600	30	−15
	合格品				350	20	−10
45 号	优等品	2900		100	800	40	−20
	一等品			90	600	30	−15
	合格品				350	20	−10
55 号	优等品	3700		100	800	40	−20
	一等品			90	600	30	−15
	合格品				350	20	−10

注：25号、35号柔度 $r=15mm,3s$，弯180°无裂纹；45号、55号柔度 $r=25mm,3s$，弯180°无裂纹。耐热度受热2h涂盖层应无滑动。

(3)配套材料。

1)氯丁橡胶沥青胶黏剂。氯丁橡胶加入沥青及溶剂配制而成的黑色液体。用于油毡接缝的粘结。

2)橡胶沥青乳液。用于卷材粘结。

3)橡胶沥青嵌缝膏。用于特殊部位、管根、变形缝等处的嵌固密封。

4)汽油、二甲苯等。用于清洗工具及污染部位。

4.3.2 主要机具设备

(1)清理用具。主要包括高压吹风机、小平铲、钢丝刷、笤帚。

(2)操作工具。主要包括电动搅拌器、油毛刷、铁桶、汽油喷灯或专用火焰喷枪、压子、手持压滚、铁辊、剪刀、量尺、1500mmΦ30钢管(铁、塑料)、划(放)线用品、长柄胶皮刮板、油壶、长柄滚刷。

4.3.3 作业条件

(1)施工前审核图纸,编制的防水工程施工方案已经批准,并进行技术交底。地下防水工程必须由专业队施工,操作人员持证上岗。

(2)铺贴防水层的基层必须按设计施工完毕,并经养护后干燥,含水率不大于9%;基层应平整、牢固,不空鼓开裂、不起砂。

(3)施工用材料均易燃,因而应准备好相应的消防器材。

4.3.4 施工操作工艺

工艺流程:基层清理→涂刷基层处理剂→铺贴附加层→热熔铺贴卷材→热熔封边→做保护层。

(1)基层清理。施工前将验收合格的基层清理干净。

(2)涂刷基层处理剂。在基层表面满刷一道用汽油稀释的氯丁橡胶沥青胶黏剂,涂刷应均匀,不透底。

(3)铺贴附加层。管根、阴阳角部位加铺一层卷材。按规范及设计要求将卷材裁成相应的形状进行铺贴。

(4)铺贴卷材。将改性沥青防水卷材按铺贴长度进行裁剪并卷好备用,操作时将已卷好的卷材,用Φ30的管穿入卷心,卷材端头比齐开始铺的起点,点燃汽油喷灯或专用火焰喷枪,加热基层与卷材交接处,喷枪与加热面保持300mm左右的距离,往返喷烤、观察。当卷材的沥青刚刚熔化时,手扶管心两端向前缓缓滚动铺设,要求用力均匀、不窝气,铺设压边宽度应掌握好,两幅卷材短边和长边的搭接宽度均不应小于100mm。采用多层卷材时,上下两层和相邻两幅卷材的接缝应错开1/3幅宽,且二层卷材不得相互垂直铺贴。

(5)热熔封边。卷材搭接缝处用喷枪加热,压合至边缘挤出沥青黏牢。卷材末端收头用橡胶沥青嵌缝膏嵌固填实,并应符合下列规定与要求。

1)火焰加热器加热卷材应均匀,不得过分加热或烧穿卷材;厚度小于3mm的高聚物改性沥青防水卷材,严禁采用热熔法施工。

2)卷材表面热熔后应立即滚铺卷材,排除卷材下面的空气,并辊压粘结牢固,不得有空鼓、皱折。

3)滚铺卷材时接缝部位必须溢出沥青热熔胶,并应随即刮封接口使接缝黏接严密。

4)铺贴后的卷材应平整、顺直,搭接尺寸正确,不得有扭曲。

(6)保护层施工。平面做水泥砂浆或细石混凝土保护层;立面防水层施工完,应及时稀撒石碴后抹水泥砂浆保护层。

4.3.5　质量标准

(1)主控项目。

1)高聚物改性沥青防水卷材和胶黏剂的规格、性能、配合比必须按设计和有关标准执行,应有合格的出厂证明。

2)卷材防水层特殊部位(包括转角处、变形缝、穿墙管道等)的细部做法,必须符合设计要求和施工验收规范的规定。

3)防水层严禁有破损和渗漏现象。

(2)一般项目。

1)基层应牢固、洁净、平整,不得有空鼓、起砂、松动、脱皮等现象,基层阴阳角应呈圆弧形。

2)改性沥青胶黏剂涂刷应均匀,不得有漏刷、透底和麻点等现象。

3)卷材防水铺附加层的宽度应符合规范要求;分层的接头搭接宽度允许偏差为-10mm,收头应嵌牢固。

4)卷材应粘结牢固密封严密,不得有翘边、皱折和鼓泡等缺陷。

5)侧墙卷材防水层的保护层与防水层应粘结牢固,结合紧密,厚度均匀一致。

4.3.6　成品保护

(1)地下卷材防水层部位预埋的管道,在施工中不得碰损和堵塞杂物。

(2)卷材防水层铺贴完成后,应及时做好保护层,防止结构施工碰损防水层;外贴防水层施工完后,应按设计砌好防护墙。

(3)卷材平面防水层施工,不得在防水层上放置材料及将其作为施工运输车道。

4.3.7　施工注意事项

(1)卷材搭接不良。接头搭接形式以及长边、短边的搭接宽度偏小,接头处的粘结不密实,接槎损坏、空鼓;施工操作中应按程序弹标准线,使与卷材规格相符,操作中齐线铺贴,使卷材接搭长边不小于100mm,短边不小于150mm。

(2)空鼓。铺贴卷材的基层潮湿,不平整,不洁净,产生基层与卷材间窝气、空鼓;铺设时排气不彻底,窝住空气,也可使卷材间空鼓;当基面较潮湿时,应涂刷湿固化型胶结剂或潮湿界面隔离剂。

(3)管根处防水层粘贴不良。清理不洁净、裁剪卷材与根部形状不符、压边不实等造成粘贴不良;施工时清理应彻底干净,注意操作,将卷材压实,不得有张嘴、翘边、折皱等现象。

(4)渗漏。转角、管根、变形缝处不易操作而渗漏。施工时附加层应仔细操作,保护好接槎卷材,搭接应满足宽度要求,保证特殊部位的施工质量。

(5)相容性。所选用基层处理剂、胶结剂、密封材料等配套材料,均应与铺贴的卷材材性相容、配匹。

4.3.8 质量记录

(1)防水卷材应有产品合格证,现场取样复试合格资料。

(2)胶结材料应有出厂合格证、使用配合比资料。

(3)隐蔽工程检查验收资料及质量检验评定资料。

4.4 地下高分子合成橡胶卷材防水层施工工艺标准

高分子合成(三元乙丙)橡胶卷材防水层是由三元乙丙—丁基橡胶卷材与聚氨酯类材料、CX-404 胶共同粘结组成的高性能防水层。它具有防水性能优异,使用寿命长,耐老化,重量轻,使用温度范围大(−40～80℃),抗拉强度高,延伸率大,对基层伸缩或开裂的适应性强等特点。本工艺标准适用于工业与民用建筑的地下室、水池等采用三元乙丙橡胶防水层的工程。工程施工应以设计图纸和施工规范为依据。

4.4.1 材料要求

(1)三元乙丙橡胶卷材。规格为宽 1.0～1.2m,长 20m,厚度有 1.0mm、1.2mm、1.5mm、2.0mm 四种。主要技术性能:抗拉断裂强度≥7.5MPa;断裂伸长率≥450%;直角撕裂强度≥24.5kN/m,冷脆温度−40℃以下。不透水性:水压 0.3Mpa×30min 不透水。

(2)聚氨酯类辅料。有聚氨酯底胶(用于涂刷做冷底子油,是隔绝从垫层砼中渗透来的水分并能提高卷材与基层之间的粘结力)、聚氨酯涂膜材料(用于复杂部位增补密封处理)、聚氨酯嵌缝膏(胶泥)(用于密封卷材收头部位)等,均分甲、乙两组份,甲组份为黄褐色胶体,乙组份为黑色液体。

(3)CX-404 胶。用于基层及卷材粘结,为黄色混浊胶体,粘结剂分离强度应大于 2kN/m。

(4)丁基胶黏剂。用于卷材接缝,分 A、B 两组份,A 组为黄浊胶体,B 组为黑色胶体。

(5)稀释剂、洗涤剂。二甲苯或乙酸乙酯,用于稀释或清洗机具等。

(6)聚乙烯醇缩甲醛(107 胶),宜用 108 胶代替。用于填补基层凹坑的水泥砂浆掺和料。

(7)水泥。用 32.5 级普通硅酸盐水泥。

(8)砂。采用中砂,含泥量小于 3%。

4.4.2 主要机具设备

(1)机械设备。包括高压吹风机、水泵、电动搅拌器。

(2)主要工具。包括小平铲、笤帚、钢丝刷、长把滚刷（$\Phi60mm\times300mm$）、铁桶、小油桶、压滚（$\Phi40mm\times50mm$）、油漆刷、剪刀、钢卷尺、粉笔、开罐刀、铁管（$\Phi30mm\times1500mm$）、铁抹子、橡皮刮板、台秤等。

4.4.3 作业条件

(1)当地下水位较高时，应先做好排降水工作，将地下水位降低到防水结构底板以下500mm，并保持到防水层施工完成、周围回填土完毕为止。

(2)地下结构基层表面应平整、牢固，不得有起砂、空鼓等缺陷；阴阳角处，应做成圆弧形或钝角；同时表面应洁净、基本干燥，含水率不应大于9%。达不到规定要求，不得进行防水层施工。

(3)穿过墙面、地面或顶板的预埋管道和变形缝等，应按设计要求进行处理，并符合验收规范的规定，在卷材铺贴前应办理隐检手续。

(4)当采用外防外贴防水层做法时，应在需要铺贴垂直防水层的外侧，按设计要求做法，砌筑永久性保护墙。

(5)当采用外防内贴法防水层做法时，应在需要铺贴垂直防水层的外侧，按设计要求做法，砌筑永久性保护墙，并在内表面用水泥砂浆抹找平层，待表面干燥后，满涂聚氨酯底胶，以增强与卷材防水层的粘结。

(6)采用外防外贴防水层时，在地下室底板混凝土浇筑前，应在垫层上抹找平层，涂刷冷底子油，按设计图纸要求铺贴油毡防水层，抹好水泥砂浆保护层。

(7)卷材防水层材料已备齐，运到现场，进行复查，质量应符合设计要求。

(8)配制聚氨酯底胶及铺设防水层的机具设备已准备就绪，可满足施工需要。

(9)施工操作人员经培训、考核，可上岗操作，并进行详细的技术交底和安全教育。

(10)卷材防水层施工应在天气良好的条件下铺设，雨天、大风雪天、冬期环境温度低于5℃时不宜施工。

4.4.4 施工操作工艺

(1)地下防水层铺贴程序。

1)地下防水层采用外防外贴法施工时，应先铺贴平面，后铺贴立面，平立面交接处交叉搭接，铺贴完成后的外侧，再按设计要求砌筑保护墙，并及时进行回填土（见图4.4.4-1）。

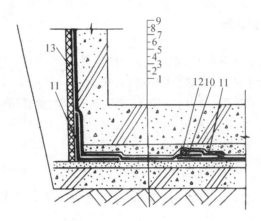

1—素土夯实；2—素混凝土垫层；3—防水砂浆找平层；4—聚氨酯底胶；5—基层胶黏剂；

6—卷材防水层；7—沥青油毡保护隔离层；8—细石混凝土保护层；9—钢筋混凝土结构；

10—卷材搭接缝；11—卷材附加补强层；12—嵌缝密封膏；13—5mm厚聚乙烯泡沫塑料保护层

图 4.4.4-1　地下室工程外贴法卷材防水构造

2）地下防水层采用外防内贴法施工时，应先铺立面后铺平面；铺贴立面时，应先贴转角，后贴大面，贴完后，再按设计要求做保护层，并先在卷材上涂刷一遍聚氨酯涂料，在其未固化前，撒上砂粒，以增强水泥砂浆保护层与立面卷材的粘结（见图 4.4.4-2）。

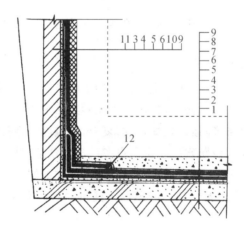

1—素土夯实；2—素混凝土垫层；3—水泥砂浆找平层；4—基层处理剂；5—基层胶黏剂；

6—合成高分子卷材防水层；7—油毡保护隔离层；8—细石混凝土保护层；9—钢筋混凝土结构；

10—5mm厚聚乙烯泡沫塑料保护层；11—永久性保护墙；12—嵌缝密封膏

图 4.4.4-2　地下室工程内贴法卷材防水构造

3）由于外防外贴法的防水效果优于外防内贴法，所以在施工场地和条件不受限制时，一般均优先采用外防外贴法施工。

（2）铺贴工艺流程：基层清理→底胶涂布→复杂部位增强处理→卷材表面涂胶→基层表面涂胶→卷材铺贴→排气→压实→卷材接头粘贴→压实→卷材末端收头及封边处理→保护层施工。

（3）基层清理。铺贴卷材前将基层上凸出颗粒剔去，并将灰渣杂物清扫干净，尘土用压缩空气吹净,油污用溶剂擦去。

(4)聚氨酯底胶涂布。

1)底胶配制系先将聚氨酯涂膜材料按甲组份:乙组份=1:3的重量比配合搅拌均匀,或将聚氨酯涂膜材料按甲组份:乙组份:二甲苯=1:1.5:1的重量比配合搅拌均匀,配成底胶后即可进行涂刷。

2)底胶涂刷相当于刷冷底子油,系在大面积涂刷前,先用毛刷将阴阳角、管道根部、排水口等部位均匀涂刷一遍;大面积再改用长把滚刷均匀涂刷,要求厚薄一致,不得有漏刷和露底现象。常温情况下,干燥 4h 以上,手触不粘时,即可进行下道工序操作。

(5)复杂部位增强处理。

1)增强剂配制系将聚氨酯涂膜材料按甲组份:乙组份=1:1.5的重量比配合搅拌均匀使用,要随配随用,不宜配制过多,防止固化。

2)用毛刷蘸增强剂,在阴阳角、管道、地漏根部及伸缩缝等处均匀涂刷一遍作为附加层,厚度以 2mm 为宜,也可在局部加贴一层三元乙丙卷材,待其固化后,即可进行下道工序作业。

(6)胶黏剂涂刷。

1)卷材涂刷系先将清扫干净的卷材摊开在干净、平整的基层上,用长把滚刷蘸 CX-404胶均匀地涂刷在卷材表面上,但卷材两边接头处空出 100mm 不涂刷,涂胶厚度要均匀一致,不得有露底和凝聚胶块现象。当涂刷的 CX-404 胶基本干燥,手触不粘时,用原来卷卷材的纸筒芯,将卷材卷起来备用。

2)基层涂刷系在基层底胶干后,用滚刷蘸满 CX-404 胶,迅速而均匀地涂布在基层上,涂刷要用力适度,避免反复涂刷,防止出现"咬底"现象。复杂部位可用毛刷均匀涂刷,要求用力均匀。涂刷后手触不粘时,即可铺贴卷材。

(7)卷材铺贴。

1)根据卷材配置的部位,从流水坡的下坡开始,弹出标准线,使卷材的短方向与流水坡方向一致,在转角处尽量减少接缝。

2)将已涂胶预先卷好的卷材,穿入 Φ30mm、长 1.5m 的锹把或铁管,由二人提起,将卷材一端粘结固定,然后沿弹好的标准线由一端向另一端铺贴。铺贴时,卷材不要拉得过紧,防止出现皱折,每隔 1m 左右向标准线靠贴一次,依次顺序边对边铺贴。亦可将已涂胶的卷材,按同样方法推着向后铺贴。铺贴平面与立面相连接的卷材,应由下向上进行,使卷材紧贴阴角,不得出现空鼓或粘贴不牢等现象。

3)每铺完一幅卷材,随即用干净的长把滚刷从卷材的一端开始,在卷材的横方向顺序用力滚压二遍,将卷材粘结层间的空气彻底排除。

4)在排除空气后,平面部位,用长 300mm、重 30kg 的外包橡皮的铁辊滚压一遍,垂直部位可用手持压滚滚压,使卷材粘贴牢固。

5)两幅卷材短边和长边的搭接宽度均不小于 100mm。采用多层卷材时,上下两层和相邻两幅卷材的接缝应错开 1/3 幅宽,且两层卷材不得相互垂直铺粘。

(8)接头粘贴。

1)在未刷 CX-404 胶的卷材长、短边 100mm 处,每隔 1m 左右用 CX-404 胶涂刷一下,在其基本干燥后,将接头翻开临时固定,以便在接头底面涂胶。

2)卷材接头用丁基粘结剂 A、B 两个组分,按 1∶1 的重量配合搅拌均匀,再用毛刷均匀涂刷在翻开的卷材接头的两个粘结面上,待其干燥 30min 后(常温 15min 左右),即可进行黏合。黏合时从一端开始,由里向外,用手一边压合,一边排除空气,并用手持小铁压辊压实,沿接缝边缘用聚氨酯嵌缝膏封闭。

(9)卷材末端收头及封边处理。末端收头采用聚氨酯嵌缝膏或其他密封材料封闭。当密封材料固化后,再在末端收头处涂刷一层聚氨酯涂膜材料,然后用 107 胶水泥砂浆(配合比为水泥∶砂∶107 胶＝1∶3∶0.15)压缝封边。

4.4.5　质量标准

(1)主控项目。

1)卷材和胶结料的品种、牌号及配合比,必须符合设计要求和有关国家标准的规定。

2)卷材防水层及其转角处、变形缝、穿墙管道等细部做法,必须符合设计要求和施工规范的规定。

3)卷材防水层不得有渗漏现象。

(2)一般项目。

1)卷材防水层的基层应牢固、平整、洁净,不得有空鼓、起砂、松动和脱皮现象,阴阳角处呈圆弧形。

2)聚氨酯底胶、聚氨酯涂膜增强剂应涂刷均匀,不得有漏涂、露底和堆积、麻点等缺陷。

3)卷材防水层铺贴方法、搭接和收头,应符合设计要求和施工规范的规定,并应粘结牢固,无空鼓、损伤、滑移、翘边、起泡、皱折、封口不严等缺陷。

4)卷材防水层的保护层应牢固,结合紧密,厚度应均匀。

5)两幅卷材短边和长边的搭接宽度不应小于 100mm,卷材搭接宽度的允许偏差为 −10mm。

4.4.6　成品保护

(1)卷材在运输及保管时平放不高于四层,不得横放、斜放,应避免雨淋、日晒、受潮,以防粘结变质。

(2)已铺贴好的卷材防水层,应及时采取保护措施。操作人员不得穿带钉的鞋在底板上作业。

(3)穿墙和地面管道根部、地漏等,不得碰坏或造成变位。

(4)卷材铺贴完成后,要及时做好保护层。外防外贴法墙角留槎的卷材要妥加保护,防止断裂和损伤,并及时砌好保护墙。各层卷材铺完后,其顶端应给予临时固定,并加以保护,或砌筑保护墙和进行回填土。

(5)采用外防内贴防水层,在地下防水结构施工前贴在永久性保护墙上,在防水层铺完后,应按设计和施工规范要求,及时做好保护层。

(6)排水口、地漏、变形缝等处应采取措施保护,保持口内、管内畅通。防止基层积水或污染而影响卷材铺贴质量。

4.4.7　安全措施

(1)防水层所用的卷材、胶黏剂、二甲苯等,均属易燃物品,不得在阴暗处存放,存放和操作现场严禁烟火,同时备有消防器材。

(2)用完的施工工具,要及时用二甲苯等有机溶剂清洗干净,清洗后溶剂要注意保存或处理掉。

(3)参加操作人员应穿工作服,穿戴安全帽、口罩、手套、帆布脚盖等劳保用品;工作前手、脸及外露皮肤应涂擦防护油膏等。

(4)地下室通风不良时,铺贴卷材应采取通风措施,防止有机溶剂挥发,使操作人员中毒。

4.4.8　施工注意事项

(1)防水层施工操作工序较多,为保证铺贴质量,应注意控制好基层清理,复杂部位增强处理,涂胶、接槎、压实、外观检查等几个基本环节,以做到不渗漏。

(2)在基层与卷材上涂刷胶料时,应注意避免在同一部位多次反复涂刷,以防将底胶咬起,形成凝胶,影响粘贴质量。

(3)在涂刷CX-404胶时,如胶料过稠,可加入少量二甲苯溶剂稀释,能使胶料均匀涂开即可,但稀释剂掺量不宜过多,以免影响胶料的粘结强度和防水工程质量。

(4)施工中应注意防止卷材防水层发生空鼓。形成原因主要是防水层中存有水分,找平层不干,含水率过大;铺压不严实,空气未排除干净,卷材未粘贴牢固;或刷胶厚薄不均,厚度过薄,滚压不实,使卷材起鼓。施工中应注意控制基层含水率,严把各道工序操作关,当基面较潮湿时,应涂刷湿固化型胶结剂或潮湿界面隔离剂。

(5)地下卷材防水层铺设应严防出现渗漏现象。如地面管根、地漏、伸缩缝和卷材搭接未处理好,伸缩缝未断开;地下结构不均匀下沉,将防水层撕裂;或卷材铺贴粘结不牢,卷材松动、脱落或衬垫材料不严,存在空隙;或接槎处甩出的卷材未保护好,或基层清理不干净,卷材搭接长度不够等。施工中应加强检查,严格执行工艺标准,并认真精心操作。

(6)防水层铺贴不得在雨天、大风天施工。严冬季节施工的环境温度,应不低于5℃。

4.4.9　质量记录

(1)防水卷材应有产品合格证、现场取样复试资料。

(2)胶结材料应有出厂合格证,使用配合比资料。

(3)隐蔽工程检查验收资料及质量验收记录。

4.5　聚氨酯涂膜防水层施工工艺标准

聚氨酯涂膜防水层是以聚氨酯涂膜材料涂复于地下防水结构表面,固化后形成柔韧的整体防水涂层,以达到防水的目的。这种防水层具有不需卷材、涂膜柔软、富有弹性、耐水性、整体性好、施工操作简便等优点。这种涂膜防水是作为主体结构采用防水混凝土自防水前提下的另一种可选用的附加防水措施,以提高结构的防水等级。本工艺标准适用于一般工业与民用建筑地下防水采用聚氨酯涂抹防水的工程。工程施工应以设计图纸和施工规范为依据。

4.5.1 材料要求

(1)聚氨酯涂膜材料。该材料由双组分化学材料配合而成。甲组分是以聚醚树脂和二异氰酸酯等原料,经过聚合反应制成的聚氨基甲酸酯预聚体,外观为浅黄色黏稠状,用桶装,每桶重 20kg;乙组分是以交联剂(固化剂)、促进剂(催化剂)、增韧剂、增黏剂、防霉剂、填充剂和稀释剂等混合配制而成的膏状物,外观有红、黑、白、黄及咖啡色等,用桶装,每桶重 40kg。

该材料主要技术性能为:拉伸强度不小于 1.65～2.45MPa;断裂伸长率不小于 350%;耐热度:80℃ 不流淌;低温柔度:在 -20℃ 绕 $\Phi20mm$ 圆棒无裂缝;不透水性:0.3MPa×30min,不透水。

(2)二月桂酸、二丁基锡。规格为化学纯或工业纯,作促凝剂用。

(3)磷酸。规格为化学纯,亦可用苯磺酰氯代用,作缓凝剂用。

(4)乙酸乙酯。工业纯,用于清洗手上凝胶。

(5)二甲苯。工业纯,用于稀释和清洗工具。

(6)水泥。32.5级普通硅酸盐水泥,用于修补基层。

(7)砂粒。粒径 2～3mm,含泥量不大于 3%。

(8)108 胶。工业纯,用于修补基层。

4.5.2 主要机具设备

(1)机械设备。包括电动搅拌器等。

(2)主要工具。包括拌料桶、小型油漆桶、胶皮刮板、塑料刮板、长把滚刷、油漆刷、小抹子、铲刀、笤帚、磅秤、高压吹风机、消防器材等。

4.5.3 作业条件

与第 4.4.2 节地下高分子合成橡胶卷材防水层作业条件相同。

4.5.4 施工操作工艺

(1)工艺流程:基层清理→底胶涂刷→刮第一遍涂膜层→刮第二遍涂膜层(刮膜层数按设计图要求做)→闭水试验。

(2)基层清理。

1)基层表面凸出部分应铲平,凹陷处用掺 108 胶水泥砂浆填平密实,将沾污尘土、砂粒砂浆、灰渣清除干净,油污应清洗掉,并用清洁湿布擦一遍。

2)基层表面应平整,不得有松动、起砂、空鼓、脱皮、开裂等缺陷,表面层含水率应小于9%。

3)对于不同种基层衔接部位、施工缝处,以及基层因变形开裂的部位,均应嵌补缝隙,铺贴绝缘胶条补强或用伸缝强的硫化胶条补强,也可用碳纤维织布强补,再增加涂膜涂布遍数,效果更好。

(3)底胶涂刷(基层处理剂,相当于冷底子油)。

1)底胶的配制系将聚氨酯材料按甲料∶乙料∶二甲苯=1∶1.5∶2的重量比配合搅拌均匀即可,配好的料应在2h内用完。

2)底胶应先涂刷立面、阴阳角、排水管、立管周围、混凝土接口、裂缝处以及增强涂抹部位,然后大面积涂刷。

3)涂刷时用长把滚刷均匀将底胶涂刷在基层表面,涂刷量约为0.3kg/m²,在常温环境一般经4h手触不黏时,即可进行下一道工序操作。

(4)涂膜防水层施工。

1)涂膜防水材料的配制。基本有两种配制方法。按聚氨酯甲料∶乙料=1∶1.5的重量比配合,用人工或电动搅拌器强力搅拌均匀,必要时掺加甲料0.3%的二月桂酸、二丁基锡促凝剂并搅拌均匀备用;或按聚氨酯甲料∶乙料∶莫卡(固化剂)=1∶1.5∶0.2的重量比配合,按同样方法搅拌均匀。此外,还有只用聚氨酯甲料、乙料,不掺加任何外加剂的聚氨酯防水涂料。

2)涂膜施工技术要求。

①涂料涂刷前应先在基面上涂一层与涂料相容的基层处理剂。

②涂膜应多遍完成,涂刷应待前遍涂层干燥成膜后进行。

③每遍涂刷时应交替改变涂层的涂刷方向,同层涂膜的先后搭茬宽度宜为30~50mm。

④涂料防水层的施工缝(甩槎)应注意保护,搭接缝宽度应大于100mm,接涂前应将其甩茬表面处理干净。

⑤涂刷程序应先做转角处、穿墙管道、变形缝等部位的涂料加强层,后进行大面积涂刷。

⑥涂料防水层中铺贴的胎体增强材料,同层相邻的搭接宽度应大于100mm,上下层接缝应错开1/3幅宽。

3)涂膜程序。

①当采用外防外贴法时,先涂刷平面,后涂刷立面,平、立面交接处,应交叉搭接,涂膜固化后,及时砌筑保护墙。

②当采用外防内贴法时,先涂刷立面,后涂刷平面,刷立面应先刷转角处,后刷大面。在涂膜未固化前,在涂层表面稀撒上一些砂粒,待固化后,再抹水泥砂浆保护层。

地下室聚氨酯涂膜防水构造如图4.5.4所示。

4)细部处理。

①突出地面、墙面的管子根部、地漏、排水口、阴阳角、变形缝等薄弱部位,应在大面积涂刷前,先做"一布二油"防水附加层,底胶表面干后,将纤维布裁成与管根、地漏等尺寸、形状相同并在周围加宽200mm的布,套铺在管道根部等细部。

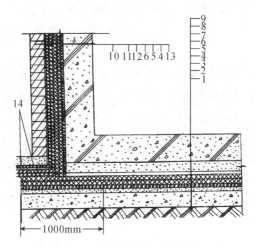

1—素土夯实；2—素混凝土垫层；3—无机铝盐防水砂浆找平层；4—聚氨酯底胶；

5—第一、二度聚氨酯涂膜；6—第三度聚氨酯涂膜；7—油毡保护隔离层；8—细石混凝土保护层；

9—钢筋混凝土底板；10—聚乙烯泡沫塑料软保护层；11—第五度聚氨酯涂膜；

12—第四度聚氨酯涂膜；13—钢筋混凝土立墙；14—聚酯纤维无纺布增强层

图 4.5.4　地下室聚氨酯涂膜防水构造

②在根部涂刷涂膜防水涂料，常温 4h 左右表面干后，再刷第二遍涂膜防水涂料。干燥 24h 后，即可进行大面积涂膜防水层施工。

5）刮涂膜防水层。

①刮第一遍涂膜系在基层底胶基本干燥固化后进行。将配制好的聚氨酯涂膜用塑料或橡胶刮板均匀涂刮一层涂料，涂刮时用力要均匀一致，厚度为 1.3～1.5mm，不得有漏刮和鼓泡情况。

②刮第二遍涂膜系在第一遍涂膜固化 24h 后（但不大于 72h）进行，涂刮方法同第一遍，方向与第一遍垂直，要求均匀涂刮在涂层上，涂刷量略少于第一遍，厚度为 0.7～1.0mm，不得有漏刷和鼓泡等现象。

③当需要涂刮第三遍涂膜时，涂刮方法与第二遍涂膜相同，但涂刮方向应与其垂直。

6）做保护层。在最后一遍涂膜固化后，根据设计要求，做适当保护层，一般抹水泥砂浆。厕浴间应做好闭水试验，合格后，抹 20mm 厚水泥砂浆保护层；地下室墙在涂膜固化后，抹水泥砂浆保护层，亦可在最后一层涂膜固化前，做软性保护层，如将再生聚苯板粘贴在其上，使成整体，起保护涂层之用。

4.5.5　质量标准

（1）主控项目。

1）所用涂膜防水材料的品种、牌号及配合比，必须符合设计要求和有关现行国家标准的规定。每批产品应有产品合格证，并附有使用说明等文件。

2）涂膜防水层及其变形缝、预埋管件等细部做法，必须符合设计要求和施工规范的规定。

3）涂膜防水层不得有渗漏现象。

（2）一般项目。

1）涂膜防水层的基层应牢固,基层表面平整、洁净,不得有空鼓、松动、起砂和脱皮现象,阴阳角处呈圆弧形。

2）聚氨酯底胶、聚氨酯涂膜附加层的涂刷方法、搭接收头,应符合设计要求和施工规范的规定,并应粘结牢固、紧密,接缝严密,无损伤、空鼓等缺陷。

3）聚氨酯涂膜防水层,应涂刷均匀,保护层与防水层粘结牢固,紧密结合,不得有流淌起泡、皱折、露胎体、翘边、脱层、损伤等缺陷。

4）涂抹防水层平均厚度应符合设计要求,最小厚度不得小于设计厚度的80%。

5）侧墙涂膜防水层的保护层与防水层粘结牢固,结合紧密,厚度均匀一致。

4.5.6　成品保护

（1）操作人员应按作业顺序作业,避免在已施工的涂膜层上过多走动,同时工人不得穿带钉的鞋操作。

（2）穿过地面、墙面等处的管根、地漏,应防止碰损、变位。地漏、排水口等处应保持畅通,施工时应采取保护措施。

（3）涂膜防水层未固化前不允许上人作业;干燥固化后应及时做保护层,以防破坏涂膜防水层,造成渗漏。

（4）严禁在已做好的防水层上堆放物品,尤其是金属物品。

4.5.7　安全措施

（1）聚氨酯甲、乙料,固化剂和稀释剂等均为易燃晶,应贮存在阴凉、远离火源的地方,贮仓及施工现场应严禁烟火,并配备一定的消防器材。

（2）施工现场应通风良好,在通风差的地下室作业,应采取通风措施。操作人员每隔1～2h应到室外休息10～15min。

（3）现场操作人员应戴防护手套,避免聚氨酯污染皮肤。

（4）涂膜用各类材料必须用铁桶包装,并要封闭严密,绝不允许敞口贮存。

4.5.8　施工注意事项

（1）聚氨酯材料应妥善贮存和保管。甲、乙组分应储存在室内通风干燥处,甲组份储期不应超过6个月,乙组份不应超过12个月。甲、乙组份严禁混存,贮存器要密封,以避免变质失效。过期材料,应会同厂方商定后再使用。

（2）配制时,如发现乙料有沉淀现象,应搅拌均匀后再进行配制,否则会影响涂膜质量。

（3）聚氨酯材料涂刷时应注意掌握适当的稠度、黏度和固化时间,以保证涂刷质量。当涂料稠度、黏度过大,不易涂刷时,可加入少量二甲苯稀释,以降低黏度,但加入量不应大于乙料的10%;当发现涂料固化太快,影响施工时,可加入少量磷酸或苯磺酰氯等缓凝剂,其加入量应不大于甲料的0.5%;当发现涂料固化太慢,影响施工时,可加入少量二月桂酸二丁基锡作促凝剂,其加入量应不大于甲料的 0.3%。

(4)固化剂与促凝剂的掺量,一定要严格按比例配制。如掺量过多,会出现早凝,涂层难以刮平;如掺量过少,则会出现固化速度缓慢或不固化的现象。

(5)涂膜防水层施工时,如发现涂刷 24h 仍未固化,有发黏现象,涂刷第二道有困难时,可先涂一层涂膜防水材料,可不粘脚,并不会影响涂膜质量。

(6)如发现涂层有破损或不合格之处,应用小刀将损坏或不合格之处割掉,重新分层涂刮聚氨酯涂膜材料。

(7)防水层施工不得在雨天、大风天进行,严冬季节施工的环境温度应不低于 5℃。

(8)施工时如发现涂膜层空鼓,产生原因主要是基层潮湿,找平层未干,含水率过大,使涂膜空鼓,形成鼓泡;施工时要注意控制好基层含水率,接缝处应认真操作,使其粘结牢固。

(9)施工时如在穿过地面、墙面的管根、地漏和伸缩缝等处出现渗漏水,主要原因是管根松动或粘结不牢,接触面清理不干净,产生空隙;接槎、封口处搭接长度不够,粘贴不紧密,或伸缩缝处由于建筑物不均匀下沉,撕裂防水层等,施工过程中应精心仔细的操作,加强责任心和检查。

4.5.9 质量记录

(1)防水涂料应有产品合格证、现场取样复试资料。
(2)隐蔽工程检验资料及质量验收记录。
(3)会审记录,设计变更单,材料使用核定单。
(4)施工日记,技术交底记录。

4.6 塑料防水板防水层施工工艺标准

塑料防水板防水层宜用于经常受水压、侵蚀性介质或受震动作用的地下工程防水,宜铺设在符合衬砌的初期支护和二次衬砌之间,且宜在初期支护结构趋于基本稳定后铺设。

4.6.1 材料要求

(1)塑料排水板可选用乙烯—醋酸乙烯共聚物(EVA)、乙烯—沥青共混聚合物(ECB)、聚氯乙烯(PVC)、高密度聚乙烯(HDEP)、低密度聚乙烯(LDEP)类或其他性能相近的材料,应有产品合格证和质量证明文件。

(2)塑料防水板应符合下列规定。
1)幅宽宜为 2~4m。
2)厚度不得小于 1.2mm。
3)应具有良好的耐穿刺性、耐久性、耐水性、耐腐蚀性、耐菌性。
(3)塑料防水板主要性能指标应符合表 4.6.1-1 的规定。

表 4.6.1-1 塑料防水板主要性能指标

项目	材料			
	乙烯—醋酸乙烯 共聚物	乙烯—沥青 共混聚合物	聚氯乙烯	高密度聚氯乙烯
拉伸强度/MPa	≥16	≥14	≥10	≥16
断裂延伸率/%	≥550	≥500	≥200	≥550
不透水性 120min/MPa	≥0.3	≥0.3	≥0.3	≥0.3
低温弯折性	−35℃无裂纹	−35℃无裂纹	−20℃无裂纹	−35℃无裂纹
热处理尺寸变化 率/%	≤16	≤16	≤16	≤16

(4)缓冲层宜采用无纺布或聚氯乙烯泡沫塑料,缓冲层材料主要性能指标应符合表 4.6.1-2 的规定。

表 4.6.1-2 缓冲层材料主要性能指标

材料名称	抗拉强度 /(N/50min)	伸长率 /%	质量 /(g·m^{-2})	顶破强度 /kN	厚度 /mm
聚乙烯泡沫塑料	>0.4	≥100	—	≥5	≥5
无纺布	纵横向≥700	纵横向≥50	>300	—	—

(5)辅助材料:土工合成材料或 PE 泡沫塑料,如射钉、热塑性垫圈、金属垫圈等。

4.6.2 主要机具设备

主要包括半自动化温控热熔焊机、手持温控热熔焊枪、5 号注射针、压力表、打气筒等。

4.6.3 作业条件

(1)垫层浇筑完毕且强度形成至设计要求。
(2)防水专业施工单位已经确定,并具有相应资质等级。

4.6.4 施工操作工艺

(1)塑料防水板铺贴程序如图 4.6.4-1 所示。

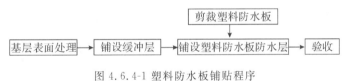

图 4.6.4-1 塑料防水板铺贴程序

1)基层表面处理。应先将初期支护外露的钢筋头、钢管头以及突出的混凝土硬块凿除,凹凸不平处需补填、抹平,局部漏水处需进行处理,然后将尘土、杂物清扫干净。在有地下水的地段,应将地下水位降至基底标高500mm以下,对有局部渗水地段,应进行排、堵水处理,使基层表面保持干燥。

2)铺设塑料防水板前应先铺设缓冲层,缓冲层应采用暗钉圈固定在基面上(见图4.6.4-2)。固定缓冲层宜用钢钉,射钉时应加垫圈并垂直于喷射混凝土基层表面。缓冲层间搭接长度不小于50mm,并焊接牢固。

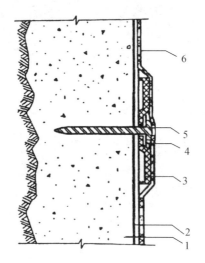

1—初期支护;2—缓冲层;3—热塑性暗钉圈;4—金属垫圈;5—射钉;6—塑料防水板

图 4.6.4-2 暗钉圈固定缓冲层

3)铺设塑料防水板时,宜由拱顶向两侧展开铺设,并应边铺边用压焊机将塑料板与暗钉圈焊接牢固,不得有漏焊、假焊和焊穿现象。两幅塑料防水板的搭接宽度不应小于100mm,搭接缝应为热熔双焊缝,每条焊缝的有效宽度不应小于10mm。环向铺设时,应先拱后墙,下部防水板应压住上部防水板。分段设置塑料防水板防水层时,两端应采取封闭措施。

4.6.5 质量标准

(1)主控项目。

1)防水层所用塑料板及配套材料必须符合设计要求。检验方法:检查出厂合格证、质量检验报告和现场抽样试验报告。

2)塑料板的搭接缝必须采用热风焊接,不得有渗漏。检验方法:双焊缝间空腔内充气检查。

(2)一般项目。

1)塑料板防水层的基面应坚实、平整、圆顺,无漏水现象,阴阳角处应做成圆弧形。

2)塑料板的铺设应平顺并与基层固定,不得有下垂、绷紧和破损现象。

3)塑料板搭接宽度的允许偏差为-10mm。

4.6.6　成品保护

(1)对已经铺好的塑料防水板,应及时施工保护层并采取有效的保护措施,不得损坏。

(2)二次衬砌混凝土施工时,应符合下列规定。

1)绑扎和焊接钢筋时应采取防止刺穿、灼伤防水板的措施。

2)混凝土出料口和振捣棒不得直接接触塑料防水板。

3)侧墙混凝土浇筑时,应注意浇筑方法,防止破坏塑料防水板。

(3)降水施工地段,应待内衬混凝土达到设计强度后方可停止降水,以免地下水位回升破坏防水板。

4.6.7　安全措施

(1)塑料防水板属于易燃物,存放处以及施工现场应严禁烟火,且需备有消防器材,防止发生意外。

(2)施工前应对所用机具进行检查,确保机具完好和使用安全。

(3)高空作业时,爬梯和施工平台安全可靠。

4.6.8　施工注意事项

(1)塑料防水板防水层的基面应平整、无尖锐突出物;基面平整度 D/L 不应大于 $1/6$(D 为初期支护面相邻两凸面间凹入深度;L 为初期支护基面相邻两凸面间的距离)。

(2)接缝焊接时,塑料板的搭接层数不得超过三层。

(3)塑料防水板铺设时应少留或不留接头,当留设接头时,应对接头进行保护。再次焊接时应将接头处的塑料防水板擦拭干净。

(4)铺设塑料防水板时,不应绷得太紧,宜根据基面的平整度留有充分的余地。

(5)防水板的铺设应超前混凝土施工,超前距离宜为 $5\sim20$m,并应设临时挡板防止机械损伤和电火花灼伤防水板。

(6)依据铺设面的形状进行实际丈量,根据所选防水板的幅宽和铺设方案计算裁剪尺寸,并注意塑料排水板的搭接宽度。

(7)塑料防水板在阴阳角处和变形缝处应按照设计要求做加强处理。铺设过程中,边铺边将其余暗钉圈焊接牢固。两幅塑料防水板的搭接宽度不应小于 100mm,搭接处宜采用双焊缝,每条焊缝的有效焊接宽度不应小于 10mm,不得焊焦、焊穿。

(8)当塑料防水板在端头处不能与搭接塑料防水板焊接或仅在局部设置塑料防水板时,必须采取封闭措施。过渡层应既能与混凝土粘结亦可以同防水板焊接。

(9)塑料防水板防水层铺设完毕后,应进行质量检查,并应在验收合格后进行下道工序的施工。

1)塑料排水板铺设完毕后,应采用充气法进行检查。将 5 号注射针与压力表相连,用打气筒进行充气,当压力表达到 0.25MPa 时停止充气,保持 15min,压力下降在 10% 以内,说明焊缝合格,若压力下降过快,说明有未焊好处。用肥皂水涂在焊缝上,有气泡的地方应重新补焊,直到不漏气为止。

2)塑料排水板施工完成后应按照隐蔽工程办理隐检手续,并填写质量检查记录。

3)底板防水层应在塑料防水板铺设完成后铺 40～50mm 厚 C20 豆石混凝土保护层。

4.6.9 环保措施

(1)加强作业区通风。

(2)塑料防水板及缓冲层的施工废料应进行回收,统一处理,不得随处堆放或者就地焚烧。

4.6.10 质量记录

(1)塑料排水板应有产品合格证、质量检验报告。

(2)原材料的现场抽样检验记录、试验报告。

(3)隐蔽工程检查验收资料及质量验收记录。

(4)防水工程施工记录。

(5)质量评定记录。

4.7 变形缝防水施工工艺标准

变形缝是土木工程中结构部分分离或是全部分离的建筑结构单元之间在因温度、沉降、地震等作用产生相对微量位移时,其建筑结构、整体感观、使用功能不致发生质量损坏的一种建筑构造措施,它包含温度伸缩缝、沉降缝与抗震缝。防水止水带包括橡胶型、金属质等,其作用是在建筑变形缝处的两侧因内、外力作用而产生的相对微量的变形时,确保变形缝处的防水功能不致遭到破坏。

4.7.1 材料要求

(1)品种规格。

1)橡胶质中孔式中埋止水带与外贴式止水带的宽度宜大于 $2×300\mathrm{mm}+B$(B 为变形缝宽度),其厚度应根据所施工变形缝处的埋置深度及水压,参照相关规范及产品说明书进行选用。

2)金属止水带应用于变形相对比较稳定的结构中,并应有防止接缝渗水及变形破坏的切实可行的技术措施与施工作业措施。

(2)质量要求。

1)砂子应采用河砂或山砂,不得用海砂,检验结果应符合《普通混凝土砂、石质量及检验方法标准》(JGJ 52—2006)标准。

2)止水带表面不允许有开裂、缺胶、海绵等影响使用的缺陷,中心孔偏心不允许超过管状断面厚度的 1/3;止水带表面允许有深度不大于 2mm、面积不大于 $16\mathrm{mm}^2$ 的凹痕、气泡、杂质、明疤等缺陷不超过 4 处;止水带的尺寸公差应符合《地下防水工程质量验收规范》(GB 50208—2011)附录 A 中表 A.0.4-1 的要求,其物理性质应符合附录中 A 中表 A.0.4-2

的要求;止水带现场以每月同标记的止水带产量为一批进行抽样。

(3)防水变形缝处的混凝土厚度、强度、抗渗性必须符合设计及规范要求。

4.7.2　主要机具设备

(1)自拌混凝土。主要包括混凝土搅拌机、混凝土坍落度筒、天平、插入与平板振动器、手推车等。

(2)商品混凝土。主要包括混凝土坍落度筒、插入与平板振动器、手推车等。

(3)其他机具。主要包括夹钳、活动扳手、电焊机、剪刀、榔头等。

4.7.3　作业条件

(1)底板防水变形缝。

1)底板的垫层、防水层、防水保护层、底板钢筋已施工完毕。

2)止水带已固定牢固且位置正确,材质、形状、尺寸符合要求,止水带处侧模已封闭牢固,且密封性能良好,能保证先浇混凝土施工时不漏浆。

(2)侧壁防水变形缝。

1)侧壁钢筋已施工完毕。

2)止水带已固定牢固且位置正确,材质、形状、尺寸符合要求,止水带处侧模已封闭牢固且密封性、稳定性、整体刚度良好,能确保先浇混凝土的成型尺寸与成型质量。

4.7.4　施工工艺操作

(1)底板防水变形缝。底板防水混凝土垫层施工→底板防水施工→对变形缝的位置及尺寸进行放线→底板钢筋施工→底板橡胶止水带固定→先浇混凝土侧模封闭→先浇混凝土施工→先浇混凝土养护→先浇混凝土侧模拆除→将塑料薄膜或铝箔包装成型的填缝材料定位、固定→后浇混凝土施工→后浇混凝土养护。

(2)侧壁变形缝。侧壁变形缝位置尺寸放线→侧壁钢筋施工→侧壁橡胶止水带固定→侧壁外模及变形缝处侧模封闭→侧壁先浇混凝土施工→先浇混凝土养护→将塑料薄膜或铝箔包装成型的填缝材料定位、固定→后浇混凝土侧模封闭→后浇混凝土施工→后浇混凝土养护。

4.7.5　质量标准

(1)主控项目。

1)变形缝用止水带、填缝材料和密封材料必须符合设计要求。检验方法:检查产品合格证、产品性能检测报告和材料进场检验报告。

2)变形缝防水构造必须符合设计要求。检验方法:观察检查和检查隐蔽工程验收记录。

3)中埋式止水带埋设位置应准确,其中间空心圆环与变形缝的中心线应重合。检验方法:观察检查和检查隐蔽工程验收记录。

(2)一般项目。

1)中埋式止水带的接缝应设在边墙较高位置上,不得设在结构转角处;接头宜采用热压焊接,接缝应平整、牢固,不得有裂口和脱胶现象。检验方法:观察检查和检查隐蔽工程验收记录。

2)中埋式止水带在转角处应做成圆弧形;顶板、底板内止水带应安装成盆状,并宜采用专用钢筋套或扁钢固定。检验方法:观察检查和检查隐蔽工程验收记录。

3)外贴式止水带在变形缝与施工缝相交部位宜采用十字配件;外贴式止水带在变形缝转角部位宜采用直角配件(见图4.7.5-1和图4.7.5-2)。止水带埋设位置应准确,固定应牢靠,并与固定止水带的基层密贴,不得出现空鼓、翘边等现象。检验方法:观察检查和检查隐蔽工程验收记录。

4)安设于结构内侧的可卸式止水带所需配件应一次配齐,转角处应做成45°坡角,并增加紧固件的数量。检验方法:观察检查和检查隐蔽工程验收记录。

5)嵌填密封材料的缝内两侧基面应平整、洁净、干燥,并应涂刷基层处理剂;嵌缝底部应设置背衬材料;密封材料嵌填应严密、连续、饱满,粘结牢固。检验方法:观察检查和检查隐蔽工程验收记录。

6)变形缝处表面粘贴卷材或涂刷涂料前,应在缝上设置隔离层和加强层。检验方法:观察检查和检查隐蔽工程验收记录。

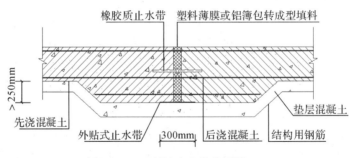

图4.7.5-1　侧墙止水带使用图(一)

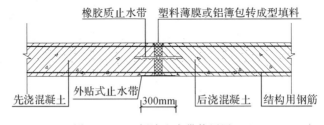

图4.7.5-2　侧墙止水带使用图(二)

4.7.6　成品保护

(1)变形缝处的混凝土模板的拆除时间不宜小于24h,以确保变形缝处的混凝土的成型质量。

(2)橡胶止水带的运输施工应小心轻放,禁止野蛮施工,以防钉子、钢筋等锐器扎伤止水带。

(3)混凝土施工完毕应及时养护,以确保混凝土的强度。

4.7.7　安全措施

(1)施工电源开关箱必须设漏电保护器,防止漏电伤人。

(2)振捣器电源线、开关、胶皮线要经常检查,防止漏电伤人。

(3)操作人员要戴绝缘手套,穿防触电胶鞋。

(4)夜间施工,现场及施工道路应装有充足的照明设施。

4.7.8　施工注意事项

(1)防水变形缝施工前应对结构材料、防水材料现场状况进行检查核对,以确定符合设计规范,预测施工后对建筑功能的有效性,并做好核对记录。

(2)确定施工方案,针对防水变形缝的不同部位、不同功能要求、不同的现场条件,编制满足设计要求、相关规范和工艺要求的施工技术方案。

(3)应对施工操作人员进行书面技术交底,包括施工前、施工中、施工后应注意的事项和技术要求,以及确保使用功能的技术措施与施工方法。

(4)应熟悉设计图纸、相关规范、标准及本工艺标准,对施工变形缝的做法、位置及构造措施进行了解,以确定防水变形缝上述内容的合理性,并确定是否提出修改意见。

4.7.9　质量记录

(1)混凝土施工记录。

(2)混凝土试块强度报告(混凝土试块抗渗强度报告)。

(3)混凝土配合比报告单。

(4)混凝土中水泥、砂、石、掺石料、外加剂、遇水膨胀橡胶止水条、止水带、膨胀剂和防水材料的合格证或检验报告。

(5)混凝土外观质量检验记录。

(6)现浇结构外观质量缺陷处理方案记录表。

(7)后浇带隐蔽检查记录。

(8)检验批质量验收记录。

4.8　复合式衬砌防水施工工艺标准

本工艺标准适用于采用在混凝土初期支护与二次衬砌中间设置防水层和缓冲排水层的复合式衬砌隧道工程的防水施工。

4.8.1　材料要求

(1)品种规格。可供选择的缓冲材料有两种,一种是无纺布(土工布),另一种是聚乙烯泡沫塑料。防水层材料可选用乙烯—醋酸乙烯共聚物（EVA）、乙烯—共聚物沥青（ECB）、聚氯乙烯（PVC）、高密度聚乙烯（HDPE）、低密度聚乙烯（LDPE）类或其他性能相近的材料。常用防水膜主要技术性能指标见表 4.8.1-1。

表 4.8.1-1　常用防水膜主要技术性能指标

序号	项目名称		材料名称				
			LDPE	EVA	HDPE	ECB	PVC
1	重量/(g·cm⁻²)		0.91		0.93	0.94	0.99	1.35～1.45
2	拉伸强度/MPa	纵向	13.80	19.5	18.9	19	4.9～12
		横向	14.20	21.6	18	17.3	
3	断裂延伸率/%	纵向	548	676	896	748	150～250
		横向	606	728	900	766	
4	直角撕裂强度/(N·mm⁻¹)	纵向	73.9	83.1	118	81	19.6～40
		横向	58.8	75.1	117	77.8	
5	耐酸碱性		稳定	稳定	稳定	稳定	稳定
6	维卡软化温度/℃		70		≥90		
7	脆化温度/℃		－60		－60		－45
8	厚度×幅宽/mm		0.8×2100	0.8×2100	0.65～1×4000	1.2×1580	1.0×1000
9	材料利用率		中	中	高	中	低

（2）质量要求。塑料防水板、土工复合材料和内衬混凝土原材料必须符合设计要求，塑料防水板应符合下列规定。

1）幅宽宜为 2～4mm。

2）厚度宜为 1～2mm。

3）耐刺穿性好。

4）耐久性、耐水性、耐腐蚀性、耐菌性好。

5）塑料防水板物理力学性能应符合表 4.8.1-2 的规定。

表 4.8.1-2　塑料防水板物理力学性能

项目	拉伸强度/MPa	断裂延伸率	热处理时变化率	低温弯折性	抗渗性
指标	≥12	≥200%	≤2.5%	－20℃无裂纹	0.2MPa,24h 不透水

4.8.2　主要机具设备

主要机具设备为混凝土输送泵。

4.8.3　作业条件

(1)喷射混凝土基面要求平整,无明显的凹凸起伏,无尖锐物。基层平整度应符合 D/L =1/6～1/10 的要求。D 为初期支护基层相邻两凸面凹进去的深度,L 为初期支护基层相邻两凸面间的距离。

(2)喷射混凝土强度要求达到设计强度。

(3)防水层施工时基面如有明水,应采取措施堵或引排。

4.8.4　施工操作工艺

(1)工艺流程。喷射混凝土基面处理→铺设缓冲层→铺设防水层→内衬混凝土施工。

(2)操作工艺。

1)基面处理。对喷射混凝土及底板基面的处理要点如下。

①喷射混凝土基面平整度要求:墙面 $D/L \leqslant 1/6$,拱顶 $D/L \leqslant 1/8$(L 为喷射混凝土相邻两凸面间的距离;D 为相邻两凸面间凹进去的深度)。

②割除基面钢筋、管件等尖锐突出物,并在割除部位用砂浆抹成圆曲面,以免扎破防水层。

③隧道断面变化或转弯时的阴角应抹成>5cm 圆弧。

④底板基面要求平整,无明显的凹凸起伏。

⑤喷射混凝土强度要求达到设计强度。

⑥防水层施工时基面如有明水应采取措施堵或引排。

2)铺设缓冲层。缓冲层应用暗钉圈固定在基层上(见图 4.8.4-1)。

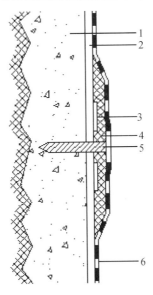

1—初期支护;2—缓冲层;3—热塑性圆垫圈;4—金属垫圈;5—射钉;6—防水板

图 4.8.4-1　暗钉圈固定缓冲层示意

3)铺设防水板。

①铺设防水板时，边铺边将其与暗钉圈焊接牢固。两幅防水板的搭接宽度应为100mm，搭接缝应为双焊缝，单条焊缝的有效焊接宽度不应小于10mm，焊接严密，不得焊焦焊穿。环向铺设时，先拱后墙，下部防水板应压住上部防水板。

②防水板的铺设应超前内衬混凝土的施工，其距离宜为5～20m，并设临时挡板防止机械损伤和电火花灼伤防水板。

③局部设置防水板防水层时，其两侧应采取封闭措施。

4)防水层铺设后的保护措施。铺设防水层地段距爆破开挖工作面不应小于爆破安全距离。二次衬砌灌注混凝土时，不得损坏防水板。

5)防水板铺设、焊接质量检查及处理。

①采用放大镜观察，当两层经焊接在一起的防水板无气泡、折皱，即"熔为一体"时，表明焊接严密。

②焊缝拉伸强度不得小于防水板本身强度的70%，抗剥离强度≥70N/cm。

③密封充气检查。用5号针头注射，针头插入两条焊缝中间空腔，用人工气筒打气检查。当压力达到0.10～0.15MPa时，保护该压力时间不小于1min，焊缝和材料都不发生破坏。

④对漏焊部位用电烙铁补焊。

⑤防水板如有小孔洞破损，则应用剪刀取小块防水板，铺设于破损处用压焊机进行焊补；如破损面积较大，则用比破损面积大的防水板应用压焊机、电烙铁或塑料热风焊枪沿其周边焊接，对于焊补防水板缝应采用放大镜肉眼观察。

6)防水层破损的检查与修补。在精心进行防水施工的同时，对下道工序二次衬砌模注混凝土施工进行跟踪，如二次衬砌模注混凝土施工造成防水板破损，应立即做出明显标记，以便不遗漏地修补破损防水板。

7)内衬混凝土施工。内衬混凝土施工时，振捣不得直接触及防水板，浇筑拱顶时应防止防水板绷紧。

4.8.5 质量标准

(1)主控项目。

1)塑料防水板、土工复合材料和内衬混凝土原材料必须符合设计要求。检验方法：检查出厂合格证、质量检验报告和现场抽样试验报告。

2)塑料板的搭接缝必须采用焊接法，使其焊接牢固封闭严密，不得有渗漏。检验方法：双焊缝间空腔内充气检查。

3)防水混凝土的抗压强度和抗渗压力必须符合设计要求。检验方法：检查混凝土抗压、抗渗试验报告。

4)施工缝、变形缝、穿墙管道、埋设件等细部构造做法，均须符合设计要求，严禁有渗漏。检验方法：观察检查和检查隐蔽工程验收记录。

(2)一般项目。

1)塑料板防水层的基面应坚实、平整、圆顺,无漏水现象,阴阳角处应做成圆弧形。检验方法:观察和丈量检查。

2)塑料板的铺设应平顺并与基层固定牢固,不得有下垂、绷紧和破损现象。检验方法:观察检查。

3)塑料板搭接宽度的允许偏差为—10mm。检验方法:丈量检查。

4)二次衬砌混凝土渗漏水量应控制在设计防水等级要求范围内。检验方法:观察检查和渗漏水量测。

5)二次衬砌混凝土表面应坚实、平整,不得有漏筋、蜂窝等缺陷。检验方法:观察检查。

4.8.6　成品保护

(1)在铺设防水层的隧道地段要保证安全。安全距离要大于隧道开挖面的安全距离。不要让爆破隧道开挖面的飞石砸坏防水层。

(2)在浇筑二次衬砌混凝土时不要损坏已铺设好的防水层。对二次衬砌混凝土的施工进行跟踪,如有已破坏防水层的情况,要及时修补,绝不能在没有修补好的防水层上浇筑二次衬砌衬混凝土。

4.8.7　安全措施

(1)工程开工前,编写施工现场供、排水方案,建立健全用水管理制度,增强全体施工人员的节约用水意识和环境保护意识。

(2)施工现场四周实行全封闭式施工管理,防止施工过程中产生有害物质向外弥散或造成大气污染。

4.8.8　施工注意事项

(1)材料的关键要求。

1)缓冲排水层选用的土工布应符合下列要求。

①具有一定的厚度,其单位面积质量不宜小于 $280g/m^2$ 。

②具有良好的导水性。

③具有适应初期支护因荷载或温度变化而变形的能力。

④具有良好的化学稳定性和耐久性,能抵抗地下水或混凝土、砂浆析出水的侵蚀。

2)塑料防水板材的要求。

①在二次衬混凝土浇筑以前,板材可以承受机械碰撞而不致损伤开裂,即要求有较大的强度和延展性能。

②板材要有耐久性。

③板材间的接缝必须要严密可靠,不漏水,不渗水。

④施工简单,造价经济合理。

(2)技术关键要求。

1)塑料板防水层的铺设应符合下列规定。

①塑料板的缓冲衬垫应用暗钉圈固定在基层上,边铺塑料板边将其与暗钉圈焊接牢固。

②两幅塑料板的搭接宽度应为100mm,下部塑料板应压住上部塑料板。

③搭接缝宜采用双条焊缝焊接,单条焊缝的有效焊接宽度不应小于10mm。

④复合式衬砌的塑料板铺设应超前内衬混凝土的施工,距离宜为5~20m。

2)二次衬砌采用防水混凝土时,宜符合下列规定。

①混凝土泵送时,人泵坍落度宜为100~150mm,拱部宜为160~210mm。

②振捣不得直接触及防水板。

③浇筑拱顶时应防止防水板绷紧。

④混凝土浇筑至墙拱交界处,应间隔1~1.5h后方可继续浇筑。

⑤混凝土强度达到2.5MPa后方可拆模。

(3)质量关键要求。

1)复合式衬砌的施工质量检验数量,应按区间或小于区间断面的结构,每20延米检查一处,车站每10延米检查一处,每处10m²,且不得少于3处。

2)塑料板防水层的施工质量检验数量,应按铺设面积每100m²抽查一处,每处10m²,但不少于3处。焊缝的检验应按焊缝数量抽查5%,每条焊缝为一处,但不少于3处。

(4)职业健康安全关键要求。

1)使用有毒材料时,作业人员应按规定享受劳保福利和营养补助,并应定期体检。

2)配制和使用有毒材料时,必须穿着防护服,戴口罩、手套和防护眼镜,严禁毒性材料与皮肤接触和入口。

3)使用易燃材料时,应严禁烟火。

4)使用有毒材料时,施工现场应加强通风。

(5)环境关键要求。有毒材料和挥发性材料应密封贮藏,妥善保管和处理,不得随意倾倒。

4.8.9 质量记录

(1)各类原材料出厂合格证、进场检验、试验报告。

(2)技术交底记录及安全交底记录。

(3)各分项工程质量检验评估。

4.9 后浇带防水施工工艺标准

4.9.1 材料要求

(1)水泥。根据设计图要求的防水混凝土等级和抗渗要求,以及所选定的混凝土级配,采用 32.5 级或 42.5 级普通硅酸盐水泥、火山灰质硅酸盐水泥;掺用外加剂时,亦可采用矿渣硅酸盐水泥。在受侵蚀介质作用时,应按设计要求选用。不得使用过期或受潮结块的水泥。

(2)砂。宜用中砂,含泥量不得大于 3%。

(3)石子。用卵石或碎石,粒径宜为 5～40mm,含泥量不大于 1%,吸水率不大于 1.5%。

(4)水。拌制混凝土用水,应采用不含有害物质的纯净水。

(5)掺和料。掺和料不低于Ⅱ级粉煤灰,细度通过 0.15mm 筛孔筛余量不应大于 5%,0.09mm 筛孔筛余量应为 10%～20%,掺量不宜大于 20%,由试验确定。硅粉掺量根据需要由试验确定。

(6)外加剂。根据粗、细骨料级配情况,抗渗等级要求及材料供应情况等,可采用加气剂、防水剂、减水剂及膨胀剂等,其技术性能应符合国家或行业标准一等品及以上要求,掺量由试验确定。

4.9.2 主要机具设备

(1)机械设备。考虑混凝土在施工现场自拌时所配机械设备,需要混凝土搅拌机、皮带输送机、装载机、散装水泥罐车、机动翻斗车、自卸翻斗汽车、履带式起重机、插入式振动器、平板式振动器等。

(2)主要工具。包括大/小平锹、铁板、磅秤、水桶、胶皮管、串筒、溜槽、混凝土吊斗、铁杆、抹子、试模等。

4.9.3 作业条件

(1)根据已批准的施工方案,确定施工工艺程序、浇筑方法,并做好技术交底工作。

(2)已完成钢筋绑扎、模板支设,并办理隐检预检手续,并在模板上弹好混凝土浇筑标高线。

(3)模板内的垃圾、木屑、泥土、积水和钢筋上的油污等清除干净。模板在浇筑前 1d 浇水湿润,但不得留有积水;模板内侧应刷好隔离剂。

(4)准备足够数量、质量合乎要求的砂、石、水泥、掺和料及外加剂等材料,以满足混凝土连续浇筑的要求。当采用商品混凝土时,已与供应商签好合同,并按施工计划,及时连续地供应商品混凝土。

(5)施工机具设备经维修、试运转,处于良好状态;电源充足,可满足施工需要。

(6)浇筑混凝土用脚手架和走道已搭设完毕,运输混凝土道路修筑好,经检查符合施工和安全要求。

(7)试验室根据实际原材料材质情况,通过试配提出防水混凝土配合比,试配的抗渗等级应按设计要求提高 0.2MPa,水泥用量(含掺和料)不得少于 300kg/m³,掺有活性掺和料时,不得少于 280kg/m³。含砂率 35%～45%;灰砂比宜为 1:2～1:2.5;水灰比不得大于 0.55;普通防水混凝土坍落度不宜大于 5cm,泵送时,入泵坍落度宜为 10～14cm。

(8)防水混凝土抗压、抗渗试模已备齐。

(9)后浇带施工前,应对材料、施工时间、现场状况进行检查核对,以确定对设计和规范的符合性,预测施工后对功能的有效性,并做好核对记录。

(10)确定施工方案,针对后浇带不同的部位、不同的功能要求和不同的现场情况,编制满足设计规范和工艺要求的施工技术措施。

(11)对施工操作人员进行书面技术交底,施工前、施工中、施工后应注意的事项和操作要求、细部构造及技术质量要求。

(12)应熟悉设计图纸、本施工工艺标准及相关技术规程,对后浇带的做法、位置、配筋进行了解,以确定后浇带上述内容的合理性,并确定是否提出修改意见。

4.9.4 施工操作工艺

(1)后浇带应设在受力和变形较小的部位,其间距和位置应按结构设计要求确定,宽度宜为 700~1000mm。

(2)后浇带两侧可做成平直缝或阶梯缝,宜采用图 4.9.4-1 至图 4.9.4-3 所示的防水构造形式。

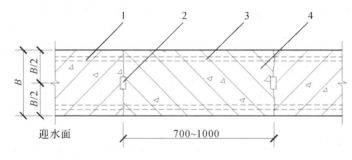

1—先浇混凝土;2—遇水膨胀止水条(胶);3—结构主筋;4—后浇补偿收缩混凝土

图 4.9.4-1 后浇带防水构造(一)(单位:mm)

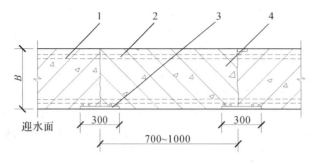

1—先浇混凝土;2—结构主筋;3—外贴式止水带;4—后浇补偿收缩混凝土

图 4.9.4-2 后浇带防水构造(二)(单位:mm)

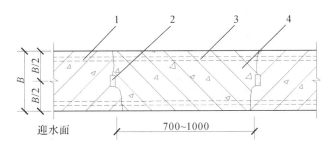

1—先浇混凝土;2—遇水膨胀止水条(胶);3—结构主筋;4—后浇补偿收缩混凝土

图 4.9.4-3　后浇带防水构造(三)(单位:mm)

（3）采用膨胀剂的补偿收缩混凝土,水中养护 14d 后的限制膨胀率不应小于 0.015％,膨胀剂的掺量应根据不同部位的限制膨胀率设定值经试验确定。

（4）混凝土膨胀剂的物理性能应符合表 4.9.4 的要求。

表 4.9.4　混凝土膨胀剂的物理性能

项目			性能指标
细度	比表面积/(m² · kg⁻¹)		$\geqslant 250$
	0.08mm 筛余/%		$\leqslant 12$
	1.25mm 筛余/%		$\leqslant 0.5$
凝结时间	初凝/min		$\geqslant 45$
	终凝/h		$\leqslant 10$
限制膨胀率	水中	7d	$\geqslant 0.025\%$
		28d	$\leqslant 0.10\%$
	空气中	21d	$\geqslant -0.020\%$
抗压强度/MPa	7d		$\leqslant 25.0$
	28d		$\geqslant 45.0$
抗折强度/MPa	7d		$\geqslant 4.5$
	28d		$\geqslant 6.5$

（5）膨胀收缩混凝土中的膨胀剂掺量不宜大于 12％,膨胀剂掺量应以凝胶材料总量的百分比表示。

（6）后浇带混凝土施工前,后浇带部位和外贴式止水带应防止落入杂物而损伤外贴止水带。

（7）后浇带两侧的接缝处理应符合下列规定。

1）水平施工缝浇筑混凝土前,应将其表面浮浆和杂物清除,然后铺设净浆或涂刷混凝土界面处理剂、水泥基渗透结晶型防水涂料等材料,再铺 30～50mm 厚的 1：1 水泥砂浆,并应及时浇筑混凝土。

2）垂直施工缝浇筑混凝土前,应将其表面清理干净,再涂刷混凝土界面处理剂、水泥基渗透结晶型防水涂料,并应及时浇筑混凝土。

3)遇水膨胀止水条(胶)应与接缝表面密贴。

4)选用的遇水膨胀止水条(胶)应具有缓胀性能,7d 的净膨胀率不宜大于最终膨胀率的 60%,最终膨胀率宜大于 220%。

5)采用中埋式止水带或预埋式注浆管时,应定位准确、固定牢靠。

(8)采用膨胀剂拌制补偿收缩混凝土时,应按配合比准确计量。

(9)后浇带混凝土应一次浇筑,不得留设施工缝;混凝土浇筑后应及时养护,养护时间不得少于 28d。

(10)后浇带需超前止水时,后浇带部位的混凝土应局部加厚,并应增设外贴式或中埋式止水带(见图 4.9.4-4)。

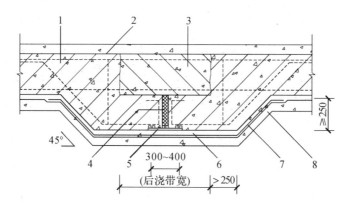

1—混凝土结构;2—钢丝网片;3—后浇带;4—填缝材料;5—外贴式止水带;

6—细石混凝土保护层;7—卷材防水层;8—垫层混凝土

图 4.9.4-4 后浇带超前止水构造(单位:mm)

4.9.5 质量标准

(1)主控项目。

1)后浇带用的遇水膨胀止水条或止水胶、预埋注浆管、外贴式止水带必须符合设计要求。检验方法:检查产品合格证、产品性能检测报告和材料进场检验报告。

2)补偿收缩混凝土的原材料及配合比必须符合设计要求。检验方法:检查产品合格证、产品性能检测报告、计量措施和材料进场检验报告。

3)后浇带防水构造必须符合设计要求。检验方法:观察检查和检查隐蔽工程验收记录。

4)采用掺膨胀剂的补偿收缩混凝土,其抗压强度、抗渗性能和限制膨胀率必须符合设计要求。检验方法:检查混凝土抗压强度、抗渗性能和水中养护 14d 后的限制膨胀率检测报告。

(2)一般项目。

1)补偿收缩混凝土浇筑前,后浇带部位和外贴式止水带应采取保护措施。检验方法:观察检查。

2)后浇带两侧的接缝表面应先清理干净,再涂刷混凝土界面处理剂或水泥基渗透结晶型防水涂料;后浇混凝土的浇筑时间应符合设计要求。检验方法:观察检查和检查隐蔽工程验收记录。

3)遇水膨胀止水条、遇水膨胀止水胶及预埋注浆管的施工应符合变形缝防水的规定。检验方法:观察检查和检查隐蔽工程验收记录。

4)后浇带混凝土应一次浇筑,不得留施工缝;混凝土浇筑后应及时养护,养护时间不得少于28d。检验方法:观察检查和检查隐蔽工程验收记录。

4.9.6　成品保护

(1)后浇带浇筑完毕应在12h以内加以覆盖,保湿养护,养护时间不得少于28d,当日平均气温低于5℃时,不得浇水。

(2)在混凝土强度达到1.2N/mm² 前,不得在其上踩踏或进行其他作业。

(3)后浇带混凝土未浇筑前应有保护钢筋的措施,可用模板盖住钢筋,防止地下室大梁和设备基础后浇带处有积水锈蚀钢筋,应预留截面为350mm×350mm,深度比梁或基础标高低250mm的小集水坑,以便可用潜水泵及时把积水抽出。

4.9.7　安全措施

(1)基层和模板内的垃圾、木屑、泥土、积水和钢筋上的油污等需清理干净。

(2)施工用机具设备维修、保养、试运转处于良好状态,电源能满足施工需要。

(3)搭设好必要的浇筑脚手运输道,经检查符合施工和安全要求。

(4)施工时对已浇混凝土结构要采取保护措施。

4.9.8　施工注意事项

(1)墙、柱模板固定应避免采用穿铁丝拉结;固定结构内部设置的紧固钢筋及绑扎铁丝不得接触模板,以免造成渗漏水通路线,引起局部渗漏。

(2)混凝土浇筑应严格控制水灰比,防止随意加大坍落度;浇筑应分层均匀进行;振捣密实,避免漏振、欠振或超振,避免将止水片(带)振偏或未按要求处理施工缝而造成渗漏水。

(3)如地下水位较高,应采取措施,将地下水位降低至底板以下0.5m,直至地下结构浇筑完成,回填土完毕,以防结构物上浮,引起结构裂缝。

(4)当设计图上未交代拟施工的地下工程的防水等级标准时,应请设计单位予以明确。施工时应按设计要求的防水等级标准编制施工方案,组织施工。

(5)地下防水工程必须有相应资质的专业防水队伍进行施工,主要施工人员应持证上岗。

(6)地下防水工程的施工,应建立各道工序的自检、交接检查和专职人员检查的"三检"制度,并有完整的检查记录。未经建设(监理)单位对上道工序的检查确认,不得进行下道工序的施工。

4.9.9 质量记录

(1)混凝土施工记录。

(2)混凝土试块强度报告(混凝土试块抗渗强度报告)。

(3)混凝土配合比报告单。

(4)混凝土中水泥、砂、石、掺和料、外加剂、遇水膨胀橡胶止水条、止水带、膨胀剂和防水材料的合格证或检验报告。

(5)混凝土外观质量检查记录。

(6)现浇结构外观质量缺陷处理方案记录表。

(7)后浇带隐蔽检查记录。

(8)检验批质量验收记录。

4.10 自粘防水卷材施工工艺标准

自粘防水卷材适用于一般的工业与民用建筑以及其他对防水性能有较高要求的防水工程。可用于地下建筑物各部位(包括地下室底板、电梯井、地下室外墙、地下室顶板等)以及屋面、裙楼、阳台(露台)、卫生间的防水防潮。

4.10.1 施工准备

(1)作业条件。

1)防水基层必须平整牢固,不得有突出的尖角、凹坑和表面起砂现象,表面应清洁干燥,转角处应根据要求做半径为50mm的圆弧角。

2)基层含水率要无明水珠即可。

3)防水层施工前必须将基层上的尘土、砂粒、碎石、杂物、油污和砂浆突起物清除干净。

(2)工器具。

1)清理防水基层的施工工具。铁锹、扫帚、吹尘器(或吸尘器)、手锤、钢凿、抹布等。

2)卷材铺贴的施工工具。剪刀、卷尺、弹线盒、滚刷、胶压辊等。

3)施工时气温应在5℃以上,不宜在特别潮湿且不通风的环境中施工。施工现场应有良好的通风条件。

4.10.2 施工操作工艺

工艺流程:基层表面清理、修补→涂刷配套的基层处理剂→节点部位粘贴→定位、弹基准线→铺贴自粘性橡胶防水卷材→辊压、排气→收头处理及搭接→组织验收→保护层施工。

(1)施工前必须将基层上的尘土、砂粒、碎石、杂物、油污和砂浆突起物清除干净。

(2)基层清理干净验收合格后,将专用基层处理剂均匀涂刷在基层表面,涂刷时按一个方向进行,厚薄均匀,不漏底、不堆积,晾放至指触不粘。

（3）弹线、试铺。在底涂上按实际搭接面积出粘贴控制线，严格按粘贴控制线试铺及实际粘铺卷材，以确保卷材搭接宽度在 6～7cm（卷材上有标志）。根据现场特点，确定弹线密度，以确保卷材粘贴顺直，不会因累积误差而出现粘贴歪斜的现象。卷材应先试铺就位，按需要形状正确剪裁后，方可开始实际粘铺。

（4）节点处理。

1）女儿墙部位收口处理。做水泥砂浆时需将墙与屋面交接处阴角抹成半径约 50mm 的小圆角，基面达到要求后，便于自粘卷材的施工。

2）阴阳角及管口部位的处理。阴阳角必须用砂浆做成 50mm 的圆角，增设防水附加层一道，确保全面达到防水效果。

（5）大面积铺贴卷材。

大面积粘贴自粘卷材主要有拉铺法和滚铺法两种，在实际施工中，施工人员可根据现场环境、温度等条件，自行确定粘贴方式，但基本的排气、压实、防皱要求仍然相同。

1）基本要求。在粘铺卷材时，应随时注意与基准线对齐，以免出现偏差难以纠正。卷材铺贴时，卷材不得用力拉伸。粘贴后，随即用压辊从卷材中部向两侧滚压，排出空气，使卷材牢固粘贴在基层上，卷材背面搭接部位的隔离纸不要过早揭掉，以免污染粘结层或误粘。

2）拉铺法。将卷材对准基准线全幅铺开，从一头将卷材（连同隔离纸）揭起，沿卷材幅长中线对折，用裁纸刀将隔离纸边轻轻划开，注意不要划伤卷材，将隔离纸从卷材背面小心撕开一小段长 500mm，两人合力揭下隔离纸，对准基准线粘铺定位。先将半幅长的卷材铺开就位，拉住揭下的隔离纸均匀用力向后拉，慢慢将剩余半幅长的隔离纸全部拉出，拉铺时注意拉出的隔离纸的完整性，发现撕裂、断裂应立即停止拉铺，将撕裂的隔离纸残余清理干净后，再继续拉铺。

3）滚铺法。即掀剥隔离纸与铺贴卷材同时进行。施工时不需要打开整卷卷材，用一根钢管插入成筒卷材中心的纸芯筒，然后由两人各持钢管一端抬至待铺位置的起始端，并将卷材向前展出约 500mm，由另一人掀剥次部分卷材的隔离纸，并将其卷到已用过的包装纸芯筒上．将以剥去隔离纸的卷材对准已弹好的基线轻轻摆铺，再加以压实。起始端铺贴完成后，一人缓缓掀剥纸卷入上述纸芯筒上，并向前移动，抬着卷材的两人同时沿基准线，向前滚铺卷材。注意抬卷材两人的移动速度要相同、协调。滚铺时不能太松弛。铺完一幅卷材后，用长柄滚刷，由起端开始，彻底排除卷材下面的空气，然后再用大压辊或手持式轻便振动器将卷材压实，粘贴牢固。

4）立面和大坡面的铺粘。由于自粘型卷材与基层的粘结力相对较低，在立面或大坡面上，卷材容易产生下滑现场，因此在立面和大坡面上粘贴施工时，宜用手持式汽油喷灯将卷材底面的胶黏剂适当加热后再进行粘贴、排气或辊压。

（6）辊压、排气。

大面积卷材排气、压实后，再用手持小压辊对搭接部位进行碾压，从搭接内边缘向外进行滚压，排出空气，粘贴牢固。

（7）收头处理及搭接。

1）接缝粘贴与密封。卷材搭接密封时，卷材短边搭接处、卷材收头、管道包裹、异性部位，应采用自粘橡胶沥青防水卷材专用密封膏密封，搭接边密封宽度不小于 10cm。

2)当防水层做两层时,第二层搭接边要跟第一层错开,以免接头重叠,防止局部蹿水。

3)卷材四周末端收头伸入凹槽(深 20mm、高 40～60mm 的梯形槽)内,金属压条钉牢固,用专用封边膏密封。

4)相邻两排卷材的短边接头相互错开 300mm 以上,以免多层接头重叠而使得卷材粘贴不平。防水面积很大,必须分阶段施工时,中间过程中临时收头很多,应用专用密封膏做好临时封闭。

4.10.3　质量标准

(1)主控项目。

1)卷材防水层所用卷材及主要配套材料必须符合设计要求。检验方法:检查出厂合格证、质量检验报告和现场抽样实验报告。

2)卷材防水层及其转角处、变形缝、穿墙管道等细部做法均须符合设计要求。检验方法:观察检查和检查隐蔽工程验收记录。

(2)一般项目。

1)卷材防水层的基层应牢固,基面应洁净、平整,不得有空鼓、松动、起砂和脱皮现象,基层阴阳角处应做成圆弧形。检验方法:观察检查和检查隐蔽工程验收记录。

2)卷材防水层的搭接缝应粘(焊)结牢固,密封严密,不得有皱折、翘边和鼓泡等缺陷。检验方法:观察检查。

3)侧墙卷材防水层的保护层与防水层应粘结牢固,结合紧密、厚度均匀一致。检验方法:观察检查。

4)卷材搭接宽度的允许偏差为－10mm。检验方法:观察和尺量检查。

4.10.4　成品保护

(1)卷材运输及保管时平放不得高于四层,不得横放、斜放,避免雨淋、日晒、受潮。

(2)已铺好的防水卷材层,应及时采取保护措施。操作人员不得穿带钉的鞋在底板上作业;卷材施工后不得出现凿打和损坏成品。

(3)采用外放外贴法墙角留搓的卷材要妥善保护,防止断裂和损伤,并及时做好聚苯板保护层。

4.10.5　安全措施

(1)由于卷材中某些组成材料和胶黏剂具有一定的毒性和易燃性。因此,在材料保管、运输、施工过程中,要注意防火和预防职业中毒、烫伤事故发生。

(2)施工过程中做好基坑和地下结构的临边防护,防止出现坍塌事故。

(3)施工废弃物质要及时清理,外运至指定地点,避免污染环境。

(4)卷材防水层施工严禁在雨天、雪天、雾天和五级风以上大风天气施工。施工现场应保持地下水位稳定在基底 0.5m 以下,必要时应采取降排水措施。

4.10.6　施工注意事项

(1)自粘型卷材湿铺立面铺贴易产生下坠滑落现象,阴阳角不能及时固定粘贴,这是卷材与基层之间粘结力偏低的原因,特别是低温下施工更有可能出现这种情况,为此可在阴阳角节点压上重物保证铺贴。

(2)铺贴时卷材不要拉得太紧,否则使卷材中存在拉应力,再加上卷材使用中的后期收缩,易使卷材出现拉裂、转角处脱开,或加速卷材老化。对高聚物改性沥青防水卷材铺贴时可稍紧些;对高分子防水卷材要在无皱褶的情况下保持自然松弛状态,这是因为经过压延的高分子卷材后期收缩均较大。

(3)卷材的运输及存放均应注意防潮、防热。堆放场地应干燥、通风,环境温度不超过35℃。卷材叠放层数不应超过四层,否则会因重压而变形。

(4)卷材粘接牢固,无空鼓、起泡、翘边情况,边角及穿过防水卷材面的管道、预埋处结构合理封堵严密。

4.10.7　质量记录

(1)防水卷材应有产品合格证,现场取样复试资料。
(2)胶结材料应有出厂产品合格证、使用配合比资料。
(3)隐蔽工程检查验收资料。
(4)分项工程质量验收记录。

主要参考标准名录

[1]《地下工程防水技术规范》(GB 50108—2008)

[2]《地下防水工程质量验收规范》(GB 50208—2011)

[3]《建筑工程施工质量验收统一标准》(GB 50300—2013)

[4]《施工现场临时用电安全技术规范》(JGJ 46—2005)

[5]《建筑施工安全检查标准》(JGJ 59—2011)

[6]《建筑防水工程现场检测技术规范》(JGJ/T 299—2013)

[7]《建筑防水涂料中有害物质限量》(JC 1066—2008)

[8]《建筑分项施工工艺标准手册》,江正荣,中国建筑工业出版社,2009

[9]《建筑施工手册》(第五版),中国建筑工业出版社,2013

[10]《建筑分项工程施工工艺标准》,北京建工集团有限责任公司,中国建筑工业出版社,2008

[11]《高层建筑施工手册》,杨嗣信,中国建筑工业出版社,2001

[12]《现行防水材料标准及施工规范汇编》,中国建筑工业出版社,1999

5 模板工程施工工艺标准

5.1 基础模板安装与拆除施工工艺标准

建筑物的混凝土基础形式有独立基础、阶形独立基础、杯形独立基础、条形基础、筏形基础和箱型基础等形式。基础模板的构造及其支拆方法因其形式的不同而有所不同。

常用的基础模板有木模板、定型组合钢模板、胶合板模板以及砖模等。

本工艺标准适用于混凝土基础木模板安装与拆除工程，其他模板可参照执行，工程施工应以设计图纸和有关施工规范为依据。

5.1.1 材料要求

(1)胶合板。

1)规格。1830mm×915mm，1830mm×1220mm，2135mm×915mm，2135mm×1220mm。

2)厚度。板材厚度不应小于 12mm，并应符合国家现行标准《混凝土模板用胶合板》(ZBB 70006)的规定。

3)各层板的原材含水率不应大于 15%，且同一胶合模板各层原材间的含水率差别不应大于 5%。

4)常用木胶合模板的厚度宜为 12mm、15mm、18mm，其技术性能应符合下列规定。

①不浸泡、不蒸煮剪切强度：$1.4 \sim 1.8 N/mm^2$。

②室温水浸泡剪切强度：$1.2 \sim 1.8 N/mm^2$。

③沸水煮 24h 剪切强度：$1.2 \sim 1.8 N/mm^2$。

④含水率：$5\% \sim 13\%$。

⑤密度：$450 \sim 880 kg/m^3$。

⑥弹性模量：$4.5 \times 10^3 \sim 11.5 \times 10^3 N/mm^2$。

(2)支撑系统。钢管抱箍。

(3)钉子。

(4)脱膜剂。

5.1.2 主要机具设备

主要机具设备包括圆锯、压刨、手锯、钉锤、电钻、水平尺、钢卷尺、大锤等。

5.1.3 作业条件

(1)混凝土垫层表面平整,清扫干净,标高检查合格,四周有足够的支模空间。

(2)校核轴线,放出模板边线及标高。

(3)基础钢筋、预埋管件已安装,隐蔽工程已验收。

(4)施工方案已编制并经公司审批,施工前向操作人员进行技术交底。

(5)按照配板设计结合施工流水段的划分,备齐模板并分规格堆放。

5.1.4 施工操作工艺

(1)模板构造。

1)阶形独立基础模板(见图5.1.4)。每一阶模板由4块侧板拼钉而成,其中两块侧板的尺寸与相应的台阶侧面尺寸相等,另两块侧板应比相应的台阶侧面长150~200mm,高度与其相等,4块侧板用木档拼成方框。上台阶模板的其中两块侧板的最下部一块拼板要加长,以便搁置在下层台阶模板上。下层台阶模板的四周设置斜撑和水平撑支撑牢固。斜撑和平撑一端钉在侧板的木档上,另一端顶紧在木桩上。上台阶模板的四周也要用斜撑和平撑支撑,斜撑和平撑的一端钉在上台阶侧板的木档上,另一端可钉在下台阶侧板的木档顶上。

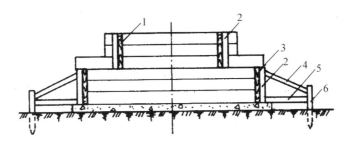

1—上阶模板;2—木档;3—下阶模板;4—斜撑;5—平撑;6—木桩

图5.1.4 阶形独立基础模板

2)条形基础模板。条形基础模板一般由侧板、平撑、斜撑等组成。侧板用长条木板加钉竖向木档拼制,或由短条木板加钉横向木档拼制而成。平撑和斜撑钉在木桩(或垫木)与木档之间。

3)杯形基础模板。与阶形基础相似,不同的是增加一个中心杯芯模,杯口上大下小,斜度按工程设计要求制作,芯模安装前应钉成整体,轿杠钉于两侧,中心杯芯模完成后要全面校核中心轴线和标高。

(2)工艺流程。

1)阶形基础模板安装。弹线→侧板拼接→组拼各阶模板→涂刷脱模剂→下阶模板安装→上阶模板安装。

2)条形基础模板安装。弹线→侧板拼接→涂刷脱模剂→侧板安装。

(3)施工操作要点。

1)阶形基础模板安装。在基坑底垫层上弹出基础边线和中线。侧板拼接时,把截好尺寸的木板加钉木档拼成侧板,在每阶侧板内表面弹出一条中线,每一阶模板由 4 块侧板拼钉而成,钉完后检查是否方正。模板安装时,先把下阶模板放在基坑底,中线对准垫层上中线,然后用水平尺校正其标高;在模板周围钉上桩,用平撑与斜撑支撑顶牢;把上阶模板通过加钉长方木放在下阶模板上,中线对齐垫层中线,并用斜撑与平撑加以钉牢。

2)条形基础模板安装。先在基槽底弹出基础边线,再把侧板对准边线垂直竖立,用水平尺校正侧板顶面水平后,再用斜撑和平撑钉牢。如基础较长,应先安装基础两端的端模板,校正后,再在侧板上口拉通线,依照通线再安装侧板。为防止在浇筑混凝土时模板变形,沿基础通长方向模板上口不直,宽度不够,下口陷入混凝土内,以及拆模时上段混凝土缺损,底部钉模不牢的现象,采取相应的预防措施。

①模板应有足够的强度、刚度和稳定性,支模时垂直度要准确。

②模板上口应钉搭头木,以控制条形基础上口宽度,并通长拉线,保证上口平直。

③隔一定距离,将上段模板下口支撑在钢筋支架上。

④支撑直接在土坑边时,下面应垫以木板,以扩大其承力面,两块模板长向接头处应加拼条,使板面平整,连接牢固。

3)阶形基础模板拆除。阶形基础模板的拆除顺序:先拆除斜撑与平撑,然后用撬杠、钉锤等工具拆下 4 块侧板。

4)条形基础模板拆除。条形基础模板拆除时,先拆下搭头木,再拆除斜撑与平撑,最后拆除侧板及端模板。

5)杯形基础模板安装与拆除施工要点与阶形基础相似,但应防止中心线不准、杯口模板位移、混凝土浇筑时芯模浮起、拆模时芯模拆不出的现象。预防措施如下。

①中心线位置及标高要准确,支上段模板时采用抬轿杠,可使位置准确,托木的作用是将轿杠与下段混凝土面隔开少许,便于混凝土面拍平。

②杯芯模板要刨光直拼,芯模外表面涂隔离剂,底部钻几个小孔,以便排气,减少浮力。

③脚手板不得搁置在模板上。

④浇筑混凝土时,在芯模四周要对称均匀下料及振捣密实。

⑤拆除杯芯模板,一般在初凝前后即可用锤轻打,拨棍拨动。

5.1.5 质量标准

(1)主控项目。

1)模板及其支架应根据工程结构形式、荷载大小、地基土类别、施工设备和材料供应等条件进行设计。模板及其支架应具有足够的承载能力、刚度和稳定性,能可靠地承受浇筑混凝土的重量、侧压力以及施工荷载。

2)模板及其支架拆除的顺序和安全措施应按施工技术方案执行。

3)在涂刷模板隔离剂时,不得沾污钢筋和混凝土接槎处。

（2）一般项目。

1）模板安装应满足下列要求。

①模板的接缝不应漏浆；在浇筑混凝土前，木模板应浇水湿润，但模板内不应有积水。

②模板与混凝土的接触面应清理干净并涂刷隔离剂，但不得采用影响结构性能或妨碍装饰工程施工的隔离剂。

③浇筑混凝土前，模板内的杂物应清理干净。

④对清水混凝土工程及装饰混凝土工程，应使用能达到设计效果的模板。

2）用作模板的地坪、胎模等应平整光洁，以免影响构件质量的下沉、裂缝、起砂或起鼓。

3）固定在模板上的预埋件、预留孔和预留洞均不得遗漏，且应安装牢固，其允许偏差应符合表5.1.5-1的规定。

表5.1.5-1 预埋件和预留孔洞的允许偏差

项目		允许偏差/mm
预埋钢板中心线位置		3
预埋管、预留孔中心线位置		3
插筋	中心线位置	5
	外露长度	+10,0
预埋螺栓	中心线位置	2
	外露长度	+10,0
预留洞	中心线位置	10
	尺寸	+10,0

4）侧模拆除时的混凝土强度应能保证其表面及棱角不受损伤。

（3）现浇结构模板安装应符合表5.1.5-2的规定。

表5.1.5-2 现浇结构模板安装的允许偏差及检验方法

项目		允许偏差/mm	检验方法
轴线位置		5	尺量检查
底模上表面标高		±5	水准仪或拉线、尺量检查
截面内部尺寸	基础	±10	尺量检查
	柱、墙、梁	+4，−5	尺量检查
层高垂直度	不大于5m	6	经纬仪或吊线、尺量检查
	大于5m	8	经纬仪或吊线、尺量检查
相邻两板表面高低差		2	尺量检查
表面平整度		5	2m靠尺和塞尺检查

5.1.6 成品保护

(1)与混凝土接触的模板表面应清理干净并认真涂刷脱模剂,不得漏涂,涂刷后如被雨淋,应补刷脱模剂。

(2)拆除模板时要轻轻撬动,使模板脱离混凝土表面,禁止猛砸狠敲,防止碰坏混凝土。

(3)拆除下的模板应及时清理干净,涂刷脱模剂,暂时不用时应遮阴覆盖,防止暴晒。

5.1.7 安全措施

拆下的支撑、木档,要随即拔掉上面的钉子,并堆放整齐,防止"朝天钉"伤人。

5.1.8 施工注意事项

(1)垫层混凝土表面要平整,其顶面标高要正确,垫层周边应比基础底部尺寸放大100mm,为基础放线、正确支模提供必要的条件。

(2)必须正确放线。尤其是现场环视条件不好时,要反复校核轴线后,再放模板边线和标高线。

(3)基础支模时,注意预埋管的留设,保证其位置与标高正确。

(4)在浇筑混凝土之前,应对模板工程进行验收。

5.1.9 质量记录

(1)模板工程技术交底记录。

(2)模板工程预检记录。

(3)模板工程质量评定资料。

5.2 柱模板安装与拆除施工工艺标准

柱模板由柱模板、柱箍和支撑系统等组成。模板支设特点是布置零星分散,尺寸和垂直度要求严格,应有足够的强度、刚度和稳定性,同时要求混凝土浇筑和拆模方便。

本工艺标准适用于现浇混凝土柱木胶合板模板的安装与拆除工程。

5.2.1 材料要求

(1)胶合板。

1)规格。1830mm×915mm,1830mm×1220mm,2135mm×915mm,2135mm×1220mm。

2)厚度。板材厚度不应小于12mm,并应符合国家现行标准《混凝土模板用胶合板》(ZBB 70006)的规定。

3)各层板的原材含水率不应大于15%,且同一胶合模板各层原材间的含水率差别不应大于 5%。

4)常用木胶合模板的厚度宜为 12mm、15mm、18mm，其技术性能应符合下列规定。

①不浸泡、不蒸煮剪切强度：$1.4\sim1.8N/mm^2$。

②室温水浸泡剪切强度：$1.2\sim1.8N/mm^2$。

③沸水煮 24h 剪切强度：$1.2\sim1.8N/mm^2$。

④含水率：5%～13%。

⑤密度：450～880(kg/m^3)。

⑥弹性模量：$4.5\times10^3\sim11.5\times10^3N/mm^2$。

(2)方木、木楔。

(3)连接附件。对拉螺栓。

(4)支撑系统。柱箍、钢管支撑。

(5)其他脱模剂。

5.2.2　主要机具设备

主要机具设备包括撬杠、水平尺、倒链、钢卷尺、线坠、花篮螺栓、扳手、钳子、斧子、锯、锤子等。

5.2.3　作业条件

(1)模板设计。根据工程特点及现场施工条件，确定模板平面布置、柱箍的形式及间距、模板组装形式(就位组装或预制拼装)，验算模板与支撑的强度、刚度及稳定性，绘制配模图。然后按照施工流水段的划分，进行综合分析研究，确定模板的合理配置数量。

(2)模板预制拼装。拼装场地应平整坚实、易于排水。按配模图将柱模板预拼成 4 片(一面为一片)，拼装时应预留垃圾清扫口。

(3)模板拼装后进行编号、涂刷脱模剂，分规格堆放。

(4)放好柱子轴线、模板边线及控制标高线；柱模底口应做水泥砂浆找平层；校正柱模垂直度的钢筋环已在楼板上预埋好。

(5)柱子钢筋绑扎完，各类预埋件已安装，绑好钢筋保护垫块，并已办完隐检手续。

(6)施工方案已编制并经公司审批，并向操作人员进行技术交底。

5.2.4　施工操作工艺

(1)工艺流程。找平、定位→组装柱模→安装柱箍→安装拉杆或斜撑→校正垂直度→柱模预检→浇筑混凝土→柱模拆除。

(2)施工操作要点。

1)按标高线抹好水泥砂浆找平层，按柱模边线做好定位墩台，以保证标高及柱轴线位置的准确。

2)组装柱模。先将相邻的两面模板就位，就位后用铁丝与主筋绑扎临时固定；安装完两面模板后，再安装另外两面模板。

3)安装柱箍。根据柱模尺寸、侧压力大小,在模板方案设计中确定柱箍尺寸及间距。其中柱子的截面超过700mm宽的柱子的模板四周用对拉螺杆围拉后,再对柱子的中间部位增设一根对拉螺栓。

4)安装拉杆或斜撑。柱模每边设2根拉杆,固定于楼板预埋钢筋环上,用经纬仪控制,用花篮螺栓校正柱模垂直度。拉杆与地面夹角宜为45°,预埋钢筋环与柱距离宜为3/4柱高。

5)将柱模内清理干净,封闭清扫口,办理柱模预检。

6)柱混凝土应分层浇筑,超过3m时,应用串筒或在模板侧面开门子洞装斜溜槽分段浇筑,每段高度不超过2m,每段浇筑后将门子洞封严并箍牢。

7)柱子模板拆除。模板拆除顺序与安装顺序相反,先支后拆,后支先拆。先拆掉柱模拉杆(或支撑),再卸掉柱箍,把连接每片柱模的方木或槽钢拆除,然后用撬棍轻轻撬动模板,使模板与混凝土脱离。

5.2.5 质量标准

与第5.1.5节基础模板安装与拆除质量标准相同。

5.2.6 成品保护

(1)吊装模板时轻起轻放,不准碰撞楼板混凝土,防止模板变形。

(2)柱混凝土强度能保证拆模时其表面及棱角不受损时,方可拆除柱模板。

(3)拆模时不得用大锤硬砸或用撬杠硬撬,以免损伤柱子混凝土表面或棱角。

(4)拆下的模板应及时清理修整,涂刷脱模剂,妥善堆放。

5.2.7 安全措施

(1)安装柱模时,应将柱模与主筋临时拉结固定,防止模板倾覆伤人。

(2)拆除柱模时,先挂好吊索,再拆除拉杆及两片柱模的连接件,待模板脱离混凝土表面之后再吊运柱模。

(3)高处作业应搭设脚手架,操作人员应佩挂安全带。

5.2.8 施工注意事项

(1)支模前,按施工图弹出柱子边线,抹好墩台,并校正钢筋位置,钢筋上部应采用钢管脚手架固定,保证钢筋位置正确。

(2)柱箍规格及间距应经过计算选用,柱子四角用拉杆和支撑固定。柱箍应根据柱模尺寸、侧压力的大小等因素进行设计选择(有木箍、钢箍、钢木箍等)。柱箍间距、柱箍材料及对拉螺栓直径应通过计算确定。

(3)施工中应防止胀模、断面尺寸鼓出、漏浆、混凝土不密实,或蜂窝麻面、偏斜、柱身扭曲的现象。预防措施如下。

1)根据规定的柱箍间距要求钉牢固。

2)成排柱模支模时,应先立两端柱模,校直与复核位置无误后,顶部拉通线,再立中间柱。

3)四周斜撑要牢固。

5.2.9 质量记录

与第5.1.9节基础模板安装与拆除质量记录相同。

5.3 梁、圈梁模板安装与拆除施工工艺标准

梁、圈梁模板指砖混和框架结构每层的独立梁和砖墙上的圈梁模板。这种模板支设的特点是构件截面小、数量多、布置零星分散;高空作业时,一般要支拆方便、快速,做成工具式,便于周转使用;尺寸要准确。

本工艺标准适用于民用和工业建筑砖混合框架结构梁和圈梁模板安装与拆除工程。工程施工应以设计图纸和施工规范为依据。

5.3.1 材料要求

(1)木模板。所用木材应根据各地区实际情况选择质量好的材料,不得使用有腐朽、霉变、虫蛀、折裂、枯节的木材。木材材质不应低于Ⅱ_a 等级,含水率低于 25%。木材材质标准应符合现行国家标准《木结构设计规范》(GB 50005—2017)的规定。

(2)定型组合钢模板。其规格、种类、质量必须符合模板施工方案和《组合钢模板技术规范》(GB/T 50214—2013)的要求。

(3)木方、钢楞、钢管脚手架。其规格、种类必须符合配板设计的要求。脚手架钢管规格为 Φ48.3×3.6mm,其材质应符合国家标准《碳素结构钢》(GB/T 700—2006)中 Q235 级钢的规定。扣件应采用可锻铸铁或铸钢制作,其质量和性能应符合现行国家标准《钢管脚手架扣件》(GB 15831—2006)的规定。

(4)隔离剂。

5.3.2 主要机具设备

(1)机械设备。包括圆锯机、手电钻、手电锯、电动扳手、砂轮切割机以及电焊设备等。

(2)主要工具。包括斧、锯、钉锤、铁水平尺、扳手、钢尺、钢卷尺、线坠、钢丝刷、毛刷、小油漆桶、墨斗、撬杠、起子、经纬仪、水平仪、塔尺等。

5.3.3 作业条件

(1)编制模板工程施工方案,并经公司审批。根据工程结构形式、特点及现场材料和机

具供应等条件进行模板配板设计,确定使用模板材料,梁、圈梁模板组装形式,钢楞、支撑系统规格和间距、支撑方法;绘制模板设计配板图,包括模板平面分块图、模板组装图、节点大样图、零件加工图等。根据流水段划分,确定模板的配制数量。对于梁的离地高度超过 8m,或跨度超过 18m,或施工总荷载大于 $15kN/m^2$,或集中荷载大于 $20kN/m$ 的模板支撑系统,必须编制专项施工方案,并经公司组织专家论证。一般应采用门式钢管脚手架。

(2)备齐模板、连接、支承工具材料,运进现场进行维修、清理,涂刷隔离剂,并分规格整齐堆放。

(3)施工机具已运进现场,经维修均完好;作业需要的脚手架已搭设完毕。

(4)柱和砖墙已施工完一层,经检查,尺寸、标高、轴线符合要求,并办好预检。

(5)在柱、墙上弹好梁轴线、边线及水平控制标高线,能满足施工需要。

(6)柱和砖墙上的灰渣、垃圾等已清理干净。

(7)根据模板作业设计和施工方案,以及设计图纸要求和工艺标准,已向工人班组进行技术和安全交底。

5.3.4　施工操作工艺

(1)梁模板安装。

1)根据柱弹出的轴线、梁位置和水平线,安装柱头模板。

2)按配板设计在梁下设置支柱,间距经设计计算,对一般住宅楼面梁,间距可为 500～1000mm。按设计标高调整支柱的标高,然后安装梁底模板,并拉线找平。当梁跨度大于或等于 4m 时,跨中梁底处应按设计要求起拱;如设计无要求,起拱高度取梁跨的 1‰～3‰。主次梁交接时,先主梁起拱,后次梁起拱。

3)底层用钢管脚手杆作支柱时,应支在平整坚实的地面上。当支在软土地基上或分层夯实的回填土上时,一般在其表面做 C20 混凝土地面,厚度不小于 10cm,并在底部加垫 5cm 厚木板,分散荷载,以防发生下沉。支柱底部离地高 200mm 处,设置纵、横双向水平扫地杆;支柱之间根据楼层高度,在纵、横两个方向设水平撑杆(其间距不宜大于 1.8m)和交叉斜撑杆,支柱钢管接长时,要用对接接头。同时上、下楼层的支柱应对准。

4)梁钢筋一般在底板模板支好后绑扎,找正位置并垫好保护层垫块,清除垃圾杂物,经检查合格后,即可安装侧模板。对于边梁或截面较大的梁可以先进行钢筋绑扎,钢筋绑扎完毕后安装侧模板。

5)根据墨线安装梁侧模板、压脚板、斜撑等,梁托架(或三角架)间距应符合配板设计要求。当梁高超过 700mm 时,应采用对拉螺栓在梁侧中部设置通长横楞,用螺栓紧固。

6)梁模板如采用木模板时,侧模要包住底模。

(2)圈梁模板安装。

1)圈梁模板的底板一般为砖混结构的砖墙,安装前宜用砂浆找平。模板可采用木模板或定型组合钢模板。

2)圈梁模板支设木模一般采用扁担支模法(见图 5.3.4),系在圈梁底面下一皮砖中,沿墙身每隔0.9～1.2m 留一 60mm×120mm 顶砖洞口,穿 100mm×50mm 木底楞作扁担,扁担穿墙平面位置距墙两端240mm,每面墙不宜少于五个洞,在其上紧靠砖墙两侧支侧模,用夹木和斜撑支牢,侧板上口设撑木固定,上口应拉线找平。

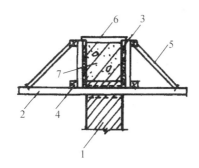

1—砖墙;2—扁担木100mm×50mm;3—侧模;4—夹木;5—斜撑;

6—临时撑头木;7—钢筋混凝土圈梁

图5.3.4　圈梁扁担支模法

3)对圈梁上安装预制圆孔板的圈梁模板支设,为简化工序、缩短工期,亦可采用硬架支模法,即采取先支圈梁模板,绑钢筋,安装预制板,然后浇筑圈梁和板缝混凝土。方法是在墙两侧安夹木,用螺栓与墙体紧紧夹住,以支承侧模,预制板及施工操作荷重、侧板厚度根据木材性能及上部荷载而定,但不得小于50mm。

4)当模板采用定型组合钢模板时,可采用拉结法,系采用连接角膜和拉接螺栓作梁侧模的底座,连接角膜支撑圈梁侧模,用U形扣件纵横向连接成整体,梁侧模板的上部用拉铁固定位置;或采用扁钢或钢管作底座,在扁钢上开数个长孔,用楔块(或扣件)插入扁钢长孔内,用以固定梁侧模版下部,上部亦用拉铁固定。

5)钢筋绑扎一般在侧模支好后进行。钢筋绑扎完以后应对模板上口宽度进行校正,并以木撑进行校正定位,用圆钉临时固定。采用组合钢模板,用拉铁和卡具卡牢,以保证圈梁截面尺寸正确。

(3)模板拆除。

1)梁和圈梁侧模板应在保证混凝土表面及棱角不因拆模而受损伤时方可拆除;如圈梁在拆模后要接着砌筑砖墙,则圈梁混凝土应达到设计强度等级的25%方可拆除。

2)拆模顺序为先拆侧模,后拆底模,当上、下楼层连续施工,上层梁板正在浇筑混凝土时,一般情况下,下面两层楼面梁、板的底模板和支柱不得拆除,但应结合工程结构形式和施工进度通过分析计算后确定。

5.3.5　质量标准

(1)主控项目。

1)模板及其支架应根据工程结构形式、荷载大小、地基土类别、施工设备和材料供应等条件进行设计。模板及其支架应具有足够的承载能力、刚度和稳定性,能可靠地承受浇筑混凝土的重量、侧压力以及施工荷载。

2)模板及其支架拆除的顺序和安全措施应按施工技术方案执行。

3)在涂刷模板隔离剂时,不得沾污钢筋和混凝土接槎处。

4)安装现浇结构的上层模板及其支架时,下层楼板应具有承受上层荷载的承载能力,或加设支架;上、下层支架的立柱应对准,并铺设垫板。

5)梁底模板及其支架拆除时的混凝土强度应符合设计要求,当设计无具体要求时,混凝土强度应符合表5.3.5的要求。

表5.3.5 梁底模板及其支架拆除时的混凝土强度

构件类型	构件跨度/m	达到设计的混凝土立方体抗压强度标准值的百分率
板	≤2	≥50%
	>2,≤8	≥75%
	>8	≥100%
梁、拱、壳	≤8	≥75%
	>8	≥100%
悬臂构件	—	≥100%

(2)一般项目。

1)模板安装应满足下列要求。

①模板的接缝不应漏浆;在浇筑混凝土前,木模板应浇水湿润,但模板内不应有积水。

②模板与混凝土的接触面应清理干净并涂刷隔离剂,但不得采用影响结构性能或妨碍装饰工程施工的隔离剂。

③浇筑混凝土前,模板内的杂物应清理干净。

④对清水混凝土工程及装饰混凝土工程,应使用能达到设计效果的模板。

2)用作模板的地坪、胎模等应平整光洁,不得产生影响构件质量的下沉、裂缝、起砂或起鼓。

3)固定在模板上的预埋件、预留孔和预留洞均不得遗漏,且应安装牢固,其允许偏差应符合表5.1.5-1的规定。

4)侧模拆除时的混凝土强度应能保证其表面及棱角不受损伤。

5)对跨度不小于4m的现浇钢筋混凝土梁、板,其模板应按设计要求起拱;当设计无具体要求时,起拱高度宜为跨度的1/1000～3/1000。

(3)允许偏差项目

1)固定在模板上的预埋件、预留孔和预留洞均不得遗漏,且应安装牢固,其偏差应符合5.1.5-1的规定。

2)现浇结构模板安装应符合表5.1.5-2的规定。

5.3.6 成品保护

(1)在砖墙上支圈梁模板时,防止打凿碰动梁底砖墙,以免造成松动;不得用重物冲击已安装好的模板及支撑。

（2）模板支好后，应保持模内清洁，防止掉入砖头、砂浆、木屑等杂物。

（3）采取措施保持钢筋位置正确，不被扰动。

5.3.7　安全措施

（1）模板安装应在牢固的脚手架上进行，支模过程中，如需中途停歇，应将支撑、搭头、柱头板等钉牢。拆模间歇时，应将已活动的模板、牵杠、支撑等运走或妥善堆放，防止因踏空、扶空而坠落。

（2）拆楼层外边梁和圈梁模板时，应有防高空坠落、防止模板向外翻倒的措施。

（3）在拆除模板过程中，如发现梁混凝土有影响结构的安全、质量问题时，应暂停拆除，经处理后，方可继续拆模。

（4）超高、超长、超重的大梁模板和支架的安装与拆除，事先必须有专项施工安全措施。

（5）拆模时作业人员要站在安全地点进行操作，不许站在正在拆除的模板上，并防止上下在同一垂直面作业。

5.3.8　施工注意事项

（1）梁模板安装易出现梁身不平直、梁底不平下挠、梁侧模胀模等质量问题。防治方法是：支模时应将侧模包底模；梁模与柱模连接处，下料尺寸应略为缩短；梁侧支模应设压脚板、斜撑，拉线通直后将梁侧钉牢；梁底模板按规定起拱等。

（2）圈梁模板易产生外胀和墙面流坠等。防治方法是：圈梁模板应支撑牢固，模板上口用拉杆钉牢固；侧模与砖墙之间的缝隙用双面胶条、纤维板、木条或砂浆贴牢，模板本身缝隙刮腻子嵌缝等。

（3）梁的模板支柱任何情况都应按《建筑施工扣件式钢管脚手架安全技术规范》（JGJ 130—2011）对模板支架的要求拉剪刀撑；同时绑钢筋、浇筑混凝土应避免碰冲模板，以防模板侧向产生变形或失稳。

5.3.9　质量记录

与第5.1.9节基础模板安装与拆除质量记录相同。

5.4　肋形楼盖模板安装与拆除施工工艺标准

肋形楼盖模板系指各类建筑物楼、屋面结构每层现浇钢筋混凝土梁板的模板。肋形楼盖就是由混凝土多根梁和板整体浇筑而成的楼盖，因其形似肋条，故称肋形板或肋形楼盖。肋形楼盖模板就是此类楼、屋面结构现浇钢筋混凝土梁板的模板。常见的肋形楼盖包括"井"字梁和"十"字梁，多应用于教学楼、商务楼等公用建筑中。这种模板支设的特点是：面积较大，整体性要求高，高空作业，模板尺寸要求严，应具有足够的强度、刚度和稳定性；在绑扎钢筋、浇筑混凝土的过程中，不移位、不漏浆，其变形应符合设计要求。

本工艺标准适用于工业与民用建筑现浇钢筋混凝土肋形楼盖模板安装与拆除工程。工程施工时应以设计图纸和有关施工规范为依据。

5.4.1 材料要求

与第5.3.1节梁、圈梁模板安装与拆除材料要求相同。

5.4.2 主要机具设备

与第5.3.2节梁、圈梁模板安装与拆除主要机具设备相同。

5.4.3 作业条件

与第5.3.3节梁、圈梁模板安装与拆除作业条件相同。

5.4.4 施工操作工艺

(1)肋形楼盖模板支设根据使用支承体系不同,一般有以下三种方法。

1)支撑支模法(见图5.4.4-1)。模板由木或钢支撑支承。主、次梁同时支模时,一般先支好主梁模板,经轴线标高检查校正无误后,加以固定,在主梁上留出安装次梁的缺口,尺寸与次梁截面相同,缺口底部加钉衬口档木,以便与次梁模板相接,主、次梁的支设和支撑方法均与第5.3.4节提及的梁支模方法相同。楼板模板安装时,先在次梁模板的外侧弹水平线,其标高为楼板板底标高减去模板厚和搁栅高度,再按墨线钉托木,并在侧板木档上钉竖向小木方顶住托木,然后放置搁栅,再在底部用立柱支牢,从一侧向另一侧密铺楼板模板,在两端及接头处用钉钉牢,其他部位少钉,以便拆模。

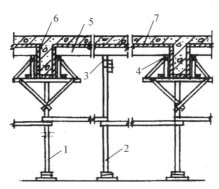

1—支柱(顶撑);2—立柱;3—牵杠;4—托木;5—搁栅;6—梁侧模;7—楼板底模

图5.4.4-1 肋形楼盖支撑支模法

2)桁架支模法(见图5.4.4-2)。在梁底及楼板面下部采用工具式桁架支承上部模板,以代替支柱(顶撑),在梁两端设双支柱支撑或排架,将桁架置于其上,如柱子先浇灌,亦可在柱上预埋型钢上放托木支桁架。支设时,应根据梁板荷载选定桁架型号和确定间距,支承板的桁架上要设小方木,并用铁丝绑牢。两端支承处要加木楔,在调整标高后钉牢。桁架之间设拉结条,使其稳定。

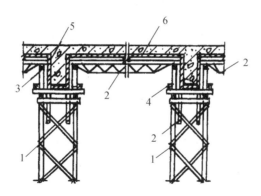

1—排架;2—钢桁架;3—托木;4—夹木;5—侧模;6—底模

图 5.4.4-2 肋形楼盖桁架支模法

3)钢管脚手架支模法(见图5.4.4-3)。在梁、板底部搭设满堂脚手架,脚手杆的间距根据梁板荷载经计算而定,一般在梁两侧应设两根脚手杆,以便固定梁侧模,在梁间根据板跨度和荷载情况设脚手杆,立管,纵、横管交接处用扣件扣牢。梁、板支模同一般梁板支模方法。

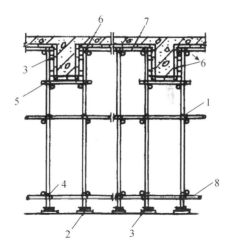

1—钢管脚手架;2—垫木;3—木楔;4—扣件;5—横楞;6—定型组合钢模板;

7—楞木或钢管;8—扫地杆

图 5.4.4-3 肋形楼盖钢管脚手架支模法

4)当楼盖梁超高、超长、超重时,其支架应根据专项设计,采用门式钢管脚手架。

(2)肋形楼盖由主梁、次梁和楼板组成,通常一次支模、绑扎钢筋、浇筑混凝土。模板支设采取先支主、次梁,再支楼板模板。平面尺寸大时,可采取分段支模,按设计要求或征得设计单位的同意留设后浇带隔断。主要以目前比较常见的钢管脚手支模法来说明肋形楼盖的施工工艺流程。

(3)肋形楼盖模板施工工艺。

1)工艺流程。定位放线→搭设满堂支模架→安装梁底模板→安装梁侧模版→安装侧模斜撑、对拉螺栓→安装楼板模板→绑扎钢筋→浇筑混凝土→模板拆除。

(4)施工工艺要点。

1)定位放线。根据施工图轴线尺寸引测控制线,建立控制网,引测标注肋梁控制线和标高控制线。

2)搭设满堂脚手架。在梁板底部搭设满堂脚手架,脚手杆的间距根据梁板荷载经计算确定。在梁两侧应设两根脚手杆,以便固定梁侧模。在梁间根据板跨度和荷载情况设脚手杆,立管和纵、横杆交接处用扣件扣牢。

3)安装梁底模板。满堂脚手架搭设完毕后,根据给定的水平控制标高,搭设梁底小横杆。当梁的截面尺寸较大时,应在梁底加设一排立杆。在小横杆上放置制作好的梁底模板;标高、位置校正无误后,加以固定;主次梁安装时留置次梁缺口。跨度超过规定时,控制好起拱高度。

4)肋形楼盖模板支好后,应对模板的尺寸、标高、板面平整度、模板和立柱的牢固情况等进行一次全面检查,如出现较大偏差或松动,应及时进行纠正和加固,并将板面清理干净。

5)检查完后,在支柱(顶撑)之间应设置纵、横水平杆和剪刀撑,以保持稳定。扫地杆一般设在离地面 200mm 处,扫地杆以上应根据设计每 1.6～2.0m 设一道纵、横水平杆,支柱底部应铺设 50mm 厚垫板,垫板下如为分层夯实的回填土,其基础应经计算。

6)模板拆除。

①拆模顺序一般为后支的先拆,先支的后拆;先拆除非承重部分,后拆除承重部分。

②肋形楼盖承重模板及其支架拆除,根据表 5.3.5 的要求,当梁、板跨度等于或小于 8m 时,应达到设计混凝土强度等级的 75%;当跨度大于 8m 时,应达到 100%。梁侧非承重模板应在保证混凝土表面及棱角不因拆模而受损伤时,方可拆除。

③多层楼板支柱的拆除,应根据施工进度和混凝土强度等级来决定,当上层楼盖正在浇筑混凝土时,一般下面两层楼板的模板和支柱不得拆除,且应使上、下层支架的立柱对准。如荷载很大,拆除应通过计算确定。

5.4.5 质量标准

(1)主控项目。与第 5.3.5 节梁、圈梁模板安装与拆除质量标准中对应部分相同。

(2)一般项目。与第 5.3.5 节梁、圈梁模板安装与拆除质量标准中对应部分相同。

(3)允许偏差项目。与第 5.3.5 节梁、圈梁模板安装与拆除质量标准中对应部分相同。

5.4.6 成品保护

(1)不得用重物冲击碰撞已安装好的模板及支撑。

(2)不准在吊模、桁架、水平拉杆上搭设跳板,以保证模板的牢固稳定和不变形。

(3)搭设脚手架时,严禁与模板及支柱连接在一起。

(4)不得在模板平台上行车和堆放大量材料和重物。

5.4.7 安全措施

(1)安装模板操作人员应戴安全帽,高空作业应拴好安全带。

(2)支模应按顺序进行,模板及支撑系统在未固定前,严禁利用拉杆上下人,不准在拆除的模板上进行操作。

(3)拆模时,应按顺序逐块拆除,避免整体塌落;拆除顶板时,应设临时支撑确保安全作业。

(4)零件、圆钉及木工工具,要装入专用背包或箱中,不得随手乱丢,以免掉落伤人。

(5)高空拆模应有专人指挥,并在下面标出作业区,暂停人员通过。

(6)六级以上大风天,不得安装和拆除模板。

(7)其他与第5.3.7节梁、圈梁模板安装与拆除安全措施相同。

5.4.8　施工注意事项

(1)肋形楼盖模板安装应做好配板设计,保证结构各部位形状、尺寸正确,并具有足够的强度、刚度和稳定性;在混凝土浇灌过程中,不位移,无过大变形。模板及其支撑系统应考虑便于装拆、损耗少、周转快、节省模板材料。

(2)采用桁架支模时,要注意桁架与支点的连接,防止桁架滑移。桁架支承应是平直通长的型钢或木方,使桁架支点在同一直线上,防止失稳。

(3)安装主、次梁支柱,当为分层夯实的回填土时,其基础必须经过计算。在底部设垫木;多层建筑时,上下支柱应在一条竖直线上,否则应采取措施,保证下层结构满足上层结构的施工荷载要求,以防止模板变形、塌陷。

(4)梁多用预组合模板,支设时,吊运就位,要用斜撑与支架拉结,在梁模及支架未拉结稳固前,不得松动吊钩,以防倾倒。

(5)模板的接缝应严密、不漏浆,当不能满足拼缝要求时,应采取必要措施,避免大量漏浆而影响工程质量。

5.4.9　质量记录

与第5.1.9节基础模板安装与拆除质量记录相同。

5.5　密肋楼板模壳安装与拆除施工工艺标准

现浇混凝土密肋楼板是由薄板及单向或双向密肋组成的楼板体系。密肋楼板施工时,为了保证楼板结构的形状及尺寸准确,利用塑料、玻璃钢等材料加工而成的定型化、工具化模具,称为密肋楼板模壳。塑料模壳是以改性聚丙烯塑料,采用模压注塑工艺加工而成的,其主要特点是:自重轻,如1.2m×1.2m塑料模壳单个重约21~30kg;耐老化,价格较便宜,但其刚度、抗冲击性能不如玻璃钢模壳,需采用型钢加固;人工拆模难度较大,模壳易损坏,操作时破损较多。玻璃钢模壳是以方格中碱玻璃丝布作为增强材料,以不饱和聚酯树脂作粘结材料,经手糊阴模成型。其主要特点是:自重轻,如1.2m×1.2m玻璃钢模壳单个自重27~28kg;刚度、强度、韧性比塑料模壳好,周转次数可达80~100次,不需用型钢加固;可采用气动拆模,速度快,效果好。

本工艺标准适用于密肋楼板模壳的安装与拆除工程,工程施工应以设计图纸和施工规范为依据。

5.5.1 材料要求

(1)模壳。模壳的构造型式有两种:M型模壳(方形模壳),用于双向密肋楼板;T型模壳(长形模壳),用于单向密肋楼板。M型塑料模壳及M型玻璃钢模壳的外形分别如图5.5.1-1和图5.5.1-2所示。

 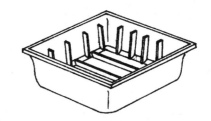

图 5.5.1-1　塑料模壳　　　　　　　　　　图 5.5.1-2　玻璃钢模壳

塑料模壳由于受注塑机容量的限制,一般加工成1/4模壳,再用螺栓将4片组装成整体。模壳常用的规格为:肋距900mm×900mm、1100mm×1100mm、1200mm×1200mm、1500mm×1500mm、1200mm×900mm;肋高300mm、350mm、400mm、500mm。对模壳的质量要求如下。

1)塑料模壳。表面光滑平整,不得有气泡、空鼓;由4片拼装的模壳,其拼缝应横平竖直;模壳的底边与顶部应平整,不得翘曲变形。塑料模壳的力学性能见表5.5.1-1,加工规格尺寸的允许偏差见表5.5.1-2。

表 5.5.1-1　塑料模壳的力学性能

序号	项目	性能指标/(N·mm^{-2})
1	拉伸强度	40
2	抗压强度	46
3	弯曲强度	38.7
4	弯曲弹性模量	$1.8×10^3$

表 5.5.1-2　加工规格尺寸的允许偏差

序号	项目	允许偏差/mm
1	外形尺寸	−2
2	外表面平整度	2

序号	项目	允许偏差/mm
3	垂直变形	−4
4	侧向变形	−2
5	底边高度尺寸	−2

2)玻璃钢模壳。表面光滑平整,不得有气泡、空鼓、裂纹、分层、皱纹、纤维外露及掉角等现象;气动拆模用的气嘴要固定牢,四周密实,不得有漏气现象,且气孔要畅通;模壳4个底边的底部应平整,不得凹凸不平,以防止在使用中发生翘曲变形;模壳内部应平整光滑,不得有飞刺。玻璃钢模壳的力学性能见表5.5.1-3,加工规格尺寸的允许偏差同表5.5.1-2。

表5.5.1-3 玻璃钢模壳的力学性能

序号	项目	性能指标/(N · mm^{-2})
1	拉伸强度	1.68×10^2
2	拉伸强度模量	1.19×10^4
3	冲剪	9.96×10
4	弯曲模量	1.74×10^2
5	弯曲弹性模量	1.02×10^4

(2)支撑。采取"先拆模壳、后拆支柱"的早拆体系,以加快模壳的周转。

1)钢支柱、钢龙骨支撑系统(见图5.5.1-1)。系统由钢支柱、钢龙骨、角钢等组成。可调式标准钢支柱的承载力为15～20kN。在支柱顶板上增设柱头托座,用以固定钢龙骨。钢支柱规格尺寸见表5.5.1-4。钢龙骨为150mm×75mm矩形钢梁,用3mm钢板压制而成。沿龙骨纵向每隔400mm设置一段Φ20mm钢管,作为销钉孔。角钢为L50×5,沿龙骨通常设置。销钉为Φ8mm。

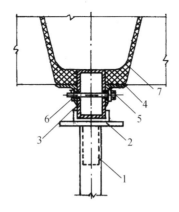

1—钢支柱;2—柱头板;3—150mm×75mm钢龙骨;4—角钢;5—销钉;6—插销片;7—模壳

图5.5.1-1 钢支柱、钢龙骨支撑系统

表 5.5.1-4　钢支柱规格尺寸

序号	项目		CH-65	CH-75	CH-90
1	最小使用长度/mm		1812	2212	2712
2	最大使用长度/mm		3062	3462	3962
3	调节范围/mm		1250	1250	1250
4	螺旋调节范围/mm		170	170	170
5	容许荷重/kN	最小长度时	20	20	20
		最大长度时	15	15	12
6	质量/kg		12.4	13.2	14.8

2)钢支柱、桁架梁支撑系统(见图 5.5.1-2)。系统由可调式钢支柱、柱头板及桁架梁等组成。柱头板是用螺栓固定在支柱顶板上的拆装模板装置,由方钢支柱、支撑板、托座板及铸钢支持楔等组成。桁架梁为轻型钢结构,其顶部凸缘宽 100mm,两侧翼缘为模壳的支座。梁的两端通过伸出的舌头挂在柱头板上。

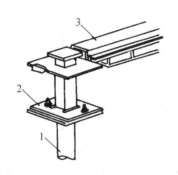

1—钢支柱;2—柱头板;3—钢桁架梁
图 5.5.1-2　钢支柱、桁架梁支撑系统

3)门式架支撑系统。系统采用定型组合门式架,将其组成整体式架子,顶部有顶托,底部用底托。顶托上放置 100mm×100mm 方木作主梁,主梁上放 70mm×100mm 方木作次梁,间距与密肋的部距相同,次梁两边钉 L50×5 的角钢,做模壳的支托。这种支撑系统同样可以采取先拆除模壳、后拆除肋底支撑的方法。

5.5.2　主要机具设备

钢卷尺、水平尺、扳手、锤子、撬杠等。玻璃钢模壳采用气动拆模时使用的机具还有气泵(工作压力不小于 0.7MPa)、耐压胶管(Φ9.5mm 氧气管)、气枪、橡皮锤等。

5.5.3　施工操作工艺

(1)工艺流程。

1)支模。在楼地面上放出钢支柱轴线→立支柱→框架梁支模→在梁侧模板上分出模壳位置线→支主龙骨(或柱头板)→安装水平拉杆→安装角钢(或桁架梁)→排放模壳→模壳接缝铺条→刷脱模剂。

2)拆模。拆除销钉及角钢(或敲击柱头板支持楔,使桁架梁下落)→拆除模壳→拆除龙骨(或桁架梁)→拆除水平拉杆→拆支柱。

(2)施工操作要点。

1)支撑系统安装。

①钢支柱的基底应平整坚固,应经过设计计算,柱底垫通长垫木,楔子楔紧,并用钉子固定。

②支柱在龙骨方向的间距按施工设计。

③按照设计标高调整支柱高度。支柱高度超过3.5m时,每隔1.8m设置纵横水平拉杆一道,增加支柱稳定性并作为操作架子。

④用螺栓将龙骨托座(或柱头板)安装在支柱顶板上。

⑤龙骨放置在托座上,找平调直后安装 L50×5 角钢(或将桁架梁两端之舌头挂于板上)。安装龙骨或桁架梁时应拉通线控制,以保证间距准确。

⑥模壳的施工荷载宜控制在 25～30N/mm² 。

2)模壳安装。

①模壳排列原则:在一个柱网内,由中间向两边排列。边肋不能使用模壳时,用木模板嵌补。

②根据已分好的模壳线,将模壳依次排放在主龙骨两侧角钢上(或桁架梁的翼缘上)。

③相邻模壳之间接缝处铺以油毡条或胶带,防止漏浆。采用气动拆模时,气嘴应先封闭(用约 40mm 见方的胶布粘贴)。

④模壳安装好以后应再涂刷一遍脱模剂。

3)模壳拆除。

①支柱跨度间距≤2m 时,混凝土强度达到设计强度的50%时,可拆除模壳;支柱跨度间距>2m 且≤8m 时,混凝土强度达到设计强度的75%时,可拆除模壳和主龙骨,支柱跨度间距>8m 时,混凝土强度达到设计强度的100%时,方可拆除支柱。

②拆模时先敲下销钉,拆除角钢(或敲击柱头板的支持楔,拆下桁架梁)。

③用撬杠轻轻撬动,拆下模壳,传运至楼地面,清理干净,涂刷脱模剂,再运至堆放地点放好。然后拆除支柱及拉杆。

④楼板肋部较高时,宜采用玻璃钢模壳,使用气动拆模工艺。

4)气动拆模工艺。

玻璃钢模壳采用气动拆模工艺时,其施工操作要点如下。

①将耐压胶管安装在气泵上,胶管的另一端安上气枪。

②气枪嘴对准模壳进气孔,开动气泵(空气压力 0.4～0.6MPa),压缩空气进入模壳与混凝土的接触面,促使模壳脱开。

③取下模壳,运至楼地面。如果模壳边与龙骨接触处有少许漏浆,用撬杠轻轻撬动即可取下模壳。

5.5.4 质量标准

(1)主控项目。

1)安装现浇结构的上层模板及其支架时,下层楼板具有承受荷载的承载能力,或加设支架;上、下层支架的立柱应对准,并铺设垫板。

2)在涂刷模板隔离剂时,不得沾污钢筋和混凝土接槎处。

(2)一般项目。

1)模板安装应满足下列要求。

①模板的接缝不应漏浆。

②模板与混凝土的接触面应清理干净并涂刷隔离剂,但不得采用影响结构性能或妨碍装饰工程施工的隔离剂。

③浇筑混凝土前,模板内的杂物应清理干净;模板内不应有积水。

④对清水混凝土工程及装饰混凝土工程,应使用能达到设计效果的模板。

⑤检查数量:全数检查。

⑥检验方法:观察。

2)对跨度不小于4m的现浇钢筋混凝土梁、板,其模板应按设计要求起拱;当设计无具体要求时,起拱高度宜为跨度的 $1/1000 \sim 3/1000$。

(3)现浇结构模壳支模允许偏差及检验方法见表5.5.4。

表 5.5.4 现浇结构模壳支模允许偏差及检验方法

序号	项目	允许偏差/mm	检验方法
1	表面平整度	5	2m 直尺和塞尺量
2	截面尺寸	+4,-5	尺量
3	相邻两板表面高低差	2	尺量
4	轴线位置	5	尺量
5	底模上表面标高	±5	水准仪或钢尺

5.5.5 成品保护

(1)模壳在存放运输过程中,要套叠成垛,轻拿轻放,避免碰撞,防止破裂变形。

(2)模板安装完成后,下一工序施工应注意保护模板不被损坏。

(3)拆模时禁止用大锤硬砸硬撬,防止损坏模壳及损伤混凝土楼板。

(4)已拆下的模壳应通过架子人工传递,禁止自高处往下扔。拆除下的模壳,应及时清理干净,整齐排放。

5.5.6 安全措施

(1)楼面四周设置安全护栏及安全网。操作人员佩戴好安全帽。

（2）模壳支柱应安装在平整、坚实的底面上，一般支柱下垫通长脚手板，用楔子楔紧。

（3）支柱底部应设扫地杆，其中间每隔 1.8m 高度用直角扣件和纵、横双向钢管将支柱互相连接牢固（当采用碗扣架时，每隔 1.2m 设置水平拉杆）。

（4）各种模板存放整齐，高度符合安全要求。

（5）支拆模板时，垂直运送模板、配件等物品，上下要配合接应，禁止自高处往下抛掷。2m 以上高处作业要有可靠立足点；拆除区域设置警戒线专人监护；不留未拆除的悬空模板。

（6）当楼层承受荷载大于计算荷载时，必须经过核验后，加设临时支撑。

（7）塑料模壳还要做好防火措施。

5.5.7　施工注意事项

（1）出现密肋梁侧面胀出，梁身不顺直，梁底不平的现象。预防措施：模板支架系统应有足够的强度、刚度和稳定性；支柱底脚应垫通长脚手板，并应支撑在坚实的地面上；模壳下端和侧面应设水平和侧向支撑，以补足模壳的刚度；密肋梁底楞应按设计和施工规范起拱；支撑角钢与次楞弹平线安装，并销固牢靠。

（2）单向密肋板底部局部下挠。预防措施：模壳安装由跨中向两边安装，以减少模壳搭接长度的累计误差；安装后认真调整模壳搭接长度，使其不得小于 10cm，以保证接口处的刚度。

（3）密肋梁轴线位移，两端边肋不等。预防措施：主楞安装调平后，放出次楞边线后再安装次楞，并进行找方校核；安装次楞要严格跟线，并与主楞连接牢靠。

（4）模壳安装不严密（这是模壳加工的负公差所致）。预防措施：认真检查模壳安装缝隙，钉塑料条或橡胶条补严。

5.5.8　质量记录

（1）模板分项工程技术交底记录。
（2）模板分项工程预检记录。
（3）模板分项工程质量评定。

5.6　大模板安装与拆除施工工艺标准

大模板是采用定型化设计与工业化加工制作而成的一种工具式模板，其单块面积大，通常可达一面墙的面积，因而称为大模板。

大模板主要应用于高层建筑剪力墙结构及筒体结构的墙体、大截面柱以及大块墙体的施工。其主要特点包括：模板采用起重机械整体装拆吊运，施工速度快，效率高；浇筑成型的混凝土表面平整光滑、观感质量好，综合技术经济效益较好；现浇砼外墙的外模板可加装饰图案，减少现场装饰工程的湿作业；单块大模板的面积综合考虑建筑物开间尺寸、模数要求和起重机械起重能力等因素；由于大模板迎风面大，适用于建筑高度 100m 以下的高层建筑。

大模板按其所用材料及制作方式的不同,可分为全钢大模板、钢木大模板及钢竹大模板。各种模板均有其优缺点,可结合工程具体条件选用。

本工艺标准适用于大模板的安装与拆除工程,工程施工应以设计图纸和施工规范为依据。

5.6.1 材料要求

(1)大模板的组成。大模板由面板、钢骨架、角模、斜撑、操作平台挑架、对拉螺栓等配件组成(见图5.6.1)。

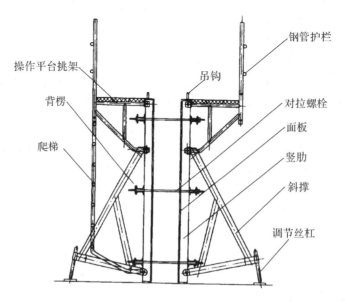

图5.6.1 大模板的组成

(2)主要材料规格(见表5.6.1)。

表5.6.1 大模板主要材料规格

大模板类型	面板	竖肋/mm	背楞/mm	斜撑/mm	挑架/mm	对拉螺栓/mm
全钢大模板	≥5mm 钢板	[8	[10	[8、Φ40	Φ48.3×3.6	M30、T20×6
钢木大模板	15—18 胶合板	80×40×2.5	[10	[8、Φ40	Φ48.3×3.6	M30、T20×6
钢竹大模板	12—15 胶合板	80×40×2.5	[10	[8、Φ40	Φ48.3×3.6	M30、T20×6

(3)面板采用厚度不小于5mm的钢板或厚度为15～18mm的覆面木胶合板或12～15mm的覆面竹胶合板,要求边角整齐、表面光滑、防水、耐磨、耐酸碱、易于脱模、保温性能好、可两面使用,不得有脱胶空鼓。

(4)模板骨架、支撑架、操作平台、上口卡具等采用的型钢材质为Q235,所有的型钢加工前应冷作调直。

(5)调整螺栓、穿墙螺栓采用45号优质碳素钢加工。穿墙螺栓套管采用硬塑料管,内径为 33mm。

(6)大模板钢吊环应采用 Q235 材料制作并应具有足够的安全储备,严禁使用冷加工钢筋。焊接式钢吊环应合理选择焊条型号,焊缝长度和焊缝高度应符合设计要求;装配式吊环与大模板采用螺栓连接时必须采用双螺母。

(7)大模板的产品质量应符合《建筑工程大模板技术规程》(JGJ 74—2003)的制作要求和制作允许偏差。

(8)脱模剂应根据交界面材质,选购合格产品,并按产品使用说明要求操作使用。

5.6.2　主要机具设备

(1)塔式起重机(按最远点大模板起重量选择)。

(2)混凝土输送泵。

(3)布料机。

(4)各种工具。包括爬梯、操作平台、安装用吊装索具、锤子、电钻、扳手、卷尺、水平尺、线坠、撬棍、清理用长把和短把扁铲、棉纱、滚刷、水准仪、经纬仪等。

5.6.3　技术准备

(1)根据工程结构形式、荷载大小、施工设备和材料、工程对混凝土表面质量要求和模板的周转使用次数,选择合理的模板类型。

(2)进行配板设计应遵循下列原则。

1)根据工程结构具体情况,按照经济、均衡、合理的原则划分施工流水段。

2)考虑模板在各流水段的通用性。

3)单块模板配置的对称性。

4)大模板的重量必须满足现场起重设备能力的要求。

(3)配板设计应包括以下内容。

1)绘制配板平面布置图。

2)绘制大模板配板设计图、拼装节点图和构、配件的加工详图。

3)绘制节点和特殊部位支模图。

4)编制大模板构、配件明细表。

5)编制周转使用计划。

6)编写施工说明书。

(4)配板设计方法应符合以下规定。

1)大模板的尺寸必须符合 300mm 建筑模数。

2)经计算确定大模板配板设计长度后,应优先选用同规格定型整体标准大模板或组拼大模板。

3)配板设计中不符合模数的尺寸,宜优先选用组拼调节模板的设计方法,尽量减少角模的规格,力求角模定型化。

4)组拼式大模板背楞的布置与排板的方向垂直。

5)当配板设计高度较大,采用齐缝排板接高设计方法时,应在拼缝处进行刚度补偿。

6)大模板吊环位置设计必须安全可靠,吊环位置的确定应保证大模板起吊时的平衡,宜设置在模板长度的1/5～1/4处。

7)外墙、电梯井、楼梯段等位置设计配板高度时应考虑同下层的搭接尺寸。

5.6.4 作业条件

(1)大模板施工前,必须制订科学合理的专项施工方案,并经审批。

(2)根据工程施工图及现场条件合理划分流水段,进行配板设计,绘制模板组装平面图,逐一编号,注明拆翻吊装顺序。

(3)备齐各种材料及附件,按照设计图进行加工,经检查验收合格后进行试安装。

(4)大模板运进现场,堆放在塔吊工作半径的范围之内。

(5)弹好楼层墙身线、门窗洞位置线及标高线,检查墙体钢筋及各种预埋件,验收隐蔽工程。

(6)墙身线外侧测出模板底标高,用水泥砂浆沿墙身线外侧粉出两条找平层。

(7)大模板的板面清理干净并涂刷脱模剂。

(8)浇筑混凝土前,必须对大模板的安装情况及安全情况进行检查、验收和操作技术进行交底。

5.6.5 施工操作工艺

(1)大模板结构构造。

1)组成大模板各系统之间的连接必须安全可靠。

2)大模板的外形尺寸、孔眼尺寸应符合300mm建筑模数,做到定型化、通用化;大模板的重量必须满足现场起重设备能力的要求。

3)大模板的结构应简单、重量轻、坚固耐用、便于加工,面板能满足现浇混凝土成型的表面质量要求。

4)大模板应具有足够的强度、刚度和稳定性。

5)在正常维护、加强管理的情况下,能多次重复使用。

6)大模板的支撑系统应能保持大模板竖向放置的安全可靠性和在风荷载作用下的自身稳定性。地脚调整螺栓长度应满足调节模板安装垂直度和调整自稳角的需要,地脚调整装置应便于调整,转动灵活。

7)操作平台可根据施工需要设置,与大模板的连接安全可靠、装拆方便。

8)钢吊环与大模板的连接必须安全可靠,合理确定吊环位置。

9)大模板应配有承受混凝土侧压力、控制墙体厚度的对拉螺栓及其连接件。大模板上的对拉螺栓孔眼应左右对称设置,以满足通用性要求。

10)电梯井筒模必须配套设置专用平台以确保施工安全。

11)大模板背面应设置工具箱,满足对拉螺栓、连接件及工具的放置。

(2)大模板施工工艺可按下列流程进行:施工准备→定位放线→安装模板的定位装置→

安装门窗洞口模板→安装模板→调整模板、紧固对拉螺栓→验收→分层对称浇筑混凝土→拆模→模板清理。

（3）大模板安装前准备工作应符合下列规定。

1）大模板安装前应进行施工技术交底。

2）大模板到场后，按配模图进行组装，并逐一对模板的规格尺寸、平整度，组合板面的缝宽、高低差、阴阳角模的方正进行验收。

3）组拼式大模板现场组拼时，应用醒目字体按模位对模板重新编号。

4）大模板应进行样板间的试安装，经验证模板几何尺寸、接缝处理、零部件等准确后方可正式安装。

5）大模板安装前应放出模板内侧线及外侧控制线作为安装基准。

6）合模前必须将模板内部杂物清理干净。

7）合模前必须通过隐蔽工程验收。

8）模板与混凝土接触面应清理干净、涂刷隔离剂，刷过隔离剂的模板遇雨淋或其他因素失效后必须补刷；使用的隔离剂不得影响结构工程及装修工程质量。

9）已浇筑的混凝土强度未达到 $1.2N/mm^2$ 以前，不得踩踏和进行下道工序作业。

10）使用外挂架时，墙体混凝土强度达到 $7.5N/mm^2$ 方可安装，挂架之间的水平连接必须牢靠、稳定。

（4）大模板的安装应符合下列规定。

1）大模板安装应符合模板配板设计要求。

2）模板安装时应按模板编号顺序遵循先内侧、后外侧，先横墙、后纵墙的原则安装就位。

3）大模板安装时根部和顶部要有固定措施。

4）门窗洞口模板的安装应按定位基准调整固定，保证混凝土浇筑时不移位。

5）大模板支撑必须牢固、稳定，支撑点应设在坚固可靠处，不得与脚手架拉结。

6）紧固对拉螺栓时应用力得当，不得使模板表面产生局部变形。

7）大模板安装就位后，对缝隙及连接部位可采取堵缝措施，防止漏浆、错台现象。

8）吊装大模板时应设专人指挥，模板起吊应平稳，不得偏斜和大幅度摆动。操作人员必须站在安全可靠处，严禁人员随同大模板一同起吊。

9）吊装大模板必须采用带卡环吊钩。当风力超过5级时应停止吊装作业。

（5）大模板的拆除应符合下列规定。

1）大模板拆除时的混凝土结构强度应达到设计要求；当设计无具体要求时，应能保证混凝土表面及棱角不受损坏。

2）大模板的拆除顺序应遵循先支后拆、后支先拆的原则。

3）拆除有支撑架的大模板时，应先拆除模板与混凝土结构之间的对拉螺栓及其他连接件，松动地脚螺栓，使模板后倾与墙体脱离开；拆除无固定支撑架的大模板时，应对模板采取临时固定措施。

4）任何情况下，严禁操作人员站在模板上口采用晃动、撬动或用大锤砸模板的方法拆除模板。

5）拆除的对拉螺栓、连接件及拆模用工具必须妥善保管和放置，不得随意散放在操作平台上,以免吊装时坠落伤人。

6)起吊大模板前应先检查模板与混凝土结构之间所有对拉螺栓、连接件是否全部拆除,必须在确认模板和混凝土结构之间无任何连接后方可起吊大模板,移动模板时不得碰撞墙体。

7)大模板及配件拆除后,应及时清理干净,对变形和损坏的部位应及时进行维修。

(6)模板的堆放应符合下列要求。

1)大模板现场堆放区应在起重机的有效工作范围之内,堆放场地必须坚实平整,不得堆放在松土、冻土或凹凸不平的场地上。

2)大模板堆放时,有支撑架的大模板必须满足自稳角要求;当不能满足要求时,必须另外采取措施,确保模板放置的稳定。没有支撑架的大模板应存放在专用的插放支架上,不得倚靠在其他物体上,防止模板下脚滑移倾倒。

3)大模板在地面堆放时,应采取两块大模板板面对板面相对放置的方法,且应在模板中间留置不小于 600mm 的操作间距;当长时期堆放时,应将模板连接成整体。

5.6.6 质量标准

(1)大模板安装质量应符合下列要求。

1)大模板安装后应保证整体的稳定性,确保施工中模板不变形、不移位、不胀模。

2)模板间的拼缝要平整、严密,不得漏浆。

3)模板板面应清理干净,隔离剂涂刷应均匀,不得漏刷。

(2)整体式大模板的制作允许偏差与检验方法应符合表 5.6.6-1 的要求。

表 5.6.6-1 整体式大模板的制作允许偏差与检验方法

序号	项目	允许偏差/mm	检验方法
1	模板高度	±3	尺量检查
2	模板长度	—2	尺量检查
3	模板板面对角线差	≤3	尺量检查
4	板面平整度	2	2m靠尺及塞尺量检查
5	相邻面板拼缝高低差	≤0.5	平尺及塞尺量检查
6	相邻面板拼缝间隙	≤0.8	尺量检查

(3)拼装式大模板的组拼允许偏差与检验方法应符合表 5.6.6-2 的要求。

表 5.6.6-2 拼装式大模板的组拼允许偏差与检验方法

序号	项目	允许偏差/mm	检验方法
1	模板高度	±3	尺量检查
2	模板长度	—2	尺量检查

续表

序号	项目	允许偏差/mm	检验方法
3	模板板面对角线差	≤3	尺量检查
4	板面平整度	2	2m靠尺及塞尺量检查
5	相邻模板拼缝高低差	≤1	平尺及塞尺量检查
6	相邻模板拼缝间隙	≤1	尺量检查

（4）大模板的安装允许偏差与检验方法应符合表5.6.6-3的要求。

表5.6.6-3 大模板的安装允许偏差与检验方法

项目		允许偏差/mm	检验方法
轴线位置		4	尺量检查
截面内部尺寸		±2	尺量检查
层高垂直度	全高≤5m	3	线坠及尺量检查
	全高>5m	5	线坠及尺量检查
相邻模板板面高低差		2	平尺及塞尺量检查
表面平整度		<4	20m内上口拉直线尺量检查，下口以模板定位线为基准检查

5.6.7　成品保护

（1）大模板拆除时，其混凝土强度应能保证其表面及棱角不因拆模而受损坏；禁止用大锤砸，禁止用撬杠撬动大模板上口，防止损坏模板。

（2）大模板拆下后，应立即清除黏附的水泥浆，将模板清理干净。支撑架调整螺栓、穿墙螺栓、上口卡具等进行清理保养。

（3）大模板吊装时，应注意防止碰撞已浇筑的墙体。

（4）拆模后对墙体混凝土浇水养护，冬期施工阶段除混凝土结构采取防冻措施外，大模板应采取保温措施。

5.6.8　安全措施

（1）大模板吊至存放地点时，应一次放稳，保持自稳角为10°～20°。在高空安放过夜时，应将相邻两块大模板拉结。遇有6级及6级以上大风，应停止作业，并将大模板与建筑物固定。

（2）起吊大模板之前，应将吊装机械调整适当，吊装时稳起稳落、就位准确，严禁大幅度摆动。操作人员必须站在安全可靠处，严禁人员随同大模板一同起吊。

（3）大模板操作平台的上人梯道、栏杆等防护设施应完好无损，保证安全作业。

(4)安装外墙外侧大模板时,必须确保三角挂架及平台板安装牢固。大模板安装后,立即上紧穿墙螺栓。安装三角挂架及外侧模板的操作人员必须系好安全带。

(5)施工至三层以上应沿建筑物外围满挂安全网,并随施工逐层上移,在第五层设置永久安全网一道。然后逐层安设上移。第十层设置第二道永久性安全网。

(6)大模板安装就位后,要采取防止触电保护措施,将大模板加以串联,并同避雷网接通,防止漏电伤人。

(7)拆模后应认真检查所有连接件是否已全部拆除,在确保模板与墙体已完全脱离后方可起吊。

(8)在楼层或地面临时堆放的大模板,应面对面放置,中间留出人行通道,便于清理模板及刷脱模剂。当长时间停放时,应将模板连接成整体。

(9)走廊挑梁、阳台梁下面应设支柱;拆除墙模板时,支柱不拆(应保持3层)。

(10)拆除无固定支架的大模板时,应对模板采取临时固定措施。

(11)模板现场堆放区应在起重机的有效工作范围之内,堆放场地必须坚实平整,不得堆放在松土、冻土或凹凸不平的场地上。

(12)大模板叠层平放时,在模板的底部及层间应加垫木,垫木应上下对齐,垫点应保证模板不产生弯曲变形;叠放高度不宜超过2m,当有加固措施时可适当增加高度。

(13)大模板不得长时间停放在施工楼层上,当大模板在施工楼层上临时周转停放时,必须有可靠的防倾倒措施。

(14)大模板运输时,应根据模板的长度、重量选用车辆;大模板在运输车辆上的支点、伸出的长度及绑扎方法均应保证其不发生变形,不损伤涂层。

(15)运输模板附件时,应注意码放整齐,避免相互发生碰撞;保证模板附件的重要连接部位不受破坏,确保产品质量,小型模板附件应装箱、装袋或捆扎运输。

5.6.9 施工注意事项

(1)支模时大模板的支承面应特别注意找平。

(2)外墙外侧大模板、预留门窗洞位、内墙楼梯位等,应预先做好模板支承,确保大模板安装位置准确。

(3)穿墙螺栓套管的长度尺寸下料要准确,两端切口齐整,预防浇筑混凝土时灰浆进入套管内。穿墙螺栓上紧后,螺栓宜露出螺母外2~3扣。

(4)每块大模板设置2个吊环。吊环采用未经过冷拉的HPB300级钢筋加工。吊环应焊在大模板的竖向骨架上。

5.6.10 质量记录

与第5.1.9节基础模板安装与拆除质量记录相同。

5.7　筒模板安装与拆除施工工艺标准

筒模板，又称筒子模，简称筒模，是在大模板的基础上发展起来的一种工具式模板。筒模由四面墙体模板组合成空间整体模板，其形状有Π形、四边形及多边形等。筒模的特点包括：模板整体稳定性好，支拆模方便，模板整间吊装与拆除可减少模板吊次；模板自重较大，堆放占用施工场地大，拆模时需落地放置，不易在楼层上周转使用。

按照筒模的构造形式，常用的筒模有钢架拼装式、铰接组合式及平台滑板式。平台滑板式筒模的优点是构造比较简单，可自动脱模，脱模方便。

本工艺标准适用于平台滑板式筒模的安装与拆除工程施工工艺。工程施工应以设计图纸和有关施工规范为依据。

5.7.1　材料要求

(1)侧模板的材料同大模板。

(2)支模平台、滑板平台的骨架型钢及平台钢板均采用 Q235，筒模吊环采用未经冷拉的 HPB300 级钢筋，穿墙螺栓及滑板销轴用 45 号钢加工。

(3)脱模剂。

5.7.2　主要机具设备

(1)塔式起重机及起重吊具、索具。

(2)筒模板。

(3)扳手、撬杠等手工工具。

5.7.3　作业条件

(1)按照筒模设计图备齐各种材料及附件，进行加工及预拼装，合格后运进现场。

(2)弹好墙位线及模板边线，放出十字线。

(3)预埋线管安装完毕，对钢筋等隐蔽工程进行检查签验。

(4)在墙(筒)体首层地(楼)面沿墙位线进行水泥砂浆找平。

(5)模板清理干净，表面涂刷脱模剂。

5.7.4　施工操作工艺

(1)筒模结构构造。筒模板由侧面大模板、滑板平台及支模平台三部分组成。

1)侧面大模板的构造与材料同普通大模板。面板采用覆面木(竹)胶合板，也可采用厚度 5mm 的钢板。

2)滑板平台的骨架由[12槽钢焊接而成,上面铺设薄钢板,平台一侧开有人孔,并挂有钢梯作为操作人员上下通道。平台四角焊有吊环。滑板平台下面沿四周设有连接定位滑板,连接定位滑板通过销轴与焊接在模板竖肋上的连接板连在一起(见图5.7.4-1),它是筒模整体支拆的连接件,又是自动脱模的滑动装置。

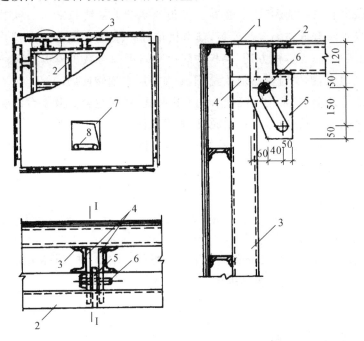

1—平台盖板;2—平台骨架;3—模板竖肋;4—连接板;

5—连接定位滑板;6—销轴;7—人孔;8—钢梯

图5.7.4-1 滑板平台与模板的连接(单位:mm)

3)支模平台是井筒中支承筒模的承重平台及操作平台,由型钢骨架及平台板组成。骨架的角钢边上焊有支托(见图5.7.4-2),利用穿墙螺栓与下部已浇筑之墙体相连接。

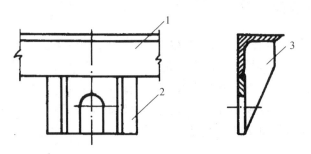

1—平台边框角钢;2—钢支托;3—加劲板

图5.7.4-2 支模平台钢支托

（2）工艺原理（见图5.7.4-3）。组装好的筒模吊装就位时，依靠滑板平台的自重促使连接定位销轴沿着滑槽向上向外滑动，使模板就位；拆模时，吊起滑板平台，迫使定位销轴沿滑槽向下向内移动，带动模板脱离墙面。

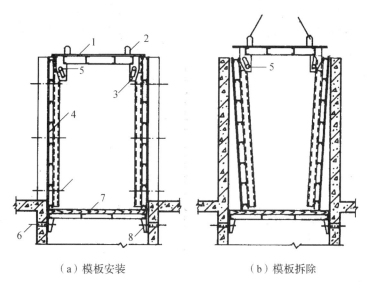

（a）模板安装　　　　　　　　　（b）模板拆除

1—滑板平台；2—吊环；3—连接定位滑板；4—模板；5—销轴；

6—穿墙螺栓；7—支模平台；8—平台支托

图5.7.4-3　平台滑板式筒模工艺原理

（3）筒模施工工艺流程。定位放线→安装模板定位装置→模板安装→混凝土浇筑→拆模及下一循环。

（4）施工操作要点。

1）支模平台是井筒中支承筒模的承重平台及操作平台，由型钢骨架及平台板组成（见图5.7.4-4）。骨架的角钢边上焊有支托利用穿墙螺栓与下部已浇筑之墙体相连接。

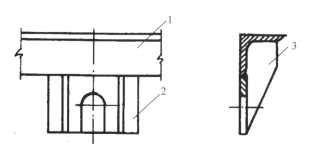

1—平台边框角钢；2—钢支托；3—加劲板

图5.7.4-4　支模平台示意

2）施工首节井筒时，在地面放墙身位置边线，用水泥砂浆沿边线粉出模板找平层，对钢筋、配管等隐蔽工程进行验收后，吊入筒子模，并用撬杠撬动各侧模至墙身线处就位。然后调整好角部连接板，用偏心夹具将连接盖板顶牢。

3）穿入穿墙螺栓及套管。安装井筒外侧模板，调整好垂直度，上紧穿墙螺栓。

4)墙体混凝土强度达到 1.2N/mm² 即可拆除模板。先拆除穿墙螺栓及角部连接件,然后利用塔吊缓缓吊起滑板平台,四侧模板自动脱离墙面,再将筒模整体吊出井筒,及时对混凝土进行养护。

5)在已浇筑的井筒上方四角的螺栓孔内,穿入 4 根穿墙螺栓,井筒外侧垫上方木,套上垫圈及螺母。然后将支模平台吊入井筒内,将平台的支托与穿墙螺栓连接牢固。支模平台的上表面低于楼面约 150mm,以便利用已浇筑之墙体作为施工上一层井筒的导墙。

6)将筒模吊入井筒放在支模平台上,继续上层井筒的施工。

5.7.5 质量标准

与第 5.6.6 节大模板安装与拆除质量标准相同。

5.7.6 成品保护

(1)筒模的滑板装置是支、拆模板的关键部件,施工中应注意保护,防止滑板变形,并应及时清理掉上面粘结的水泥浆。

(2)拆模时禁止在墙上口撬动模板或用大锤砸,经检查各种连接件已全部拆除完再起吊筒模,模板拆下后应及时清理干净。

(3)在常温条件下,拆模后立即对混凝土墙体进行湿养护。

5.7.7 安全措施

(1)筒模可以用拖车整体运输,也可拆散运输。拆散的平模用拖车水平叠放运输时,垫木必须上下对齐,绑扎牢固。用拖车运输时,车厢上严禁坐人。

(2)结构施工中,必须按规定搭设安全防护网,井筒内的安全网可以用穿墙螺栓固定。

(3)支模平台的支托与井筒墙体连接的穿墙螺栓必须上紧,并经认真检查连接可靠之后,再吊入筒模。

5.7.8 施工注意事项

(1)涂刷脱模剂时,应做到涂层质地均匀。不得在模板就位后再涂刷脱模剂。

(2)安装筒模之前应将支模平台清理干净。

(3)每层井筒墙体上部高约 150mm 的部分,作为上一层筒模支模的导墙,用作导墙部分的墙面应清洁整平。支模时,筒模模板底部应贴紧导墙面,防止出现错台及漏浆现象。

(4)常温条件下,墙体混凝土强度达到 1.2N/mm² 方可拆除模板。

5.7.9 质量记录

与第 5.1.9 节基础模板安装与拆除质量记录相同。

5.8　高层建筑爬升模板施工工艺标准

爬升模板是依附在建筑结构上,随着结构施工而逐层上升的一种模板。当结构工程混凝土达到拆模强度而脱模后,模板不落地,依靠操作液压升降装置,将导轨爬升到上一个楼层位置,而后反复循环施工到顶。

本工艺标准适用于采用液压爬升模板工艺施工的全剪力墙结构、框架结构核心筒、钢结构核心筒、高耸构筑物等的钢筋混凝土结构工程。不适用于以手动葫芦、电动葫芦、液压油缸等为提升机具的爬模工程。工程施工应以设计图纸和施工规范为依据。

5.8.1　技术准备

(1)编制爬模施工方案,经公司批准并应包括下列主要内容。

1)爬模装置设计。

2)爬模安装程序及方法。

3)爬模施工程序及进度安排。

4)爬模施工安全、质量保证体系及具体措施。

5)施工管理及劳动组织。

6)材料、构件、机具设备供应计划。

7)特殊部位的施工措施。

8)季节性施工措施。

9)爬模架设备的拆除。

10)应急预案。

11)爬模架设计计算。

(2)爬模装置的组成应包括下列系统。

1)液压爬模架主要由附墙装置,H形导轨,主承力架及框架与架体系统,液压升降系统,防倾、防坠装置以及安全防护系统等部分组成。

2)模板系统由组合模板或大模板、调节缝板、角模、钢背楞、对拉螺栓、铸钢螺母、铸钢垫片及脱模装置等组成。

3)液压提升系统由提升架立柱、横梁、斜撑、活动支腿、滑道夹板、围圈、千斤顶、液压控制台、油管、阀门、接头等组成。

4)操作平台系统由上下操作平台、吊平台、外架立柱、外挑梁、斜撑、栏杆、安全网等组成。

(3)爬模装置剖面见如 5.8.1 所示。

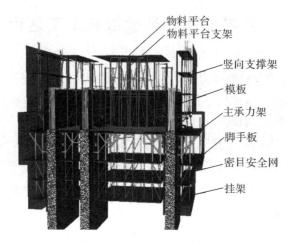

图 5.8.1　爬模装置剖面

5.8.2　材料要求

(1)模板。根据模板周转使用次数、混凝土侧压力和混凝土表面做法要求,合理选择模板品种。模板应具有模数化、通用化、拼缝紧密、装拆方便的特点和足够的刚度,并应符合下列规定。

1)模板应选用组合大钢模板、组合钢木模板或大模板。模板高度:内墙模板按标准层层高确定,外墙及电梯井模板下部加长 300mm。

2)在进行角模与调节缝设计时,应考虑到平模板脱模后退的要求。

3)异形模板、弧形模板、调节模板、角模等应根据结构截面形状和施工要求设计制作。

4)模板上必须配有脱模器和穿墙螺栓孔。

5)模板主要材料参见表 5.8.2(工程中应经计算确定)。

表 5.8.2　模板主要材料

模板部位	模板品种		
	组合大钢模板	组合钢木模板	全钢大模板
面板	≥5mm 钢板	15mm 胶合板	≥5mm 钢板
边框	≥5mm 厚 60～80mm 宽钢板	特制 95mm 边框料	6～8mm 厚钢板
加强肋	3～4mm 钢板弯折	轻型槽钢	5～6mm 厚钢板
竖肋		80×40×2.5 钢管	[8 槽钢
背楞	[12Q 轻型槽钢	[12Q 轻型槽钢	[10 槽钢

6)模板制作时必须板面平整,钢模板必须无翘曲、卷边、毛刺,木模板必须符合防水要求,不起层、不脱皮。模板的加工质量符合所选模板品种的制作质量标准。

（2）背楞。将模板连成整体，并使模板同提升架连接，背楞应符合下列要求。

1）背楞长度符合模数化要求，具有通用性、互换性和足够的刚度。

2）背楞材料宜采用[10 槽钢、[12Q 轻型槽钢、4mm 厚钢板折弯成型的 120mm 宽槽形钢。槽钢相背组合而成，腹板间距宜为 40～50mm。

3）背楞孔设在槽钢翼缘上，双面双排等距布置，以满足模板和提升架通用连接。

（3）主承力架。

1）主承力架主要有上爬架和下吊架组成，应能满足液压爬模施工的特点，具有足够的刚度，并符合下列规定。

①上爬架能带动模板后退 400～500mm，用于清理和涂刷脱模剂。

②当 H 型导轨固定时，活动支腿可通过滑动导轨带动模板脱开混凝土 50～80mm，满足提升的空隙要求。

③活动支腿带动模板后退时，上下操作平台及下吊架保持不动。

④根据墙体结构尺寸，设置爬模架机位，螺栓孔预埋位置尽量避开钢结构梁柱。

⑤主承力架的高度应包括模板高度、操作层高度、拆卸清理维护高度。

⑥根据工程特点和需要，横梁通常可连成整体，以提高爬模装置的整体性。

（4）电控液压升降系统。额定压力 21MPa；缸行程 550mm；伸出一次的时间 90s；额定推力 100～150kN；双缸同步误差≤12mm；电控手柄操作可实现单缸、双缸、多缸动作。

5.8.3　主要机具设备

主要机具设备见表 5.8.3。

表 5.8.3　主要机具设备

序号	名称	规格	数量/台
1	液压控制台	排油量 72L/min	1
2	塔吊	—	1～2
3	激光经纬仪	—	1
4	激光扫描仪	—	1
5	低噪声环保型振捣器	—	若干

5.8.4　作业条件

（1）编制爬模施工方案，经审批后方可开始作业。

（2）起始层楼地面抄平，在模板、提升架安装底标高抄平。

（3）投放结构轴线、截面边线、模板定位线、提升架中心线、门窗洞口线等。

（4）绑扎一个楼层的墙体钢筋，安装门窗洞口模板，预留洞盒子及水电预埋管线。

（5）组织模板、构件配套材料进场、验收、清理、模板涂刷脱模剂。

(6)垂直运输机械安装、就位。

(7)进行爬模安装施工前的技术交底,安全交底,人员培训,劳动组织等工作。

5.8.5 施工操作工艺

(1)爬模装置安装工艺流程。预埋钢套管→安装附墙装→安装主支撑系统→安装模板支撑系统→安装挂架体系→模板安装→安装操作平台→安装护栏、安全网。

(2)爬模施工工艺流程(见图5.8.5)。

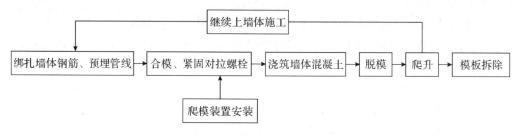

图5.8.5 爬模施工工艺流程

(3)施工工艺要点。

1)墙体预埋、安装附墙装置。在绑扎墙体梁钢筋的同时预埋爬模架所需的预埋套管,当浇筑完混凝土拆模后,在预埋套管处安装附墙装置。

2)安装主支撑系统。

①主支撑系统由导轨、主承力架及上下爬升箱组成。现场用塔吊吊至附墙装置内,并插上防倾插板。

②当主承力架组装完毕后,组装两主承力架之间的连接侧片,用M12×35的螺栓连接两附墙点间的侧片。

③铺主平台脚手架。

3)安装模板支撑系统。

①在地面将模板支撑体系组装完毕,整体对其进行吊装。

②铺上两层绑扎钢筋用平台的脚手板。

③挂安全网,安装液压爬升系统(液压顶升系统、油缸安装在导轨旁上下爬升箱之间,液压泵站和控制箱放置在油缸所在机位旁边的操作平台上,不使用状态要将泵站和控制箱用盖板盖好,做好防潮、防尘、防砸等工作)。

4)安装挂架体系。

①在主支撑体系下部安装挂架体系,同时做好挂架体系的安全防护工作。

②挂架主要用作已浇筑墙体混凝土的养护、修补;附墙制作的拆卸;安全防护以及清理工作。

5)模板安装。

①先按组装图将钢模板、钢背楞组拼成块,整体吊装。按支模工艺做法,支一块大模板即用穿墙螺栓紧固一块。平模支完后,支阴阳角模,阴阳角模与平模之间设调节缝板。

②安装钢制模板,经验收合格后即可浇筑混凝土。混凝土的强度达到一定强度后即可

拆模,进行爬模体系的第一次爬升。

6)物料平台安装。

①物料平台安装流程:安装主承力架→安装承重钢梁→安装下部平台→安装上部承重平台→安装临边防护→安装钢模板。物料平台的最大作用在于从其主操作平台向上安装一组钢结构桁架,在其顶端铺设脚手板,使其形成一个物料平台,可用于暂时放置钢筋及其他物料。当物料平台进行爬升作业时,要将堆放在物料平台上的钢筋及其他物料吊走,待爬升完毕后方可再进行堆放。

7)爬模架爬升流程:拆模→顶升导轨→顶升架体→合模。

①拆模。当上层的墙体混凝土强度达到脱模要求后,拆除对拉螺栓,将模板支撑体系沿轨道后移 700mm。

②顶升导轨。顶升导轨前,先安装下一层附墙装置。液压装置上部与架体固定,活动端为其下部,顶升前其下部处于收缩状态。液压装置下部伸长 50cm,下部卡住型钢轨道的锯齿。液压装置下部收缩,将型钢拉起 50cm,上部卡住型钢轨道上的锯齿,使轨道固定。如此重复,将导轨顶升到位,并用插销将其固定在附墙装置上。

③顶升架体。此时液压装置下部处于收缩状态,将其下部卡住型钢轨道。松开后将架体固定在附墙上的插销,液压装置往上顶升 50cm 后,上部卡住型钢轨道,将整个架体固定在轨道上。液压装置下部收缩 50cm,到位后重新卡住型钢轨道。如此重复,直到将架体顶升到位后,用插销将其固定在附墙上。

④合模。模板支撑体系沿轨道向内移动 700mm,用插销固定。校正模板位置,紧固对拉螺栓。

8)爬模架拆除。拆除采用塔吊吊拆过程如下。

①拆除模板及模板支撑体系。

②拆除导轨、上下爬升箱及下两层附墙装置。

③用塔吊将主承力架进行整体拆除。

5.8.6　质量标准

(1)主控项目。

1)模板及其爬模装置必须有足够的强度、刚度和稳定性,液压提升系统必须有足够的承载能力和起重能力。检查数量:全数检查。检验方法:查看设计文件。

2)模板截面调节、后退脱模和垂直度调整有灵活可靠的装置。检查数量:全数检查。检验方法:观察。

(2)一般项目。

1)爬模装置组装允许偏差应符合表 5.8.6-1 的规定。检查方法:首次核查后全数检查,使用中应定期核查,并根据具体情况不定期核查。

表 5.8.6-1　爬模装置组装允许偏差

内容		允许偏差/mm	检查方法
模板结构轴线与相应结构轴线位置		3	吊线及尺量检查
组拼成大模板的边长偏差		−2～3	钢尺
组拼成大模板的对角线偏差		5	钢尺
模板平整度		3	2m靠尺及塞尺检查
模板垂直度		3	吊线及尺量检查
背楞位置偏差	水平方向	3	拉线及尺量检查
	垂直方向	3	拉线及尺量检查
提升架垂直偏差	平面内	3	吊线及尺量检查
	平面外	3	吊线及尺量检查
提升架横梁相对标高差		5	水平仪检查
千斤顶位置安装偏	提升架平面内	5	吊线及尺量检查
	提升架平面外	5	吊线及尺量检查
支承杆垂直偏差		3	2m靠尺检查

2)爬升模板安装质量应符合下列要求。

①模板安装后应保证整体的稳定性,确保施工中模板不变形、不错位、不胀模。

②模板的拼缝要平整,堵缝措施要整齐牢固,不得漏浆。

③模板与混凝土的接触面应清理干净,隔离剂涂刷均匀。

④提升架、外挂架安装牢固,提升架立柱与外挑梁之间留有间隙。

⑤提升架立柱滑轮、活动支腿丝杠、纠偏滑轮等部位转动灵活。

⑥检查数量:全数检查。检验方法:观察。

3)爬模施工工程混凝土结构允许偏差应符合表 5.8.6-2 的规定。

表 5.8.6-2　爬模施工工程混凝土结构允许偏差

项目			允许偏差/mm
墙体轴线偏差			5
垂直度	层高	≤5m	5
		>5m	8
	全高		$H/1000$ 且 $\leqslant 30$
平整度			5
标高	层高		±10
	全高		±30

5.8.7　成品保护

(1)爬升模板必须做到层层清理、层层涂刷隔离剂。每隔5～8层进行一次大清理,即将模板后退500mm左右彻底清理一次,并对模板及相关部件进行检查、校正、紧固和修理。

(2)高度重视支承杆的垂直度和加固工作,确保支承杆的稳定和清洁,保证千斤顶的正常工作。

(3)爬升过程中应注意清除爬升障碍,在确认拉螺栓全部拆除、模板及爬模装置上部无障碍时方可提升。

(4)脱模前必须了解混凝土的强度情况,在确保混凝土表面及棱角不受影响的前提下,才能脱模。

(5)混凝土脱模后及时进行养护。冬期施工应有专项保护混凝土的措施。

5.8.8　安全措施

(1)爬模施工为高处作业,必须按照《建筑施工高处作业安全技术规范》(JGJ 33—2001)要求进行。

(2)每项爬模工程在编制施工组织设计时,要制定具体的安全、防火措施。

(3)设专职安全、防火员跟班负责安全防火工作,广泛宣传安全第一的思想,认真进行安全教育、安全交底,提高全员的安全防火意识。

(4)经常检查爬模装置的各项安全设施,特别是安全网、栏杆、挑架、吊架、脚手板、安全关键部位的紧固螺栓等。检查施工的各种洞口防护,检查电器、设备、照明安全用电的各项措施。

(5)各类机械操作人员应认真执行机械安全操作技术规程,应规定对机械、吊装索具等进行检查、维修的规范,确保机械安全。

(6)平台上设置灭火机,安装施工用水管,代替消防水管,平台上严禁吸烟。

(7)混凝土施工时,应采用低噪声环保型振捣器,以降低城市噪声污染。

5.8.9　施工注意事项

(1)爬模架附墙作业时,墙体混凝土强度应达到10MPa以上。

(2)架体支承跨度的布置,不能超过液压油缸的顶升能力。两附墙点直线布置不应大于6m,折线或曲线布置不能大于5.4m。

(3)架体的悬挑长度,整体式爬模爬架不得大于1/2水平支承跨度或3m,单片式架体不应大于1/4水平支承跨度。

(4)主承力点以上的架体高度为悬臂端,应在爬模架正常使用阶段将悬臂端的中间位置与结构进行刚性拉接固定,以减少风荷载对架体的影响,拉接水平间距不大于3米。

(5)爬模架爬升时,结构外表面不应有阻碍架体爬升的物料杆件伸出,相邻两组架体间不应存在搭接现象。

(6)遇五级(含五级)以上大风和大雨、大雪、浓雾和雷雨等恶劣天气时,禁止进行爬升和拆卸作业,夜间禁止进行安装、搭设、爬升和拆除作业。

(7)拆除作业时应根据机位布置特点,配备数量足够的钢丝绳,外加导链平衡架体,保证待拆除架体受力均匀。

5.8.10 质量记录

与第5.6.10节大模板安装与拆除质量记录相同。

5.9 玻璃钢圆柱模板安装与拆除施工工艺标准

玻璃钢圆柱模板,是以不饱和聚酯树脂为粘结材料,低碱玻璃纤维平纹布作增强材料在胎具上贴涂成型的用于现浇混凝土圆柱的工具式模板。

玻璃钢圆柱模板的特点包括:易于成型,安拆方便,比采用钢模板或木模板省工、省料,施工效率高,劳动强度低、经济技术效果比较显著;重量轻、强度高、韧性好、耐磨性能好,尤其适用于小曲率的圆柱模板;成型的混凝土圆柱表面光滑平整。玻璃钢圆柱模板由柱体模板、柱箍及柱帽模板等组成。

本工艺标准适用于玻璃钢圆柱模板的安装与拆除工程。工程施工应以设计图纸和施工规范为依据。

5.9.1 材料要求

(1)柱体模板。柱体模板的质量要求如下。

1)内表面光滑平整,表面不得有气泡、空鼓、皱纹、纤维外露、毛刺、分层及裂陷。

2)边肋、加强肋应安装牢固,与模板连成一体。两侧凸缘平整顺直,与模板面成90°角,保证接缝处严密。

3)模板厚度3~5mm。柱模加工直径允许误差为$-3mm$,$+2mm$。

(2)柱箍。用50mm×6mm扁钢或L40×4角钢加工。

(3)柱帽模板。

(4)柱帽模板定位柱箍,用L60×5角钢加工。

(5)$\Phi 10mm$钢筋、花篮螺栓、螺栓连接件。

(6)油性或水性脱模剂。

5.9.2 主要机具设备

主要机具设备包括钢卷尺、水平尺、线坠、扳手、撬杠等。

5.9.3 作业条件

(1)根据圆柱的直径选择合适的玻璃钢尺寸,并验算玻璃钢圆柱模板上柱箍所需的尺寸及竖向间距。

（2）清除柱基杂物，放好柱子轴线、模板边线及控制标高线；柱模底口应做水泥砂浆找平层；校正柱模垂直度的钢筋环已在楼板上预埋好。

（3）柱子钢筋绑扎完，各类预埋件已安装，绑好钢筋保护垫块，并已办完隐检手续。

（4）安装柱帽模板时，需待楼板模板支安完毕，并搭设好脚手架。

5.9.4 施工操作工艺

（1）结构构造。

1）柱体模板。一般是按圆柱的圆周长和高度制成整张卷曲式模板，也可制成两个半圆卷曲式模板。两种形式模板的拼缝处设置有拼装用的凸缘，并用扁钢加强（见图 5.9.4-1）。两片半圆形模板使用螺栓连接，拼装成圆柱模板。模板每节高度为 3～4m，当柱高超过 4m 时，模板竖向用法兰连接。

2）柱箍（见图 5.9.4-2）。柱箍采用 L40×4 角钢或 50×6 扁钢加工，做成两个半圆形，接口处采用螺栓连接。柱箍的内径等于柱体模板的外径。一般在柱子的上、中、下设置三道柱箍，以增强整体刚度与稳定性。

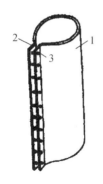

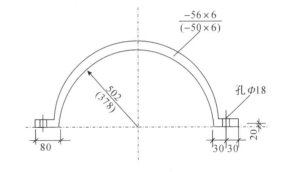

1—模板，2—加强扁钢，3—螺栓孔

图 5.9.4-1 整张卷曲玻璃钢圆柱模板

图 5.9.4-2 柱箍（单位：mm）

3）柱帽模板（见图 5.9.4-3）。柱帽模板由两片半圆形漏斗状模壳用螺栓拼接而成，周边及接缝处均用角钢加强，其上沿设置型钢环梁加强（见图 5.9.4-4）。

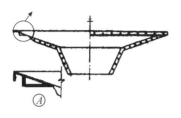

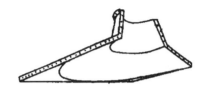

图 5.9.4-3 柱帽模板

图 5.9.4-4 柱帽模板增设环梁

（2）工艺流程。

1）支柱体模板。涂刷脱模剂→模板就位、拼接→固定连接件→安装柱箍→安装支撑→校正柱模并予固定。

2)柱模拆除。拆除脚手架→拆支撑→拆除柱箍→拆除柱体模板→模板清理、涂刷脱模剂。

3)柱帽模板的安拆。安装柱帽模板支架→安装楼板模板→在混凝土柱顶安装定位柱箍→柱帽模板分片就位→安装连接件—调整标高、找正→处理与楼板的接缝→浇筑混凝土、养护→拆除柱帽模板支架→拆除连接件及模板→拆下的模板进行清理、涂刷脱模剂。

(3)施工操作要点。

1)柱体模板支拆。

①圆柱模从柱钢筋外侧就位,其接口对准支撑安装的方向。然后安装拼接螺栓,予以紧固。

②安装柱箍,每个柱模至少设 3 道,上下各一道,中间一道设置在柱模高度的 1/3 处。

③安装支撑。支撑采 Φ10mm 钢筋(上面带有花篮螺丝),共设置 4 根,沿圆周均布。支撑与地面夹角约 45°。支撑应对准圆柱的中心,以防止柱模扭转。

④两节柱模上下拼接时,应注意对齐,保持上下节模板同圆心。上下设置两道支撑,校正垂直度后予以固定。

⑤混凝土浇筑后强度达到 1MPa 时,即可拆除柱模板。先拆除支撑,再拆除柱箍、拆卸连接螺栓,然后用撬杠自上而下松动模板接口,即可将柱模拆下。拆下的柱模应及时清理干净,涂刷脱模剂。

2)柱帽模板支拆。

①圆柱混凝土养护 7d 之后,安装柱帽模板。柱帽与楼板混凝土同时浇筑,因此,柱帽模板安装之前应安装好柱帽模板支架及楼板模板。

②柱帽模板支架安装必须牢固,支柱、横梁、斜撑应形成结构整体。

③在柱顶部位安装定位柱箍,用以支托柱帽模板。定位柱箍应安装牢固、位置准确,防止柱帽模板下滑,并保证柱帽模板的高度合适。

④柱帽模板分两片就位,先安一片,再安另一片,就位后对正接口,安装连接螺栓。柱帽模板下沿座在定位柱箍上。

⑤柱帽模板的环形梁要安装在支架横梁上,与横梁搭接严实牢固,周边用木方填实。

⑥校正柱帽标高,处理好柱帽模板与楼板模板的接缝,应保证接缝严密、标高正确。

⑦待柱帽混凝土强度达到设计强度的 75% 时,即可拆除柱帽模板。先拆除支架、定位柱箍、再拆连接螺栓。拆除柱帽模板时,在其长边的下方斜支两根 Φ48.3mm 钢管作为滑道;拆除周边木方后,撬动模板边沿,使模板顺着钢管滑动到地面,防止模板损坏。

5.9.5 质量标准

与第 5.2.5 节柱模板安装与拆除质量标准相同。

5.9.6 成品保护

(1)成型的圆柱模板宜竖向放置。水平放置时只准单层排放,禁止叠层码放。

(2)模板接口处的凸缘易于受碰损坏,要倍加爱护,不得摔碰。

(3)由于水泥的碱性较大,拆模后一定要及时清除模板表面的水泥残渣,防止腐蚀模板,并刷好脱模剂。

5.9.7 安全措施

(1)脚手架应按施工组织设计搭设牢固。

(2)拆除柱帽模板时,下边不准站人。拆下的柱箍、连接件等应往下传递,注意防止乱扔伤人。

(3)拆下的柱帽模板,利用临时搭设的钢管滑道滑落地面,禁止自高处向下抛掷。

5.9.8 施工注意事项

柱体模板凸缘应与模板内表面之切线垂直;两片柱模之凸缘应顺直,保证接缝严密。

5.9.9 质量记录

与第5.1.9节基础模板安装与拆除质量记录相同。

5.10 铝合金模板施工工艺标准

铝合金模板体系由模板系统、支撑系统、紧固系统、附件系统组成。在模板施工前,通过设计手段将该建筑工程所需使用的模板予以系统化、标准化和模数化,并依照设计出的工作图制造所需的模板,运达施工现场。模板系统构成混凝土结构施工所需的封闭面,保证混凝土浇灌时建筑结构成型;附件系统为模板的连接构件,使单件模板连接成系统,组成整体;支撑系统在混凝土结构施工过程中起支撑作用,保证楼面,梁底及悬挑结构的支撑稳固;紧固系统确保模板在混凝土浇注过程中不产生变形,不出现胀模、爆模现象。

铝合金模板主要特点包括:自重轻,承载力大;建筑模板强度高、精度高,板面拼缝少;混凝土表面质量平整光滑,可达到饰面或清水混凝土的效果;组装方便,可以由人工拼装,或者拼装成片后整体由机械吊装;规范施工,周转次数高;建筑工期短,支撑采用早拆原理;回收价值高,均摊成本优势明显。

本工艺标准适用于铝合金模板施工,工程施工应以设计图纸和施工规范为依据。

5.10.1 材料要求

(1)铝模板原材料应选用6061-T6系列铝合金,或是强度或可焊性能高于6061-T6的铝合金,且应采用一次性挤压成型的整体型材模板(严禁采用型材与铝板拼接的型材拼接模板),模板厚度最薄处≥4mm,推荐模板背面采用整体挤压成型加劲肋方式提高模板整体刚度。

(2)钢撑、销钉、销片、背楞等钢配件,采用Q235材质,表面热镀锌处理。

（3）标准模板宽度≥400mm。

（4）采用早拆模板系统。

（5）推荐对铝模板表面进行金属粉喷涂处理（以提高砼观感质量）。

（6）脱模剂选用以水为介质的乳油性脱模剂。

（7）铝合金模板系统材料的品种和规格应符合表 5.10.1 的规定，制作前应依据国家现行有关标准对照复查其出厂材质证明，对有疑问或无出厂材质证明的型材，应按国家有关现行检验标准进行复检，并填写检验记录。

表 5.10.1　铝合金模板系统材料的品种和规格

名称	材料	规格/mm
铝模板	AL 6061	$\delta=3,3.5,4,5$
	AL 6063	
背楞	Q235	$60\times40\times2,60\times40\times1.5$
销子	Q235	$\Phi16\times50,\Phi16\times130$
鍱片	Q235	钢板 $70\times24\times3$
竖向背楞（KB）	Q235	$50\times30\times1.5$
单支顶	Q235	$\Phi60\times2.5,\Phi48\times2$
阳角 EC（铝角）	AL 6061	$\delta=6$
	AL 6063	
穿墙螺杆,螺母	Q235	$T16\times2$
螺杆螺母用垫片	Q235	$75\times75\times6,100\times100\times8$

（8）铝楼面模板系统整体组合，其中包含的零部件有楼面标准顶板、横梁、角模、内水平转角模、梁板支撑头、插钉与插销。墙柱模板系统组合中，其构件分为墙柱标准板、非标板、阴角模（C 槽）、墙柱端模板、外墙柱 K 板。再配合紧固系统形成一个有效的墙柱结构封闭面，密闭稳定。铝合金模板支撑与紧固系统所包含的构件种类有大头立杆撑（立杆）、紧固背楞、对拉螺杆、蝴蝶扣、双向可调支撑、K 板螺栓等。

5.10.2　技术准备

（1）优化设计，合理划分流水段，绘出铝合金模板的平面布置图、分段平面图、模板及支撑组装图、模板节点大样图。

（2）编制专项施工方案且报公司审批。施工方案应全面体现铝模体系中各部件工作原理及施工大样，悬挑层工字钢洞口配模设计大样等信息。

（3）施工前对铝模作业班组相关人员进行安全技术交底。

5.10.3　施工准备

（1）铝合金模板出厂前材料检查，且各项指标符合验收表格数据要求，不合格产品返修、重新加工或报废处理。

（2）铝模预拼完成后进行系统编号，编号完成后拆卸分类打包装车运输至施工现场。

（3）根据模板的设计图纸及方案，对进入施工现场的所有构件的数量、尺寸进行核查。复核每块模板的尺寸和平整度，符合设计要求方可投入使用。

（4）现场铝模材料分类进行码放，并设置铝模临时加工及堆放场地。

（5）完成施工测量放线并核对，方便模板的定位及校正。

（6）控制好本层的水平标高，保证楼层标高在规定的范围之内。

（7）模板的找平，应保证模板的底部高度一致。

（8）在墙身的两端及转角处，采用钢筋进行定位。

5.10.4　施工操作工艺

工艺流程：安装墙柱模板→安装梁底旁模板→安装 C 槽→安装龙骨→顶板拼装→加固、校正→混凝土浇筑→拆模及下一循环。

（1）墙柱模板施工操作要点。

1）安装墙柱铝模前，根据标高控制点检查墙柱位置、楼板标高是否符合要求，高的凿除，低的垫上木楔，尽量控制在 5mm 以内。

2）在墙柱根部的纵筋上焊接好定位钢筋，防止柱铝模在加固时偏移；在墙柱内设置同墙柱厚的水泥内撑条或钢筋内撑条，保证在铝模加固后，墙柱的截面尺寸不变。

3）墙柱铝模拼装之前，必须对板面进行全面清理，涂刷脱模剂。脱模剂涂刷要薄而匀，不得漏刷，涂刷时，要注意周围环境，防止散落在建筑物、机具和人身衣物上，更不得刷在钢筋上。

4）按试拼装图纸编号依次拼装好墙柱铝模，封闭柱铝模之前，需在墙柱模紧固螺杆上预先外套 PVC 管，同时要保证套管与墙两边模板面接触位置准确，以便浇注后能收回对拉螺杆。

5）为了拆除方便，墙柱模与内角模连接时，销子的头部应尽可能在内角模内部。墙柱铝模间连接销上的楔子要从上往下插，以免在混凝土浇筑时脱落。墙柱铝模端部及转角处应采用螺栓连接，用销楔连接容易在混凝土浇筑时脱落，导致胀模。

6）为防止墙柱铝模下口漏浆，浇混凝土前一天利用水泥砂浆进行封堵，严禁使用水泥袋封堵板底，避免造成"烂根"现象。

（2）结构梁支模施工操作要点。按试拼装图编号依次拼装好梁底模、梁侧模、梁顶角模及墙角角模，用支撑杆调节梁底标高，以便模板间的连接，梁底的支撑杆应垂直，无松动。梁底模与底模间、底模与侧模间的连接也应采用螺栓连接，防止胀模。

（3）结构板支模施工操作要点。安装完墙顶、梁顶角模后，安装面板支撑梁，然后按试拼装图编号从角部开始，依次拼装标准板模，直至铝模全部拼装完成。支撑梁底的支撑杆应垂直，无松动。

（4）加固。平板铝模拼装完成后进行墙柱铝模的加固，即安装背楞及穿墙螺杆。安装背楞及穿墙螺杆应两人在墙柱的两侧同时进行，背楞及穿墙螺栓安装必须紧固牢靠，用力得当,不得过紧或过松,过紧会引起背楞弯曲变形,影响墙柱实测实量数据,过松在浇筑砼时会造成胀模。穿墙螺栓的卡头应竖直安装,不得倾斜。

(5)铝模实测实量校正。墙柱铝模加固完成后,挂线坠检查墙柱的垂直度,并进行校正,在墙柱两侧的对应部位加斜撑(外墙柱无法对称设置斜撑时,可用手拉葫芦和斜支撑做到一拉一顶),斜撑一端固定在横档上,另一端用膨胀螺栓固定在楼面上,保证墙柱垂直度在浇筑混凝土时不会偏移。墙柱垂直度偏差应控制在 5mm 内。

5.10.5 质量标准

(1)铝合金模板安装质量应符合下列要求。

1)铝合金模板安装后应保证整体的稳定性,确保施工中模板不变形、不移位、不胀模。

2)模板间的拼缝要平整、严密,不得漏浆。

3)模板板面应清理干净,隔离剂涂刷应均匀,不得漏刷。

(2)铝合金模板的制作允许偏差与检验方法应符合表 5.10.5-1 的要求。

表 5.10.5-1　铝合金模板的制作允许偏差与检验方法

序号	项目	允许偏差/mm	检验方法
1	模板高度	±3	卷尺量检查
2	模板长度	−2	卷尺量检查
3	模板板面对角线差	≤3	卷尺量检查
4	板面平整度	2	2m靠尺及塞尺量检查
5	相邻面板拼缝高低差	≤0.5	平尺及塞尺量检查
6	相邻面板拼缝间隙	≤0.8	卷尺量检查

(3)铝合金模板的组拼允许偏差与检验方法应符合表 5.10.5-2 的要求。

表 5.10.5-2　铝合金模板的组拼允许偏差与检验方法

序号	项目	允许偏差/mm	检验方法
1	模板高度	±3	卷尺量检查
2	模板长度	−2	卷尺量检查
3	模板板面对角线差	≤3	卷尺量检查
4	板面平整度	2	2m靠尺及塞尺量检查
5	相邻模板拼缝高低差	≤1	平尺及塞尺量检查
6	相邻模板拼缝间隙	≤1	卷尺量检查

（4）铝合金模板的安装允许偏差与检验方法应符合表5.10.5-3的规定。

表 5.10.5-3　铝合金模板的安装允许偏差与检验方法

项目		允许偏差/mm	检验方法
轴线位置		4	尺量检查
截面内部尺寸		±2	尺量检查
层高垂直度	全高≤5m	3	线坠及尺量检查
	全高＞5m	5	线坠及尺量检查
相邻模板板面高低差		2	平尺及塞尺量检查
表面平整度		＜4	20m内上口拉直线尺量检查下口按模板定位线为基准检查

5.10.6　安全措施

（1）对参加模板工程施工的人员，必须进行技术培训和安全教育，使其了解本工程模板施工特点，熟悉规范的有关条文和本岗位的安全技术操作规程，考核合格后方能上岗工作，主要施工人员应相对固定。

（2）严格按照操作规程施工作业。

（3）模板施工人员应定期体检，经医生诊断凡患有高血压、心脏病贫血、癫痫病及其他不适应高空作业疾病的，不得上操作平台工作。

（4）浇筑混凝土前必须检查支撑是否可靠、螺杆是否松动。浇筑混凝土时必须由模板支设班组设专人看模，随时检查支撑、螺杆是否变形、松动，并组织及时恢复。

（5）安装模板时至少要两人一组进行安装，严禁模板非顺序安装，防止模板偏倒伤人。

（6）用塔吊吊运模板时，必须由起重工指挥，严格遵守相关安全操作规程。模板安装就位前需要缆绳牵拉，防止伤人；垂直吊运必须采取两个以上的吊点，且必须使用卡环吊运，不允许一次吊运两块模板。

（7）严禁将梁顶撑与梁模板一起拆除，分片、分区拆除模板，从一端往另一端拆除，严禁整片一起拆除。

（8）在电梯间进行模板施工作业时，必须层层搭设安全防护平台。

5.10.7　环保措施

（1）做到文明施工，切实美化、亮化工地。采用封闭式施工方法，设置洁净围墙遮挡施工工地，以减少施工期对城市景观的影响，同时也可降低施工噪声对环境的影响。

（2）合理安排施工机械作业，高噪声作业活动尽可能安排在不影响周围居民及社会正常生活的时段进行。

（3）加强运输管理，散货车不得超高超载，避免引起货物运输途中散落、破损。

（4）坚持文明施工及装卸作业，避免野蛮作业造成施工扬尘。

(5)废弃物的运输确保不散撒、不混放,送到政府批准的单位或场所进行处理、消纳。

(6)对可回收的废弃物做到回收再利用。

5.11 普通模板及其支架设计计算技术要求

5.11.1 一般要求

(1)模板及其支架应根据工程结构形式、荷载大小、地基土类别、施工设备和材料供应等条件进行设计。模板及其支架应具有足够的承载能力、刚度和稳定性,能可靠地承受浇筑混凝土的重量、侧压力以及施工荷载。

(2)模板及其支架材料选择,必须结合工程所在地区施工经验和工程结构特点,模板可选用胶合板、竹胶板、钢材等,其支架宜选用钢材。木材材质标准应符合现行国家标准《木结构设计规范》(GB 50005—2017)。不得采用有脆性、严重扭曲和受潮后容易变形的木材。各层板的原材含水率不应大于15%,且同一胶合模板各层原材间的含水率差别不应大于5%。

(3)模板及其支架必须符合下列规定。

1)保证工程结构和构件各部分形状尺寸和相互位置的正确。

2)具有足够的承载能力、刚度和稳定性,能可靠地承受新浇筑混凝土的自重和侧压力,以及在施工过程中产生的荷载。

3)构造简单,装拆方便,并便于钢筋的绑扎、安装和混凝土的浇筑、养护等要求。

4)模板的接缝不应漏浆。

(4)在浇筑混凝土之前,应对模板工程进行验收。模板安装和浇筑混凝土时,应对模板及其支架进行观察和维护。发生异常情况时,应按施工技术方案及时进行处理。

(5)模板与混凝土的接触面应涂隔离剂。不宜采用油质类等影响结构或妨碍装饰工程施工的隔离剂。严禁隔离剂沾污钢筋与混凝土接槎处。

(6)对模板及其支架应定期维修。钢模板及钢支架应防止锈蚀。

5.11.2 设计依据

(1)普通模板及其支架的设计,必须符合下列现行国家和建设部行业标准。

1)《钢结构设计规范》(GB 50017—2003)。

2)《木结构设计规范》(GB 50005—2017)。

3)《冷弯薄壁型钢结构技术规范》(GB 50018—2002)。

4)《建筑施工扣件式钢管脚手架安全技术规范》(JGJ 130—2011)。

5)《建筑施工门式钢管脚手架安全技术规范》(JGJ 128—2010)。

6)《建筑施工安全检查标准》(JGJ 59—2011)。

7)《混凝土结构工程施工质量验收规范》(GB 50204—2015)。

(2)组合钢模板、大模板、滑升模板等特种模板,设计除应符合上述所列规范外,还应符合下列规范。

1)《组合钢模板技术规范》(GB/T 50214—2013)。

2)《滑动模板工程技术规范》(GB 50113—2005)。

3)《建筑工程大模板技术规程》(JGJ 74—2003)。

4)《钢框胶合板模板技术规程》(JGJ 96—2011)。

5.11.3 设计荷载

(1)模板及其支架的设计计算应考虑下列各项荷载。

1)模板及其支架自重。

2)新浇筑混凝土自重。

3)钢筋自重。

4)施工人员及施工设备荷载。

5)振捣混凝土时产生的荷载。

6)新浇筑混凝土对模板侧面的压力。

7)倾倒混凝土时产生的荷载。

(2)荷载的效应组合。根据《建筑结构荷载规范》(GB 50009—2012),按荷载的基本组合与标准组合分别计算模板及其支架的承载能力(强度)和刚度(变形)。参与模板及其支架荷载效应组合的各项荷载见表 5.11.3-1。

表 5.11.3-1　参与模板及其支架荷载效应组合的各项荷载

模板类别	参与组合的荷载项	
	计算承载能力	验算刚度
平板和薄壳的模板及支架	1,2,3,4	1,2,3
梁和拱模板的底板及支架	1,2,3,5	1,2,3
梁、拱、柱(边长≤300mm)、墙(厚≤100mm)的侧面模板	5,6	6
大体积结构、柱(边长>300mm)、墙(厚>100mm)的侧面模板	6,7	6

(3)计算模板及其支架的荷载标准值。

1)模板及支架自重标准值。模板及其支架的自重标准值应根据模板设计图纸确定。肋形楼板及无梁楼板模板的自重标准值可参考表 5.11.3-2。

表 5.11.3-2　楼板模板自重标准值

模板构件名称	木模板/(kN·m^{-2})	定型组合钢模板/(kN·m^{-2})
无梁楼板模板	0.30	0.50
肋形楼板模板(其中包括梁的模板)	0.50	0.75
楼板模板及其支架(楼层高度为4m以下)	0.75	1.10

2)新浇筑混凝土自重标准值。对普通混凝土可采用 24kN/m³,对其他混凝土可根据实际重力密度确定。

3)钢筋自重标准值。钢筋自重标准值应根据设计图纸确定。对一般梁板结构每立方米钢筋混凝土的钢筋自重标准值可采用下列数据:楼板为 1.1kN,梁为 1.5kN。

4)施工人员及设备荷载标准值。

①计算模板及直接支承模板的小楞时,均布活荷载取 2.5kN/m²,另应以集中荷载 2.5kN 再行验算;比较两者所得的弯矩值,采用其中较大者。

②计算直接支承小楞结构构件时,均布活荷载取 1.5kN/m²。

③计算支架立柱及其他支承结构构件时,均布活荷载取 1.0kN/m²。

注:对大型浇筑设备如上料平台、混凝土输送泵等按实际情况计算;混凝土堆集料高度超过 100mm 以上者按实际高度计算;模板单块宽度小于 150mm 时,集中荷载可分布在相邻的两块板上。

5)振捣混凝土时产生的荷载标准值。对水平面模板可采用 2.0kN/m²。对垂直面模板可采用 4.0kN/m²(作用范围在新浇筑混凝土侧压力的有效压头高度之内)。

6)新浇筑混凝土对模板侧面的压力标准值。采用内部振捣器时,新浇筑的混凝土作用于模板的最大侧压力,可按下列两式计算,并取两式中的较小值。

$$F=0.28\gamma_c\,T_0\beta V^{1/2} \qquad (5.11.3-1)$$

$$F=\gamma_c\,H \qquad (5.11.3-2)$$

式中:F——新浇筑混凝土对模板的最大侧压力(kN/m²);

γ_c——混凝土的重力密度(kN/m³);

T_0——新浇混凝土的初凝时间(h),可按实测确定。当缺乏试验资料时,可按 $T_0=200/(T+15)$ 计算(T 为混凝土的温度,单位为℃);

V——混凝土的浇筑速度(m/h);

H——混凝土侧压力计算位置处至新浇筑混凝土顶面的总高度(m);

β——混凝土坍落度影响修正系数:当坍落度大于 50mm 且不大于 90mm 时,β 取 0.85;当坍落度大于 90mm 且不大于 130mm 时,β 取 0.9;当坍落度大于 130mm 且不大于 180mm 时,β 取 1.0。

混凝土侧压力的计算分布如图 5.11.3 所示。其中,h 为有效压头高度,单位为 m。

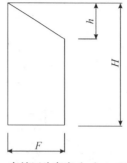

h—有效压头高度(m),$h=F/\gamma_c$

图 5.11.3　混凝土侧压力的计算分布

7)倾倒混凝土时产生的荷载标准值。倾倒混凝土时对垂直面模板产生的水平荷载标准值可参考表 5.11.3-3。

表 5.11.3-3 倾倒混凝土时产生的水平荷载标准值

向模板内供料的方法	水平荷载/$(kN \cdot m^{-2})$
溜槽、串筒、导管或泵管下料	2
吊车配备斗容器下料或小车直接倾倒	4

注:作用范围在有效压头高度以内。

(4)荷载分项系数。按荷载的基本组合计算模板及其支架的承载能力时,其荷载的设计值应采用荷载标准值乘以相应的荷载分项系数求得。荷载分项系数按表 5.11.3-4 采用。按荷载的标准组合计算模板及其支架的刚度(变形)时,其荷载的标准值不必乘以分项系数。

表 5.11.3-4 荷载分项系数

序号	荷载类别	γ_i
1	模板及支架自重	
2	新浇筑混凝土自重	1.35
3	钢筋自重	
4	施工人员及施工设备荷载	
5	振捣混凝土时产生的荷载	1.4
6	新浇筑混凝土对模板侧面的压力	1.35
7	倾倒混凝土时产生的荷载	1.4

5.11.4 最大允许变形值

当验算模板及其支架的刚度时,其最大变形值不得超过下列允许值。

1)对结构表面外露的模板,最大变形值为模板构件计算跨度的 1/400。

2)对结构表面隐蔽的模板,最大变形值为模板构件计算跨度的 1/250。

3)支架的压缩变形值或弹性挠度,最大变形值为相应的结构计算跨度的 1/1000。

5.11.5 模板支架计算

(1)模板支架在设计计算前必须充分熟悉设计图纸,应根据工程结构具体形式、梁板的布置和截面大小、建筑楼层高度、跨度以及荷载大小等因素,做好支架布置,并合理选型。施工方案应经公司批准。

(2)对于建筑楼层高度超过 8m 或建筑跨度超过 18m,或施工总荷载大于 15 kN/m² 或集中线荷载大于 20 kN/m 的模板支撑体系,应采用门式钢管脚手架,并应进行专项施工方案设计,并经公司组织专家审定。

(3)立柱的稳定性应按《建筑施工扣件式钢管脚手架安全技术规范》(JGJ 130—2011)中

如下公式计算:

$$顶部立杆段:l_0=ku_1(h+2a) \tag{5.11.5-1}$$

$$非顶部立杆段:l_0=ku_2h \tag{5.11.5-2}$$

式中:l_0——模板支架立柱的计算长度;

$\quad k$——满堂支模架立杆计算长度附加系数;

$\quad h$——步距;

$\quad u_1,u_2$——计算长度系数,参照《建筑施工扣件式钢管脚手架安全技术规范》(JGJ 130—2011)附录 C;

$\quad a$——立杆上端伸出顶层横杆中心线至模板支撑点的长度;应不大于 0.50m,当 $0.2m<a<0.5m$ 时,承载力可按线性插入值。

(4)由风荷载设计值产生的立杆段弯矩 M_W,可按下式计算:

$$M_W=0.9\times1.4\omega_kl_ah^2/10 \tag{5.11.5-3}$$

式中:M_W——风荷载标准值产生的弯矩;

$\quad \omega_k$——风荷载标准值;

$\quad l_a$——立杆纵距;

$\quad h$——立杆步距。

(5)模板支架立柱的轴向力设计值 N,应按下列公式计算:

$$不组合风荷载时:N=1.35\sum N_{GK}+1.4\sum N_{QK} \tag{5.11.5-4}$$

$$组合风荷载时:N=1.35\sum N_{GK}+0.9\times1.4\sum N_{QK} \tag{5.11.5-5}$$

式中:$\sum N_{GK}$——模板及支架自重、新浇混凝土自重与钢筋自重标准值产生的轴向力总和;

$\quad \sum N_{QK}$——施工人员及施工设备荷载标准值、振捣混凝土时产生的荷载标准值产生的轴向力总和。

(6)按《建筑施工扣件式钢管脚手架安全技术规范》(JGJ1 30—2011)中的规定,l_0 应按下式计算:

$$l_0=h+2a \tag{5.11.5-6}$$

式中:h——支架立杆的步距;

$\quad a$——模板支架立杆伸出顶层横向水平杆中心线至模板支撑点的长度。

按此规定计算立柱稳定性,编者认为偏于不安全,故建议改用 $l_0=1.155\times1.5h=1.75h$。

5.11.6 立柱地基承载力计算

(1)立柱基础底面的平均压力应满足下式的要求:

$$p\leqslant f_g \tag{5.11.6-1}$$

式中:p——立柱基础底面的平均压力,$p=N/A$;

$\quad N$——上部结构传至基础顶面的轴向力设计值;

$\quad A$——基础底面面积;

f_g——地基承载力设计值。

（2）地基承载力设计值应按下式计算：

$$f_g = k_c f_{gk} \tag{5.11.6-2}$$

式中：k_c——脚手架地基承载力调整系数，对碎石土、砂土、回填土应取 0.4，对黏土应取 0.5，对岩石、混凝土应取 1.0；

f_{gk}——地基承载力标准值，应根据建设单位提供的《工程地质查察报告》所规定的数据采用；对分层夯实的回填土，其地基承载力标准值，一般取值不大于 80kN/m^2。

（3）对搭设在软弱土或回填土上的、符合第 5.11.5 节第 2 条要求的超高、超重或大跨度的模板支架时，建议在分层夯实的回填土或软弱层土层上整体铺设厚度 100～200mm 强度等级为 C20 的混凝土地面，内配 $\Phi 8$～10@200～150 的钢筋网格，立柱底部应设置垫板。

（4）多层楼房各层楼板连续施工，安装上层模板及其支架时，当下层楼板无法承受上层荷载时，根据一般施工进度安排，建议该层以下的两层楼板的支架暂不拆除，同时该上下三层支架的立柱应对准，立柱下应铺设垫板。

5.11.7 扣件的抗滑强度计算

当模板支架采用扣件式钢管脚手架搭设时，计算直接支承小楞结构构件（$\Phi 48.3 \times 3.6$ 水平钢管）时，必须同时计算该水平钢管与支架立柱钢管之间连接扣件的抗滑承载力不大于 8kN。

5.11.8 模板支架立柱构造规定

模板支架立柱的构造应符合下列规定。

（1）每根立柱底部应设置底座或垫板，建议用可调底座，但其伸出长度不应超出 300mm。

（2）立柱间必须设置纵、横向扫地杆。扫地杆离底座上皮不大于 200mm。

（3）立柱中间应设置纵、横向水平拉结钢管，其步距不大于 1.8m。

（4）立柱的接长应用对接接头，且上下两钢管应顶紧，以利直接传递轴向压力。

（5）满堂模板支架的支撑设置应符合下列规定。

1）普通型剪刀撑设置规定如下。

①满堂模板支架外侧周边及内部纵、横向每 5～8m，由底至顶设置连续竖向剪刀撑。

②在竖向剪刀撑顶部交点平面应设置连续水平剪刀撑。若支撑高度超过 8m，或施工总荷载大于 15kN/m^2，或集中线荷载大于 20kN/m 的支撑架，扫地杆的设置层应设置水平剪刀撑。水平剪刀撑至架体底平面距离与水平剪刀撑间距不宜超过 8m；

2）加强型剪刀撑设置规定如下。

①当立杆纵、横间距为 0.9m×0.9m～1.2m×1.2m 时，在架体外侧周边及内部纵、横向每 4 跨（且不大于 5m），应由底至顶设置连续竖向剪刀撑，剪刀撑宽度应为 4 跨。

②当立杆纵、横间距为 0.6m×0.6m～0.9m×0.9m（含 0.6m×0.6m，0.9m×0.9m）时，在架体外侧周边及内部纵、横向每 5 跨（且不小于 3m），应由底至顶设置连续竖向剪刀

撑,剪刀撑宽度应为 5 跨。

③剪刀撑斜杆接长宜采用搭接;搭接长不应小于 1m,应采用不少于 3 个旋转扣件固定,端部扣件盖板的边缘至杆端距离不应小于 100mm。

④剪刀撑斜杆应用旋转扣件固定在与之相交的横向水平杆的伸出端或立杆上,旋转扣件中心线至主节点的距离不宜大于 150mm。

主要参考标准名录

[1]《混凝土结构设计规范》(2015 年版)(GB 50010—2010)

[2]《建筑工程施工质量验收统一标准》(GB 50300—2013)

[3]《建筑结构荷载规范》(GB 50009—2012)

[4]《木结构设计标准》(GB 50005—2017)

[5]《钢结构设计标准》(GB 50017—2017)

[6]《混凝土结构工程施工质量验收规范》(GB 50204—2015)

[7]《滑动模板工程技术标准》(GB 50113—2019)

[8]《砼模板用胶合板》(GB/T 17656—2018)

[9]《建筑施工门式钢管脚手架安全技术标准》(JGJ 128—2019)

[10]《建筑工程大模板技术标准》(JGJ 74—2017)

[11]《建筑施工扣件式钢管脚手架安全技术规范》(JGJ 130—2011)

[12]《建筑施工承插型盘扣式钢管支架安全技术规范》(JGJ 231—2010)

[13]《建筑施工碗扣式钢管脚手架安全技术规范》(JGJ 166—2016)

[14]《建筑施工高处作业安全技术规范》(JGJ 80—2016)

[15]《混凝土结构工程施工工艺标准》,中国建筑工程总公司,中国建筑工业出版社,2003

[16]《建筑分项施工工艺标准手册》,江正荣,中国建筑工业出版社,2009

[17]《建筑分项工程施工工艺标准》,北京建工集团有限责任公司,中国建筑工业出版社,2008

[18]《建筑施工手册》(第五版),中国建筑工业出版社,2013

6 钢筋工程施工工艺标准

6.1 现浇框架钢筋绑扎施工工艺标准

现浇框架结构一般由基础、柱、剪力墙、主梁、次梁、楼板、屋盖等基本构件组成。其钢筋绑扎特点是：钢筋绑扎数量大、类型多、操作面小，很多是在高空进行，安装复杂等。

本工艺标准适用于工业与民用建筑现浇框架结构钢筋绑扎工程。工程施工应以设计图纸和有关施工质量验收规范为依据。

6.1.1 材料要求

（1）钢筋。应有出厂质量证明和检验报告单，并按有关规定分批抽取试样作机械性能试验，合格后方可使用。

（2）铁丝。采用 20～22 号镀锌铁丝或绑扎钢筋专用火烧丝，铁丝不应有锈蚀和过硬情况。

（3）垫块。水泥砂浆垫块，50mm 见方，厚等于保护层，垫块内预埋 20～22 号火烧丝伸出后与主筋绑牢；也可采用塑料卡或拉筋、支撑筋等。

6.1.2 主要机具设备

（1）机械设备。包括除锈机、调直机、切断机、弯曲成型机、弯箍机、各种冷拉机、接触对焊机、点焊机等。

（2）主要工具。包括钢丝刷、砂箱、工作台、手摇板、卡盘、钢筋板子、各种起拱板子、小撬杠、骨架绑扎架、各种钢筋钩、滑轮、夹具和测力器、手推车、粉笔、尺子等。

6.1.3 作业条件

（1）钢筋进场后已检查有出厂证明、产品合格证及复试报告；并根据工程进度和施工图纸要求，已签发钢筋制作和安装任务单，结合工程结构特点和钢筋制作安装要求，进行技术交底。

（2）钢筋加工机械已安装检修完毕，并试车运转可以使用。

（3）模板已全部或部分安装好，并支撑牢固，办好预检；模内木屑及垃圾杂物已清扫干净，板缝已堵严密，并涂隔离剂。

（4）加工好的钢筋已运进现场，并按施工平面图中确定的位置，按型号、规格、部位、编号分别设垫木整齐堆放。

（5）在模板上已标明或弹好墙、柱、梁等尺寸线和水平标高线。

(6)根据弹好的线检查下层预留搭接钢筋的位置、数量、长度,对不符合要求的预留筋应进行处理。对伸出的预留筋进行整理,将钢筋上的锈皮、水泥浆等污垢清扫干净。对基层混凝土表面松散不实之处进行凿除,清理干净并湿润。

(7)配合钢筋绑扎安装的脚手架已搭设。水平运输车辆和垂直运输机械已准备好,并进行检查和试车。

(8)当钢筋的品种、级别或规格需做变更时,应办理设计变更文件。

6.1.4 一般要求

(1)混凝土保护层。

1)除施工图中特别注明者外,钢筋混凝土构件纵向受力钢筋的混凝土保护层最小厚度,应根据环境类别(见表 6.1.4-1)按表 6.1.4-2 采用。

表 6.1.4-1 混凝土结构的环境类别

环境类别		条件
一		室内干燥环境; 永久的无侵蚀性静水浸没环境
二	a	室内潮湿环境; 非严寒和非寒冷地区的露天环境; 非严寒和非寒冷地区与无侵蚀性的水或土壤直接接触的环境; 寒冷和严寒地区的冰冻线以下与无侵蚀性的水或土壤直接接触的环境
	b	干湿交替环境; 水位频繁变动环境,严寒和寒冷地区的露天环境; 严寒和寒冷地区的冰冻线以上与无侵蚀性的水或土壤直接接触的环境
三	a	严寒和寒冷地区冬季水位冰冻区环境; 受除冰盐影响环境; 海风环境
	b	盐渍土环境; 受除冰盐作用环境; 海岸环境
四		海水环境
五		受人为或自然的侵蚀性物质影响的环境

注:1.室内潮湿环境是指构件表面经常处于结露或湿润状态的环境。

　2.严寒和寒冷地区的划分应符合国家标准《民用建筑热工设计规程》(GB 50176)有关规定。

　3.海岸环境宜根据当地情况,考虑主导风向及机构所处迎风、背风部位等因素的影响,由调查研究和工作经验确定。

　4.受除冰盐影响环境是指受除冰盐盐雾影响的环境;受除冰盐作用环境是指被除冰盐溶液溅射的环境以及使用除冰盐地区的洗车房、停车楼等建筑。

　5.暴露的环境是指混凝土结构表面所处的环境。

表 6.1.4-2 纵向受力钢筋的混凝土保护层最小厚度

环境类别		墙、板/mm	梁、柱/mm
一		15	20
二	a	20	25
	b	25	35
三	a	30	40
	b	40	50

注:1. 保护层的厚度指最外层钢筋外边缘至混凝土表面的距离,适用于设计使用年限为 50 年的混凝土结构。

2. 构件中受力钢筋的保护层厚度不应小于钢筋公称直径。

3. 设计使用年限为 100 年的混凝土结构,一类环境中,最外层钢筋的钢筋的保护层厚度不应小于表中数值的 1.4 倍;二、三类环境中,设计使用年限为 100 年的结构应采用专门的有效措施。

4. 混凝土强度等级不大于 C25 时,表中保护层厚度数值应增加 5。

5. 基础底面钢筋的保护层厚度,有混凝土垫层时应从垫层顶面算起,且不应小于 40mm。

2) 当受力钢筋直径大于表中所列值时,保护层厚度还应大于受力钢筋直径。

(2) 钢筋的锚固。

1) 除施工图中注明者外,受拉钢筋锚固长度 L_a 受拉钢筋抗震锚固长度 L_{aE} 均按表 6.1.4-3 和表 6.1.4-4 采用。当符合下列条件时,锚固长度应进行修正。

表 6.1.4-3 受拉钢筋锚固长度

钢筋种类	混凝土强度等级																
	C20	C25		C30		C35		C40		C45		C50		C55		C60	
	$d{\leqslant}25$	$d{\leqslant}25$	$d{\geqslant}25$	$d{\leqslant}25$	$d{\geqslant}25$	$d{\leqslant}25$	$d{\geqslant}25$	$d{\leqslant}25$	$d{\geqslant}25$	$d{\leqslant}25$	$d{\geqslant}25$	$d{\leqslant}25$	$d{\geqslant}25$	$d{\leqslant}25$	$d{\geqslant}25$	$d{\leqslant}25$	$d{\geqslant}25$
HPB300	39d	34d	—	30d	—	28d	—	25d	—	24d	—	23d	—	22d	—	21d	—
HRB400、HRBF400	—	40d	44d	35d	39d	32d	35d	29d	32d	28d	31d	27d	30d	26d	29d	25d	28d
HRB500、HRBF500	—	48d	53d	43d	47d	39d	43d	36d	40d	34d	37d	32d	35d	31d	34d	30d	33d

表 6.1.4-4　受拉钢筋抗震锚固长度

钢筋种类		C20	C25		C30		C35		C40		C45		C50		C55		C60	
		混凝土强度等级																
		$d\leqslant$25	$d\leqslant$25	$d\geqslant$25	$d\leqslant$25	$d\geqslant$25	$d\leqslant$25	$d\geqslant$25	$d\leqslant$25	$d\geqslant$25	$d\leqslant$25	$d\geqslant$25	$d\leqslant$25	$d\geqslant$25	$d\leqslant$25	$d\geqslant$25	$d\leqslant$25	$d\geqslant$25
HPB300	一、二级	45d	39d	—	35d	—	32d	—	29d	—	28d	—	26d	—	25d	—	24d	—
	三级	41d	36d	—	32d	—	29d	—	26d	—	25d	—	24d	—	23d	—	22d	—
HRB400、HRBF400	一、二级	—	46d	53d	40d	45d	37d	40d	33d	37d	32d	36d	31d	35d	30d	33d	29d	32d
	三级	—	42d	46d	37d	41d	34d	37d	30d	34d	29d	33d	28d	32d	27d	30d	26d	29d
HRB500、HRBF500	一、二级	—	55d	61d	49d	54d	45d	49d	41d	46d	39d	43d	37d	40d	36d	39d	35d	38d
	三级	—	50d	56d	45d	49d	41d	45d	38d	42d	36d	39d	34d	37d	33d	36d	32d	35d

①当为环氧树脂涂层钢筋时，其锚固长度应乘以修正系数 1.25；

②在锚固长度范围的混凝土保护层厚度为 $3d$、$5d$ 时，其锚固长度可乘以修正系数 0.8、0.7，中间值可内插计算；

③当钢筋在混凝土施工过程中易受扰动（如滑模施工）时，其锚固长度应乘以修正系数 1.1；

④四级抗震时 $L_a = L_{aE}$；

⑤当纵向受拉普通钢筋末端采用弯钩或机械锚固措施时，包括锚固端头在内的锚固长度可取基本锚固长度的 60%（基本锚固长度参照表 6.1.4-3 和表 6.1.4-4 中 $d\leqslant25$ 处数值）。机械锚固的形式及构造详见图 6.1.4-1。

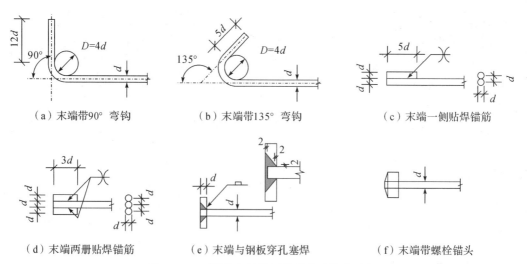

（a）末端带90°弯钩　　　　　（b）末端带135°弯钩　　　　　（c）末端一侧贴焊锚筋

（d）末端两册贴焊锚筋　　　（e）末端与钢板穿孔塞焊　　　（f）末端带螺栓锚头

图 6.1.4-1　钢筋机械锚固的形式及构造要求

2）纵向受压钢筋的锚固长度不应小于受拉锚固长度的 70%。

（3）钢筋的连接。

1）钢筋的连接分为两类：第一类为机械连接或焊接；第二类为绑扎搭接。机械连接或焊接接头的类型和质量应符合国家现行有关标准的规定,并参照本标准有关章节。

2)钢筋宜优先采用机械连接,也可采用搭接接头或焊接。

3)受力筋的接头位置应设置在受力较小处,并宜避开梁端、柱端箍筋加密区,当无法避开时,应采用满足强度要求的机械连接接头。在同一根钢筋上宜少设接头。

4)绑扎搭接接头的有关要求。

①同一构件中相邻纵向钢筋的绑扎搭接接头宜相互错开。钢筋绑扎搭接接头连接区段的长度为 1.3 倍搭接长度,即钢筋绑扎搭接钢筋端部间距不小于 30% 的搭接长度,凡搭接接头中点位于该连接区段长度内的搭接接头均属于同一连接区段(见图 6.1.4-2)。

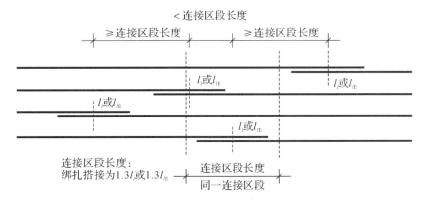

图 6.1.4-2 同一连接区段内的纵向受拉钢筋绑扎搭接接头

(注:图中所示同一连接区段内的搭接接头为两根,当钢筋直径相同时,钢筋搭接接头面积百分率为 50%)

②除施工图注明,受拉钢筋搭接长度见表 6.1.4-5 和表 6.1.4-6。

表 6.1.4-5 受拉钢筋搭接长度 L_l

钢筋种类		混凝土强度等级																
		C20	C25		C30		C35		C40		C45		C50		C55		C60	
		$d\leqslant$ 25	$d\leqslant$ 25	$d>$ 25	$d\leqslant$ 25	$d>$ 25	$d\leqslant$ 25	$d>$ 25	$d\leqslant$ 25	$d>$ 25	$d\leqslant$ 25	$d>$ 25	$d\leqslant$ 25	$d>$ 25	$d\leqslant$ 25	$d>$ 25	$d\leqslant$ 25	$d>$ 25
HPB300	$\leqslant$ 25%	47d	41d	—	36d	—	34d	—	30d	—	29d	—	28d	—	26d	—	25d	—
	50%	55d	48d		42d		39d		35d		34d		32d		31d		29d	
	100%	62d	54d		48d		45d		40d		38d		37d		35d		34	
HRB400、HRBF400	$\leqslant$ 25%	—	48d	53d	42d	47d	38d	42d	35d	38d	34d	37d	32d	36d	31d	35d	30d	34d
	50%	—	55d	62d	49d	55d	45d	49d	41d	45d	39d	43d	38d	42d	36d	41d	35d	39d
	100%	—	64d	70d	56d	62d	51d	56	46d	51d	45d	50d	43d	48d	42d	46d	40d	45d

续表

钢筋种类		混凝土强度等级															
		C20	C25		C30		C35		C40		C45		C50		C55		C60
		d≤25	d≤25	d>25	d≤25	d>25	d≤25	d>25	d≤25	d>25	d≤25	d>25	d≤25	d>25	d≤25	d>25	d≤25	d>25
HRB500、HRBF500	≤25%	—	58d	64d	52d	56d	47d	52d	43d	48d	41d	44d	38d	42d	37d	41d	36d	40d
	50%	—	67d	74d	60d	66d	55d	60d	50d	56d	48d	52d	45d	49d	43d	48d	42d	46d
	100%	—	77d	85d	69d	75d	62d	69d	58d	64d	54d	59d	51d	56d	50d	54d	48d	53d

表 6.1.4-6　受拉钢筋抗震搭接长度 L_{lE}

抗震等级	钢筋种类		混凝土强度等级															
			C20	C25		C30		C35		C40		C45		C50		C55		C60
			d≤25	d≤25	d>25	d≤25	d>25	d≤25	d>25	d≤25	d>25	d≤25	d>25	d≤25	d>25	d≤25	d>25	d≤25	d>25
一、二级抗震等级	HPB300	≤25%	54d	47d	—	42d	—	38d	—	35d	—	34d	—	31d	—	30d	—	29d	—
		50%	63d	55d	—	49d	—	45d	—	41d	—	39d	—	36d	—	35d	—	34d	—
	HRB400、HRBF400	≤25%	—	55d	61d	48d	54d	44d	48d	40d	44d	38d	43d	37d	42d	36d	40d	35d	38d
		50%	—	64d	71d	56d	63d	52d	56d	46d	52d	45d	50d	43d	49d	42d	46d	41d	45d
	HRB500、HRBF500	≤25%	—	66d	73d	59d	65d	54d	59d	49d	55d	47d	52d	44d	48d	43d	47d	42d	46d
		50%	—	77d	85d	69d	76d	63d	69d	57d	64d	55d	60d	52d	56d	50d	55d	49d	53d
一、二级抗震等级	HPB300	≤25%	49d	43d	—	38d	—	35d	—	31d	—	30d	—	29d	—	28d	—	26d	—
		50%	57d	50d	—	45d	—	41d	—	36d	—	35d	—	34d	—	32d	—	31d	—
	HRB400、HRBF400	≤25%	—	50d	55d	44d	49d	41d	44d	36d	41d	35d	40d	34d	38d	32d	36d	31d	35d
		50%	—	59d	64d	52d	57d	48d	52d	42d	48d	41d	46d	39d	45d	38d	42d	36d	41d
	HRB500、HRBF500	≤25%	—	60d	67d	54d	59d	49d	54d	46d	50d	43d	47d	41d	44d	40d	43d	38d	42d
		50%	—	70d	78d	63d	69d	57d	63d	53d	59d	50d	55d	48d	52d	46d	50d	45d	49d

③同一连接区段内的受拉钢筋搭接接头面积百分率为：梁、板、墙不宜大于25％，梁不应大于50％，柱不宜大于50％。

④在任何情况下，纵向受拉钢筋绑扎搭接接头的搭接长度不应小于300mm。

⑤纵向受压钢筋绑扎搭接接头长度不应小于纵向受拉钢筋搭接长度的70％，而且在任何情况下，不应小于200mm。

⑥纵向受力钢筋搭接长度范围内应配置箍筋，其直径不应小于搭接钢筋较大直径的25％，间距不大于100mm或搭接钢筋较小直径的5倍。

5）机械连接接头的有关要求。

①纵向受力钢筋机械连接接头宜相互错开，机械连接接头连接区段的长度为35d（d为连接钢筋的较大直径），凡接头中点位于该连接区段长度内的机械连接接头均属于同一连接区段（见图6.1.4-3）。

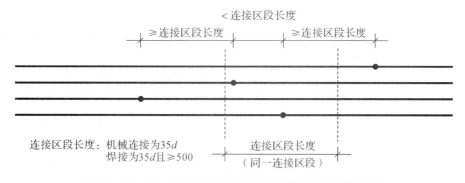

图6.1.4-3 同一连接区段内的纵向受拉钢筋机械、焊接接头

②同一连接区段内的受力钢筋机械接头面积百分率不应大于50％。

③机械连接接头连接件的混凝土保护层厚度宜满足纵向受力钢筋的最小保护层厚度要求。连接件之间的净距不宜小于25mm。

6）焊接连接接头的有关要求。

①纵向受力钢筋焊接连接接头宜相互错开，钢筋焊接连接接头连接区段的长度为35d（d为连接钢筋的较大直径），而且不小于500mm。凡接头中点位于该连接区段长度内的机械连接接头均属于同一连接区段。

②同一连接区段内的受力钢筋焊接接头面积百分率不应大于50％

7）箍筋末端应做成135°弯钩，弯钩端头平直段的长度不小于箍筋直径的10倍。

（4）框架梁、柱纵筋的连接。

1）框架柱受力筋的连接方法应符合下列要求。

①一、二级抗震等级宜采用机械连接接头。

②三级抗震等级的底层宜采用机械连接，三级抗震等级的其他部位可采用绑扎搭接或焊接。

③四级抗震等级可采用机械连接、绑扎搭接或焊接。

2）框支梁、框支柱采用机械连接。

3)框架梁受力筋的连接方法应符合下列要求。

①一级抗震等级宜采用机械连接接头。

②二、三、四级抗震等级可采用机械连接、绑扎搭接或焊接。

4)受拉钢筋直径大于28mm,受压钢筋直径大于32mm时应采用机械连接或焊接。

5)同一连接区段的受力钢筋接头面积百分率不应大于50%。

6)受力筋的接头位置宜避开梁端、柱端箍筋加密区,当无法避开时,应采用机械连接接头,而且钢筋接头面积百分率不超过50%。

7)纵向受力钢筋搭接长度范围内的箍筋应加密,其间距应不大于100mm,而且应不大于搭接钢筋较小直径的5倍。

6.1.5 施工操作工艺

(1)柱子钢筋绑扎。

1)工艺流程。弹柱子线→剔凿柱混凝土表面→修理柱子筋→套柱箍筋→搭接绑扎竖向受力筋→画箍筋间距线→绑箍筋。

2)套柱箍筋,按设计要求的箍筋间距和数量,先将箍筋按弯钩错开,套在下层伸出的搭接筋上,再立起柱子钢筋,在搭接长度内与搭接筋绑好,绑扣不少于3个,绑扣向里,便于箍筋向上移动。柱子主筋采用光圆钢筋搭接时,角部弯钩应与模板成45°,中间钢筋的弯钩应与模板成90°。

3)绑扎(焊接或机械连接)竖向受力筋。连接柱子竖向钢筋时,相邻钢筋的接头应相互错开,错开距应符合有关施工规范、图集及图纸要求,并且接头距柱根起始的距离应符合施工方案的要求。采用绑扎形式的柱子钢筋,在搭接长度内,绑扣不少于3个,绑扣要向柱中心。如果柱子主筋采用光圆钢筋搭接,角部弯钩应与模板成45°,中间钢筋的弯钩应与模板成90°。当柱钢筋采用焊接或机械连接时,具体连接方法见相关规程。

4)标识箍筋间距线。在立好的柱子竖向钢筋上,按图纸要求用粉笔画出箍筋间距线(或使用皮数杆控制箍筋间距)。柱上下两端及柱筋搭接区箍筋应加密,加密区长度及加密区内箍筋间距应符合设计图纸和规范要求。

5)箍筋绑扎。按已画好的箍筋位置线,将已套好的箍筋往上移动,由上而下绑扎,宜采用缠扣绑扎(见图6.1.5-1)。

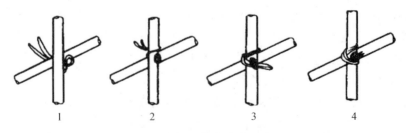

图6.1.5-1 缠扣绑扎示意

　　箍筋应与主筋垂直,箍筋转角与主筋交点均要绑扎,主筋与箍筋非转角部分的相交点成梅花或交错绑扎,但箍筋的平直部分与纵向钢筋交叉点可成梅花式交错扎牢,以防骨架歪斜。箍筋的接头(即弯钩叠合处)应沿柱子竖向交错布置(见图 6.1.5-2),并位于箍筋与柱角主筋的交接点上,但对于有交叉式箍筋的大截面柱子,其接头可位于箍筋与任何一根中间主筋的交接点上。在有抗震要求的地区,柱箍筋端头应弯成 135°,平直长度不小于 10d(d 为箍筋直径,下同)(见图 6.1.5-3)。如箍筋采用 90°搭接,搭接处应焊接,焊缝长度单面焊缝不小于 10d。柱基、柱顶、梁柱交接处,箍筋间距应按设计要求加密。

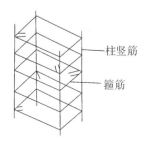

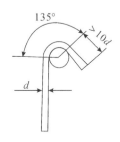

图 6.1.5-2　柱箍筋交错布置示意　　　　图 6.1.5-3　箍筋抗震要求示意

　　6)在柱顶绑定位框。为控制柱子竖向主筋的位置,一般在柱子预留筋的上口设置一个定位框,定位框距混凝土面上 150mm 设置,定位框用 Φ14 以上的钢筋焊制,可做成井字形,卡扣的尺寸大于柱子竖向主筋直径 2mm 即可(见图 6.1.5-4)。

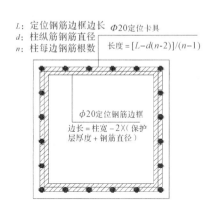

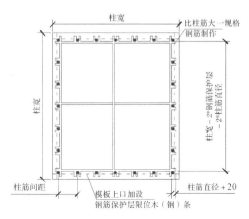

图 6.1.5-4　柱筋定位框(单位:mm)

　　7)下层柱的主筋露出楼面部分,宜用工具或柱箍将其收进一个柱筋直径,以利上层柱钢筋的搭接;当上下层柱截面有变化时,下层钢筋的伸出部分,必须在绑扎梁钢筋之前收缩准确,不应在楼面混凝土浇筑后再扳动钢筋。

　　8)框架梁、牛腿及柱帽中的钢筋,应放在柱的纵向钢筋内侧。

　　9)如设计要求箍筋设有拉筋时,拉筋应钩住箍筋(见图 6.1.5-5)。

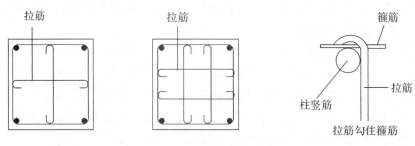

图 6.1.5-5　拉筋布置示意

10)柱筋控制保护层可用水泥砂浆垫块（或塑料卡）绑在柱立筋外皮上，间距一般为1000mm，以确保主筋保护层厚度的正确。

11)框支柱主筋锚固长度应≥l_{aE}。主筋能向上延伸者均伸至上层板内，不能延伸则可锚入梁内或板内（见图 6.1.5-6）。

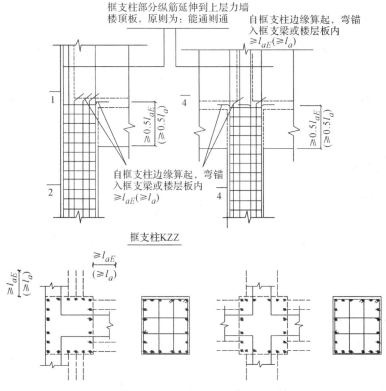

图 6.1.5-6　框支柱主筋收头

12)框架柱变截面处主筋只有在宽高比不大于1∶6时方可做打弯处理,否则下部主筋必须断开,上部重新插筋(见图6.1.5-7)。

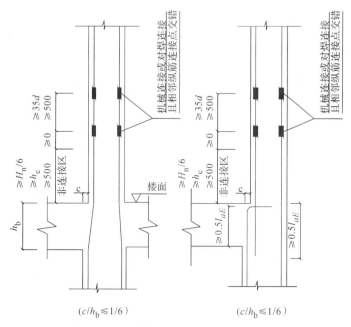

图 6.1.5-7 框架柱变截面处钢筋构造(单位:mm)

(2)墙钢筋绑扎。

1)工艺流程。立2~4根主筋→画水平筋间距→绑定位横筋→绑其余横主筋。一般先立2~4根竖筋,与下层伸出的搭接筋绑扎,划好水平筋间距;然后在下部及中部绑两根定位横筋,并在横筋上划上竖筋间距;接着绑扎其余竖筋;最后绑扎其余横筋。

2)竖筋、横筋设在里面或设在外面应按设计要求。钢筋的弯钩应朝向混凝土内。

3)墙钢筋应逐点绑扎,双排钢筋之间应绑Φ8~10mm拉筋或支撑筋,其纵、横间距不大于600mm。在钢筋外皮及时绑扎垫块或塑料卡,以控制保护层厚度。

4)墙横向钢筋在两端头、转角、十字节点、联梁等部位的锚固长度及洞口周围加固筋等,均应符合设计要求。

5)墙模板合模后,应对伸出的钢筋进行一次修整,宜在搭接处绑一道临时定位横筋,浇筑混凝土过程中应有人随时检查和修整,以保证竖筋位置正确。

6)洞口尺寸≥200mm时,洞口设附加筋,构造加筋、预埋件、电器线管、线盒、预应力筋及其配件等,位置准确,绑扎牢固,需焊接固定部位,不准咬伤受力钢筋(见图6.1.5-8)。安装电盒时,尽量不切断钢筋,电盒焊在附加的钢筋上,安装牢固,不得焊在主筋上,且附加筋不得焊在受力钢筋上,而应绑扎在主筋上。

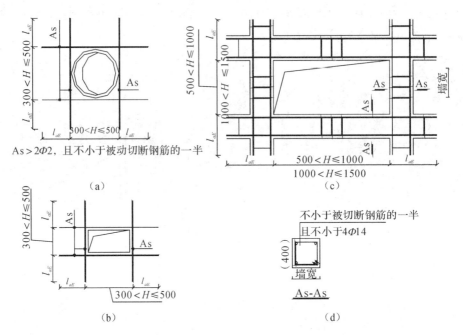

图 6.1.5-8　墙体洞口钢筋(单位:mm)

7)除特别注明外,地下室外墙墙体竖向筋在外侧,水平筋在内侧,其他墙体水平筋在外侧,竖向筋在内侧(见图 6.1.5-9)。

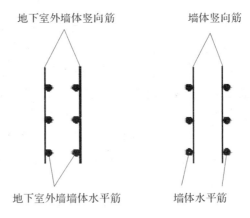

图 6.1.5-9　墙体钢筋放置顺序

(3)梁钢筋绑扎。

1)工艺流程。

①模内绑扎。画主次梁箍筋间距→放主梁次梁箍筋→穿主梁底层纵筋及弯起筋→穿次梁底层纵筋并与箍筋固定→穿主梁上层纵向架立筋→按箍筋间距绑扎→穿次梁上层纵向钢筋→按箍筋间距绑扎。

②模外绑扎(先在梁模板上口绑扎成型后再入模内)。画箍筋间距→在主次梁模板上口铺横杆数根→在横杆上面放箍筋→穿主梁下层纵筋→穿次梁下层钢筋→穿主梁上层纵筋→按箍筋间距绑扎→穿次梁上层纵筋→按箍筋间距绑扎→抽出横杆落骨架于模板内。

2)在梁侧模板上画出箍筋间距。梁中箍筋应与主筋垂直,箍筋的接头应交错设置,箍筋转角与纵向钢筋的交叉点均应扎牢。箍筋弯钩的叠合处,在梁中应交错绑扎,有抗震要求的结构,箍筋弯钩应为 135°。如果做成封闭箍时,单面焊缝长度应为 $6 \sim 10d$。梁端的第一箍筋应设在距离柱节点边缘 50mm 处。

3)弯起钢筋与负弯矩钢筋位置要正确;梁与柱交接处,梁钢筋锚入柱内长度应符合设计要求。

4)梁的受拉钢筋直径大于 28mm 及受压钢筋的直径大于 32mm 时,不宜采用绑扎接头。如设计未对搭接长度做规定时,可按表 6.1.4-5 和表 6.1.4-6 采用。搭接长度的末端与钢筋弯曲处的距离,不得小于 $10d$。接头不宜设在梁最大弯矩处。接头位置应相互错开,同一连接区段内,有绑扎接头的受力钢筋截面面积占受力钢筋总截面面积百分比不应超过 50%。

5)纵向受力钢筋为双排或三排时,两排钢筋之间应垫以直径 25mm 的短钢筋;纵向钢筋直径大于 25mm 时,短钢筋直径规格宜与纵向钢筋规格相同,以保证设计要求。

6)主梁的纵向受力钢筋在同一高度遇有垫梁、边梁(圈梁)时,必须支承在垫梁或边梁受力钢筋之上,主筋两端的搁置长度应保持均匀一致;次梁的纵向受力钢筋应支承在主梁的纵向受力钢筋之上。

7)当梁与柱或墙侧平时,梁该侧主筋置于柱或墙竖向纵筋之内(见图 6.1.5-10)。

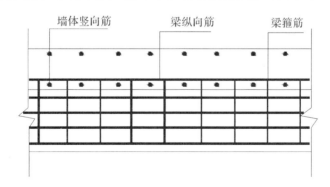

图 6.1.5-10　梁柱(墙)钢筋放置顺序

8)主梁与次梁的上部纵向钢筋相遇处,次梁钢筋应放在主梁钢筋之上(见图 6.1.5-11)。

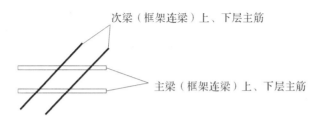

图 6.1.5-11　主梁钢筋放置顺序

9)两向钢筋交叉时,基础底板及楼板短跨方向上部主筋宜放置于长跨方向主筋之上,短跨方向下部主筋置于长跨方向下部主筋之下(见图 6.1.5-12)。

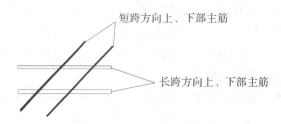

图 6.1.5-12　底板（顶板）钢筋放置顺序

10）当在基础承台梁上开洞时，洞口尺寸 $D \leqslant h/5$，连续开洞净距＞4D；当在框架梁上开洞时，洞口尺寸 $D \leqslant h/5$，且≤150mm，连续开洞净距＞3D（见图 6.1.5-13）。

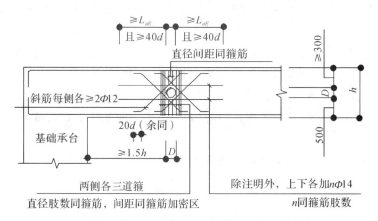

穿梁管洞洞边加强做法1（仅适用于基础承台连梁）

注：1. $D \leqslant h/5$；2. 连续开洞净距＞4D

图 6.1.5-13　穿梁管洞洞边加强做法（仅适用于基础承台连梁）

（4）板钢筋绑扎。

1）工艺流程。模板上弹线→绑板下受力筋→水电工序插入→绑负弯距钢筋→设置马凳及保护层垫块。

2）绑扎前应修整模板，将模板上垃圾杂物清扫干净，按板筋的间距用墨线在模板上弹出下层筋的位置线。板筋起始筋距梁边为 50mm。

3）按弹好的钢筋位置线，按顺序绑好纵横向钢筋。板下层钢筋的弯钩应竖直向上，下层筋应伸入到梁内，其长度应符合设计要求。在现浇板中有板带梁时，应先绑板带梁钢筋，再摆放板钢筋。

4）钢筋搭接长度、位置和数量的要求，同梁钢筋绑扎相关的要求。

5）板与次梁、主梁交叉处，板的钢筋应在上，次梁的钢筋居中，主梁的钢筋在下。

6）板绑扎一般用顺扣（见图 6.1.5-14）或八字扣，除对外围两根钢筋的相交点应全部绑扎外，其余各点可隔点交错绑扎（双向配筋板相交点需全部绑扎）。如板配双层钢筋，两层钢筋之间须设钢筋支架，以保持上层钢筋的位置正确。负弯距钢筋每个相交点均要绑扎。

图 6.1.5-14　楼板钢筋绑扎(顺扣)

7)预埋件、电气管线、水暖设备预留孔洞等及时配合安装。洞口尺寸≤300mm 时,钢筋绕过洞口;洞口尺寸>300mm 时,洞口设附加筋(见图 6.1.5-15)。

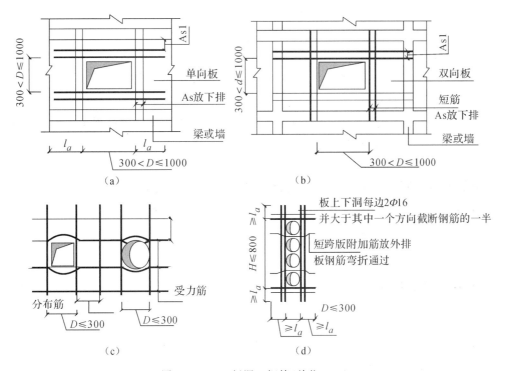

图 6.1.5-15　板洞口钢筋(单位:mm)

8)如板为双层钢筋,两层筋之间必须加钢筋马凳,以确保上部钢筋的位置。钢筋马凳应设在下层筋上,并与上层筋绑扎牢靠,间距 800mm 左右,呈梅花形布置。在钢筋的下面垫好砂浆垫块(或塑料卡),间距 1000mm,梅花形布置。垫块厚度等于保护层厚度,应满足设计要求。

9)楼板的纵横筋距墙边(含梁边)50mm,梁柱接头处的箍筋距柱边 50mm;次梁箍筋距主梁边 50mm;阳台留出竖向钢筋距墙边 50mm;阳台、飘窗、空调板水平筋距外墙 50mm;墙体水平筋距楼地面 50mm;暗柱箍筋距楼地面 30mm;墙体纵向筋距暗柱、门口边 50mm(见图 6.1.5-16)。

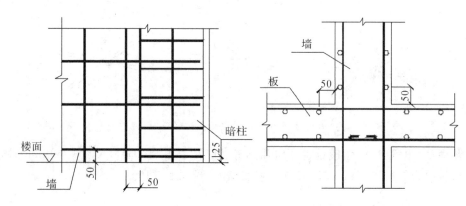

图 6.1.5-16　起步筋位置(单位:mm)

(5)楼梯钢筋绑扎。

1)工艺流程。绑扎楼梯梁→划位置线→绑下层筋→绑上层筋→设置马凳及保护层垫块。

2)对于梁式楼梯,先绑扎楼梯梁,再绑扎楼梯踏步板钢筋,最后绑扎楼梯平台板钢筋,钢筋绑扎要注意楼梯踏步板和楼梯平台板负弯矩筋的位置。楼梯梁的绑扎同框架梁的绑扎方法。

3)板筋要锚固到梁内,板筋每个交点均应绑扎,绑扎方法同板钢筋。

4)主筋接头数量和位置,均应符合设计要求和施工质量验收规范的规定。

5)上下层钢筋之间要设置马凳,以保证上层钢筋的位置。板底应设置保护层垫块,保证下层钢筋位置。

6.1.6　质量标准

(1)主控项目。

1)钢筋进场时,应按现行国家标准《钢筋混凝土用热轧带肋钢筋》(GB/T 1499.2—2018)等的规定抽取试件进行力学性能检验,其质量必须符合有关标准的规定。检查数量:按进场的批次和产品的抽样检验方案确定。检验方法:检查产品合格证、出厂检验报告和进场复验报告。

2)对有抗震设防要求的框架结构,其纵向受力钢筋的强度应满足设计要求;当设计无具体要求时,对一、二极抗震等级,检验所得的强度实测值应符合下列规定。

①钢筋的抗拉强度实测值与屈服强度实测值的比值不应小于1.25。

②钢筋的屈服强度实测值与强度标准值的比值不应大于1.3。

检查数量:按进场的批次和产品的抽样检验方案确定。检验方法:检查进场复验报告。

3)当发现钢筋脆断、焊接性能不良或力学性能显著不正常等现象时,应对该批钢筋进行化学成分检验或其他专项检验。检验方法:检查化学成分等专项检验报告。

4)纵向受力钢筋的连接方式应符合设计要求。检查数量:全数检查。检验方法:观察。

5)在施工现场,应按国家现行标准《钢筋机械连接技术规程》(JGJ 107—2016)、《钢筋焊接及验收规程》(JGJ 18—2012)的规定抽取钢筋机械连接接头、焊接接头试件做力学性能检验,其质量应符合有关规程的规定。检查数量:按有关规程确定。检验方法:检查产品合格证、接头力学性能试验报告。

6)钢筋安装时,受力钢筋的品种、级别、规格和数量必须符合设计要求。检查数量:全数检查。检验方法:观察,钢尺检查。

(2)一般项目。

1)钢筋应平直、无损伤,表面不得有裂纹、油污、颗粒状或片状老锈。检查数量:进场时和使用前全数检查。检验方法:观察。

2)钢筋加工的形状、尺寸应符合设计要求,其允许偏差应符合表6.1.6-1的规定。检查数量:按每工作班同一类型钢筋、同一加工设备抽查不应少于3件。检验方法:钢尺检查。

表 6.1.6-1　钢筋加工的允许偏差

项目	允许偏差/mm
受力钢筋顺长度方向的净尺寸	±10
弯起钢筋的弯折位置	±20
箍筋外廓尺寸	±5

3)在施工现场,应按国家现行标准《钢筋机械连接技术规程》(JGJ 107—2016)、《钢筋焊接及验收规程》(JGJ 18—2012)的规定对钢筋机械连接接头、焊接接头的外观进行检查,其质量应符合有关规程的规定。检查数量:全数检查。检验方法:观察。

4)钢筋安装位置的允许偏差应符合表6.1.6-2的规定。检查数量:在同一检验批内,对梁、柱和独立基础,应抽查构件数量的10%,且不少于3件;对墙和板,应按有代表性的自然间抽查10%,且不少于3间;对大空间结构,墙可按相邻轴线间高度5m左右划分检查面,板可按纵、撞轴线划分检查面,抽查10%,且均不少于3面。

表 6.1.6-2　钢筋安装位置的允许偏差和检验方法

项目		允许偏差/mm	检验方法
绑扎钢筋网	长、宽	±10	尺量检查
	网眼尺寸	±20	钢尺量连续三档,取最大值
绑扎钢筋骨架	长	±10	尺量检查
	宽、高	±5	尺量检查
受力钢筋	锚固长度	—20	尺量检查
	间距	±10	钢尺量两端、中间各一点,取最大值
	排距	±5	
	保护层厚度　基础	±10	尺量检查
	保护层厚度　其他	±5	尺量检查
绑扎箍筋、横向钢筋间距		±20	钢尺量连续三档,取最大值
钢筋弯起点位置		20	尺量检查

续表

项目		允许偏差/mm	检验方法
预埋件	中心线位置	5	尺量检查
	水平高差	+3,0	尺量和塞尺检查

注:1.检查预埋件中心线位置时,应沿纵、横两个方向量测,并取其中的较大值。

2.表中梁类、板类构件上部纵向受力钢筋保护层厚度的合格点率应达到90%及以上,且不得有超过表中数值1.5倍的尺寸偏差。

6.1.7 成品保护

(1)加工成型的钢筋或骨架运至现场,应分别按工号、结构部位、钢筋编号和规格等整齐堆放,保持钢筋表面清洁,防止被油渍、泥土污染或压弯变形;贮存期不宜过久,以免钢筋重遭锈蚀。

(2)在运输和安装钢筋时,应轻装轻卸,不得随意抛掷和碰撞,防止钢筋变形。

(3)在钢筋绑扎过程中和钢筋绑好后,不得在已绑好的钢筋上行人、堆放物料或搭设跳板,特别是防止踩踏压坍雨篷、挑檐、阳台等悬挑结构的钢筋,以免影响结构强度和使用安全。

(4)楼板等的弯起钢筋,负弯矩钢筋绑好后,在浇筑混凝土前进行检查、整修,保持不变形,在浇灌混凝土时设专人负责整修。

(5)绑扎钢筋时,防止碰动预埋铁件及洞口模板。

(6)模板内表面涂刷隔离剂时,应避免污染钢筋。

(7)安装电线管、暖卫管线或其他管线埋设物时,应避免任意切断和碰动钢筋。

6.1.8 安全与环保措施

(1)钢筋加工机械的操作人员,应经过一定的机械操作技术培训,掌握机械性能和操作规程后,才能上岗。

(2)钢筋加工机械的电气设备,应有良好的绝缘并接地,每台机械必须一机一闸,并设漏电保护开关。机械转动的外露部分必须设有安全防护罩,在停止工作时应断开电源。

(3)钢筋加工机械使用前,应先空运转试车正常后,方能开始使用。

(4)钢筋冷拉时,冷拉场地两端不准站人,不得在正在冷拉的钢筋上行走,操作人员进入安全位置后,方可进行冷拉。

(5)使用钢筋弯曲机时,操作人员应站在钢筋活动端的反方向,弯曲400mm的短钢筋时,要有防止钢筋弹出的措施。

(6)粗钢筋切断时,冲切力大,应在切断机口两侧机座上安装两个角钢挡杆,防止钢筋摆动。

(7)不得在焊机操作棚周围放易燃物品,在室内进行焊接时,应保持良好环境。

(8)搬运钢筋时,要注意前后方向有无碰撞危险或被钩挂料物,特别要避免碰挂周围和上下方向的电线。

(9)安装悬空结构钢筋时,必须站在脚手架上操作,不得站在模板上或支撑上安装。

(10)现场施工的照明电线及混凝土振动器线路不准直接挂在钢筋上,如确实需要,应在钢筋上架设横担木,把电线挂在横担木上,如采用行灯时,电压不得超过 36V。

(11)起吊或安装钢筋时,要和附近高压线路或电源保持一定的安全距离,在钢筋林立的场所,雷雨时不准操作和站人。

(12)在高空安装钢筋必须扳弯粗钢筋时,应选好位置站稳,系好安全带,防止摔下,现场操作人员均应戴安全帽。

(13)加强对作业人员的环保意识教育,钢筋运输、装卸、加工应防止不必要的噪声产生,最大限度减少施工噪声污染。

(14)钢筋吊运应选好吊点,捆绑结实,防止坠落。

(15)废旧钢筋头应及时收集清理,保持工完场清。

6.1.9 施工注意事项

(1)框架结构钢筋一般宜集中在钢筋加工场制作,然后运到现场堆放,或采取随安装随运,避免混乱。钢筋绑扎前应先熟悉施工图纸,核对钢筋配料表和料牌。核对成品钢筋的钢种、直径、形状、尺寸和数量,如发生错漏,应及时增补。

(2)框架结构节点复杂,钢筋密布,应先研究逐根钢筋穿插就位的顺序,并与有关工种研究支模、管线和绑扎钢筋等配合次序和施工方法,明确施工进度要求,以减少绑扎困难,避免返工和影响进度。

(3)框架梁节点处钢筋穿插十分稠密时,应注意梁顶面主筋间的净间距,要留有 30mm,以利灌筑混凝土的需要。

(4)框架柱内钢筋在施工中,往往箍筋绑扎不牢、模板刚度差,或柱筋与模板间固定措施不利,或由于振动棒的振捣,混凝土中的骨料挤压柱筋,或振动棒振动柱钢筋,或采用沉梁法绑扎钢筋,使柱主筋被挤歪,造成柱钢筋位移,从而改变了主筋的受力状态,给工程带来隐患。施工中要针对原因采取预防措施,一旦发生错位应进行处理,才能进行上层柱钢筋绑扎。处理方案应经公司技术负责人审定。必要时会同设计和监理共同商定。

(5)钢筋绑扎应注意保持钢筋骨架尺寸外形正确,绑扎时宜将多根钢筋端部对齐,防止绑扎时,某号钢筋偏离规定位置及骨架扭曲变形。

(6)保护层砂浆垫块厚度应准确,垫块间距应适宜,以防因垫块厚薄和间距不一,而导致楼板和悬臂板出现裂缝,梁底、柱侧露筋。

(7)钢筋骨架吊装入模时应用扁担起吊,吊点应根据骨架外形预先确定,骨架各钢筋交点要绑扎牢固,必要时应焊接牢固,起吊时应力求平稳,以防产生变形而影响安装入模。

(8)柱、墙钢筋绑扎应控制好钢筋的垂直度,绑竖向受力筋时要吊正后再绑扣,凡是搭接部位要绑 3 个扣,使其牢固不发生变形,再绑扣时避免绑成同一方向的顺扣。层高超过 4m 的柱、墙,要搭设脚手进行绑扎,并应采取一定的固定钢筋措施。

(9)梁钢筋绑扎要保持伸入支座必需的锚固长度,绑扎时要注意保证弯起钢筋位置正确;在绑扣前,应先按设计图纸检查对照已摆好的钢筋规格、尺寸、位置正确无误,然后再进行绑扣。

(10)板钢筋绑好后,应禁止人在钢筋上行走或在负弯矩钢筋上铺跳板作运输马道;在混凝土浇筑前应整修合格后再浇筑混凝土,以免将板的弯起钢筋、负筋踩(压)到下面,而影响板的承载力。

6.1.10 质量记录

(1)钢筋与焊条出厂质量证明或实验报告单。

(2)钢筋机械性能实验报告。

(3)钢筋在加工过程中发生脆断、焊接性能不良和机械性能显著不正常的,应有化学成分检验报告。

(4)技术交底、钢筋隐蔽验收记录。

(5)钢筋分项工程质量检验评定资料。

6.2 基础钢筋绑扎施工工艺标准

本工艺标准适用于建筑结构工程的基础及底板钢筋绑扎。工程施工应以设计图纸和有关施工质量验收规范为依据。

6.2.1 材料要求

(1)工程所用钢筋种类、规格必须符合设计要求,并经检验合格。

(2)钢筋半成品符合设计及规范要求。

(3)钢筋绑扎用的钢丝(镀锌钢丝)可采用20～22号钢丝,其中22号钢丝只用于绑扎直径12mm以下的钢筋。钢筋绑扎钢丝长度参考表6.2.1。

表 6.2.1 钢筋绑扎钢丝长度

钢筋直径/mm	钢丝长度							
	6～8	10～12	14～16	18～20	22	25	28	32
6～8	150	170	190	220	250	270	290	320
10～12		190	220	250	270	290	310	340
14～16			250	270	290	310	330	360
18～20				290	310	330	350	380
22					330	350	370	400

6.2.2　主要机具设备

与第 6.1.2 节现浇框架钢筋绑扎主要机具设备相同。

6.2.3　作业条件

(1)基础垫层完成,并符合设计要求。垫层上钢筋位置线已弹好。

(2)检查钢筋的出厂合格证,按规定进行复试,经检验合格后方能使用。钢筋无老锈及油污,成型钢筋经现场检验合格。

(3)钢筋应按现场施工平面布置图中指定位置堆放,钢筋外表面如有铁锈时,应在绑扎前清除干净,锈蚀严重的钢筋不得使用。

(4)绑扎钢筋地点已清理干净。

(5)熟悉图纸,做好技术交底。

(6)当钢筋的品种、级别或规格需做变更时,应办理设计变更文件。

6.2.4　施工操作工艺

(1)工艺流程。

1)基础底板为单层钢筋。基础垫层完→弹底板钢筋位置线→钢筋半成品运输到位→绑底板下层及地梁钢筋→水电工序插入→设置垫块→放置插筋定距框→插墙、柱预埋钢筋并加固稳定→验收。

2)基础底板为双层钢筋。基础垫层完→弹底板钢筋位置线→钢筋半成品运输到位→绑底板下层及地梁钢筋→水电工序插入→设置马凳→绑底板上层钢筋→设置定位框→插墙、柱预埋钢筋→验收。

(2)操作工艺。

1)将基础垫层清扫干净,按图纸标明的钢筋间距,算出底板实际需用的钢筋根数,靠近底板模板边的钢筋离模板边为 50mm,满足迎水面钢筋保护层厚度不应小于 50mm 的要求。在垫层上弹出钢筋位置线(包括基础梁钢筋位置线)和插筋位置线。插筋位置线包含剪力墙、框架柱和暗柱等竖向筋插筋位置,谨防遗漏。剪力墙竖向起步筋距柱或暗柱为 50mm,中间插筋按设计图纸标明的竖向筋间距分档,如分到边不到一个整间距时,可按根数均分,以达到间距偏差不大于 10mm。

2)按照钢筋绑扎情况适用的先后顺序,分段进行钢筋吊运。吊运前,应根据弹线情况算出实际需要的钢筋根数。

3)绑扎钢筋。四周两行钢筋交叉点应每点绑扎牢。中间部分交叉点可相隔交错扎牢,但必须保证受力钢筋不位移。双向主筋的钢筋网,则需将全部钢筋相交点扎牢。相邻绑扎点的钢丝扣成八字形,以免网片歪斜变形。

4)基础底板采用双层钢筋网时,在上层钢筋网下面应设置钢筋撑脚或混凝土撑脚,以保证钢筋位置正确,钢筋撑脚下应垫在下片钢筋网上。钢筋撑脚的形式和尺寸如图 6.2.4-1 和图 6.2.4-2 所示。图 6.2.4-1 所示类型撑脚每隔 1m 放置 1 个。直径选用标准:当板厚

$h \leqslant 300 \mathrm{mm}$ 时,直径为 $8 \sim 10 \mathrm{mm}$;当板厚 $h = 300 \sim 500 \mathrm{mm}$ 时,直径为 $12 \sim 14 \mathrm{mm}$。当板厚 $h > 500 \mathrm{mm}$ 时选用图 6.2.4-2 所示撑脚,钢筋直径为 $16 \sim 18 \mathrm{mm}$。沿短向通长布置,间距以能保证钢筋位置为准。

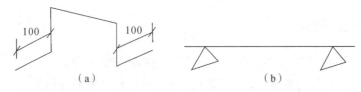

图 6.2.4   钢筋撑脚(单位:mm)

5)钢筋的弯钩应朝上,不要倒向一边;双层钢筋网的上层钢筋弯钩应朝下。

6)独立柱基础底板钢筋为双向弯曲,其底面短向的钢筋应放在长向钢筋的上面。

7)现浇柱与基础连接用的插筋,其箍筋尺寸应比柱的箍筋尺寸小一个柱筋直径,以便连接。箍筋的位置一定要绑扎固定牢靠,以免造成柱轴线偏移。

8)基础中纵向受力钢筋的混凝土保护层厚度不应小于 $40 \mathrm{mm}$,当无垫层时相应厚度不应小于 $70 \mathrm{mm}$。

9)钢筋的连接。

①受力钢筋的接头宜设置在受力较小处。接头末端至钢筋弯起点的距离不应小于钢筋直径的 10 倍。

②若采用绑扎搭接接头,则接头相邻纵向受力钢筋的绑扎接头宜相互错开。钢筋绑扎接头连接区段的长度为 1.3 倍搭接长度(l_1)。凡搭接接头中点位于该区段的搭接接头均属于同一连接区段。位于同一区段内的受拉钢筋搭接接头面积百分率为 25%。

③当钢筋的直径 $d > 28 \mathrm{mm}$ 时,不宜采用绑扎接头。

④纵向受力钢筋采用机械连接接头或焊接接头时,连接区段的长度为 $35d$(d 为纵向受力钢筋的较大值)且不小于 $500 \mathrm{mm}$。同一连接区段内,纵向受力钢筋的接头面积百分率应符合设计规定,当设计无规定时,应符合下列规定:在受拉区不宜大于 50%;直接承受动力荷载的基础中,不宜采用焊接接头;当采用机械连接接头时,不应大于 50%。

10)基础浇筑前,把基础上预留墙柱插筋扶正理顺,保证插筋位置准确。

11)承台钢筋绑扎前,一定要保证桩基伸出钢筋到承台的锚固长度。

6.2.5   质量标准

与第 6.1.6 节现浇框架钢筋绑扎质量标准相同。

6.2.6   成品保护

与第 6.1.7 节现浇框架钢筋绑扎成品保护相同。

6.2.7   安全与环保措施

与第 6.1.8 节现浇框架钢筋绑扎安全与环保措施相同。

6.2.8 质量记录

与第 6.1.10 节现浇框架钢筋绑扎质量记录相同。

6.3 地下室钢筋绑扎施工工艺标准

地下室由底板、墙和顶板等组成。其钢筋绑扎特点是：深坑作业，直径较粗，型号较多，布筋较密，尺寸要求严，安装难度较大。本工艺标准适用于工业与民用建筑地下室的现浇混凝土底板、墙、顶板的钢筋绑扎工程。工程施工应以设计图纸和有关施工质量验收规范为依据。

6.3.1 材料要求

与第 6.1.1 节现浇框架钢筋绑扎材料要求相同。

6.3.2 主要机具设备

与第 6.1.2 节现浇框架钢筋绑扎主要机具设备相同。

6.3.3 作业条件

(1)按施工平面布置图确定的位置，平整清理好钢筋堆放场地，挖好排水沟，铺好垫木，按施工安装顺序分类堆放钢筋。

(2)核对运到现场的成品钢筋的钢号、规格尺寸、形状、数量与施工图纸、配料单是否一致，如有问题，应及时解决。

(3)搭设必要的进入基坑的脚手马道。

(4)清理好地下室垫层，复核测量控制线和水准基点，在垫层上弹好墙、柱、楼梯及门窗洞口等边线。

(5)支好地下室外侧墙模板，做好周围排水，保持边坡稳定。

(6)如地下水位较高，应做好四侧降排水措施，使施工期间地下水位始终保持在基底面0.5m 以下。

(7)确定钢筋分段绑扎安装的顺序。

6.3.4 施工操作工艺

(1)底板钢筋绑扎。

1)底板可分段绑扎成型或整片绑扎成型。底板上设有基础梁时，多采取分段绑扎成型，然后安放梁钢筋骨架就位。

2)绑扎前应弹好底板钢筋的分档标点线和钢筋位置线,并摆放下层钢筋。

3)绑扎钢筋时,靠近外围两行的相交点应全部绑扎,中间部分的相交点可相隔交错绑扎,但应保证受力钢筋不发生位移。对双向受力的钢筋不得跳扣绑扎。

4)绑好底层钢筋;摆放钢筋马凳或钢筋支架(撑)后,即可绑上层钢筋的纵横两个方向的定位钢筋;并在定位钢筋上划线,然后排放纵横钢筋,绑扎方法与下层钢筋相同。

5)底板上、下层钢筋有接头时,应按规范要求错开,其位置、数量和搭接长度均应符合设计和施工规范的要求。钢筋搭接处,应在中心和两端按规定用铁丝扎牢。

6)当地下室长度较大时,应按设计要求或与设计商定,在中部设置后浇带并符合其构造要求,底板和基础梁(并包括外墙与顶板)主钢筋仍按原设计连续安装而不切断,平行缝带钢筋可在以后浇筑后浇带混凝土时绑扎。

7)墙主筋插筋伸入基础长度要符合设计要求,根据划好的墙位置,将预留插筋绑扎牢固,以确保位置准确。必要时可附加钢筋,再用电焊固定。

8)钢筋绑扎后应随即垫好砂浆垫块,在浇灌混凝土时,由专人看管钢筋并负责修整。

(2)墙钢筋绑扎。

1)地下室墙钢筋在底板浇筑混凝土后绑扎,绑扎前应放线,校正预埋插筋,对位移较严重的,应进行加固处理。墙模可分段间隔进行,以利钢筋绑扎。

2)一般先立2~4根竖筋,在其上划上水平筋间距,然后在下部及中部绑两根定位横筋,在其上划竖筋间距,接着绑其余竖筋,再后绑其余横筋。

3)墙钢筋应逐点绑扎,两侧和上下应对称进行,钢筋的搭接长度及位置应符合设计和施工规范的要求。搭接处应在中心和两端用铁丝绑牢。

4)双排钢筋之间应绑拉筋或支撑筋,其纵横间距不大于600mm。在钢筋的外侧绑扎砂浆垫块或塑料卡,以控制保护层的厚度。

5)墙上有洞口时,在洞口竖筋上划标高线,洞口要按设计要求加绑附加钢筋。洞口上下梁两端锚入墙内长度要符合设计要求。

6)墙转角和各节点的抗震构造钢筋及锚固长度均应按设计要求进行绑扎。

7)墙内埋设的预埋铁件、管道、预留洞口,其位置及标高均应符合设计要求,切断钢筋应加绑附加钢筋补强。

8)模板合拢后,应对伸出的钢筋进行一次修整,并在搭接处绑一道临时定位横筋,在混凝土浇筑时,应有专人随时检查和修整,以保证竖筋位置正确。

(3)顶板钢筋绑扎。顶板钢筋绑扎与底板钢筋绑扎原则相同。

6.3.5　质量标准

与第6.1.6节现浇框架钢筋绑扎质量标准相同。

6.3.6　成品保护

(1)加工好的成型钢筋,在现场应按型号、规格铺垫木整齐堆放,防止压弯变形;周围做好排水沟,避免钢筋陷入泥土中。

（2）地下室设有卷材防水层时，对垫层上和底板四周外露的防水层应妥善加以保护，以防被钢筋戳破。

（3）底板钢筋绑扎好后，支撑与马凳要绑扎牢固，避免其他工种操作时踩踏，造成钢筋变形。

（4）绑扎墙钢筋时应搭设临时脚手架，不得蹬踩钢筋。

（5）地下水位较高时，应降水至底板下 0.5m 以下，直至地下室周围回填土完毕和设计要求停止降水时间为止。

6.3.7   安全与环保措施

与第 6.1.8 节现浇框架钢筋绑扎安全与环保措施相同。

6.3.8   施工注意事项

（1）墙、柱主筋插筋与底板上、下铁件需仔细绑扎固定牢固，必要时可附加辅助筋电焊固定；混凝土浇筑前，加强检查，浇筑过程中由专人负责修整。

（2）底板和墙钢筋绑扎，要注意使绑扎接头与对焊接头错开。经对焊加工的钢筋，在现场进行绑扎时，对焊处要错开一个搭接长度。因此，下料加工时，凡距钢筋端头搭接长度 500mm 以内不应有对焊接头。再绑扎时应对每个接头进行尺量，检查搭接长度是否符合设计和施工规范的要求。同时接头应避开受力钢筋的最大弯矩处。

（3）墙、柱钢筋绑扎要保持钢筋垂直，绑竖向受力筋时，要吊正后再绑扣，搭接部位应有 3 个绑扣，避免绑成同一方向的顺扣；层高 4m 以上的墙柱要在架子上进行绑扎。

（4）底板钢筋绑好后，应严禁利用上层钢筋网或负筋铺板作为人行和浇筑混凝土的通道，以免将钢筋踩到下面，而影响底板的受力性能。

（5）底板、墙、柱钢筋每隔 1m 左右应绑带铅丝的水泥砂浆垫块（或塑料卡），混凝土浇灌中设专人看管并整修钢筋，以保证保护层厚度和钢筋位置的正确，防止露筋、钢筋错位等情况发生。

6.3.9   质量记录

与第 6.1.10 节现浇框架钢筋绑扎质量记录相同。

6.4   剪力墙钢筋绑扎施工工艺标准

本工艺标准适用于外板内模、外砖内模、全现浇等结构形式的剪力墙钢筋绑扎。工程施工应以设计图纸和有关施工质量验收规范为依据。

6.4.1 材料要求

根据设计要求,工程所用钢筋种类、规格必须符合要求,并经检验合格。钢筋及半成品符合设计及规范要求。钢筋绑扎用的铁丝可采用 20～22 号铁丝(火烧丝)或镀锌铁丝(铅丝),其中 22 号铁丝只用于绑扎直径 12mm 以下的钢筋。钢筋绑扎钢丝长度参考表 6.2.1。

6.4.2 主要机具设备

主要机具设备包括钢筋钩子、撬棍、钢筋扳子、绑扎架、钢丝刷子、钢筋运输车、石笔、墨斗、尺子等。

6.4.3 作业条件

(1)检查钢筋的出厂合格证,按规定进行复试,经检验合格后方能使用;网片应有加工合格证并经现场检验合格;加工成型钢筋应符合设计及规范要求,钢筋无老锈及油污。

(2)钢筋或点焊网片应按现场施工平面布置图中指定位置堆放,网片立放时应有支架,平放时应垫平,垫木应上下对正,吊装时应使用网片架。

(3)钢筋外表面如有铁锈时,应在绑扎前清除干净,锈蚀严重的钢筋不得使用。

(4)外砖内模工程必须先砌完外墙。

(5)绑扎钢筋地点已清理干净。

(6)墙身、洞口位置线已弹好,预留钢筋处的松散混凝土已剔凿干净。

(7)当钢筋的品种、级别或规格需作变更时,应办理设计变更文件。

(8)熟悉图纸,做好技术交底。

6.4.4 施工操作工艺

(1)工艺流程。

1)无暗柱。在顶板上弹墙体外皮线和模板控制线→调整竖向钢筋位置→接长竖向钢筋→绑竖向梯子筋→绑墙体水平钢筋→设置拉钩和垫块→设置墙体钢筋上口水平梯子筋→墙体钢筋验收。

2)有暗柱。在顶板上弹墙体外皮线和模板控制线→调整竖向钢筋位置→接长竖向钢筋→绑竖向梯子筋→绑扎暗柱及门窗过梁钢筋→绑墙体水平钢筋→设置拉钩和垫块→设置墙体钢筋上口水平梯子筋→墙体钢筋验收。

(2)操作工艺。

1)在顶板上弹墙体外皮线和模板控制线。将墙根浮浆清理干净,直至露出石子,用墨斗在钢筋两侧弹出墙体外皮线和模板控制线。

2)调整竖向钢筋位置。根据墙体外皮线和墙体保护层厚度检查预埋筋的位置是否正确,竖筋间距是否符合要求,如有位移,应按 1∶6 的比例将其调整到位。如位移偏大,应按技术洽商要求认真处理。

3）接长竖向钢筋。预埋筋调整合适后，开始接长竖向钢筋。按照既定的连接方法连接竖向筋，当采用绑扎搭接时，搭接段绑扣不小于 3 个。采用焊接或机械连接时，连接方法详见相关施工工艺标准。接长竖向钢筋时，应保证竖筋上端弯钩朝向正确。竖筋连接接头的位置应相互错开。剪力墙的纵向钢筋每段钢筋长度不宜超过 4m（钢筋的直径≤12mm）或 6m（直径＞12mm），水平段每段长度不宜超过 8m，以利绑扎。

4）绑竖向梯子筋（见图 6.4.4-1）。根据预留钢筋上的水平控制线安装预制的竖向梯子筋，应保证方正、水平。一道墙设置 2 至 3 个竖向梯子筋为宜。梯子筋如代替墙体竖向钢筋，应大于墙体竖向钢筋一个规格，梯子筋中控制墙厚度的横档钢筋的长度比墙厚小 2mm，端头用无齿锯锯平后刷防锈漆，根据不同墙厚画出梯子筋一览表。

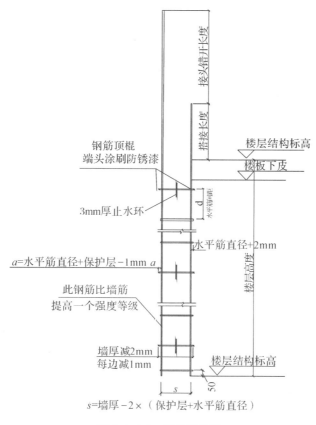

图 6.4.4-1　竖向梯子筋

5）绑扎暗柱及门窗过梁钢筋。

①暗柱钢筋绑扎。绑扎暗柱钢筋时先在暗柱竖筋上根据箍筋间距划出箍筋位置线，起步筋距地 30mm（在每一根墙体水平筋下面）。将箍筋从上面套入暗柱，并按位置线顺序进行绑扎，钢筋的弯钩叠合处应相互错开。暗柱钢筋绑扎方正，箍筋应水平，弯钩平直段应相互平行。

②门窗过梁钢筋绑扎。为保证门窗洞口标高位置正确，在洞口竖向筋上划出标高线。门窗洞口要按射进和规范要求绑扎过梁钢筋，锚入墙内长度要符合设计及规范要求，过梁箍筋两端各进入暗柱一个，第一个过梁箍筋距暗柱边 50mm，顶层过梁入支座全部锚固长度范

围内均要加设箍筋,间距为150mm。

6)绑扎墙体水平钢筋。

①暗柱和过梁钢筋绑扎完成后,可以进行墙体水平筋绑扎。水平筋应绑在墙体竖向筋外侧,按竖向梯子筋的间距从下到上顺序进行绑扎,水平筋第一根起步筋距地应为50mm。

②绑扎时将水平筋调整水平后,先与竖向梯子筋绑扎牢固,再与竖向立筋绑扎,注意将竖筋调整竖直。墙筋为双向受力钢筋,所有钢筋交叉点应逐点绑扎,绑扣采用顺扣时应交错进行,确保钢筋网绑扎稳固,不发生位移。

③绑扎时水平筋的搭接长度及错开距离要符合设计图纸及施工规范要求。

④墙筋在端部、角部的锚固长度、锚固方向应符合以下要求。

(a)剪力墙的水平钢筋在端部锚固应按设计和规范要求施工。做成暗柱或加U形钢筋,如图6.4.4-2所示。

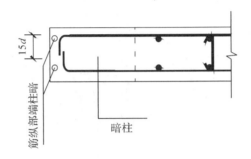

图6.4.4-2　剪力墙的水平钢筋在有端柱部位锚固

(b)剪力墙的水平钢筋在"丁"字节点及转角节点的绑扎锚固如图6.4.4-3(a)所示。

(c)剪力墙的连梁上下水平钢筋伸入墙内长度不能小于设计和规范要求,见图6.4.4-3(b)所示。

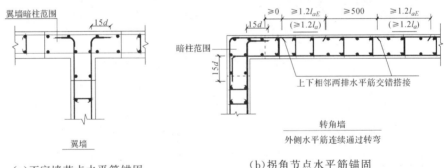

(a)丁字墙节点水平筋锚固　　　　(b)拐角节点水平筋锚固

图6.4.4-3　剪力墙在转角处绑扎锚固方法(单位:mm)

剪力墙的连梁沿梁全长的箍筋构造要符合设计和规范要求,在建筑物的顶层连梁伸入墙体的钢筋长度范围内,应设置间距≯150mm的构造箍筋,如图6.4.4-4所示。

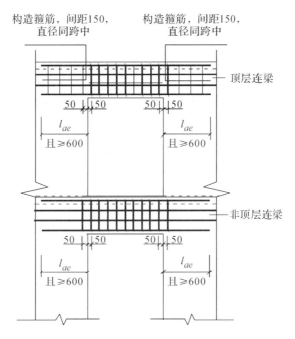

图 6.4.4-4　剪力墙的连梁上下水平钢筋及箍筋做法(单位:mm)

剪力墙洞口周围应绑扎补强钢筋,其锚固长度应符合设计和规范要求。剪力墙钢筋与外砖墙连接:先绑外墙,绑内墙钢筋时,将外墙预留的 $\Phi6$ 拉结筋理顺,然后再与内墙钢筋搭接绑牢,内墙水平筋间距及锚固按专项工程图纸施工。

7)设置拉钩和垫块。

①拉钩设置。双排钢筋在水平筋绑扎完成后,应按设计要求间距设置拉钩,固定双排钢筋的骨架间距。拉钩应呈梅花形设置,应卡在钢筋的十字交叉点上。注意用扳手将拉钩弯钩角度调整到135°,并应注意拉钩设置后不应改变钢筋排距。

②设置垫块。在墙体水平筋外侧应绑上带有铁丝的砂浆垫块或塑料卡,以保证保护层的厚度,垫块间距1m左右,按梅花形布置。注意钢筋保护层垫块不要绑在钢筋十字交叉点上。

③双F卡。可采用双F卡代替拉钩和保护层垫块,还能起到支撑的作用。支撑可用 $\Phi10\sim14$ 钢筋制作,支撑如顶模板,要按墙厚度减2mm,用无齿锯锯平并刷防锈漆,间距1m左右,梅花形布置(见图6.4.4-5)。

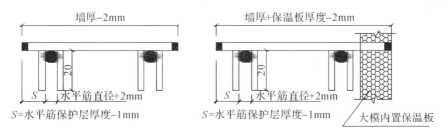

图 6.4.4-5　保护层用双F卡

8)设置墙体钢筋上口水平梯子筋。对绑扎完成的钢筋板墙进行调整,并在上口距混凝土面150mm处设置水平梯子筋,以控制竖向筋的位置和固定伸出筋的间距,水平梯子筋应与竖筋固定牢靠。同时在模板上口加扁铁与水平梯子筋一期控制墙体竖向钢筋的位置。

9)墙体钢筋验收。对墙体钢筋进行自检。对不到位处进行修整,并将墙脚内杂物清理干净,报请工长和质检员验收。

6.4.5　质量标准

与第6.1.6节现浇框架钢筋绑扎质量标准相同。

6.4.6　成品保护

与第6.1.7节现浇框架钢筋绑扎成品保护相同。

6.4.7　安全与环保措施

与第6.1.8节现浇框架钢筋绑扎安全与环保措施相同。

6.4.8　质量记录

与第6.1.10节现浇框架钢筋绑扎质量记录相同。

6.5　钢筋闪光对焊焊接施工工艺标准

钢筋闪光对焊焊接是利用对焊机使两段钢筋接触,通以低电压的强电流,把电能转化为热能,当钢筋加热到一定程度后,立即施加轴向压力挤压(称为顶锻),使之形成对焊接头。本工艺具有改善结构受力性能、减轻劳动强度、提高工效和质量、施工快速、节约钢材、降低成本等优点。工程施工应以设计图纸和有关施工质量验收规范为依据。

6.5.1　材料要求

凡施焊的各种钢筋、钢板均应有质量证明书;焊条、焊剂应有产品合格证。钢筋的级别、直径必须符合设计要求,进场后经物理性能检验符合有关标准和规范的要求。

6.5.2　主要机具设备

常用对焊机有UN1-50、UN1-75、UN1-100、UN2-150、UN17-150-1等型号,可根据钢筋直径和需用功率选用。与对焊机配套的对焊平台、防护深色眼镜、电焊手套、绝缘鞋、钢筋切割机、空压机、除锈机或钢丝刷、冷拉调直作业线及水源也应酌情运用。常用对焊机主要技术数据参见表6.5.2。

表 6.5.2　常用对焊机主要技术数据

参数	焊机型号				
	UN1-50	UN1-75	UN1-100	UN2-150	UN17-150-1
动夹具传动方式	杠杆挤压弹簧(人力操纵)			电动机凸轮	气—液压
额定容量/(kV·A)	50	75	100	150	150
负载持续率/%	25	20	20	20	50
电源电压/V	220/380	220/380	380	380	380
次级电压调节范围/V	2.9~5.0	3.52~7.04	4.5~7.6	4.05~8.10	3.8~7.6
次级电压调节级数	6	8	8	16	16
每小时最大焊接件数	50	75	20~30	80	120
冷却水消耗量/(L·h⁻¹)	200	200	200	200	600
压缩空气压力/MPa				0.55	0.6
压缩空气消耗量/(m³·h⁻¹)				15	5

6.5.3　作业条件

(1)对焊机检修完好,对焊机容量、电压等符合要求并符合安全规定。

(2)电源已具备,电流、电压符合对焊要求。施焊时,应随时观察电压波动情况,当电源电压下降大于 5% 但小于 8% 时,应采取适当提高焊接变压器级数的措施;当电压下降大于 8% 时,不得进行焊接。

(3)钢筋焊接部位经清理,表面平整、清洁,无油污、杂质等。作业场地应有安全防护设施以及防火和必要通风措施。

(4)从事钢筋焊接施工的焊工必须持有焊工考试合格证,才能上岗操作。

(5)在工程开工正式焊接之前,参与该项施焊的焊工应进行现场条件下的焊接工艺试验,经试验合格后,方可正式生产。试验结果应符合质量检验与验收时的要求。

(6)熟悉料单,弄清接头位置,做好技术交底。

6.5.4　施工操作工艺

(1)根据钢筋品种、直径和所用对焊机功率大小,可选用连续闪光焊、预热闪光焊、闪光—预热—闪光等对焊工艺。对于可焊性差的钢筋,对焊后宜采用通电热处理措施,以改善接头塑性。

1)连续闪光焊。工艺过程包括:连续闪光和顶锻。通电后,应借助操作杆使两钢筋端面轻微接触,使其产生电阻热,使钢筋端面的凸出部分互相融化,并将熔化的金属微粒向外喷射形成火光闪光,徐徐不断地移动钢筋,形成连续闪光,待预定的烧化留量消失后,以适当压力迅速进行顶锻,完成整个连续闪光焊接。连续闪光焊的留量如图 6.5.4-1 所示,连续闪光焊钢筋上限直径见表 6.5.4。图 6.5.4-1 中,L_1、L_2 为调伸长度,a_1+a_2 为烧化留量,c_1+c_2 为顶锻留量,$c_1'+c_2'$ 为有电顶锻留量,$c_1''+c_2''$ 为无电顶锻留量。

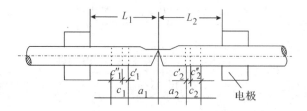

图 6.5.4-1　钢筋连续闪光焊

表 6.5.4　连续闪光焊钢筋上限直径

焊机容量/(kV·A)	钢筋级别	钢筋直径/mm
160(150)	HPB300	22
	HRB400、HRBF400	20
100	HPB300	20
	HRB400、HRBF400	18
80(75)	HPB300	16
	HRB400、HRBF400	12

　　2)预热闪光焊。工艺过程包括：一次闪光预热；二次闪光、顶锻。施焊时，先一次闪光，将钢筋端面闪平；然后预热，方法是使两钢筋端面交替地轻微接触和分开，使其间隙发生断续闪光来实现预热或使两钢筋端面一直紧密接触，用脉冲电流或交替紧密接触与分开，产生电阻热(不闪光)来现实预热。二次闪光与顶锻过程同连续闪光。预热闪光焊的留量见图 6.5.4-2。当钢筋直径超过表 6.5.4 的规定，且钢筋端面较平整时，宜采用预热闪光焊。

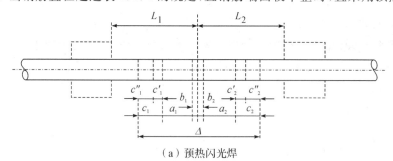

（a）预热闪光焊

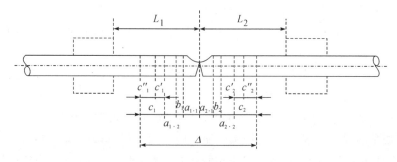

（b）闪光—预热闪光焊

图 6.5.4-2　预热闪光焊和闪光—预热闪光焊

3)闪光—预热闪光焊。工艺过程包括：一次闪光、预热、二次闪光及顶锻。施焊时，首先一次闪光，使钢筋端部闪平；然后预热，使两钢筋端面交替地轻微接触和分开，使其间隙发生断续闪光来实现预热；二次闪光与顶锻过程同连续闪光焊。当钢筋直径超过表6.5.4的规定，且钢筋端面不平整时，应采用闪光—预热闪光焊。

（2）闪光对焊时，应选择合适的调伸长度、烧化留量、顶锻留量、变压器级数等焊接参数。

1)调伸长度的选择，应随着钢筋牌号的提高和钢筋直径的加大而增长，减缓接头的温度梯度，防止在热影响区产生淬硬组织。当焊接HRB400、HRBF400等牌号钢筋时，调伸长度宜在40~60mm内选用。

2)烧化留量的选择，应根据焊接工艺方法确定。当连续闪光焊时，闪光过程应较长。烧化留量应等于两根钢筋在断料时切断机刀口严重压伤部分（包括端面的不平整度），再加8~10mm。闪光—预热闪光焊时，应区分一次烧化留量和二次烧化留量。一次烧化留量应不小于10mm。二次烧化留量应不小于6mm。

3)需要预热时，宜采用电阻预热法。预热留量应为1~2mm，预热次数应为1~4次；每次预热时间应为1.5~2s，间歇时间应为3~4s。

4)顶锻留量应为3~7mm，并应随钢筋直径的增大和钢筋牌号的提高而增加。其中，有电顶锻留量约占1/3，无电顶锻留量约占2/3，焊接时必须控制得当。焊接HRB500钢筋时，顶锻留量宜稍微增大，以确保焊接质量。

（3）当HRBF400、HRBF500钢筋需要进行闪光对焊时，与热轧钢筋比较，应减小调伸长度，提高焊接变压器级数，缩短加热时间，快速顶锻，形成快热快冷条件，使热影响区长度控制在钢筋直径的60%范围之内。

（4）变压器级数应根据钢筋牌号、直径、焊机容量、焊接工艺方法等具体情况选择。

（5）HRB500钢筋焊接时，应采用预热闪光焊或闪光—预热闪光焊工艺。接头拉伸试验结果发生脆性断裂或弯曲试验不能达到规定要求时，应在焊机上进行焊后热处理。

（6）在闪光对焊生产中，当出现异常现象或焊接缺陷时，应查找原因，采取措施，及时消除。

6.5.5　质量标准

（1）主控项目。

1)对焊钢筋应有出厂质量证明和试验报告，钢筋的品种和质量必须符合设计要求和有关标准的规定。

2)钢筋对焊时所选用对焊机性能和工艺方法，必须符合焊接工艺要求。

3)闪光对焊接头的质量检验，应分批进行外观检查和力学性能试验，并按下列规定抽取试件。

①在同一台班内，由同一焊工完成的300个同级别、同直径钢筋焊接接头应作为一批。若同一台班内焊接的接头数量较少，可在一周之内累计计算；累计仍不足300个接头，应按一批计算。

②力学性能试验时，应从每批接头中随机切取6个接头，用其中3个做拉伸试验，用其

中 3 个做弯曲试验。

③异径接头可只做拉伸试验。

4）钢筋气压焊接头的拉伸试验结果评定如下。

符合下列条件之一，评定为合格。

①3 个试件均断于钢筋母材，延性断裂，抗拉强度大于等于钢筋母材抗拉强度标准值。

②2 个试件断于钢筋母材，延性断裂，抗拉强度大于等于钢筋母材抗拉强度标准值；另一试件断于焊缝，或热影响区，脆性断裂，或延性断裂，抗拉强度大于等于钢筋母材抗拉强度标准值。

符合下列条件之一，评定为复验。

①2 个试件断于钢筋母材，延性断裂，抗拉强度大于等于钢筋母材抗拉强度标准值；另一试件断于焊缝，或热影响区，呈脆性断裂，或延性断裂，抗拉强度小于钢筋母材抗拉强度标准值。

②1 个试件断于钢筋母材，延性断裂，抗拉强度大于等于钢筋母材抗拉强度标准值；2 个试件断于焊缝，或热影响区，呈脆性断裂，抗拉强度大于等于钢筋母材抗拉强度标准值。

3 个试件全部断于焊缝，或热影响区，呈脆性断裂，抗拉强度均大于等于钢筋母材抗拉强度标准值，应该进行复验。当 3 个试件中有 1 个试件抗拉强度小于钢筋母材抗拉强度标准值时，应评定为盖检验批接头拉伸试验不合格。

复验时，应切取 6 个试件进行试验。试验结果中若有 4 个或者 4 个以上试件短语钢筋母材，呈延性断裂，抗拉强度大于等于钢筋母材抗拉强度标准值，另外 2 个或以下试件短语焊缝，呈脆性断裂，抗拉强度大于等于钢筋母材抗拉强度标准值，应评定该检验批拉伸试样复试合格。

5）钢筋闪光对焊接头进行弯曲试验时，应从每个检验批接头中随机切取 3 个接头，焊缝应处于弯曲中心点，弯心直径和弯曲角度应符合表 6.5.5 的规定。

弯曲试验结果应该按照下列评定。

①当试验结果弯至 90°，有 2 个或 3 个试件外侧（含焊缝和热影响区）未发生 0.5mm 以上裂纹，应评定该批接头弯曲试验合格。

②当有 2 个试件发生 0.5mm 以上裂纹，应进行复验。

③当有 3 个试件发生 0.5mm 以上裂纹，则一次判定该批接头为不合格品。

④复验时，应再加取 6 个试件。当复验结果仅有 1～2 个试件发生 0.5mm 以上裂纹时，应评定该批接头为合格品。

表 6.5.5　接头弯曲试验指标

钢筋牌号	弯心直径	弯曲角
HPB300	$2d$	90°
HRB400、HRBF400	$5d$	90°
HRB500、HRBF500	$7d$	90°

注：1. d 为钢筋直径（mm）。

　　2. 直径大于 25mm 的钢筋焊接接头，弯心直径应增加 1 倍钢筋直径。

(2)一般项目。闪光对焊接头外观检查结果,应符合下列要求。

①接头处不得有横向裂纹。

②与电极接触处的钢筋表面不得有烧伤。

③接头处的弯折角不得大于 2°。

④接头处的轴线偏移不得大于钢筋直径的 1/10,且不得大于 1mm。

6.5.6   成品保护

(1)焊接后,焊接区应防止骤冷,以免发生脆裂。当气温较低时,接头部位应适当用保温材料覆盖。

(2)钢筋对焊半成品按规格、型号分类堆放整齐,堆放场所应有遮盖,防止雨淋而锈蚀。

(3)运输装卸对焊半成品时不能随意抛掷,以避免钢筋变形。

6.5.7   安全措施

(1)对焊前,应清除钢筋与电极表面的锈皮和污泥,使电极接触良好,以避免出现"打火"现象。

(2)对焊机的参数选择,包括功率和二次电压应与对焊钢筋相适应,电极冷却水的温度,不得超过 40℃,机身应保持接地良好。

(3)闪光火花飞溅的区域内,要设置薄钢板或水泥石棉挡板防护装置,在对焊机与操作人员之间,可在机上装置活动罩,防止火花射灼操作人员。

(4)对焊完毕不应过早松开夹具;焊接接头尚处在高温时避免抛掷,同时不得往高温接头上浇水,较长钢筋对接时应安放在台架上操作。

6.5.8   施工注意事项

(1)焊接时如调换焊工或更换钢筋级别和直径,应按规定制作对焊试件(不少于 2 个)做冷弯试验,合格后才能按既定参数成批对焊,否则要调整参数,经试验合格后才能进行操作。焊接参数应由操作人员根据钢种特性、气温高低、实际电压、焊机性能等具体情况进行修正。

(2)不同直径的钢筋对焊时,其直径之比不宜大于 1.5;同时除应按大直径钢筋选择焊接参数外,应减小大直径钢筋的调伸长度,或利用短料先将大直径钢筋预热,以使两者在焊接过程中加热均匀,保证焊接质量。

(3)焊接过程中,如发现焊接质量不能满足要求,应针对产生原因,采取防治措施。如焊接烧化过分剧烈并产生爆炸声,应降低变压器级次,减小闪光速度。如钢筋表面严重烧伤,应清除电极钳口的杂质和钢筋夹紧部分的铁锈,改进电极槽口形状,以增大其接触面积;同时夹紧钢筋,如接头中有氧化膜、未焊透或有夹渣,应增加预热过程;避免过早切断电流;增加顶锻压力。如接头轴线偏移和弯折,应采取调整电极位置,增强夹具刚度,切除或矫直钢筋端头或焊完后平稳取下钢筋等措施。

(4)对焊时如发现接头区域出现裂缝通病,应检验钢筋的碳、硫、磷含量,如不符合规定,应予更换或采取低频预热方法增加预热程度,或减小顶锻压力等措施。如热影响区淬硬脆断,应采取扩大低温加热区(见红区),降低温度梯度,减缓焊后冷却速度或焊后通电热处理等措施。已裂缝的接头应切除重焊。

(5)带肋钢筋对焊宜将纵肋对纵肋安放和焊接。

(6)在环境温度低于-5℃条件下闪光对焊时,宜采用预热闪光焊或闪光—预热闪光焊;可增加调伸长度,采用较低变压器级数,增加预热次数和间歇时间。当环境温度低于-20℃时,不宜进行各种焊接。

(7)雨天、雪天不宜在现场进行施焊;必须施焊时,应采取有效遮蔽措施。焊后未冷却的接头不得碰到冰雪。在现场进行闪光对焊或电弧焊,当风速超过7.9m/s时,应采取挡风措施。进行气压焊,当风速超过5.4m/s时,应采取挡风措施。

(8)焊机应经常维护保养和定期检修,确保正常使用。

6.5.9　质量记录

(1)钢筋出厂质量证明书或试验报告单。

(2)钢筋机械性能复试报告。

(3)钢筋在加工过程中发生脆断、焊接性能不良和机械性能显著不正常的,应有化学成分检验报告。

(4)钢筋接头的拉伸试验报告、弯曲试验报告。

6.6　钢筋气压焊接施工工艺标准

钢筋气压焊是利用氧气和乙炔燃烧火焰对两根对接钢筋的端头进行加热,使之达到塑性状态,并施加30～40MPa的轴向压力,把钢筋顶锻连在一起,形成对焊接头。本工艺具有设备简单、技术易于掌握、工效高、质量好、现场作业、不受长度限制、节省钢材、降低成本等优点。本工艺标准适用于工业与民用建筑、构筑物的混凝土结构中在垂直、水平或倾斜位置的纵向连接接头的钢筋气压焊接。施工时应符合设计和《钢筋焊接及验收规程》(JGJ 18—2012)的有关要求。

6.6.1　材料要求

(1)钢筋、钢板、焊条。凡施焊的各种钢筋、钢板均应有质量证明书;焊条、焊剂应有产品合格证。

(2)氧气。用瓶装氧气(O_2),纯度应≥99.5%,即工业一级纯度,其质量应符合国标《工业用氧》(GB/T 3863—2008)中的技术要求。

(3)乙炔气。用瓶装乙炔气(C_2H_2),纯度不低于98%(体积比),水分含量不得大于$1g/m^3$,其质量应符合国标《溶解乙炔》(GB 6819—2004)中的技术要求。

(4)电石。当使用乙炔发生器时,电石的质量应符合国标中一级以上的要求。

(5)液化石油气。应符合国标《液化石油气》(GB 11174—2011)的各项规定。

6.6.2　主要机具设备

气压焊的设备有供气装置(包括氧气瓶、溶解乙炔气瓶或液化石油气瓶、干式回火防止器、减压器及胶管);多嘴环管加热器(应配多种规格的加热圈)、加压器(包括油泵、油管、油压表、顶压油缸等)、焊接夹具(固定卡具、活动卡具);辅助设备有无齿锯(砂轮锯)、角向磨光机及死扳手等。

6.6.3　作业条件

(1)设备准备齐全并进行试用,满足焊接质量要求。

(2)从事钢筋焊接施工的焊工必须持有焊工考试合格证,才能上岗操作。

(3)在工程开工正式焊接之前,参与该项施焊的焊工应进行现场条件下的焊接工艺试验,经试验合格后,方可正式生产。试验结果应符合质量检验与验收时的要求。

(4)搭设好必要的操作脚手平台。

6.6.4　施工操作工艺

(1)气压焊按加热温度和工艺方法的不同,可分为熔态气压焊(开式)和固态气压焊(闭式)两种。在一般情况下,宜优先采用熔态气压焊。

(2)采用固态气压焊时,其焊接工艺应符合下列要求。

1)焊前钢筋端面应切平、打磨,使其露出金属光泽,并宜与钢筋轴线相垂直,钢筋安装夹牢,预压顶紧后,两钢筋端面局部间隙不得大于 3mm。

2)气压焊加热开始至钢筋端面密合前,应采用碳化焰集中加热,并使其内焰包住缝隙,防止钢筋端面产生氧化;钢筋端面密合后应改用中性焰宽幅加热;焊接全过程不得使用氧化焰。

3)气压焊顶压时,对钢筋施加的顶压力应为 $30\sim40N/mm^2$。

(3)采用熔态气压焊时,其焊接工艺应符合下列要求。

1)安装焊接夹具和钢筋时,应将钢筋分别夹紧,并使两钢筋的轴线在同一直线上。两钢筋端面之间应预留 $3\sim5mm$ 间隙。

2)气压焊开始时,首先使用中性焰宽幅加热,待钢筋端头至熔化状态,附着物随熔滴流走,端部呈凸状时,即加压,挤出熔化金属,并密合牢固。

3)使用氧液化石油气火焰进行熔态气压焊时,应适当增大氧气用量。

(4)钢筋下料宜使用无齿锯,下料长度应考虑钢筋焊接后的压缩量,每个接头的压缩量为 $1.0\sim1.5d(d$ 为所焊钢筋直径,下同)。接头位置、同一截面内接头数量等应符合验收规范的要求。

(5)施焊前应用角向磨光机对钢筋端部稍微倒角,并将钢筋端面打磨平整(钢筋端面与钢筋轴线要基本垂直),清除氧化膜,露出光泽,并清除钢筋端头 100mm 范围内的锈蚀、油污、水泥等。

(6)将钢筋安装就位,方法是将所需的两根钢筋用焊接夹具分别夹紧并调整对正,使两钢筋的轴线在同一直线上,如图 6.6.4 所示。

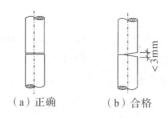

（a）正确　　　（b）合格

图 6.6.4　气压焊钢筋焊接位置

（7）钢筋加热加压方法,在焊接的开始阶段采用碳化焰（即还原焰,$O_2/C_2H_2=0.85\sim0.95$）,对准两根钢筋接缝处集中加热,此时须使内焰包围着钢筋缝隙,以防钢筋端面氧化,同时增大轴向压力。当两根钢筋端面的缝隙完全闭合后,将火焰调整为中性焰（$O_2/C_2H_2=1\sim1.1$）,以加快加热速度。此时操作焊炬,使火焰在焊面沿钢筋长度的上下 $2d$ 范围内时行均匀往复加热,使温度达到 $1150\sim1250℃$,随后加压至 $30\sim40MPa$,使压焊部位的膨鼓达到 $1.4d$ 以上,镦粗区长度为 $1.2d$ 以上,镦粗区形状平稳圆滑,没有明显凸起和塌陷,即可停止加热。

（8）当钢筋接头处温度降低,接头处红色大致消失后,卸去压力,然后卸下夹具,使焊件在空气中自然冷却。

（9）钢筋气压焊接完后,应对每一个接头进行外观质量检查,并填写质量证明书。

6.6.5　质量标准

（1）主控项目。

1）钢筋必须有出厂合格证和材质试验报告,质量必须符合有关标准的规定。

2）钢筋按规定进行复试,机械性能、化学成分符合有关标准的规定。

3）气压焊接头的质量检验,应分批进行外观检查和力学性能检验,并按下列规定执行。

①钢筋混凝土结构中,应以 300 个同牌号钢筋接头作为一批;在房屋结构中,应在不超过二楼层中以 300 个同牌号钢筋接头作为一批;当不足 300 个接头时,仍应作为一批。

②墙的竖向钢筋连接中,应从每批接头中随机切取 3 个接头做拉伸试验;在梁、板的水平钢筋连接中,应另切取 3 个接头做弯曲试验。

③径气压焊接头可只做拉伸试验。

4）钢筋气压焊接头的拉伸试验结果评定如下。

符合下列条件之一,评定为合格。

①3 个试件均断于钢筋母材,延性断裂,抗拉强度大于等于钢筋母材抗拉强度标准值。

②2 个试件断于钢筋母材,延性断裂,抗拉强度大于等于钢筋母材抗拉强度标准值;另一试件断于焊缝,或热影响区,脆性断裂,或延性断裂,抗拉强度大于等于钢筋母材抗拉强度标准值。

符合下列条件之一,评定为复验。

①2 个试件断于钢筋母材,延性断裂,抗拉强度大于等于钢筋母材抗拉强度标准值;另一试件断于焊缝,或热影响区,呈脆性断裂,或延性断裂,抗拉强度小于钢筋母材抗拉强度标

准值。

②1个试件断于钢筋母材,延性断裂,抗拉强度大于等于钢筋母材抗拉强度标准值;2个试件断于焊缝,或热影响区,呈脆性断裂,抗拉强度大于等于钢筋母材抗拉强度标准值。

3个试件全部断于焊缝,或热影响区,呈脆性断裂,抗拉强度均大于等于钢筋母材抗拉强度标准值,应该进行复验。当3个试件中有1个试件抗拉强度小于钢筋母材抗拉强度标准值时,应评定为盖检验批接头拉伸试验不合格。

复验时,应切取6个试件进行试验。试验结果中若有4个或者4个以上试件短语钢筋母材,呈延性断裂,抗拉强度大于等于钢筋母材抗拉强度标准值,另外2个或以下试件短语焊缝,呈脆性断裂,抗拉强度大于等于钢筋母材抗拉强度标准值,应评定该检验批拉伸试样复试合格。

5)钢筋气压焊接头进行弯曲试验时,应从每个检验批接头中随机切取3个接头,焊缝应处于弯曲中心点,弯心直径和弯曲角度应符合表6.5.5的规定。

弯曲试验结果应该按照下列评定。

①当试验结果弯至90°,有2个或3个试件外侧(含焊缝和热影响区)未发生0.5mm以上裂纹,应评定该批接头弯曲试验合格。

②当有2个试件发生0.5mm以上裂纹,应进行复验。

③当有3个试件发生0.5mm以上裂纹,则一次判定该批接头为不合格品。

④复验时,应再加取6个试件。当复验结果仅有1～2个试件发生0.5mm以上裂纹时,应评定该批接头为合格品。

(2)一般项目。

1)接头膨鼓形状应平滑,不应有显著的凸出和塌陷。

2)不得过烧,表面不应呈粗糙和蜂窝状。

3)接头不应有环向裂纹,同时镦粗区表面不得有严重烧伤。

4)气压焊接头外观检查结果,应符合下列要求。

①接头处的轴线偏移 e 不得大于钢筋直径的 1/10,且不得大于 1mm[见图 6.6.5(a)];当不同直径钢筋焊接时,应按较小钢筋直径计算;当大于上述规定值,但在钢筋直径的 3/10 以下时,可加热矫正;当大于 3/10 时,应切除重焊。

②接头处的弯折角度不得大于 3°;当大于规定值时,应重新加热矫正。

③固态气压焊接头镦粗直径 d_c 不得小于钢筋直径的 1.4 倍,熔态气压焊接头镦粗直径 d_c 不得小于钢筋直径的 1.2 倍[见图 6.6.5(b)];当小于上述规定值时,应重新加热镦粗。

④镦粗长度 L_c 不得小于钢筋直径的 1.0 倍,且凸起部分平缓圆滑[见图 6.6.5(c)];当小于上述规定值时,应重新加热镦长。

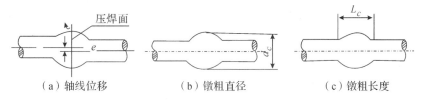

（a）轴线位移　　　　（b）镦粗直径　　　　（c）镦粗长度

图 6.6.5　钢筋气压焊接头外观质量图解

6.6.6　成品保护

(1)操作时,不能过早拆卸夹具,以免造成接头弯曲变形。

(2)焊后不得敲砸钢筋接头,不准往刚焊完的接头上浇水冷却。

(3)焊接时搭好脚手架,不得踩踏已绑好的钢筋。

6.6.7　安全措施

(1)供气装置的使用应严格遵照国家颁布的《气瓶安全监察规程》和《溶解乙炔气瓶安全监察规程》中有关规定执行。施焊作业应遵循《焊接与切割安全中气焊安全规程》(GB 9448—1988)的有关规定执行。氧气的工作压力不得超过 0.8MPa,乙炔的工作压力不得超过 0.1MPa。

(2)氧气瓶、乙炔瓶阀应保证严密不漏气,瓶上严禁沾油;氧气瓶工作前应开气吹掉污物,氧气表与瓶阀连接要紧密,以免跑气或脱落伤人。

(3)氧气瓶、乙炔瓶、氧气表、乙炔表及皮管有漏气时,要及时修理,符合要求后方可使用。压接设备要定期检查鉴定,有毛病的设备和工具不得使用。

(4)作业地点及下方,不得有易燃品、易爆炸品。施工现场使用氧气瓶、乙炔瓶、压接头钳时,三者的距离不得小于 10m,如不能满足要求,应采取遮挡措施。不得将点燃的焊炬随意卧放在模板或挂在钢筋上。

(5)每个氧气瓶、乙炔加压器只可装一把焊炬。安装夹具前要检查,如发现夹具、顶丝有裂缝和损坏,要禁止使用,以免发生安全事故。

(6)焊炬火焰熄灭或发生回火时,应先关闭焊炬乙炔阀,再关闭氧气阀。

(7)施焊现场应该设置消防设备,如灭火器、消防龙头等,但严禁使用四氯化碳灭火器。

(8)焊接操作人员应佩戴气焊防护目镜、手套、安全帽。雨雪天应有防滑措施。高空作业时,脚手架要支设牢固,并设护身栏杆。

6.6.8　施工注意事项

(1)气压焊接设备必须专人操作、管理,调换人员必须做焊接试件,经试验合格后,才能进行操作。

(2)当采用两种不同直径的钢筋对焊时,其直径之差不得大于 7mm,接头应留在直线段上,不得在钢筋的弯曲处。

(3)在施焊过程中应控制好加热温度,温度过高时,会发生金属过烧现象,温度过低时,压焊面难以良好熔合,镦粗区不能形成合适的形状。

(4)在现场进行钢筋气焊时,当风速超过 5.4m/s 时,应采取挡风措施;在负温下施工时,对气源设备应采取适当的保温防冻;压接作业后的钢筋接头不得与冰雪接触。当环境温度低于 −20℃时,不得进行施焊。

(5)焊接夹具应能夹紧钢筋,当钢筋承受最大轴向压力时,钢筋与夹头之间不得产生相对滑移;应便于钢筋的安装定位,并在施焊过程中保持刚度;动夹头应与定夹头同心,并且当不同直径钢筋焊接时,亦应保持同心;动夹头的位移应大于或等于现场最大直径钢筋焊接时所需要的压缩长度。

6.6.9 质量记录

与第 6.5.9 节钢筋闪光对焊焊接质量记录相同。

6.7 钢筋电渣压力焊接施工工艺标准

钢筋电渣压力焊接是利用专用焊接机具,将钢筋安装成竖向对接形式,通电使两根被焊接钢筋之间形成电弧和熔渣池,将钢筋端部熔化,然后施加压力使钢筋连接形成焊接接头。本法具有工艺简单、容易掌握、工作条件好、工效高、焊接速度快、质量可靠、节省钢材、费用较低等优点。但瞬时电流较大,需较大容量的变压器设备。本工艺标准适用于工业与民用建筑现浇钢筋混凝土结构中竖向或斜向(斜度在 10% 内)钢筋的电渣压力焊接,不得在竖向焊接后横置于梁、板等构件中作水平钢筋用。电渣压力焊在供电条件差、电压不稳、雨季时应慎用。施工时应以有关施工标准与规范为依据。

6.7.1 材料要求

(1)钢筋。应有出厂合格证及试验报告,品种和性能应符合设计及有关标准与规范的规定。

(2)焊剂。

1)焊剂的性能应符合《埋弧焊用非合金钢及细晶粒钢实心焊丝、药芯焊丝和焊丝—焊剂组合分类要求》(GB/T 5293—2018)中碳素钢埋弧焊用焊剂的规定。常用的为熔炼型高锰高硅低氟焊剂或中锰高硅低氟焊剂。

2)焊剂应存放在干燥的库房内,防止受潮。如受潮,使用前须经 250~300℃ 烘焙 2h。

3)使用中回收的焊剂,应除去熔渣和杂物,并应与新焊剂混合均匀后使用。

4)焊剂应有出厂合格证。

6.7.2 主要机具设备

(1)手工电渣压力焊设备包括焊接电源、控制箱、焊接夹具、焊剂罐等。

(2)自动电渣压力焊设备(应优先采用)包括焊接电源、控制箱、操作箱、焊接机头等。

(3)焊接电源:钢筋电渣压力焊宜采用次级空载电压较高(TSV 以上)的交流或直流焊接电源(一般 32mm 直径及以下的钢筋焊接时,可采用容量为 600A 的焊接电源)。当焊机容量较小时,也可以采用较小容量的同型号,同性能的两台焊机并联使用。

6.7.3 作业条件

(1)从事钢筋焊接施工的焊工必须持有焊工考试合格证,才能上岗操作。

(2)在工程开工正式焊接之前,参与该项施焊的焊工应进行现场条件下的焊接工艺试验,经试验合格后,方可正式生产。试验结果应符合质量检验与验收时的要求。

(3)焊接机具设备以及辅助设备准备齐全、完好。使用电源、电压、电流符合施焊要求。施焊时,应随时观察电源电压波动情况,当电源电压下降大于5%且小于8%时,应采用提高焊接变压器级数的措施;当大于或等于8%时,不得进行焊接。

(4)作业场地应有安全防护措施,并已搭设好必要的操作脚手架。

(5)钢筋端头已处理好,并清理干净;焊剂已熔烘干燥。

(6)同一连接区段的钢筋接头与数量应符合规范要求。

6.7.4 施工操作工艺

(1)工艺流程。检查设备、电源→钢筋端头制备→试焊、做试件→选择焊接参数→安装焊接夹具和钢筋→安放铁丝球(也可省去)→安放焊剂罐、填装焊剂→确定焊接参数→施焊→回收焊剂→卸下夹具→质量检查。

(2)电渣压力焊工艺过程应符合下列要求。

1)焊接夹具的上下钳口应夹紧于上、下钢筋上;钢筋一经夹紧,不得晃动。

2)引弧可采用直接引弧法,或铁丝圈(焊条芯)引弧法。

3)引燃电弧后,应先进行电弧过程,然后加快上钢筋下送速度,使钢筋端面与液态渣池接触,转变为电渣过程,最后在断电的同时,迅速下压上钢筋,挤出熔化金属和熔渣。

4)接头焊毕,应稍作停歇,方可回收焊剂和卸下焊接夹具;敲去渣壳后,四周焊包凸出钢筋表面的高度不得小于4mm。

(3)施焊前,应将钢筋端部120mm范围内的铁锈、杂质刷净。焊药应经250℃烘烤。

(4)采用手工电流压力焊,宜用直接引弧法,先使上、下钢筋接触,通电后将上钢筋提升2~4mm,引燃电弧,然后继续提数毫米,待电弧稳定后,随着钢筋的熔化而使上钢筋逐渐下降,此时电弧熄灭,转化为电渣过程,焊接电流通过渣池而产生电阻热,使钢筋端部继续熔化,待熔化留量达到规定数值(约30~40mm)后,控制系统报警时切断电源,用适当压力迅速顶压,使之挤出熔化金属形成坚实接头,冷却20~30s后,即可打开焊药盒回收焊剂,卸掉夹具,并敲掉熔渣。

(5)采用自动电渣压力焊可采用10~12mm高铁丝圈引弧,即使焊接电流产生电阻热将铁丝熔化,再提起操作杆,使上下钢筋之间形成2~3mm的空隙,从而产生电弧。焊接工艺操作过程由凸轮自动控制,应预先调试好控制箱的电流、电压时间信号,并事先试焊几次,以考核焊接参数的可靠性,再批量焊接。

(6)电渣压力焊焊接参数可参照表6.7.4选用。

表 6.7.4 电渣压力焊焊接参数

钢筋直径/mm	焊接电流/A	焊接电压/V		焊接通电时间/s	
		电弧过程 $u_{2.1}$	电渣过程 $u_{2.2}$	电弧过程 t_1	电渣过程 t_2
12	160～180			9	2
14	200～220			12	3
16	220～250			14	4
18	250～300			15	5
20	300～350	35～45	18～22	17	5
22	350～400			18	6
25	400～450			21	6
28	500～550			24	6
32	600～650			27	7

6.7.5 质量标准

(1)主控项目。

1)钢筋的牌号和质量,必须符合设计要求和有关标准的规定。

2)钢筋的规格,焊接接头的位置,同一区段内有接头钢筋面积的百分比,必须符合设计要求和施工规范的规定。

3)电渣压力焊接头的质量检验,应分批进行外观检查和力学性能检验,并按下列规定执行。

①在现浇钢筋混凝土结构中,应以 300 个同牌号钢筋接头作为一批。

②在房屋结构中,应在不超过二楼层中以 300 个同牌号钢筋接头作为一批;当不足 300 个接头时,仍应作为一批。

③每批随机切取 3 个接头试件做拉伸试验。

4)钢筋电渣压力焊接头的拉伸试验结果评定如下。

符合下列条件之一,评定为合格。

①3 个试件均断于钢筋母材,延性断裂,抗拉强度大于等于钢筋母材抗拉强度标准值。

②2 个试件断于钢筋母材,延性断裂,抗拉强度大于等于钢筋母材抗拉强度标准值;另一试件断于焊缝,或热影响区,脆性断裂,或延性断裂,抗拉强度大于等于钢筋母材抗拉强度标准值。

符合下列条件之一,评定为复验。

①2 个试件断于钢筋母材,延性断裂,抗拉强度大于等于钢筋母材抗拉强度标准值;另一试件断于焊缝,或热影响区,呈脆性断裂,或延性断裂,抗拉强度小于钢筋母材抗拉强度标准值。

②1 个试件断于钢筋母材,延性断裂,抗拉强度大于等于钢筋母材抗拉强度标准值;2 个试件断于焊缝,或热影响区,呈脆性断裂,抗拉强度大于等于钢筋母材抗拉强度标准值。

3 个试件全部断于焊缝,或热影响区,呈脆性断裂,抗拉强度均大于等于钢筋母材抗拉强度标准值,应该进行复验。当 3 个试件中有 1 个试件抗拉强度小于钢筋母材抗拉强度标准值时,应评定为盖检验批接头拉伸试验不合格。

复验时,应切取 6 个试件进行试验。试验结果中若有 4 个或者 4 个以上试件短语钢筋母材,呈延性断裂,抗拉强度大于等于钢筋母材抗拉强度标准值,另外 2 个或以下试件短语焊缝,呈脆性断裂,抗拉强度大于等于钢筋母材抗拉强度标准值,应评定该检验批拉伸试样复试合格。

(2)一般项目。电渣压力焊接头外观检查结果,应符合下列要求。

1)当钢筋直径为 25mm 及以下时,四周焊包凸出钢筋表面的高度不得小于 4mm;当钢筋直径为 28mm 及以上时,四周焊包凸出钢筋表面的高度不得小于 6mm。

2)钢筋与电极接触处,应无烧伤缺陷。

3)接头处的弯折角不得大于 2°。

4)接头处的轴线偏移不得大于 1mm。

6.7.6 成品保护

与第 6.6.6 节钢筋气压焊接成品保护相同。

6.7.7 安全措施

(1)电渣压力焊接机具设备的外壳应接零或接地,露天放置的焊机应有防雨遮盖。

(2)焊接用电线应采用胶皮绝缘电缆,绝缘性能不良的电缆应严禁使用。

(3)焊接变压器要符合安全电压要求,焊接过程中要防止焊剂或焊包铁水外溢伤人。

(4)焊工操作应穿电焊工作服、绝缘鞋,戴防护手套、防护面罩等劳保用品应保持干燥,高处作业时系安全带。

(5)焊接时二次线必须双线到位,严禁借用金属管道、金属脚手架、轨道及结构钢筋作回路地线。

(6)用于电渣焊作业的工作台、脚手架,应搭设牢固、安全。

(7)在雨期焊接,设备应有可靠的遮蔽防护措施,电线应保持绝缘良好,焊药应保持干燥,大雨天应禁止焊接施工。炎热天气,焊接场所要做好防暑降温工作。冬季要做好保温防护工作,在 −20℃ 低温下,应禁止施工。

(8)严禁在易燃易爆气体或液体扩散区域内进行焊接作业。

6.7.8 施工注意事项

(1)焊接时应加强对电源的维护管理,严禁钢筋接触电源;焊接导线及钳口接线处应有可靠绝缘;变压器和焊机不得超负荷作业。

(2)焊接工作电压和焊接时间是两个重要焊接参数,在施焊时不得任意变更参数,以免影响焊接质量。当变换其他品种、规格的钢筋进行焊接时,其焊接工艺的参数亦应相应调整,经试验、鉴定合格后方可采用。

(3)焊剂应存放在干燥的库房内,当受潮时,在使用前应经 250～300℃烘焙 2h。使用中回收的焊剂应清除熔渣和杂物,并应与新焊剂混合均匀后使用。

(4)在整个焊接过程中,要认真掌握准焊接通电时间,注意电渣工作电压和电渣工作电压的变化,并根据其变化提升或下降钢筋,使焊接工作电压稳定在规定参数范围内。在顶压钢筋时,要保持压力数秒钟后方可松开操纵杆,以免接头偏斜或接合不良。在施焊时,要注意扶正钢筋上端,以防止上、下钢筋错位和夹具变形。钢筋焊接完毕,应注意检查钢筋是否竖直。如不竖直,应立即趁热将它拨正,停 20～30s 后拆下夹具,以免钢筋弯曲。

(5)焊接过程中,如出现较严重的质量通病问题,不能满足使用要求,要分析原因,采取措施,及时纠正。如接头出现咬边,主要原因是焊接电流太大,钢筋熔化过快;停机太晚,通电时间过长;或上钢筋端头未压入熔池中或压入深度不够。如接头未熔合,主要原因是焊接时上钢筋提升过大或下送速度过慢,钢筋端部熔化不良或形成断弧;或焊接电流过小或通电时间不够,使钢筋端部未能得到适宜的熔化量。如接头焊包不匀,主要原因是钢筋端头倾斜过大,或铁丝圈安放不正,而熔化量又不足,顶压时熔化金属在接头四周分布不匀而致。如接头夹渣,主要原因是通电时间短,上钢筋在熔化过程中还未形成凸面即行顶压,熔渣无法排出所致。又如接头偏心和倾斜,主要原因是钢筋端部歪扭不直,在夹具中夹持不正或倾斜;焊后夹具过早放松,接头未冷而却使上钢筋倾斜;或夹具长期使用磨损,造成上下不同心所致等,都应针对原因采取措施纠正,以保证质量。

(6)带肋钢筋对焊宜将纵肋对纵肋安放和焊接。

(7)焊机应经常维护保养和定期检修,确保正常使用。

6.7.9   质量记录

与第 6.5.9 节钢筋闪光对焊焊接质量记录相同。

6.8   钢筋电弧焊接施工工艺标准

电弧焊是利用弧焊机使焊条与焊件之间产生电弧,熔化焊条与焊件的金属,凝固后形成焊接接头。本工艺具有不需特殊设备,操作工艺简单,技术易于掌握,可用于各种形状钢筋和工作场所焊接,质量可靠,施工费用较低等优点。本工艺标准适用于工业与民用建筑钢筋混凝土中钢筋及埋件的电弧焊接。施工时应以《钢筋焊接及验收规程》(JGJ 18—2012)及其他有关施工标准与规范为依据。

6.8.1   材料要求

(1)钢筋、钢材。凡施焊的各种钢筋、钢板均应有质量证明书;焊条、焊剂应有产品合格证。

(2)焊条。电弧焊所采用的焊条,应符合现行国家标准《非合金钢及细晶粒钢焊条》(GB/T 5117—2012)或《热强钢焊条》(GB/T 5118—2012)的规定。

6.8.2　主要机具设备

(1)主要机具设备。弧焊机,分为直流和交流两类。交流弧焊机常用型号有 BX$_3$-120-1、BX$_3$-300-2、BX$_3$-500-2 和 BX$_2$-1000 等。直流弧焊机常用型号有 AX$_1$-165、AX$_3$-300-1、AX-320、AX$_4$-300-1、AX$_5$-500、AX$_3$-500 等。根据焊接要求选用。

(2)主要工具。包括焊把、胶皮电焊线、电焊钳、面罩、钢丝刷、锉刀、榔头、钢字码等。

6.8.3　作业条件

(1)从事钢筋焊接施工的焊工必须持有焊工考试合格证,才能上岗操作。

(2)在工程开工正式焊接之前,参与该项施焊的焊工应进行现场条件下的焊接工艺试验,经试验合格后,方可正式生产。试验结果应符合质量检验与验收时的要求。

(3)电源已具备,电流、电压符合对焊要求。施焊时,应随时观察电压波动情况,当电源电压下降大于 5% 但小于 8% 时,应采取适当提高焊接变压器级数的措施;当电压下降大于 8% 时,不得进行焊接。

(4)弧焊机等机具设备完好,经维修试用,可满足施焊要求。

(5)帮条尺寸、坡口角度、钢筋端头间隙、接头位置以及钢筋轴线应符合规定。

(6)钢筋焊接部位经清理,表面平整、清洁,无油污、杂质等。作业场地应有安全防护设施,防火和必要通风措施。

(7)熟悉图纸,做好技术交底。

6.8.4　施工操作工艺

(1)钢筋电弧焊包括帮条焊、搭接焊、坡口焊、窄间隙焊和熔槽帮条焊 5 种接头形式。焊接时,应符合下列要求。

1)应根据钢筋牌号、直径、接头形式和焊接位置,选择焊条、焊接工艺和焊接参数。

2)焊接时,引弧应在垫板、帮条或形成焊缝的部位进行,不得烧伤主筋。

3)焊接地线与钢筋应接触紧密。

4)焊接过程中应及时清渣,焊缝表面应光滑,焊缝余高应平缓过渡,弧坑应填满。

(2)帮条焊时,宜采用双面焊[见图 6.8.4-1(a)];当不能进行双面焊时,方可采用单面焊[见图 6.8.4-1(b)]。图 6.8.4 中,d 为钢筋直径,l 为帮条长度。帮条长度应符合表 6.8.4-1 的规定。当帮条牌号与主筋相同时,帮条直径可与主筋相同或小一个规格;当帮条直径与主筋相同时,帮条牌号可与主筋相同或低一个牌号。

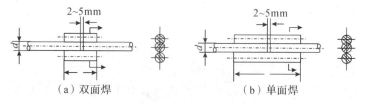

(a)双面焊　　　　　　　　(b)单面焊

图 6.8.4-1　钢筋帮条焊接头

(3)搭接焊时,宜采用双面焊[见图6.8.4-2(a)]。当不能进行双面焊时,方可采用单面焊[见图6.8.4-2(b)]。搭接长度可与表6.8.4-1帮条长度相同。

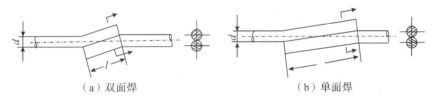

（a）双面焊　　　　　　　　　　　　　　（b）单面焊

图6.8.4-2　钢筋搭接焊接头

表6.8.4-1　钢筋帮条长度

钢筋牌号	焊缝形式	帮条长度 l
HPB300	单面焊	$\geqslant 8d$
	双面焊	$\geqslant 4d$
HRB400、HRBF400、HRB500、RRBF500	单面焊	$\geqslant 10d$
	双面焊	$\geqslant 5d$

注:d 为主筋直径(mm)。

(4)帮条焊接头或搭接焊接头的焊缝厚度 s 不应小于主筋直径的30%,焊缝宽度 b 不应小于主筋直径的80%(见图6.8.4-3)。图5.8.4-3中,d 为钢筋直径。

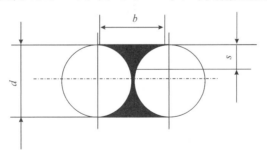

图6.8.4-3　焊缝尺寸示意

(5)帮条焊或搭接焊时,钢筋的装配和焊接应符合下列要求。

1)帮条焊时,两主筋端面的间隙应为2~5mm。

2)搭接焊时,焊接端钢筋应预弯,并应使两钢筋的轴线在同一直线上。

3)帮条焊时,帮条与主筋之间应用四点定位焊固定;搭接焊时,应用两点固定;定位焊缝与帮条端部或搭接端部的距离宜大于或等于20mm。

4)焊接时,应在帮条焊或搭接焊形成焊缝中引弧;在端头收弧前应填满弧坑,并应使主焊缝与定位焊缝的始端和终端熔合。

(6)熔槽帮条焊适用于直径20mm及以上钢筋的现场安装焊接。焊接时应加角钢,作垫板模。接头形式(见图6.8.4-4)、角钢尺寸和焊接工艺应符合下列要求。

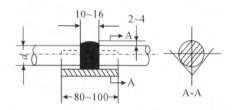

图 6.8.4-4 钢筋熔槽帮条焊接头（单位：mm）

1）角钢边长宜为 40～70mm。

2）钢筋端头应加工平整。

3）从接缝处垫板引弧后应连续施焊，并应使钢筋端部熔合，防止未焊透、气孔或夹渣。

4）焊接过程中应停焊清渣 1 次；焊平后，再进行焊缝余高的焊接，其高度为 2～4mm。

5）钢筋与角钢垫板之间，应加焊侧面焊缝 1～3 层，焊缝应饱满，表面应平整。

（7）窄间隙焊适用于直径 16mm 及以上钢筋的现场水平连接。焊接时，钢筋端部应置于铜模中，并应留出一定间隙，用焊条连续焊接，熔化钢筋端面和使熔敷金属填充间隙，形成接头（见图 6.8.4-5）。其焊接工艺应符合下列要求。

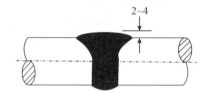

图 6.8.4-5 钢筋窄间隙焊接头（单位：mm）

1）钢筋端面应平整。

2）应选用低氢型碱性焊条。

3）从焊缝根部引弧后应连续进行焊接，左右来回运弧，在钢筋端面处电弧应少许停留，并使熔合。

4）当焊至端面间隙的 4/5 高度后，焊缝逐渐扩宽；当熔池过大时，应改连续焊为断续焊，避免过热。

5）焊缝余高不得大于 3mm，且应平缓过渡至钢筋表面。

（8）预埋件钢筋电弧焊 T 型接头可分为角焊和穿孔塞焊两种（见图 6.8.4-6）。装配和焊接时，应符合下列要求。

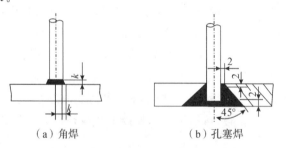

（a）角焊　　　　（b）孔塞焊

图 6.8.4-6 预埋件钢筋电弧焊 T 型接头（单位：mm）

1)当采用 HPB300 钢筋时,角焊缝焊脚 k 不得小于钢筋直径的 50%;采用其他牌号钢筋时,焊脚 k 不得小于钢筋直径的 60%。

2)施焊中,不得使钢筋咬边或烧伤。

(9)钢筋与钢板搭接焊时,焊接接头(见图 6.8.4-7)应符合下列要求。

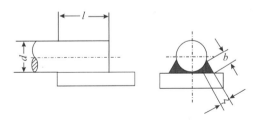

图 6.8.4-7 钢筋与钢板搭接焊接头

1)HPB300 钢筋的搭接长度 l 不得小于钢筋直径的 4 倍,其他牌号钢筋搭接长度 l 不得小于钢筋直径的 5 倍。

2)焊缝宽度不得小于钢筋直径的 60%,焊缝厚度不得小于钢筋直径的 35%。

(10)坡口焊的准备工作和焊接工艺应符合下列要求。

1)坡口面应平顺,切口边缘不得有裂纹、钝边和缺棱。

2)坡口角度可按图 6.8.4-8 中数据选用。

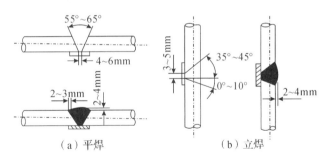

（a）平焊　　　　　　（b）立焊

图 6.8.4-8 钢筋坡口焊接头

3)钢垫板厚度宜为 4~6mm,长度宜为 40~60mm;平焊时,垫板宽度应为钢筋直径加 10mm;立焊时,垫板宽度宜等于钢筋直径。

4)焊缝的宽度应大于 V 型坡口的边缘 2~3mm,焊缝余高不得大于 3mm,并平缓过渡至钢筋表面。

5)钢筋与钢垫板之间,应加焊二、三层侧面焊缝。

6)当发现接头中有弧坑、气孔及咬边等缺陷时,应立即补焊。

6.8.5 质量标准

(1)主控项目。

1)钢筋的牌号和质量,必须符合设计要求和有关标准的规定。

2)钢筋的规格,焊接接头的位置,以及同一区段内有接头钢筋面积的百分比,必须符合设计要求和施工规范的规定。

3)焊接接头的质量检验,应分批进行外观检查和力学性能检验,并应按下列规定作为一个检验批:在现浇钢筋混凝土结构中,应以300个同牌号钢筋接头作为一批;在房屋结构中,应在不超过二楼层中以300个同牌号钢筋接头作为一批;当不足300个接头时,仍应作为一批。每批随机切取3个接头做拉伸试验。

4)在装配式结构中,可按生产条件制作模拟试件,每批3个,做拉伸试验。

5)钢筋与钢板搭接焊接接头可只进行外观质量检查。

6)拉伸试验结果应符合下列要求。

符合下列条件之一,评定为合格。

①3个试件均断于钢筋母材,延性断裂,抗拉强度大于等于钢筋母材抗拉强度标准值。

②2个试件断于钢筋母材,延性断裂,抗拉强度大于等于钢筋母材抗拉强度标准值;另一试件断于焊缝,或热影响区,脆性断裂,或延性断裂,抗拉强度大于等于钢筋母材抗拉强度标准值。

符合下列条件之一,评定为复验。

①2个试件断于钢筋母材,延性断裂,抗拉强度大于等于钢筋母材抗拉强度标准值;另一试件断于焊缝,或热影响区,呈脆性断裂,或延性断裂,抗拉强度小于钢筋母材抗拉强度标准值。

②1个试件断于钢筋母材,延性断裂,抗拉强度大于等于钢筋母材抗拉强度标准值;2个试件断于焊缝,或热影响区,呈脆性断裂,抗拉强度大于等于钢筋母材抗拉强度标准值。

3个试件全部断于焊缝,或热影响区,呈脆性断裂,抗拉强度均大于等于钢筋母材抗拉强度标准值,应该进行复验。当3个试件中有1个试件抗拉强度小于钢筋母材抗拉强度标准值时,应评定为盖检验批接头拉伸试验不合格。

复验时,应切取6个试件进行试验。试验结果中若有4个或者4个以上试件短语钢筋母材,呈延性断裂,抗拉强度大于等于钢筋母材抗拉强度标准值,另外2个或以下试件短语焊缝,呈脆性断裂,抗拉强度大于等于钢筋母材抗拉强度标准值,应评定该检验批拉伸试样复试合格。

(2)一般项目。

1)电弧焊接头外观检查结果,应符合下列要求。

①焊缝表面平整,不得有凹陷或焊瘤。

②焊接接头区域不得有肉眼可见的裂纹。

③焊缝余高应为2～4mm。

④咬边深度、气孔、夹渣等缺陷允许值及接头尺寸的允许偏差,应符合表6.8.5的规定。

2)钢筋与钢板电弧搭接焊接接头可只进行外观检查。

表 6.8.5　钢筋电弧焊缺陷允许值及接头尺寸允许偏差

名称		接头形式		
		帮条焊	搭接焊、钢筋与 钢板搭接焊	坡口焊、窄间隙焊、 熔槽帮条焊
帮条沿接头中心线的纵向偏移/mm		$0.3d$	—	—
接头处弯折角/°		2	2	2
接头处钢筋轴线的偏移/mm		$0.1d$	$0.1d$	$0.1d$
		1	1	1
焊缝宽度/mm		$+0.1d$	$+0.1d$	
焊缝长度/mm		$-0.3d$	$-0.3d$	
咬边深度/mm		0.5	0.5	0.5
在长 $2d$ 焊缝表面上的气 孔及夹渣	数量/个	2	2	
	面积/mm²	6	6	
在全部焊缝表面上的气孔 及夹渣	数量/个	—	—	2
	面积/mm²	—	—	6

注:d 为钢筋直径(mm)。

6.8.6　成品保护

(1)焊接接地线应与钢筋接触良好,防止因起弧而烧伤钢筋。

(2)焊接后不得往焊完的接头浇水冷却,不得敲钢筋接头。

(3)运输装卸焊接钢筋,不能随意抛掷。

6.8.7　安全措施

(1)弧焊机必须接地良好,露天放置的焊机应有遮盖措施,焊接施工场所不能使用易燃材料搭设。

(2)焊工操作要佩戴防护用品,高空作业必须系安全带。

(3)焊接用电线应保持绝缘良好,焊条应保持干燥;大雨天应禁止作业;在冬期,$-20℃$以下低温应停止施工。

6.8.8　施工注意事项

(1)根据钢筋级别、直径、接头形式和焊接位置,选择适宜的焊条直径和焊接电流,保证焊缝与钢筋熔合良好。

(2)焊接时要注意保持焊条干燥,如受潮应先在 $150\sim350℃$ 下烘 $1\sim3h$。

(3)钢筋电弧焊接应注意防止钢筋的焊后变形,应采取对称、等速施焊,分层轮流施焊,选择合理的焊接顺序、缓慢冷却等措施,减少变形。

(4)在环境温度低于−5℃条件下施焊时,宜增大焊接电流(较夏季增大10%～15%),减缓焊接速度,使焊件减小温度梯度并延缓冷却。电弧帮条焊或搭接焊时,第一层焊缝应从中间引弧,向两端施焊;以后各层控温施焊,层间温度控制在150～350℃。多层施焊时,可采用回火焊道施焊。当环境温度低于−20℃时,不宜进行各种焊接。

(5)过程中若发现接头有弧坑、未填满、气孔及咬边、焊瘤等质量缺陷时,应立即修整补焊。HRB400级钢筋接头冷却后补焊,需先用氧乙炔焰预热。

6.8.9 质量记录

与第6.5.9节钢筋闪光对焊焊接质量记录相同。

6.9 钢筋冷挤压连接施工工艺标准

钢筋冷挤压连接是将待连接的两根钢筋端部套上钢套筒,然后用便携式液压挤压机沿径向挤压,使套筒产生塑性变形,将两根钢筋压接成一体形成接头。本工艺为机械连接方法,具有接头强度、刚度好、韧性均匀(与母材相当)、连接快、性能可靠、质量稳定、技术易于掌握、无明火作业、不受气候条件影响、可做到全天候施工等优点。

冷挤压接头根据结构重要性、受力情况及接头位置等,分为Ⅰ、Ⅱ、Ⅲ级,根据设计要求选定。工程施工时应以设计图纸和有关施工规范为依据。

6.9.1 材料要求

(1)钢筋。应有出厂合格证和试验报告;品种和性能符合《钢筋混凝土用钢第2部分:热轧带肋钢筋》(GB/T 1499.2—2018)标准的要求。

(2)钢套筒(管)。材质为低碳素镇静钢,其机械性能应满足屈服强度 $\sigma_s = 225 \sim 350\text{N/mm}^2$,抗拉强度 $\sigma_b = 375 \sim 500\text{ N/mm}^2$,延伸率 $\sigma_s \geqslant 20\%$,钢套筒表面不得有裂缝、折叠、结疤等缺陷。套筒型号应与所连接钢筋相匹配。

6.9.2 主要机具设备

主要机具设备超高压电动油泵站、YJ-32型挤压机、超高压油管、悬挂平衡器(手动葫芦)、吊挂小车、YJ型挤压连接钳、划标志用工具以及检查压痕卡板等。

6.9.3 作业条件

(1)参加操作人员已经过培训、考核,可持证上岗。

(2)挤压设备经检修、试压,符合施工要求。

(3)钢筋端部应有定位标记与检查标记,可确保钢筋伸入套筒的长度。

(4)挤压连接前应清除钢套筒和钢筋被挤压部位的铁锈和泥土杂质,同时将钢筋筒进行试套,如钢筋有马蹄弯折或鼓胀套不上时,用手动砂轮修磨矫正。

6.9.4 施工操作工艺

(1)钢筋应按标记插入钢套筒内,并确保接头长度,同时连接钢筋与钢套筒的轴心应保持同一轴线,以防止压空、偏心和弯折。

(2)挤压时,挤压机的压接应垂直于被压钢筋的横肋,同时挤压应从钢套筒中央逐道向端部压接,如对 Φ32 钢筋每端压六道压痕(见图 6.9.4)。

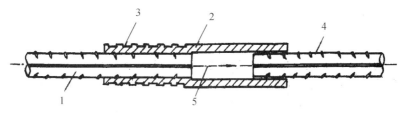

1—已挤压的钢筋;2—钢套筒;3—压痕道数;4—未挤压的钢筋;5—钢筋与套筒的轴线

图 6.9.4 钢筋套筒挤压连接压接示意

(3)为加快压接速度,减少现场高空作业,可先在地面压接半个压接接头,在施工作业区把钢套筒另一段插入预留钢筋,按工艺要求挤压另一端。

(4)钢筋半接头连接工艺:先装好高压油管和钢筋配用限位器、套管压模,并在压模内涂润滑油,接着按手控上开关,使套筒对正压模内孔,接着按关闭开关,插入钢筋顶到限位器上扶正;按手控上开关,进行挤压;当听到液压油发出溢流声,再按手控下开关,退回柱塞,取下压模,取出半套管接头,即完成半接头的挤压作业。

(5)连接钢筋挤压工艺:先将半套管插入结构待连接的钢筋上,使挤压机就位,再放置与钢筋配用的压模和垫块;然后按下手控上开关,进行挤压,同样当听到液压油发出溢流声,按下手控下开关,退回柱塞及导向板,装上垫块;按下手控上开关,进行挤压;按下手控下开关,退回柱塞再加垫块;然后按手控上开关,进行挤压,再按手控下开关退回柱塞;最后取下垫块、压模,卸下挤压机,钢筋连接即告完成。

6.9.5 质量标准

(1)主控项目。

1)钢筋应有出厂质量证明和检验报告;钢筋的品种和质量应符合《钢筋混凝土用钢第2部分:热轧带肋钢筋》(GB/T 1499.2—2018)的要求。

2)套筒材质应有质量检验单和合格证,几何尺寸符合有关标准的要求。

3)挤压接头的强度检验必须合格。

(2)一般项目。

1)取样数量。以同一材料、规格、同一压接工艺完成的 500 个接头为一个验收批,且同一批接头分布不多于 3 个楼层,不足 500 个仍为一批。对每一验收批随机抽取 10% 的挤压接头作外观检查,抽取 3 个试样作单向拉伸试验。

2)外观检查。挤压后套筒长度应为 1.10~1.15 倍原套筒长度,或压痕处套筒的外径为 0.8~0.9 原套筒的外径;挤压接头的压痕道数应符合形式检验确定的道数;接头弯折不得大于 4°;挤压后的套筒不得有肉眼可见的裂缝。如外观质量合格数大于或等于抽检数的90%,则该批为合格,如不合格数超过抽检数的10%,则应逐个进行复检。

3)单向拉伸试验。3 个接头试样的抗拉强度均应满足设计要求等级抗拉强度的要求。对于Ⅰ级接头,试样抗拉度尚应大于等于 95%的钢筋的抗拉强度实测值;对于Ⅱ级接头,应大于 90%。如有一个试样的抗拉强度不符合要求,则加倍抽样复验。复试结果仍有一个试件不合格,则该批接头为不合格品。

6.9.6 成品保护

(1)地面半接头连接的钢筋半成品要用垫木垫好,分规格码放整齐。

(2)套筒要妥善存放,筒内不得有砂浆等杂物。

(3)连接成品不得随意抛掷。

(4)在高空挤压接头时,要搭设临时脚手平台操作,不得蹬踩接头。

6.9.7 安全措施

(1)操作时不得硬拉电线和高压油管。

(2)高压油管不得打死弯,操作人员应避开高压胶管反弹方向,以免伤人。

(3)液压系统中严禁混入杂质,在装卸超高压软管时,其端部要保管好,不能带有灰尘砂土杂物。

(4)操作人员应戴安全帽和手套,高空作业应系安全带。

6.9.8 施工注意事项

(1)钢套筒的几何尺寸及钢筋接头位置必须符合设计要求,要认真检查钢套筒的质量,套筒表面不得有裂缝、折叠、结疤等缺陷,以免影响压接质量。

(2)钢筋端部要平直,如有弯折,必须予以矫直;钢筋的连接端和套管内壁严禁有油污、铁锈、泥砂混入,套管接头外边的油脂亦必须擦干净。

(3)连接带肋钢筋不得砸平花纹。

(4)柱子钢筋接头要高出混凝土面 1m,以使钢筋挤压连接有一定的操作空间。

(5)要注意钢筋插入钢套筒的长度,挤压时严格控制其压力,认真检查压痕深度,深度不够要补压,超深的要切除接头重新连接。

6.9.9 质量记录

与第 6.5.9 节钢筋闪光对焊焊接质量记录相同。

6.10　钢筋锥螺纹连接施工工艺标准

钢筋锥螺纹连接是将被连接的两个钢筋端头切平,用套丝机制出锥形螺纹(简称丝头),然后用带锥形内丝的连接套把两根带丝头的钢筋,按规定的力矩值连接成一体形成钢筋接头。本工艺为机械连接方法,具有操作简单、快速、工效高、质量稳定、安全可靠、节约钢材、不用电源、无明火作业、不受季节影响等优点。本工艺标准适用于工业与民用建筑的混凝土结构中竖向与水平钢筋锥螺纹连接,但不能用于预应力钢筋和经常受反复动荷载及承受高压应力疲动荷载的结构构件。工程施工应以设计图纸和有关施工规范为依据。

6.10.1　材料要求

(1)钢筋。应有出厂合格证和试验报告,品种和性能符合《钢筋混凝土用钢第2部分:热轧带肋钢筋》(GB/T 1499.2—2018)标准的要求。

(2)锥螺纹连接套。用45号优质碳素结构钢或其他经试验确认符合要求的钢材。锥螺纹套的受拉能力不应小于被连接钢筋的受拉承载力标准值的1.1倍。套筒表面应有规格标记。

6.10.2　主要机具设备

(1)机械设备。包括SZ-50A、ZL-4等型号锥螺纹套丝机、砂轮切割机、角向磨光机、台式砂轮等。

(2)主要工具。包括力矩扳手、量规(牙形规、卡规、锥螺纹塞规)等。

6.10.3　作业条件

(1)参加接头施工的操作人员已经过技术培训、考核合格,可持证上岗。

(2)锥螺纹套丝机等机械设备经维修试用,测力扳手经校验,可满足施工要求。

(3)螺纹套及钢筋端头已经清理、除锈、去污,按规格尺寸加工,存放备用。

6.10.4　施工操作工艺

(1)锥螺纹连接套连接钢筋施工工艺如图6.10.4-1所示。钢筋预加工在钢筋加工棚进行,其施工程序是:钢筋除锈、调直→钢筋端头切平(与钢筋轴线垂直)→下料→磨光毛刺、缝边→将钢筋端头送入套丝机卡盘开口内→车出锥形丝头→测量和检验丝头质量→合格的按规定力矩值拧上锥螺纹连接套,在两端分别拧上塑料保护盖和帽→编号、成捆分类、堆放备用。

施工现场钢筋安装连接程序是:钢筋就位→回收待连接钢筋上的密封盖和保护帽→用手拧上钢筋,使首尾对接拧入连接套→按锥螺纹连接的力矩值扭紧钢筋接头,直到力矩扳手发出响声为止→用油漆在接好的钢筋上标记→质检人员按规定力矩值检查钢筋连接质量,

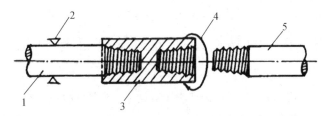

1—已接好的钢筋;2—固定;3—拧上螺纹连接套;4——次拧紧;5—待接的另一段钢筋

图 6.10.4-1　锥螺纹连接套与钢筋的连接

力矩扳手发出响声为合格接头→做钢筋接头的抽检记录。

(2)常用接头连接方法有三种。

1)同径或异径普通接头。系分别用力矩扳手将下钢筋与连接套、连接套与上钢筋拧到规定的力矩[见图 6.10.4-2(a)]。

2)单向可调接头。系分别用力矩扳手将下钢筋与连接套、可调连接器与上钢筋拧到规定的力矩值,再把锁母与连接套拧紧[见图 6.10.4-2(b)]。

3)双向可调接头。系分别用力矩扳手将下钢筋与可调连接器、可调连接器与上钢筋拧到规定的力矩值,且保持可调连接器的外露丝扣数相等,然后分别夹住上、下可调连接器,把连接套拧紧[见图 6.10.4-2(c)]。

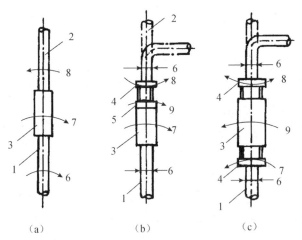

(a)　　　　　(b)　　　　　(c)

1—下钢筋;2—上钢筋;3—连接套;4—可调连接器;5—锁母;

6—夹住;7—首次拧紧;8—二次拧紧;9—三次拧紧

图 6.10.4-2　锥螺纹接头连接方法

(3)连接钢筋时,应对正轴线将钢筋拧入连接套,然后用力矩扳手拧紧。接头拧紧力矩值可按表 6.10.4 规定的力矩值采用,不得超拧,拧紧后的接头应做上标记。

表 6.10.4　接头拧紧力矩值

参数	钢筋直径/mm					
	≤16	18～20	22～25	28～32	36～40	50
拧紧力矩/(N·m)	100	180	240	300	360	460

（4）钢筋接头位置应互相错开，其错开间距不应少于 $35d$，且不小于 500mm，接头端部距钢筋弯起点不得小于 $10d$。

（5）接头应避开设在结构拉应力最大的截面上和有抗震设防要求的框架梁端与柱端的箍筋加密区。在结构件受拉区段同一截面上的钢筋接头不得超过钢筋总数的 50%。

（6）在同一构件的跨间或层高范围内的同一根钢筋上，不得超过 2 个接头。

（7）钢筋连接应做到表面顺直、端面平整，其截面与钢筋轴线垂直，不得歪斜、滑丝。

6.10.5 质量标准

（1）主控项目。

1）钢筋应有出厂质量证明和检验报告，钢筋的品种和质量应符合《钢筋混凝土用钢第 1 部分：热轧光圆钢筋》(GB/T 1499.1—2017)及《钢筋混凝土用钢第 2 部分：热轧带肋钢筋》(GB/T 1499.2—2018)的要求。

2）锥螺纹连接套应有产品合格证和检验报告，材质几何尺寸及锥螺纹加工应符合设计和规程要求。

3）对接头的每一验收批，必须在工程结构中随机截取 3 个接头试件做抗拉强度试验，按设计要求的接头等级进行评定。当 3 个接头试件的抗拉强度均符合表 6.10.5-1 中相应等级的要求时，该验收批评为合格。如有 1 个试件的强度不符合要求，应再取 6 个试件进行复检。复检中如仍有 1 个试件的强度不符合要求，则该验收批评为不合格。

4）Ⅰ级、Ⅱ级、Ⅲ级接头的抗拉强度应符合表 6.10.5-1 的规定。

表 6.10.5-1 接头极限抗拉强度

参数	接头等级		
	Ⅰ级	Ⅱ级	Ⅲ级
极限抗拉强度	$f_{mst}^0 \geq f_{stk}^0$　钢筋拉断 $f_{mst}^0 \geq 1.10 f_{stk}^0$　连接件破坏	$f_{mst}^0 \geq f_{stk}$	$f_{mst}^0 \geq 1.25 f_{yk}$

注：1. 钢筋拉断指断于钢筋母材、套筒外钢筋丝头和钢筋镦粗过渡段；

2. 连接件破坏指断于套筒、套筒纵向开裂或钢筋从套筒中拔出以及其他连接组件破坏。

（2）一般项目。

1）钢筋端头套丝必须逐个用牙形规与卡规检查、锥度、牙形、螺矩必须与牙形规相咬合，螺纹圈（牙）数符合表 6.10.5-2 要求。

表 6.10.5-2 钢筋端头套丝螺纹圈（牙）数

参数	钢筋直径/mm					
	16～18	20～22	25～28	32	36	40
螺纹圈数/圈	5	7	8	10	11	12

2）连接套必须逐个检查，要求管内螺纹圈数、螺距、齿高等必须与锥纹校验塞规相咬合；丝扣无破损、歪斜、不全、滑丝、混丝现象，螺纹处无锈蚀。

3)钢筋连接开始前及施工过程中,应对每批进场钢筋和接头进行工艺检验。

①每种规格钢筋母材的抗拉强度试验不应少于 3 根,且应取自接头试件的同一根钢筋。

②每种规格钢筋接头的试件数量不应少于 3 根。

③接头试件抗拉强度应达到表 6.10.5-1 中 I、Ⅱ、Ⅲ 等级的强度要求。对于 I 级接头,试件抗拉强度尚应大于或等于钢筋抗拉强度实测值的 95%,对于 Ⅱ 级接头,试件抗拉强度应大于 90%。

4)钢筋接头安装连接后,随机抽取同规格接头数的 10% 进行外观检查。钢筋与连接套的规格应一致,接头丝扣无完整丝扣外露。

5)用质检的力矩扳手,按表 6.10.4 规定的接头拧紧力矩值抽检接头的连接质量。抽检数量:梁、柱构件按接头数的 15%,且每个构件的抽检数不得少于 1 个接头;基础、墙板构件按各自接头数,每 100 个接头作为一验收批,不足 100 个也作为一个验收批,每批抽 3 个接头。抽检的接头应全部合格,如有 1 个接头不合格,则该批接头应逐个检查,对查出的不合格接头可采用电弧贴角焊缝方法进行补强,焊缝高度不得小于 5mm,应由各有关方商定。

6)接头的现场检验按验收批进行。同一施工条件下,同一批材料的同等级、同规格接头,以 500 个为一个验收批进行检验与验收,不足 500 个也作为一个验收批。

7)I、Ⅱ、Ⅲ 级接头的变形性能应符合表 6.10.5-3 的规定。

表 6.10.5-3　接头的变形性能

接头等级		I 级、Ⅱ 级	Ⅲ 级
单向拉伸	非弹性变形/mm	$\mu \leq 0.10(d \leq 32)$, $\mu \leq 0.15(d > 32)$	$\mu \leq 0.10(d \leq 32)$, $\mu \leq 0.15(d > 32)$
	总伸长率/%	$\delta_{sgt} \geq 4.0$	$\delta_{sgt} \geq 2.0$
高应力反复拉压	残余变形/mm	$\mu_{20} \leq 0.3$	$\mu_{20} \leq 0.3$
大变形反复拉压	残余变形/mm	$\mu_4 \leq 0.3$, $\mu_8 \leq 0.6$	$\mu_4 \leq 0.6$

注:μ 为接头的非弹性变形;μ_{20} 为接头经高应力反复拉压 20 次后的残余变形;μ_4 为接头经大变形反复拉压 4 次后的残余变形;μ_8 为接头经大变形反复拉压 8 次后的残余变形;δ_{sgt} 为接头试件总伸长率。

6.10.6　成品保护

(1)连接管丝扣质量检验合格后,两端用塑料密封盖保护。

(2)钢筋端头套丝时,应采用专用设备及水溶性切削润滑液;套丝后应立即戴上塑料保护帽,确保丝扣不被损坏;另一端可按规定的力矩值拧紧连接套。

(3)连接半成品应按规格分类堆放整齐待用,不得随意抛掷。

6.10.7　安全措施

(1)在高空安装锥螺纹接头应搭设临时脚手,系安全带。

(2)用力矩扳手拧紧接头或检验接头时,应按规定的拧紧力矩值,不得超负荷拧紧。

(3)操作人员应戴安全帽和手套。

6.10.8 施工注意事项

(1)锥螺纹连接要搞好施工控制,施工前要按工程图钢筋布置设计好接头位置、数量、规格、连接方式,并下达计划,提出加工精度误差要求,提出加工安装过程中可能出现的问题和对策控制表;套丝完后应用锥螺纹塞规和牙形卡规进行检测;安装连接后,由专职人员校验力矩值做到层层把关,以确保质量。

(2)锥螺纹连接套的材质性能(强度、变形等)须与被连接钢筋相匹配,并略高于母材。钢筋规格和连接套的规格应一致,并确保钢筋和连接套的丝扣干净、完好无误。

(3)拧紧接头必须用力矩扳手,力矩扳手的精度为±5%,要求每半年用扭力仪检测一次。质量检验与施工安装用的力矩扳手应分开使用,不得混用。

6.10.9 质量记录

(1)钢筋出厂质量证明书或试验报告单。
(2)钢筋机械性能试验报告。
(3)连接套合格证。
(4)接头强度检验报告。
(5)接头拧紧力矩值的抽检记录。

6.11 钢筋接头直螺纹连接施工工艺标准

本工艺标准适用于工业与民用建筑承受静荷载、动荷载作用及各抗震等级的钢筋混凝土结构中直径为20～50mm的带肋钢筋的连接,尤其适用于要求发挥钢筋强度和延性的重要结构。钢筋接头直螺纹连接包括钢筋冷镦直螺纹连接、钢筋滚压直螺纹连接以及钢筋剥肋滚压直螺纹连接3种。工程施工应以设计图纸和有关施工规范为依据。

6.11.1 材料要求

(1)材料的品种规格。套筒的规格、型号以及钢筋的品种、规格必须符合设计要求。

(2)钢筋质量要求。钢筋应符合国家标准《钢筋混凝土用钢第2部分:热轧带肋钢筋》(GB/T 1499.2—2018)的要求,有原材质量复试报告和出厂合格证;钢筋应先调直再下料,并宜用切断机和砂轮片切断,切口端面应与钢筋轴线垂直,不得有马蹄形或挠曲,不得用气割下料。

(3)套筒与锁母材料质量要求。套筒与锁母材料应采用优质碳素结构钢或合金结构钢,其材质应符合国标《优质碳素结构钢》(GB/T 699—2015)规定;成品螺纹连接套应有产品合格证;两端螺纹孔有保护盖;套筒表面应有规格标记。

6.11.2 主要机具设备

主要机具设备包括切割机、钢筋滚压直螺纹成型机、普通扳手及量规（牙形规、环规、塞规）。

6.11.3 作业条件

(1)从事钢筋焊接施工的焊工必须持有焊工考试合格证，才能上岗操作。

(2)在工程开工正式焊接之前，参与该项施焊的焊工应进行现场条件下的焊接工艺试验，并经试验合格后，方可正式生产。试验结果应符合质量检验与验收时的要求。

(3)钢筋端头螺纹已加工完毕，检查合格，且已具备现场钢筋连接条件。

(4)钢筋连接用的套筒已检查合格，进入现场挂牌整齐堆放。

(5)布筋图及施工穿筋顺序等已进行技术交底。

6.11.4 基本规定

(1)采用螺纹套筒连接的钢筋接头，其设置在同一构件中纵向受力钢筋的接头相互错开。钢筋机械连接区段长度应按 $35d$ 计算（d 为被连接钢筋中的较大直径）。在同一连接区段内，有接头的受力钢筋截面面积占受力钢筋总截面面积的百分率（以下统称百分率）应符合下列规定。

1)接头宜设置在结构构件受拉钢筋应力较小部位，当需要在高应力部位设置接头时，在同一连接区段内Ⅱ级接头的接头百分率不应大于 50%，Ⅰ级接头的接头百分率可不受限制。

2)接头宜避开有抗震设防要求的框架的梁端、柱端箍筋加密区；当无法避开时，应采用Ⅰ级或Ⅱ级接头，且接头百分率不应大于 50%。

3)受拉钢筋应力较小部位或纵向受压钢筋，接头百分率可不受限制。

4)对直接承受动力荷载的结构构件，接头百分率不应大于 50%。

(2)接头端头距钢筋弯曲点不得小于钢筋直径的 10 倍。

(3)不同直径钢筋连接时，一次连接钢筋直径规格不宜超过Ⅱ级。

6.11.5 施工操作工艺

(1)钢筋滚压直螺纹连接（钢筋剥肋滚压直螺纹连接）工艺流程（如图 6.11.5-1 所示）。

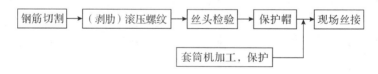

图 6.11.5-1 钢筋滚压直螺纹连接工艺流程

(2)钢筋滚压直螺纹连接操作工艺。钢筋滚压直螺纹连接，是采用专门的滚压机床对钢筋端部进行滚压，螺纹一次成型。钢筋通过滚压螺纹，螺纹底部的材料没有被切削掉，而是被挤出来，加大了原有的直径。螺纹经滚压后材质发生硬化，强度提高 6%～8%，使螺纹对母材的削弱大为减少,其抗拉强度是母材实际抗拉强度的97%～100%,强度性能十分稳定。

1)加工要求。钢筋如图6.11.5-2所示。其中,M为丝头大径,t为螺距,Φ为钢筋直径,L为螺纹长度。钢筋同径连接的加工要求见表6.11.5-1。钢筋同径连接左右旋加工要求见表6.11.5-2。钢筋滚压螺纹加工的基本尺寸见表6.11.5-3。

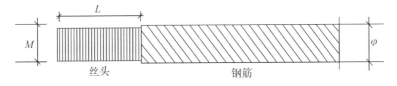

图 6.11.5-2　钢筋示意

表 6.11.5-1　钢筋同径连接的加工要求

代号	A20R-J	A22R-J	A25R-J	A28R-J	A32R-J	A36R-J	A40R-J
Φ/mm	20	22	25	28	32	36	40
$M\times t$	19.6×3	21.6×3	24.6×3	27.6×3	31.6×3	35.6×3	39.6×3
L/mm	30	32	35	38	42	46	50

表 6.11.5-2　钢筋同径连接左右旋加工要求

代号	Φ/mm	$M\times t$(左)	$M\times t$(右)	L/mm
A20RLR-G	20	19.6×3	19.6×3	34
A22RLR-G	22	21.6×3	21.6×3	36
A25RLR-G	25	24.6×3	24.6×3	39
A28RLR-G	28	27.6×3	27.6×3	42
A32RLR-G	32	31.6×3	31.6×3	46
A36RLR-G	36	35.6×3	35.6×3	50
A40RLR-G	40	39.6×3	39.6×3	54

表 6.11.5-3　钢筋滚压螺纹加工的基本尺寸

代号	Φ20	Φ22	Φ25	Φ28	Φ32	Φ36	Φ40
大径/mm	19.6	21.6	24.6	27.6	31.6	35.6	39.6
中径/mm	18.623	20.623	23.623	26.623	30.623	34.623	38.23
小径/mm	17.2	19.2	22.2	25.2	29.2	33.2	37.2

2)套筒质量要求。

①连接套表面无裂纹,螺牙饱满,无其他缺陷。

②牙型规检查合格,用直螺致塞规检查其尺寸精度。

③各种型号和规格的连接套外表面,必须有明显的钢筋级别及规格标记。若连接套为异径的,应在两端分别做出相应的钢筋级别和直径。

④连接套两端头的孔必须用塑料盖封上,以保持内部洁净,干燥防锈。

3)钢筋螺纹加工工艺操作要点。

①加工钢筋螺纹的丝头、牙形、螺距等必须与连接套牙形、螺距一致,且经配套的量规检验合格。

②加工钢筋螺纹时,应采用水溶性切削润滑液;当气温低于 0℃时,应掺入 15%～20%亚硝酸钠,不得用机油作润滑液或不加润滑液套丝。

③操作工人应逐个检查钢筋丝头的外观质量并做出操作者标记。

④经自检合格的钢筋丝头,应对每种规格加工批量随机抽检 10%,且不少于 10 个,如有一个丝头不合格,即应对该加工批全数检查,不合格丝头应重加工,经再次检验合格方可使用。

⑤已检验合格的丝头,应加以保护,戴上保护帽,并按规格分类堆放整齐待用。

4)钢筋连接工艺操作要求

①连接钢筋时,钢筋规格和连接套的规格应一致,钢筋螺纹的形式、螺距、螺纹外径应与连接套匹配。并确保钢筋和连接套的丝扣干净,完好无损。

②连接钢筋时应对准轴线将钢筋拧入连接套。

③接头拼接完成后,应使两个丝头在套筒中央位置互相顶紧,套筒每端不得有一扣以上的完整丝扣外露,加长型接头的外露丝扣数不受限制,但应有明显标记,以检查进入套筒的丝头长度是否满足要求。

④接头按使用条件分类,有标准型接头(见图 6.11.5-3)和异径型接头(见图 6.11.5-4)、加锁母型接头(见图 6.11.5-5)和正反丝扣型接头(见图 6.11.5-6)。

(3)钢筋剥肋滚压直螺纹连接。钢筋剥肋滚压直螺纹连接与钢筋滚压直螺纹连接操作工艺基本相同,唯一区别是钢筋剥肋滚压直螺纹连接增加了钢筋剥肋工序。

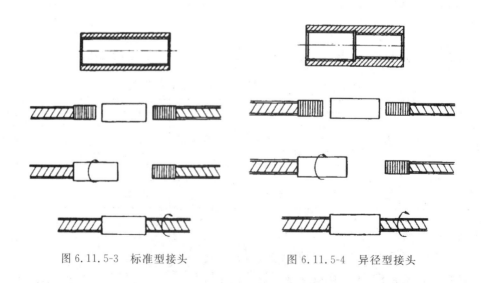

图 6.11.5-3　标准型接头　　　　图 6.11.5-4　异径型接头

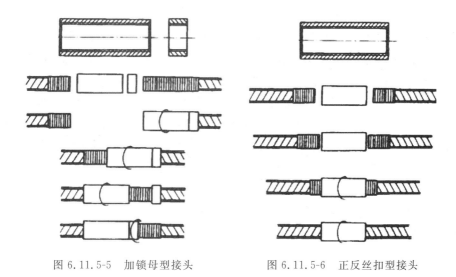

图 6.11.5-5　加锁母型接头　　　　图 6.11.5-6　正反丝扣型接头

6.11.6　质量标准

(1)主控项目。

1)钢筋的品种、规格必须符合设计要求,质量符合国家现行标准《钢筋混凝土用钢第 2 部分:热轧带肋钢筋》(GB/T 1499.2—2018)的要求。

2)套筒与锁母材质应符合优质碳素结构钢(GB/T 699—1999)规定,且应有质量检验单和合格证,几何尺寸要符合要求。

3)连接钢筋时,应检查螺纹加工检验记录。

4)钢筋接头型式检验:钢筋螺纹接头的型式检验应符合现行行业标准《钢筋机械连接技术规程》(JGJ 107—2016)中的各项规定。

5)钢筋连接工程开始前及施工过程中,应对每批进场钢筋和接头进行工艺检验。

①每种规格钢筋接头试件不应少于 3 根。

②筋母材抗拉强度试件不应少于 3 根,且应取自接头试件的同一根钢筋。

③接头试件应达到现行行业标准《钢筋机械连接技术规程》(JCJ 107—2016)中相应等级的强度要求,计算钢筋实际抗拉强度时,应采用钢筋的实际横截面积计算。

6)钢筋接头强度必须达到同类型钢材强度值,接头的现场检验按验收批进行,同一施工条件下采用同一批材料的同等级、同形式、同规格接头,以 500 个为一个验收批进行检验与验收,不足 500 个也作为一个验收批。

(2)一般项目。

1)加工质量检验。

①螺纹丝头牙形检验:牙形饱满,无断牙、秃牙缺陷,且与牙形规的牙形吻合,牙形表面光洁的为合格品。

②套筒用专用塞规检验。

2)随机抽取同规格接头数的 10% 进行外观检查,应与钢筋连接套筒的规格相匹配,接头丝扣无完整丝扣外露。

3）现场外观质检抽验数量：梁、柱构件按接头数的15％且每个构件的接头数抽验数不得少于一个接头；基础墙板构件按各自接头数，每100个接头作为一个验收批，不足100个也作为一个验收批。每批检验3个接头，抽检的接头应全部合格，如有一个接头不合格，则应再检验3个接头，如全部合格，则该批接头为合格；若还有一个不合格，则该验收批接头应逐个检查，对查出的不合格接头应进行补强，如无法补强应弃置不用。

4）对接头的抗拉强度试验每一验收批应在工程结构中随机截取3个接头试件做抗拉强度试验。按设计要求的接头等级进行评定，如有1个试件的强度不符合要求，应再取6个试件进行复检，复检中如仍有一个试件的强度不符合要求，则该验收批评为不合格。

5）在现场连续10个验收批抽样试件抗拉强度试验1次合格率为100％时，验收批接头数量可扩大1倍。

6.11.7　成品保护

（1）各种规格和型号的套筒外表面，必须有明显的钢筋级别及规格标记。

（2）钢筋螺纹保护帽要堆放整齐，不准随意乱扔。

（3）连接钢筋的钢套筒必须用塑料盖封上，以保持内部洁净、干燥、防锈。

（4）钢筋直螺纹加工经检验合格后，应戴上保护帽或拧上套筒，以防碰伤和生锈。

（5）已连接好套筒的钢筋接头不得随意抛砸。

6.11.8　安全措施

（1）不准硬拉电线或高压油管。

（2）高压油管不得打死弯。

（3）参加钢筋直螺纹连接施工的人员必须培训、考核、持上岗证。

（4）作业人员经安全教育后方能上岗，并必须遵守施工现场安全作业有关规定。

（5）用电设备均应设三级保护，严格按用电安全规程操作。

（6）设备检验及试运转合格后方准作业。

（7）设备运行中严禁拖拽压圆机油管或砸压油管，油管反弹方向应予以遮挡。

（8）严格按各种机械使用说明与相关标准操作。

（9）高处作业或带电作业，应遵守国家颁布的《建筑安装工程安全技术规程》。

6.11.9　质量记录

（1）钢筋原材质及复试报告。

（2）套筒和锁母原材质及复试报告。

（3）钢筋直螺纹加工检验记录。

（4）钢筋直螺纹接头质量检查记录。

（5）钢筋直螺纹接头拉伸试验报告。

主要参考标准名录

[1]《建筑工程施工质量验收统一标准》(GB 50300—2013)

[2]《混凝土结构设计规范》(GB 50010—2010)

[3]《混凝土结构工程施工质量验收规范》(GB 50204—2015)

[4]《建筑抗震设计规范》(GB 50011—2010)

[5]《混凝土结构工程施工质量验收规范》(GB 50204—2015)

[6]《钢筋焊接及验收规程》(JGJ 18—2012)

[7]《钢筋机械连接技术规程》(JGJ 107—2016)

[8]《施工现场临时用电安全技术规范》(JGJ 46—2005)

[9]《建筑机械使用安全技术规程》(JGJ 33—2012)

[10]《钢筋机械连接用套筒》(JG/T 163—2013)

[11]《建筑分项施工工艺标准手册》,江正荣,中国建筑工业出版社,2009

[12]《建筑分项工程施工工艺标准》,北京建工集团有限责任公司,中国建筑工业出版社,2008

[13]《混凝土结构工程施工工艺标准》,中国建筑工程总公司,中国建筑工业出版社,2003

[14]《建筑施工手册》(第五版),中国建筑工业出版社,2013

[15]《建筑工程质量监控与通病防治全书》(上),中国建材工业出版社,1998

7 砌体工程施工工艺标准

7.1 砖基础和毛石基础砌筑施工工艺标准

砖基础和毛石基础,均属于刚性基础范畴。这种基础特点是抗压性能好,整体性、抗拉、抗弯、抗剪性能较差,材料易得,施工操作简便,造价较低。本工艺标准适用于地基坚实、均匀,上部荷载较小,七层和七层以下的一般民用建筑和墙承重的轻型厂房基础工程。工程施工应以设计图纸和施工质量验收规范为依据。

7.1.1 材料要求

(1)砖。砖的品种、强度等级必须符合设计和国家标准要求,并应规格一致,有出厂合格证或试验单。砖基础(含地面下基础墙,以下同)必须用实心砖砌筑,严禁采用多孔砖。

(2)毛石。用坚实、未风化、无裂缝、夹层、杂质的石料,强度等级不低于 MU20,料石厚度一般不小于 20cm、长在 30～40cm 为宜,毛石表面的水锈、浮土、杂质应清刷(洗)干净。

(3)水泥。采用强度等级 42.5 级的普通硅酸盐水泥或矿渣硅酸盐水泥,应有出厂合格证或试验报告

(4)砂。用中砂,并通过 5mm 筛孔。配置 M5(含 M5)以上的砂浆,砂的含泥量不应超过 5%,并不得含有草根等杂物。

7.1.2 主要机具设备

(1)机械设备。应备有砂浆搅拌机、筛砂机、淋灰机等。

(2)主要工具。应备有大铲、刨锛、瓦刀、托线板、线坠、水平尺、皮数杆、泥桶、存灰槽、砖夹、筛子、勾缝条、运砖车、灰浆车、翻斗车、磅秤和砖笼等。

7.1.3 作业条件

(1)基槽和基础垫层均已完成,并验收,办完隐检手续。

(2)已设置龙门板或龙门桩,标出建筑物的主要轴线,标出基础及墙身轴线和标高;并弹出基础轴线和边线;立好皮数杆(间距为 15～20m,转角处均应立),办完预检手续。

(3)根据皮数杆最下面一层砖或毛石的标高,拉线检查基础垫层、表面标高是否合适,如第一层砖的水平灰缝大于 20mm,毛石大于 30mm 时,应用细石混凝土找平,不得用砂浆或

在砂浆中掺细砖或碎石处理。

(4)常温施工时,砌筑前一天应将砖、石浇水湿润,砖以水浸入表面下 10～20mm 深为宜;雨天作业不得使用含水率饱和状态的砖。

(5)砌筑部位的灰渣、杂物应清除干净,基层浇水湿润。

(6)准备好砂浆试模。应按试验确定的砂浆配合比拌制砂浆,并搅拌均匀。常温下拌好的砂浆应在拌和后 3～4h 内用完;当气温超过 30℃时,应在 2～3h 内用完。严禁使用过夜砂浆。砌筑砂浆应采用机械拌制,各组分材料应采用质量计量;应优先采用商品砂浆。

(7)脚手架应随砌随搭设;垂直运输机具应准备就绪。

7.1.4　施工操作工艺

(1)砖基础。

1)砖基础一般做成阶梯形,俗称大放脚,大放脚做法有等高式(两皮一收)[见图 7.1.4(a)]和间隔式(两皮一收与一皮一收相间)[见图 7.1.4(b)]两种,每一种收退台宽度均为1/4砖。

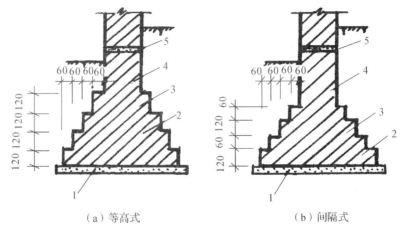

(a)等高式　　　　　　(b)间隔式

1—混凝土或砂垫层;2—砖基础;3—大放脚;4—基础墙;5—防潮层
图 7.1.4　砖基础形式(单位:mm)

2)砌基础前已按设计要求清理基槽(坑)底,并铺设垫层;先用干砖试摆,以确定排砖方法和错缝位置,使砌体平面尺寸符合要求;基础中预留孔洞应按施工图纸要求的位置和标高留设。

3)砌筑时,应先铺底灰,再分皮挂线砌筑,铺砖按“一丁一顺”(满丁满条)砌法,做到里外咬槎,上下层错缝。竖缝至少错开 1/4 砖长,转角处要放七分头砖(即 3/4 砖),并在山墙和檐墙两处分层交替设置,不能同缝。砖墙转角处和抗震设防建筑物的临时间断处不得留直槎。基础最下与最上一皮砖宜采用丁砌法,先在转角处及交接处砌几皮砖,然后拉通线砌筑。

4)煤矸石多孔砖做基础时,内外墙基础应同时砌筑或做成踏步式。如基础深浅不一时,应从低处砌起,接槎高度不宜超过 1m,高低相接处要砌成阶梯,台阶长度应不小于 1m,其高度不大于 0.5m,砌到上面后再和上面的砖一起退台。

5)砌筑时,灰缝砂浆要饱满,严禁用冲浆法灌缝。每皮砖要挂线,它与皮数杆的偏差值不得超过 10mm。

6)基础中预留洞口及预埋管道,其位置、标高应准确,避免凿打墙洞;管道上部应预留沉降空隙。基础上铺放地沟盖板的出檐砖,应同时砖筑,并应用丁砖砌筑,立缝碰头灰应打严实。

7)基础砌至防潮层时,应按设计铺设防潮层,如设计无要求,则可铺设 20mm 厚,1∶2.5～3.0 的水泥防水砂浆(掺加水泥重量 3% 的防水剂)防潮层,要求压实抹平。

8)砌筑砖基础和毛石基础必须用水泥砂浆,不得用混合砂浆。

9)砌完基础,应及时清理基槽(坑)内杂物和积水,待砌体达到设计强度后,并经工程验收后在两侧同时回填土,并分层夯实。

(2)毛石基础。

1)毛石基础截面形状有矩形、阶梯形、梯形等。基础上部宽一般应比墙厚大 20cm 以上。毛石的形状不规整,不易砌平,为保证毛石基础的整体刚度和传力均匀,每一台阶应不少于2～3皮毛石,每阶伸出宽度宜大于 20cm,每阶高度不小于 40cm。

2)砌筑前,应检查基槽(坑)的土质、轴线、尺寸和标高,清除杂物,打好底夯。地基过湿时,应铺 10cm 厚的砂子、矿渣或砂砾石或碎石填平夯实。

3)根据设置的龙门板或中心桩放出基础轴线及边线,抄平,在两端立好皮数杆,划出分层砌石高度(不宜小于 30cm),标出台阶收分尺寸。

4)砌筑时,应双挂线,分层砌筑,每层高度为 30～40cm,大体砌平。基础最下一皮毛石,应选用较大的石块,使大面朝下,放置平稳,并灌浆。以上各层均应铺灰坐浆砌筑,不得用先铺石后灌浆的方法。转角及阴阳角外露部分,应选用方正平整的毛石(俗称角石)互相拉结砌筑。

5)大、中、小毛石应搭配使用,使砌体平稳。形状不规则的石块,应用大锤将其棱角适当加工后使用,灰缝要饱满密实,厚度一般控制在 30～40mm,石块上下皮竖缝必须错开(不少于 10cm,角石不少于 15cm),做到丁顺交错排列。

6)为保证砌体结合牢靠,每隔 0.7m,应垂直墙面砌一块拉结石,水平距离应不大于 2m,上下左右拉结石应错开,使形成梅花形。转角、内外墙交接处均应选用拉结石砌筑。填心的石块,应根据石块自然形状交错放置,尽量使石块间缝隙最小,过大缝隙,应铺浆用小石块填入使之稳固,用锤轻敲使密实,严禁石块间无浆直接接触,出现干缝、通缝。基础的扩大部分如为阶梯形,上级阶梯的石块应至少压砌下级阶梯石块的 1/2,相邻阶梯的毛石应相互错缝搭砌,以保证整体性。

7)每砌完一层,必须校对中心线,找平一次,检查有无偏斜现象。基础上表面配平宜用片石,因其咬劲大。基础侧面要保持大体平整、垂直,不得有倾斜、内陷和外鼓现象。砌好后外侧石缝应用砂浆勾严。

8)墙基需留槎时,不得留在外墙转角或纵墙与横墙的交接处,至少应离开 1.0～1.5m的距离。接槎应做成阶梯式,不得留直槎或斜槎。基础中的预留孔洞。要按图纸要求事先留出,不得砌完后凿洞。沉降缝应分成两段砌筑,不得搭接。

9)在砌筑过程中,如需调整石块时,应将毛石提起,刮去原有砂浆重新砌筑。严禁用敲击方法调整,以防松动周围砌体。当基础砌至顶面一层时,上皮石块伸入墙内长度应不小于墙厚的 1/2,亦即上一皮石块伸出或露出部分的长度,不应大于该石块的 1/2 长度或宽度,以免因连接不好而影响砌体强度。

10)每天砌完应在当天砌的砌体上,铺一层灰浆,表面应粗糙。夏季施工时,对刚砌完的砌体,应用草袋覆盖养护 5~7d,避免风吹、日晒、雨淋。毛石基础全部砌完,待基础工程验收后要及时在基础两边均匀分层回填土,分层夯实。

7.1.5　质量标准

(1)主控项目。

1)砖基础。

①砖和砂浆的强度等级必须符合设计要求。

抽检数量:每一生产厂家的砖到现场后,按烧结砖 15 万块,为一验收批,抽检数量为一组。

检验方法:查砖和砂浆试块试验报告。

②砌体灰缝砂浆应密实饱满,砖墙水平灰缝的砂浆饱满度不得低于 80%;砖柱水平灰缝和竖向灰缝的砂浆饱满度不得低于 90%。

抽检数量:每检验批抽查不应少于 5 处。

检验方法:用格网检查砖底面与砂浆的粘结痕迹面积。每处检测 3 块砖,取平均值。

③砖砌体的转角处和交接处应同时砌筑,严禁无可靠措施的内外墙分砌施工。在抗震设防烈度为 8 度及 8 度以上的地区,对不能同时砌筑而又必须留置的临时间断处应砌成斜槎,普通砖砌体斜槎水平投影长度不应小于高度的 2/3。斜槎高度不得超过一步脚手架的高度。

抽检数量:每检验批抽查不应少于 5 处。

检验方法:观察检查。

2)毛石基础。

①石材及砂浆强度等级必须符合设计要求。

抽检数量:同一产地的石材至少应抽检一组。

检验方法:料石检查产品质量证明书,石材、砂浆检查试块试验报告。

②砂浆饱满度不应小于 80%。

抽检数量:每检验批抽查不应少于 5 处。

检验方法:观察检查。

(2)一般项目。

1)砖基础。

①砖砌体组砌方法应正确,上、下错缝,内外搭砌,砖柱不得采用包心砌法。

抽检数量:每检验批抽查不少于 5 处。

检验方法:观察检查。砌体组砌方法抽检每处应为 3~5m。

②砖砌体的灰缝应横平竖直,厚薄均匀。水平灰缝厚度及竖向灰缝宽度宜为 10mm,但不应小于 8mm,也不应大于 12mm。

抽检数量:每检验批抽查不少于 5 处。

检验方法:水平灰缝厚度用尺量 10 皮砖砌高度折算;竖向灰缝宽度用尺量 2m 砌体长度折算。

2)毛石基础。

①内外搭砌,上下错缝,拉结石、丁砌石交错,分布均匀;毛石分皮卧砌,无填心砌法;拉结石每 0.7m² 墙面不少于 1 块;料石放置平稳,灰缝厚度符合施工规范的规定。

②勾缝密实,粘结牢固,墙面洁净,缝条光洁、整齐,清晰美观。

(3)允许偏差项目。

1)砖基础砌体尺寸、位置的允许偏差及检验方法见表 7.1.5-1。

表 7.1.5-1　砖基础砌体尺寸、位置的允许偏差和检验方法

序号	项目	允许偏差/mm	检验方法
1	轴线位置偏移	10	用经纬仪或拉线和尺量检查
2	基础顶面标高	±15	用水准仪和尺量检查
3	表面平整度	8	用 2m 靠尺和楔形塞尺检查
4	水平灰缝平直度	10	拉 5m 线和尺量检查

注:轴线位移全数检查;基础顶面标高、表面平整度、水平灰缝平直度每检验批抽查不应少于 5 处。

2)毛石基础砌体尺寸、位置的允许偏差及检验方法见表 7.1.5-2。

表 7.1.5-2　毛石基础砌体尺寸、位置的允许偏差和检验方法

序号	项目	允许偏差/mm			检验方法
		毛石砌体	料石砌体		
			毛料石	粗料石	
1	轴线位置位移	20	20	15	用经纬仪或拉线和尺量检查
2	基础和墙砌体顶面标高	±25	±25	±15	用水准仪和尺量检查
3	砌体厚度	30	30	15	尺量检查

注:每检验批抽查不应少于 5 处。

7.1.6　成品保护

(1)基础墙砌筑完毕,应继续加强对龙门板、龙门桩、水平桩的保护,防止碰撞损坏。

(2)外露或埋设在基础内的暖卫、电气管线及其他预埋件,应注意保护,不得随意碰撞、折改或损坏。

(3)加强对基础预埋的抗震构造柱钢筋和拉结筋的保护,防止踩倒或弯折。

(4)基础位于地下水位以下时,砌筑完毕应继续降水,直至回填完成,始可停止降水,以防止浸泡地基和基础。

(5)基础回填土应在两侧同时进行,如仅在一侧回填,未回填的一侧应加支撑。暖气沟墙内应加强垫板支撑牢固,以防填土夯实将墙挤压变形开裂;严禁回填土采取不分层夯实或

向槽内灌水沉实的方法回填。

(6)回填土运输时,应先将基础顶部用塑料薄膜或草袋、木板等保护好,不得在基础墙上推车,损坏墙顶或碰坏墙体。

7.1.7 安全措施

(1)施工现场必须按规定进行三级配电两级保护,用电设备实行"一机一闸一漏一箱"。

(2)搅拌机等机械必须专人操作。

(3)基槽、坑、沟较深时,必须设置专用爬梯或坡道;周边应有围护措施。

(4)在基槽、坑、沟施工时,应制定防塌方的措施。

(5)堆放材料必须离开槽、坑、沟边沿 1m 以外,堆放高度不得高于 0.5m;往槽、坑、沟内运石料及其他物质时,应用溜槽或吊运,下方严禁有人停留。

7.1.8 施工注意事项

(1)砂浆配制应严格材料的计量,保证配合比准确,拌制时间应符合规定。

(2)基础应挂线砌筑,一砖半墙应双面挂线。大放脚两边收退要均匀,砌到基础墙身时,要拉线找正墙的轴线和边线;砌筑时保持墙身垂直,防止基础墙身发生过大位移。

(3)埋入砖砌体中的拉结筋位置应正确、平直,其外露部分在施工中不得任意弯折;石砌体中的丁石数量和位置必须符合要求。

(4)砌体的转角和交接处,应同时砌筑,否则应砌成斜槎。有高低台的基础,应从低处开始砌筑,并由高台向低台搭接,且搭接长度不应小于基础扩大部分的高度。砌体临时间断处的高差不得超过一步脚手架的高度。

(5)雨期施工应有防止基槽泡水和雨水冲刷砂浆措施,砂浆的稠度应适当减小,每日砌筑高度不宜超过 1.2m。收工时砌体表面应覆盖。

(6)冬期施工,砖、石应清除冰霜;采用掺盐抗冻砂浆砌筑,掺盐量、材料加热温度应符合冬季施工技术措施规定。砂浆使用温度不应低于 5℃。

(7)严禁采用干砖或处于吸水饱和状态的砖砌筑,烧结类块体的相对含水率应符合现行国家标准《砌体结构工程施工质量验收规范》(GB 50203—2011)的相关要求。

(8)采用铺浆法砌筑砌体时,铺浆长度不得超过 750mm;当施工期间气温超过 30℃时,铺浆长度不得超过 500mm。

7.1.9 质量记录

(1)材料(砖、水泥、砂等)的出厂合格证及检验报告单。

(2)毛石检验报告单。

(3)砂浆配合比设计及其抗压强度检验报告单。

(4)分项工程质量验收记录。

(5)施工记录。

7.2 砖墙砌筑施工工艺标准

砖墙为民用与工业建筑最为常用的墙体型式。具有材料易得,施工简便,经久耐用,费用低廉等优点;但墙体重量较大,砌筑劳动强度高。本工艺标准适用于一般工业与民用建筑砖混结构的砖墙砌筑工程,工程施工应以设计图纸和施工质量验收规范为依据。

7.2.1 材料要求

(1)砖的品种、强度等级必须符合设计要求,并应规格一致,有出厂合格证或试验单。

(2)水泥。采用强度等级42.5级普通硅酸盐水泥或矿渣硅酸盐水泥,应有出厂合格证或试验报告。

(3)砂。采用中砂,并通过5mm筛孔,配制水泥砂浆和强度等级不小于M5的砂浆,含泥量不应超过5%,对强度等级小于M5的砂浆,含泥量不应超过10%,不得有草根等杂物。

(4)掺合料。有石灰膏、磨细生石灰粉、电石膏和粉煤灰等,石灰膏的熟化时间不应少于7d,严禁用冻结或脱水硬化的石灰膏。

(5)其他材料。墙体拉结筋、预埋铁件、木砖等应符合设计要求。

7.2.2 主要机具设备

与第7.1.2节砖基础和毛石基础砌筑主要机具设备相同。

7.2.3 作业条件

(1)砌筑前,基础及防潮层应经验收合格,基础顶面弹好墙身轴线、墙边线、门窗洞口和柱子的位置线。

(2)办完地基、基础工程隐检手续。

(3)回填完基础两侧及房心土方,安装好暖气等沟道盖板。

(4)在墙转角处、楼梯间及内外墙交接处,已按标高立好皮数杆;皮数杆的间距以15~20m为宜,并办好预检手续。

(5)砌筑部位(基础或楼板等)的灰渣、杂物清除干净,并浇水湿润。

(6)砂浆由试验室做好试配,确定配合比;准备好砂浆试模。

(7)随砌随搭的脚手架;垂直运输机具准备就绪。

7.2.4 施工操作工艺

(1)砖墙砌筑前应先在防潮层或其他基层上根据弹好的位置线进行排砖。外山墙第一层应排丁砖,前后纵墙排顺砖。山墙两大角排砖应对称。窗间墙、扶壁柱的位置尺寸应符合排砖模数,若不符合模数时,可用七分头或丁砖排在窗间墙中间或扶壁柱的不明显部位进行调整。门窗洞口两边顺砖层的第一块砖应为七分头,各楼层排砖和门窗洞口位置应与底层一致。

(2)砌筑时,应根据墙体类别和部位选砖。砌清水墙或其正面时,应选尺寸合格、棱角整齐、颜色均匀的砖。

(3)砌筑时先盘角,每次不得超过五层,随盘随吊线,使砖的层数、灰缝厚度与皮数杆相符。

(4)砌一砖半厚及其以上的墙应两面挂线,一砖半厚以下的墙可单面挂线。线长时,中间应设支线点,拉紧线后,应穿线看平,使水平缝均匀一致,平直通顺,砌一砖混水墙时宜采用外手挂线,可以照顾砖墙两面平整。

(5)实心墙体砌筑方法宜采用一顺一丁、梅花丁(沙包式)、三顺一丁、全顺(仅用于半砖墙)和全丁(仅用于圆弧面墙砌筑)等砌筑形式。一顺一丁、梅花丁(沙包式)、三顺一丁砌筑方式见图 7.2.4-1,砌筑方法见图 7.2.4-2。

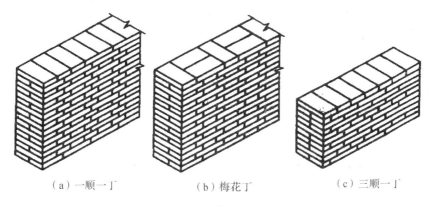

（a）一顺一丁　　　　　　（b）梅花丁　　　　　　（c）三顺一丁

图 7.2.4-1　砖墙组砌方式

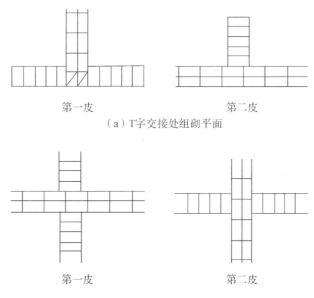

第一皮　　　　　　　　　第二皮

（a）T字交接处组砌平面

第一皮　　　　　　　　　第二皮

（b）十字交接处组砌平面

图 7.2.4-2　一顺一丁砖墙组砌方法

（6）砌砖宜采用一铲灰、一块砖、一挤揉的"三一"砌砖法或采用铺浆法（包括挤浆法和靠浆法）。砖要砌得横平竖直，灰浆饱满，做到"上跟线，下跟棱，左右相邻要对平"。采用铺浆法砌筑时，铺浆长度不得超过 750mm；温度超过 30℃时，铺浆长度不得超过 500mm。清水墙、窗间墙无通缝。每砌五皮左右要用靠尺检查墙面垂直度和平整度，随时纠正偏差，严禁事后凿墙。

（7）砌筑砂浆应随搅拌随使用，拌制砂浆应在 3h 内用完。当施工期间最高气温超过 30℃时，应在拌成后 2h 内使用完。不得用过夜砂浆。清水墙应随砌随刮缝，刮缝应深浅一致，清扫干净；混水墙随砌随将舌头灰刮尽。水平和竖向灰缝厚度一般为 10mm，但不应小于 8mm，也不应大于 12mm。

（8）墙体日砌高度不宜超过 1.8m。雨天不宜超过 1.2m。雨天砌筑时，砂浆稠度应适当减少，收工时应将砌体顶部覆盖好。

（9）外墙转角处应同时砌筑，内外墙砌筑必须留斜槎，普通砖砌体斜槎高宽比不小于2/3，多孔砖砌体的斜槎高宽比不小于1/2（见图 7.2.4-3）。

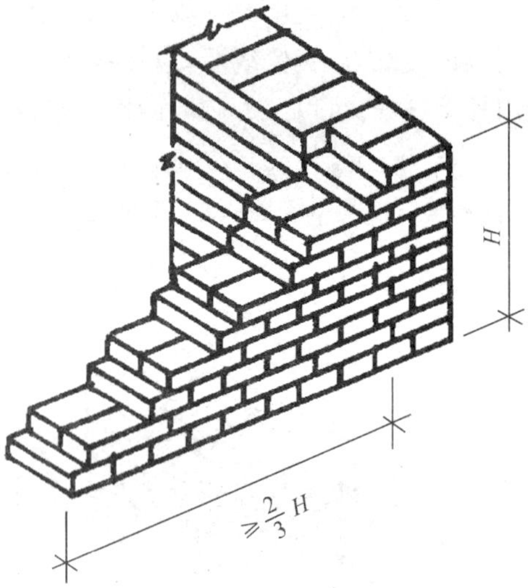

图 7.2.4-3　砖墙斜槎

临时间断处的高度差不得超过脚手架一步的高度。后砌隔墙、横墙和临时间断处留斜槎有困难时，除转角外，可留阳槎，并沿墙高每隔 500mm（不超过），每 120mm 墙厚预埋一根 Φ6mm 钢筋，其埋入长度从留槎处算起，每边均不小于 500mm，抗震烈度 6 度、7 度的地区，不应小于 1000mm，且末端弯钩 90°（见图 7.2.4-4）。

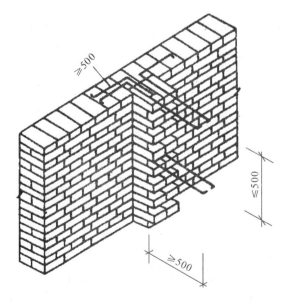

图 7.2.4-4　隔墙与墙的接槎（单位：mm）

（10）预留孔洞和穿墙等均应按设计要求砌筑,不得事后凿墙。墙体抗震拉结筋的位置,钢筋规格、数量、间距,均应按设计要求留置,不应错放、漏放。

（11）砌筑门窗口时,若先立门窗框,则砌砖应离开门窗框边 3mm 左右。若后塞门窗框,则应按弹好的位置砌筑(一般线宽比门窗实际尺寸大 10~20mm)。

（12）窗台出檐砌筑时,窗台标高以下的一层砖,应砌过分口线 60mm,挑出墙 60mm,出檐砖的立缝要打碰头灰。砌筑虎头砖时,斗砖应砌过分口线 120mm,并向外倾斜 20mm,挑出墙面 60mm。

（13）独立砖柱砌筑。

1)砖柱的构造形式。砖柱主要断面形式有方形、矩形、多角形、圆形等。方柱最小断面尺寸为 365mm×365mm,矩形柱为 240mm×365mm;多角形、圆柱形最小内径为 365mm。

2)确定组砌方法。

①组砌方法应正确,一般采用满丁满条。

②里外咬槎,上下层错缝,采用"三一"砌砖法,严禁用水冲砂浆灌缝的方法。

常见的矩形柱砌筑方法见图 7.2.4-5,圆形柱砌筑方法见图 7.2.4-6。

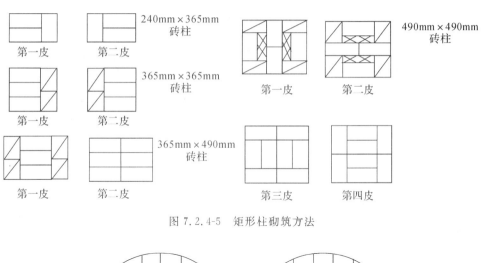

图 7.2.4-5　矩形柱砌筑方法

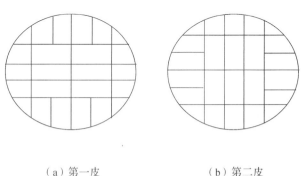

（a）第一皮　　　　　　　（b）第二皮

图 7.2.4-6　圆形柱砌筑方法

3)砖柱砌筑前,基层表面应清扫干净,洒水湿润。基础面有高低不平时,要进行找平,小于 3cm 的要用 1:3 水泥砂浆,大于 3cm 的要用细石混凝土找平,使各柱第一皮砖在同一标高上。

4)砌砖柱应四面挂线,当多根柱子在同一轴线上时,要拉通线检查纵横柱网中心线,同时应在柱的近旁竖立皮数杆。

5)柱砖应选择棱角整齐,无弯曲、裂纹,颜色均匀,规格基本一致的砖;对于圆柱或多角柱要按照排砌方案加工弧形砖或切角砖,加工砖面须磨平,加工后的砖应编号堆放,砌筑时对号入座。

6)排砖摆底,根据排砌方案进行干摆砖试排。

7)砌砖宜采用"三一"砌法。柱面上下皮竖缝应相互错开 1/2 砖长以上。柱心无通天缝。严禁采用先砌四周后填心的砌法。

8)砖柱的水平灰缝和竖向灰缝宽度宜为 10mm,但不应小于 8mm,也不大于 12mm;砖柱水平灰缝和竖向灰缝饱满度不得低于 90%,竖缝也要求饱满,不得出现透明缝。

9)柱砌至上部时,要拉线检查轴线、边线、垂直度,保证柱位置正确。同时还要对照皮数杆的砖层及标高,如有偏差时,应在水平灰缝中逐渐调整,使砖的层数与皮数杆一致。砌楼层砖柱时,要检查上层弹的墨线位置是否与下层柱子有偏差,以防止上层柱落空砌筑。

10)柱面勾缝一般宜用 1:2 水泥砂浆。勾缝前应清扫柱面上粘结的砂浆灰尘,并洒水湿润。对于瞎缝应先凿平,深度为 6~8mm,然后勾缝。对缺棱掉角的砖,应用与砖同色的砂浆修补。

(14)扶壁砖柱砌筑方法与独立柱相同,要点是壁柱与墙身同时砌筑,逐皮搭接。

(15)在砖墙中设有钢筋混凝土构造柱时,在砌筑前应先将构造柱的位置弹出,并把构造柱插筋处理顺直。砌砖墙时与构造柱联结处,砌成马牙槎,每一马牙槎沿高度方向的尺寸不宜超过 30cm,如图 7.2.4-7(a)所示。砖墙与构造柱之间应沿墙高每 50cm 设置 Φ6mm 水平拉结钢筋,每边伸入墙内不应少于 1.0m[见图 7.2.4-7(b)]。

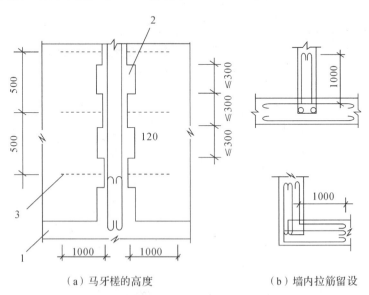

(a)马牙槎的高度 　　　　(b)墙内拉筋留设

1—基础;2—马牙槎;3—拉筋

图 7.2.4-7　构造柱与砖墙连接构造(单位:mm)

(16)平拱式过梁(平碹)的砌筑,砌平拱式过梁洞口时,开始应在洞口两边墙上留出20～30mm错台(或称碹肩),砌一砖碹时,错台上口宽40～50mm,砌一砖半碹时,错台上口宽60～70mm。错台留设好以后,应按墙厚支设胎模,砖砌平拱过梁底部应有1%的起拱,并在胎模底板上划出灰缝位置。砌碹时,碹的立砖应为单数,应由两边往中间砌,一边一块进行,最后一块砖(俗称锁砖)的两边均应打灰往下挤紧,砌完后应用稀砂浆灌满灰缝。砌碹应用MU7.5以上的砖和M5以上水泥砂浆砌筑。

弧拱式及平拱式过梁的灰缝应砌成楔形缝,灰缝厚度在拱底应不小于5mm,拱顶应不大于15mm,拱体的纵向及横向灰缝应填实砂浆。砖过梁底部的模板及其支架拆除时,灰缝砂浆强度不应低于设计强度的75%。

(17)平砌式过梁(钢筋砖过梁)的砌筑,当砖墙砌到门窗洞平口时,可搭设支撑和胎模,胎模应起拱1%。胎模支好后,铺20～30mm厚1:3水泥砂浆,按设计要求规定把钢筋埋入砂浆中,钢筋两端伸入支座应不小于240mm,弯成90°方钩,钩朝上放置。平砌式过梁应用M5以上砂浆砌筑,砌法宜用一顺一丁,最下层用丁砖。每砌三层灌浆一次。当砂浆强度达到设计强度75%以上时,方可拆除胎模。

(18)墙面勾缝一般宜用1:2水泥砂浆。勾凹缝时宜按"从上而下,先平(缝)后立(缝)"的顺序勾缝。勾凸缝时宜先勾立缝后勾平缝。勾缝前应清扫墙面上粘结的砂浆灰尘,并洒水湿润。对于瞎缝应先凿平,深度为6～8mm,然后勾缝。对缺棱掉角的砖,应用与砖同色的砂浆修补。

7.2.5 质量标准

(1)主控项目。

1)砖和砂浆的强度等级必须符合设计要求。抽检数量:每一生产厂家的砖到现场后,按烧结砖、混凝土实心砖15万块、多孔砖、混凝土多孔砖、蒸压灰砂砖及蒸压粉煤灰砖10万块为一验收批,不足上述数量时按1批计,抽检数量为1组。检验方法:查砖和砂浆试块试验报告。

2)砌墙水平灰缝的灰砂浆饱满度不得低于80%;砖柱水平灰缝和竖向灰缝饱满度不得低于90%。抽检数量:每检验批抽查不应少于5处。检验方法:用格网检查砖底面与砂浆的粘结痕迹面积。每处检测3块砖,取平均值。

3)砖砌体裁的转角处和交接处应同时砌筑,严禁无可靠措施的内外墙分砌施工。在抗震设防烈度为8度及8度以上地区,对不能同时砌筑而又必须留置的临时间断处应砌成斜槎,普通砖砌体斜槎水平投影长度不应小于高度的2/3,多孔砖砌体的斜槎长高比不应小于1/2。斜槎高度不得超过一步脚手架的高度。抽检数量:每检验批抽20%接槎,且不应少于5处。检验方法:观察检查。

4)非抗震设防及抗震设防烈度为6度、7度地区的临时间断处,当不能留槎时,除转角处外,可留直槎,但直槎必须做成凸槎。留直槎处应加设拉结钢筋,拉结钢筋的数量为每120mm墙厚放置1根Φ6拉结钢筋(120mm厚墙放置2根Φ6拉结钢筋),间距沿墙高不应超过500mm,竖向偏差不应超过100mm;埋入长度留槎处算起每边均不应小于500mm,对抗震设防烈度 6 度、7 度的地区,不应小于 1000mm;末端应有 90°弯钩。抽检数量:每检验批不应少于 5 处。检验方法:观察尺量检查。

5)砖砌体尺寸、位置的允许偏差及检验应符合表 7.2.5 的规定。

表 7.2.5　砖砌体尺寸、位置的允许偏差及检验

序号	项目			允许偏差/mm	检验方法	抽检数量
1	轴线位置偏移			10	用经纬仪和尺检查或用其他测量仪器检查	承重墙、柱全数检查
2	基础、墙、柱顶面标高			±15	用水准仪和尺检查	不应少于 5 处
3	垂直度	每层		5	用 2m 托线板检查	不应少于 5 处
		全高	≤10m	10	用经纬仪、吊线和尺检查,或用其他测量仪器检查	外墙全部阳角
			>10m	20		
4	表面平整度	清水墙、柱		5	用 2m 靠尺和楔形塞尺检查	不应少于 5 处
		混水墙、柱		8		
5	水平灰缝平直度	清水墙		7	拉 5m 线和尺检查	不应少于 5 处
		混水墙		10		
6	门窗洞口高、宽(后塞口)			±10	用尺检查	不应少于 5 处
7	外墙上下窗口偏移			20	以底层窗口为准,用经纬仪或吊线检查	不应少于 5 处
8	清水墙游丁走缝			20	以每层一皮砖为准,用吊线和尺检查	不应少于 5 处

(2)一般项目。

1)砖上砌体组砌方法正确,上、下错缝,内外搭砌,砖柱不得采用包心砌法。

抽检数量:外墙每 20m 处抽查一处,每处 3～5m,且不应少于 5 处;内墙按有代表性的自然间抽 10%,且不应少于 3 间。

检验方法:观察检查。

合格标准:除符合本条要求外,清水墙、窗间墙无通缝;混水墙不得有长度大于 300mm的通缝,长度 200～300mm 的通缝每间不得超过 3 处,且不得位于同一面墙体上。

2)砖砌体的灰缝应横平竖直,厚薄均匀。水平灰缝厚度宜为 10mm,但不应小于 8mm,也不应大于 12mm。

抽检数量:每检验批抽查不应少于 5 处。

检验方法:水平灰缝厚度用尺量 10 皮砖砌体高度折算;竖向灰缝宽度用尺量 2m 砌体长度折算。

7.2.6   成品保护

(1)施工中,应采取措施防止砂浆污染墙、柱表面;在临时出入洞或料架周围,应用草垫、木板或塑料薄膜覆盖。

(2)墙体拉结钢筋、抗震组合柱钢筋、各种预埋件、暖卫管线、电气管线,均应注意防护,不得随意碰撞、拆改或损坏。安装暖卫、电气设备和管线时,也不得随意拆打,剔凿墙体。

(3)安装脚手架、吊放预制构件或安装大模板时,指挥人员和吊车司机应密切配合,认真操作,防止碰撞砌好的砖墙。

(4)雨天施工下班时,应适当覆盖墙体表面,以防雨水冲刷。

(5)砖墙、柱未施工、安装楼板或屋面板前,当遇六级以上大风时,应采取适当临时支撑措施,以防砖墙、柱失稳倾倒。

(6)砖过梁底部的模板,应在砌筑砂浆强度达到50%以上时,方可拆除。

(7)墙面预留脚手眼,应用与原墙相同规格、色泽的砖嵌砌严密,不留痕迹。

(8)冬期低温下砌筑砖墙柱,收工时,表面应用草垫、塑料薄膜做适当覆盖保温,防止冻坏墙体。

7.2.7   安全措施

(1)脚手架应经检查后方能使用。砌筑时不准随意拆改和移动脚手架,楼层屋盖上的盖板或防护栏杆不得随意挪动拆除。

(2)在架子上砍砖时,操作人员应面向里把碎砖打在架板上,严禁把砖头打向架外。挂线用的坠砖,应绑扎牢固,以免坠落伤人。

(3)脚手架上堆砖不得超过三层(侧放)。采用砖笼吊砖时,砖在架子上或楼板上要均匀分布,不应集中堆放。灰桶、灰斗应放置有序,使架子上保持畅通。

(4)采用里架砌清水墙时,不得站在墙上勾缝或在墙顶上行走。

(5)起吊砖笼和砂浆料斗时,砖和砂浆不能装得过满。吊臂工作范围内不得有人停留。

(6)操作人员应戴好安全帽。高空作业时应挂好安全网。

(7)现场实行封闭式施工,有效控制噪声,扬尘,废物排放。撒落的灰渣、砖(石)头应定期清理或回收使用,保持现场环境符合规定。

7.2.8   施工注意事项

(1)在砌筑过程中,要经常检查校核墙体的轴线和边线,当挂线过长,应检查是否达到平直通顺一致的要求,以防轴线产生位移。

(2)清水墙砌筑排砖时,必须将立缝排匀,砌完一步高架子,每隔2m间距,应在丁砖立棱处用托线板吊直划线,二步架往上继续吊直弹粉线,由底往上所用2/3砖的长度应使一致;上层分窗口位置时必须同下层窗口保持垂直,以免墙面出现游丁走缝。

(3)立皮数杆要保持标高一致,盘角时要均匀掌握灰缝,砌筑时小线要拉紧,不得一层线松,一层线紧,以防水平灰缝出现大小不匀。

(4)构造柱、外墙内大模板混凝土墙体以及圈梁混凝土浇筑,混凝土要分层进行,振动棒不得直接碰冲墙体,以免造成砖墙鼓胀。如在振捣时发现砖墙已经鼓胀变形,应随时拆除重砌。

(5)砌筑混水墙,应注意溢出墙面的灰渍(舌头灰)应随时刮尽,刮平顺;半头砖应分散使用;首层或楼层的第一皮砖砌筑要查对皮数杆的层数及标高;一砖厚墙砌筑外面要拉线,以防出现墙面沾污、通缝、不平直以及砖墙错层造成螺旋墙等疵病。

(6)构造柱砌筑应注意使构造柱砖墙砌成马牙槎,设置好拉结筋,应从柱脚开始先退后进;当齿深120mm时,上口一皮应按先进60mm后,再上一皮进120mm,以保证混凝土浇灌时上角密实;构造柱内的落地灰、砖渣杂物应清理干净,防止夹渣,以免影响构造柱的整体性。

7.2.9 质量记录

(1)材料(砖、水泥、砂等)的出厂合格证及检验报告单。

(2)砂浆配合比设计及其抗压强度检验报告单。

(3)分项工程质量验收记录。

(4)施工记录。

(5)隐蔽工程验收记录。

7.3 空心砖砌体施工工艺标准

空心砖包括以黏土、页岩、煤矸石为主要原料焙烧而成的烧结空心砖和蒸压灰砂空心砖,主要用于非承重部位。本工艺标准适用于一般工业与民用建筑空心砖墙砌筑,工程施工应以设计图纸和施工质量验收规范为依据。

7.3.1 材料要求

(1)砌筑砂浆强度等级必须符合设计要求,空心砖墙宜用水泥或混凝土合砂浆。

1)水泥。一般采用32.5级或42.5级普通硅酸盐水泥或矿渣硅酸盐水泥。

2)砂。一般宜用中砂,并不得含有有害物质,勾缝宜用细砂。对水泥砂浆和强度等级不小于M5的水泥混合砂浆,砂中含泥量不应超过5%。

3)水。应使用自来水或天然洁净可供饮用的水。

4)塑化材料。有石灰膏、磨细石灰粉、电石膏和粉煤灰等,石灰膏的熟化时间不少于7d,严禁使用冻结和脱水硬化的石灰膏。

(2)砖的品种、强度等级必须符合设计要求,并应规格一致,有出厂合格证及试验单;烧结空心砖、蒸压灰砂空心砖常用于空心砖砌体。

1)烧结空心砖是以黏土、页岩、煤矸石为主要原料,经焙烧而成的,主要用于非承重部位的。规格长度有240mm、290mm;宽度有140mm、180mm、190mm;高度有90mm、115mm。

强度应符合表 7.3.1-1 要求。孔洞及其结构见表 7.3.1-2、尺寸允许偏差见表 7.3.1-3、外观质量见表 7.3.1-4。

表 7.3.1-1　烧法空心砖强度等级

强度级别	抗压强度平均值 F 不小于/MPa	变异系数 $\delta \geqslant 0.21$	变异系数 $\delta < 0.21$
		强度标准值 f_k 不小于/MPa	单块抗压强度最小值 f_{min} 不小于/MPa
MU10	10.0	7.5	8.0
MU7.5	7.5	5.0	5.8
MU5.0	5.0	3.5	4.0
MU3.5	3.5	2.5	2.8
MU2.5	2.5	1.6	1.8

表 7.3.1-2　烧法空心砖孔洞及其结构

等级	孔洞排数/排		孔洞率/%
	宽度方向	高度方向	
优等品	≥7	≥2	≥40
一等品	≥5	≥2	
合格品	≥3	—	

表 7.3.1-3　烧法空心砖尺寸允许偏差

尺寸/mm	优等品		一等品		合格品	
	样本均差/mm	样本极差/mm	样本均差/mm	样本极差/mm	样本均差/mm	样本极差/mm
>200	±2	6	±2.5	7	±3.0	8
200～100	±1.5	5	±2.0	6	±2.5	7
<100	±1.5	4	±1.7	5	±2.0	6

表 7.3.1-4　烧法空心砖外观质量

序号	项目		优等品	一等品	合格品
1	弯曲不大于/mm		3	4	5
2	缺棱掉角的三个破坏尺寸不得同时大于/mm		15	30	40
3	未贯穿裂纹长度	不大于大面上宽度方向及其延伸到条面上的长度/mm	不允许	100	140
		不大于大面上长度方向或条面上水平方向的长度/mm	不允许	120	160

续表

序号	项目		优等品	一等品	合格品
4	贯穿裂缝纹长度	不大于大面上宽度方向及其延伸到条面的长度/mm	不允许	60	80
		不大于壁、肋沿长度方向、宽度方向及其水平方向的长度/mm	不允许	60	80
5	肋、壁内残长度/mm		不允许	60	80
	完整面不少于		一条面和一大面	一条面或一大面	—
6	欠火砖和酥砖		不允许	不允许	不允许

2)蒸压灰砂空心砖长240mm,宽115mm,高53mm;生产其他规格产品由用户与生产厂协商确定。根据抗压强度值,将强度级分别为25、20、15、10四个等级见表7.3.1-5、尺寸允许偏差、外观质量和孔洞率见表7.3.1-6。

表7.3.1-5 蒸压灰砂空心砖强度等级

强度等级	抗压强度/MPa	
	五块平均值	单块值不小于
25	25.0	20.0
20	20.0	16.0
15	15.0	12.0
10	10.0	8.0

表7.3.1-6 蒸压灰砂空心砖尺寸允许偏差、外观质量和孔洞率

序号	项目		优等品	一等品	合格品
1	尺寸允许偏差	长度不大于/mm	±2	±2	±3
		宽度不大于/mm	±1		
		高度不大于/mm	±1		
2	对应高度差不大于/mm		±1	±2	±3
3	孔洞率不小于/%		15		
4	外壁厚度不小于/mm		10		
5	肋厚度不小于/mm		7		
6	尺寸缺棱掉角最大尺寸不大于/mm		15	20	25

序号	项目		优等品	一等品	合格品
7	完整面不少于		1条面和 1顶面	1条面或 1顶面	一条面或 一顶面
8	裂纹长度不大于	不大于条面上高度方向及其延伸到大面的长度/mm	30	50	70
		不大于条面上长度方向及其延伸到顶面上的水平裂纹长度/mm	50	70	100

7.3.2　主要机具设备

与第7.1.2节砖基础和毛石基础砌筑主要机具设备。

7.3.3　作业条件

(1)完成室外及房心回填土,安装好沟盖板。

(2)基础工程及楼层结构验收手续。

(3)施工基层已经清理干净。

(4)弹好轴线墙身线,根据进场砖的实际规格尺寸,弹出门上窗洞口位置线,经验线符合设计要求,办完预检手续。

(5)按设计标高要求立好皮数杆,皮数杆的间距以15～20m为宜。

(6)砂浆由试验室做好试配,准备好砂浆试模(6块为一组)。

(7)施工现场安全防护已完成,并通过了质检员的验收。

(8)脚手架应随砌随搭设;运输通道通畅,各类机具应准备就绪。

(9)健全现场各项管理制度,专业技术人员执证上岗。

(10)砌砖班组已进场到位并进行了质量技术安全交底,按砌体施工质量控制等级要求施工,具体参见国家标准《砌体结构工程施工质量验收规范》(GB 50203—2011)中表3.0.15。

7.3.4　施工操作工艺

(1)墙体组砌的方式。空心砖一般侧立砌筑,孔洞呈水平方向(多孔砖砌筑时孔洞呈竖直方向),特殊要求时,孔洞也可呈垂直方向。空心砖墙的厚度等于空心砖的厚度。采用全顺铡砌,错缝砌筑,上下皮竖缝相互错开1/2砖长。砌筑形式如图7.3.4所示。

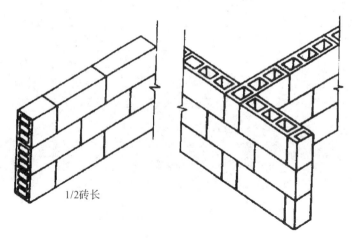

图 7.3.4 空心砖墙砌筑形式

（2）工艺流程。地基验槽、砖基放线→材料见证取样、配制砂浆→排砖摆底、墙体盘角→立杆挂线、砌墙→养护、验收

（3）砌筑前,应在砌筑位置弹出墙边线及门窗洞口边线,底部至少先砌 3 皮普通砖,门窗洞口两侧一砖范围内也应用普通砖实砌。

（4）排砖摆底(干摆砖)。按组砌方法先从转角或定位处开始向一侧排砖,内外墙应同时排砖,纵横方向交错搭接,上下皮错缝,一般搭砌长度不少于 60mm,上下皮错缝 1/2 砖长。排砖时,凡不够半砖处用普通砖补砌,半砖以上的非整砖宜用无齿锯加工制作非整砖块,不得用砍凿方法将砖打断;第一皮空心砖砌筑必须进行试摆。

（5）选砖。检查空心砖的外观质量,有无缺棱掉角和裂缝现象,对于欠火砖和酥砖不得使用,用于清水外墙的空心砖,要求外观颜色一致,表面无压花。焙烧过火变色,变形的砖可用在不影响外观的内墙上。

（6）盘角。砌砖前应先盘角,每次盘角不宜超过 3 皮砖,新盘的大角,及时进行吊、靠,如有偏差要及时修整。盘角时要仔细对照皮数杆的砖层和标高,控制好灰缝大小,使水平灰缝均匀一致。大角盘好后再复查一次,平整和垂直完全符合要求后,再挂线砌墙。

（7）挂线。砌筑必须双面挂线,如果长墙使用一根通线,中间应设几个支线点,小线要拉紧,每层砖都要穿线看平,使水平缝均匀一致,平直通顺;可照顾砖墙两面平整,为下道工序控制抹灰厚度奠定基础。

（8）砌砖。砌空心砖宜采用刮浆法。竖缝应先批砂浆后再砌筑,当孔洞呈垂直时,水平铺砂浆,应先用套板盖住孔洞,以免砂浆掉入空洞内。砌砖时砖要放平。里手高,墙面就要张;里手低,墙面就在背。砌砖一定要跟线,"上跟线,下跟棱,左右相邻要对平"。

水平灰缝厚度和竖向灰缝宽度一般为 10mm,但不应小于 8mm,也不应大于 12mm。为保证清水墙面主缝垂直,不游丁走缝,当砌完一步架高时,宜每隔 2m 水平间距,在丁砖立楞位置弹两道垂直立线,可以分段控制游丁走缝。在操作过程中,要认真进行自检,如出现有偏差应随时纠正,严禁事后砸墙。清水墙不允许有三分头,不得在上部任意变活、乱缝。砌筑砂浆应随搅拌随使用,拌制的砂浆应在 3h 内使用完毕;当施工期间最高气温超过 30℃时,应在 2h 内使用完毕。砌清水墙应随砌、随划缝,划缝深度为 8～10mm,深浅一致,墙面清扫干净。混水墙应随砌随将舌头灰刮尽。

(9)空心砖墙应同时砌起,不得留槎。每天砌筑高度不应超过 1.5m。

(10)木砖预留孔洞和墙体拉结筋。墙中留洞、预埋件、管道等处应用实心砖砌筑或做成预制混凝土构件或块体;木砖预埋时应小头在外,大头在内,数量按洞口高度决定。洞口高在 1.2m 时,每边放 2 块;高 1.2～2m,每边放 3 块;高 2～3m,每边放 4 块,预埋木砖的部位一般在洞口上边或下边四皮砖,中间均匀分布。木砖要提前做好防腐处理。钢门窗安装的预留孔、暖卫管道等,均应按设计要求预留,不得事后剔凿。墙体拉结筋的位置、规格、数量、间距均应按设计要求留置,不应错放、漏放。

(11)安装过梁、梁垫。门窗过梁支承处应用实心砖砌筑;安装过梁、梁垫时,其标高、位置及型号必须准确,坐浆饱满。如坐浆厚度超过 2cm 时,要用细石混凝土铺垫,过梁安装时,两端支承点的长度应一致。

(12)构造柱做法。凡设有构造柱的工程,在砌砖前,先根据设计图纸将构造柱位置进行弹线,并把构造柱插筋处理顺直。砌砖墙时,与构造柱连接处砌成马牙槎,马牙槎处应砌实心砖。每一个马牙槎沿高度方向的尺寸不宜超过 30cm(即二皮砖)。马牙槎应先退后进。拉结筋按设计要求放置,设计无要求时,一般沿墙壁高 50cm 设置 2 根 $\Phi6$ 水平拉结筋,每边深入墙内不应小于 1m。

(13)一般宜在墙体砌完 3d 后再砌墙体顶部,墙体顶部用实心砖斜砌挤实。

7.3.5　质量标准

(1)一般规定。

1)有冻胀环境和条件的地区,地面以下或防潮层以下的砌体,不得采用空心砖。否则空心砖的孔洞应用水泥砂浆灌实。

2)砌筑时,砖应提前 1～2d 浇水湿润。

3)采用铺浆法砌筑时,铺浆长度不得超过 750mm,施工期间气温超过 30℃时,铺浆长度不得超过 500mm。

4)砖砌平拱过梁的灰缝应砌成楔形缝。灰缝的宽度,在过梁的底面不应小于 5mm;在过梁的顶面不应大于 15mm。

拱脚下面应伸入墙内不小于 20mm,拱底应有 1% 的起拱。

5)砖过梁底部的模板及其支架拆除时,灰缝砂浆强度不低于设计强度的 75%。

6)施工时施砌的蒸压(养)砖的产品龄期不应小于 28d。

7)竖向灰缝不得出现透明缝、瞎缝和假缝。

8)砖砌体施工临时间断处补砌时,必须将接槎处表面清理干净,浇水湿润,并填实砂浆,保持灰缝平直。

9)在空心砖砌体中留槽洞及埋设管道时,应符合下列规定。

①施工中应准确预留槽洞位置,不得在已砌墙体上凿槽打洞。

②不应在墙面上留(凿)水平槽、斜槽或埋设水平暗管和斜暗管。

③墙体中的竖向暗管宜预埋;无法预埋需留槽时,墙体施工时预留槽的深度及宽度不宜大于 95mm×95mm。管道安装完后,应采用强度等级不低于 C10 的细石混凝土或强度等级为 M10 的水泥砂浆填塞。当槽的平面尺寸大于 95mm×95mm 时,应对墙身削弱部分予以补强并将槽两侧的墙体内预留钢筋相互拉结。

④在宽度小于 500mm 的承重小墙段及壁柱内不应埋设竖向管线。

⑤墙体中不应设水平穿行暗管或预留水平沟槽;无法避免时,宜将暗管居中埋于局部现浇的混凝土水平构件中。当暗管直径较大时,混凝土构件宜配筋。墙体开槽后应满足墙体承载力要求。

⑥管道不宜横穿墙垛、壁柱;确实需要时,应采用带孔的混凝土块砌筑。

(2)主控项目。与砖墙砌筑施工工艺标准相同。

(3)一般项目。与砖墙砌筑施工工艺标准相同。

7.3.6　成品保护

(1)墙体拉结筋、抗震构造柱钢筋、大模板混凝土墙体钢筋及各种预埋件,暖卫、电气管线等,均应注意保护,不得任意拆改或损坏。

(2)砂浆稠度应适宜,砌墙时应防止砂浆溅脏墙面。

(3)在吊放平台脚手架或安装大模板时,指挥人员和吊车司机要认真指挥和操作,防止碰撞已砌好的砖墙。

(4)在高层平台进料口周围,应用塑料薄膜或木板等遮盖,保持墙面洁净。

(5)尚未安装楼板或屋面板的墙和柱,当可能遇到大风时,应采取临时支撑等措施,以保证施工中墙体的稳定性。

7.3.7　安全措施

与第 7.1.7 节砖基础和毛基础砌筑安全措施相同。

7.3.8　施工注意事项

(1)砂浆强度必须满足设计要求。注意不使用过期水泥,计量要准确,保证搅拌时间,砂浆试块的制作、养护、试压应符合规定。

(2)墙体顶面应保证平直。砌到顶部时不好使线,致使墙体容易里出外进,应在梁底或板底弹出墙边线,认真按线砌筑,以保证墙体顶部平直通顺。

(3)门窗框两侧应砌实心砖。门窗两侧砌实心砖,便于埋设木砖或铁件,固定门窗框,并安放混凝土过梁。

(4)防止空心砖墙后剔凿。预留孔洞、预埋件应准确预留、预埋。防止后剔凿,以免影响质量。

(5)拉结筋应与砖行灰缝吻合。混凝土墙、柱内预埋拉结筋经常不能与砖行灰缝吻合,应预先计算砖行模数、位置、标高控制准确,不应将拉结筋弯折使用。

(6)预埋在墙、柱内的拉结筋不得任意弯折、切断,应注意保护,不允许任意弯折或切断。

7.3.9　质量记录

(1)砂浆配合比设计检验报告单。

(2)砂浆立方体试件抗压强度检验报告单。

(3)水泥检验报告单。

(4)蒸压灰砂(空心)砖检验报告单。

(5)砂检验报告单。

(6)砖砌体工程检验批质量验收记录。

(7)施工记录。

7.4　中、小型砌块砌筑施工工艺标准

中、小型砌块墙系采用中、小型砌块与水泥砂浆或水泥混合砂浆砌成。中型砌块墙种类有粉煤灰硅酸盐砌块墙、混凝土空心砌块墙等。砌块墙具有大量利用工业废料,节约水泥,生产工艺简单,施工方便,工效高,施工速度快,适应性强,造价低等优点。小型砌块墙多用小型空心混凝土砌块,具有规格小,重量轻;砌筑不用吊装机具,操作方便,劳动强度低,可提高劳动生产率,加快施工速度,降低工程和施工成本等优点。本工艺标准适用于建造一般单层与多层民用房屋及工业建筑墙体混凝土砌块工程。工程施工应以设计图纸和施工质量验收规范为依据。

7.4.1　材料要求

(1)中、小型砌块。砌块尺寸、规格、质量、强度等级和建筑热工等应符合有关设计和规范的要求。

(2)水泥。采用强度等级不低于32.5的普通硅酸盐水泥或矿渣硅酸盐水泥,要求新鲜无结块。

(3)砂。用中砂,含泥量小于5%。

(4)其他材料。石灰膏、粉煤灰和磨细生石灰等,石灰膏的熟化时间不少于7d。

7.4.2　主要机具设备

(1)机械设备。包括砂浆搅拌机、筛砂机、淋灰机以及塔式起重机、门式提升架、卷扬机等。

(2)主要工具。包括瓦刀、小撬棍、木槌、线坠、灰槽、大铁锹、灌缝夹板或灌缝斗、灰斗、砂浆勺、手推胶轮车以及砌块夹具等。

7.4.3 作业条件

(1)对进场的砌块型号、规格、数量和堆放位置、次序等已进行检查、验收,能满足施工要求。砌块应按不同规格和强度等级整齐堆放。堆垛上应设标志。堆放场应平整,并做好排水。

(2)所需机具设备已准备就绪,并已安装就位。

(3)根据施工图要求制订施工方案,绘好砌块排列图,选定砌块吊装路线、吊装次序和组砌方法。

(4)砌块基层已经清扫干净,并在基层上弹出纵横墙轴线、边线、门窗洞口位置线及其他尺寸线。如使用中型空心砌块时,在基层上画好第一层砌块分块线。

(5)立好皮数杆,复核基层标高。根据砌块尺寸和灰缝厚度计算皮数和排数,以保证砌体尺寸符合设计要求。

(6)砌块表面的污物、泥土及孔洞底部的毛边均清除干净。

(7)搭设好操作和卸料脚手架。

(8)砂浆经试配确定配合比,准备好砂浆试模(3块为一组)。

(9)施工现场安全防护已完成,并通过了验收。

7.4.4 施工操作工艺

(1)中型砌块。

1)墙体放线。砌体施工前,应将基层清理干净,按设计标高进行找平,并根据施工图及砌体排列组砌图放出墙体的轴线、外边线、洞口线以及第一皮砌块的分块线,放线结束后应及时组织验线工作,并经监理单位复核无误后,方可施工。

2)砌块浇水。蒸压粉煤灰砖等吸水率大的砌块砌筑前适当浇水,在高温季节和天气干燥时,可在砌筑前2d进行浇水湿润,同时也可冲去浮尘;吸水率小的混凝土实心砖及普通混凝土空心砌块施工前不宜浇水润湿;此工序应根据现场砌块及天气、温度等情况具体确定掌握。

3)制备砂浆(细石混凝土)。砂浆的制备通常应符合以下要求。

①砌体所用砂浆按照设计要求的砂浆品种、强度等级进行配置,砂浆配合比应由试验室确定,采用质量比计量,水泥及各种外加剂配料的允许偏差为±2%;砂、石灰膏等配料控制在±5%;石子为±3%。

②砂浆(细石混凝土)应采用机械搅拌。搅拌时间:水泥砂浆和水泥混合砂浆不得少于2min;掺用外加剂的砂浆不得少于3min;掺用有机塑化剂的砂浆,搅拌时间和搅拌方式应符合现行行业标准《砌筑砂浆增塑剂》的有关规定,同时还应具有较好的和易性和保水性。

③砂浆(细石混凝土)应搅拌均匀,随拌随用,拌制的砂浆应在3h内使用完毕;当施工期间最高气温超过30℃时,应在2h内使用完毕。

④砂浆(细石混凝土)试块的制作。在每一楼层或250m³砌体中,每种强度等级的普通砌筑砂浆,每台搅拌机应至少制作一组(每组3块);当砂浆(细石混凝土)强度等级或配合比

有变更时,也应制作试块。

⑤如条件允许或工程需要,宜采用商品砂浆。

4)砌块排列。由于砌块排列直接影响墙体的整体性,因此在施工前必须按以下原则、方法及要求进行砌块排列。具体如下。

①砌块砌体在砌筑前,应根据工程设计施工图,结合砌块的品种、规格,绘制砌体砌块排列图,并经审核无误后,按图排列砌块。

②砌块排列时,应尽量采用主规格和大规格的砌块(占总量的75%～80%)。

③砌块排列应上、下错缝搭砌,搭砌长度一般为砌块的1/2,不得小于砌块高度的1/3,也不应小于150mm,同时要求上、下皮砌块应孔对孔、肋对肋,如果搭错缝长度满足不了规定的压搭要求,具体构造按设计规定。若设计无规定时,一般应在水平灰缝中设2根Φ6mm的钢筋或配Φ^b4钢筋网片,长度不小于700mm。

④外墙转角及纵横墙交接处,应分皮咬槎,交错搭砌;如果不能咬槎时,按设计要求采取构造措施,设计无要求时,应设钢筋或钢筋网片做加强处理。

⑤砌体的垂直缝应与门窗洞口的侧边线相互错开,不得同缝,且不得采用砖镶砌。

⑥砌块排列应尽量不镶砖或少镶砖,必须镶砖时,应用整砖平砌,且尽量分散,镶砌砖的强度不应小于砌块强度等级。

⑦砌体水平灰缝厚度一般为15mm,如果加钢筋网片的砌体,水平灰缝厚度为20～25mm,垂直灰缝宽度为20mm。大于30mm的垂直缝,应采用C20细石混凝土灌实。

5)铺砂浆。将搅拌好的砂浆,通过吊斗、灰车运至砌筑地点,并按砌筑顺序及所需量倒运在灰槽或灰斗内,以供铺设。在砌块就位前,用大铁锹、灰勺进行分块铺灰,较小的砌块数量较多时,可通长铺设,但铺灰长度不得超过750mm。

6)砌块就位与校正。砌块砌筑前2d应浇水湿润,冲去浮沉,清除砌块表面的浮尘及黏土等污物后方可吊运。砌筑就位应先远后近、先下后上、先外后内;内外墙同砌筑。每层开始时,应从转角处或定位砌块处开始;每吊砌一皮、校正一皮,皮皮拉线控制砌体标高和墙面平整度及垂直度。

砌块就位时,起吊砌块应避免偏心,使砌块底面保持水平下落;并防止碰撞。就位时由人手扶控制,对准位置,缓慢地下落,经小撬棒微撬,用托线板挂直、核正为止。

7)砌筑镶砖。用普通砖镶砌前后一皮砖,必须选用无横裂的整砖,顶砖镶砌时,不得使用半砖。

8)竖缝灌砂浆。每吊一皮砌块,就位校正后,用砂浆或细石混凝土灌垂直缝,随后进行灰缝的勾缝(原浆勾缝),勾缝深度一般为3～5mm。

9)芯柱。当设有混凝土芯柱时,应按设计要求设置钢筋,其搭接接头长度不应小于40d。芯柱应随砌随灌随捣实。

(2)小型砌块。

1)墙体放线。砌体施工前,应将基层清理干净,按设计标高进行找平,并根据施工图及砌体排列组砌图放出墙体的轴线、外边线、洞口线等位置线,放线结束后应及时组织验线工作,并经监理单位复核无误后,方可施工。

2)砌块浇水。普通混凝土小砌块一般不宜浇水,以免砌筑时灰浆流失,砌体移滑,也可避免砌体上墙干缩,造成砌体裂缝。在天气干燥炎热的情况下,可提前洒水湿润小砌块;轻骨料混凝土小砌块施工前可提前浇水,但不宜过多;此工序应根据现场砌块及天气、温度等情况具体确定掌握。

3)制备砂浆。砂浆的制备通常应符合以下要求。

①砌体所用砂浆应按照设计要求的砂浆品种、强度等级进行配置,砂浆配合比应由试验室确定,采用质量比时,其计量精度为水泥土2%,砂、石灰膏控制在±5%以内。

②砂浆应采用机械搅拌。搅拌时间:水泥砂浆和水泥混合砂浆不得少于2min;掺用外加剂的砂浆不得少于3min;掺用有机塑化剂的砂浆,应为3～5min。同时还应具有较好的和易性和保水性,其保水率不得小于88%,一般稠度以50～70mm为宜;轻骨料小砌块的砌筑砂浆稠度宜为60～90mm。

③砂浆应搅拌均匀,并在3h内使用完毕;当施工期间最高气温超过30℃时,应在2h内使用完毕。

④砂浆试块的制作:在每一楼层或250m³砌体中,每种强度等级的砂浆,每台搅拌机应至少制作一组(每组3块);当砂浆强度等级或配合比有变更时,也应制作试块。

⑤如条件允许或工程需要,宜优先采用商品砂浆。

4)砌块排列。由于砌块排列直接影响墙体的整体性,因此在施工前必须按以下原则、方法及要求进行砌块排列。

①砌块砌体在砌筑前,应根据工程设计施工图,结合砌块的品种、规格、绘制砌体砌块组砌排列图(主要是交接节点处),同时根据砌块尺寸、垂直缝的宽度和水平缝的厚度计算砌块砌筑皮数和排数,并经审核无误后,按组砌图及计算结果排列砌块。

②砌块排列时,应尽量采用主规格,以提高砌筑日产量。

③小砌块砌筑形式应每皮顺砌。当墙、柱(独立柱、壁柱)内设置芯柱时,小砌块必须对孔、错缝、搭砌,上下两皮小砌块搭砌长度应为195mm;当墙体设构造柱或使用多排孔小砌块及插填聚苯板或其他绝热保温材料的小砌块砌筑墙体时,应错缝搭砌,搭砌长度不应小于90mm。否则,应在此部位的水平灰缝中设Φ4点焊钢筋网片。网片两端与该位置的竖缝距离不得小于400mm。墙体竖向通缝不得超过2皮小砌块,柱(独立柱、壁柱)宜为3皮。

④外墙转角及纵横墙交接处,应分皮咬槎,交错搭砌;如果不能咬槎时,按设计要求采取构造措施。

⑤砌体的垂直缝应与门窗洞口的侧边线相互错开,不得同缝,错开间距应大于150mm,且不得采用砖镶砌。

⑥砌体水平灰缝厚度和垂直灰缝宽度一般为10mm。但不应大于12mm,也不应小于8mm。

5)铺砂浆与砌筑。将搅拌好的砂浆,通过吊斗、灰车运至砌筑地点,并按砌筑顺序及所需量倒运在灰槽或灰斗内,以供铺设。

①砌筑应从外墙转角处或定位处开始,内外墙同时砌筑,纵横墙交错搭接;砌块应底面朝上,若使用一端有凹槽的砌块时,应将有凹槽的一端接着平头的一端砌筑。

②砌块应逐块铺砌,采用满铺、满挤法。灰缝应做到横平竖直,全部灰缝均应填满砂浆。水平灰缝宜用坐浆满铺法。垂直缝可先在砌块端头铺满砂浆(即将砌块铺浆的端面朝上依

次紧密排列)然后将砌块上墙挤压至要求的尺寸;也可在砌好的砌块端头刮满砂浆,然后将砌块上墙进行挤压,直至所需尺寸。

③砌块砌筑一定要跟线,"上跟线,下跟棱,左右相邻要对平"。同时应随时进行检查,做到随砌随查随纠正,以便返工。

6)勾缝。每当砌完一块,应随后进行灰缝的勾缝(原浆勾缝),小砌块墙体缺灰处应补浆压实,并宜做成凹缝,凹进墙面 2mm。

7)芯柱。当设有混凝土芯柱时,应按设计要求设置钢筋,其搭接接头长度不应小于 40d。芯柱应随砌随灌随捣实。

①当砌体为无楼板时,芯柱钢筋应与上、下层圈梁连接,并按每一层进行连续浇筑。

②混凝土浇筑前,应清理芯柱内的杂物及砂浆用水冲洗干净,校正钢筋位置,并绑扎或焊接固定后,方可浇筑。浇筑时,每浇灌 400~500mm 高度捣实一次,或边浇灌边捣实。

③芯柱混凝土的浇筑,必须在砌筑砂浆强度大于 1MPa 以上时,方可进行。芯柱混凝土坍落度按现行规范《混凝土小型空心砌块灌孔混凝土》(JC 861—2008)取值。

8)如需移动已砌好的砌块,应清除原有砂浆,重铺新砂浆砌筑。

9)在墙体下列部位,空心砌块应用混凝土填实:底层室内地面以下砌体;楼板支承处如无圈梁时,板下一皮砌块;次梁支承处(宽不小于 400mm,高不小于 190mm)等。

10)对五、六层房屋,常在四大角及外墙转角处用混凝土填实三个孔洞以构成芯柱。在砌完一个楼层高度后连续分层浇灌,小砌块芯柱的混凝土坍落度不应小于 90mm;当采用泵送时,坍落度不宜小于 160mm。

11)砌块每日砌筑高度应控制在 1.4m 或一步脚手架高度;每砌完一楼层后,应校核墙体的轴线尺寸和标高。在允许范围内的轴线及标高的偏差,应在楼板面上予以纠正。

12)圈梁浇筑应先在底一皮混凝土小砌块上用 C20 混凝土封底,然后再砌墙工作底模,并在砌块竖缝中预留孔洞穿入螺栓及夹具,固定圈梁模板,绑钢筋,浇筑混凝土,拆模后立即用混凝土嵌填孔洞。

13)在砌筑过程中,应采用"原浆随砌随收缝法",先勾水平缝,后勾竖向缝。灰缝与砌块面要平整密实,不得出现丢缝、瞎缝、开裂和粘结不牢等现象,以避免墙面渗水和开裂,以利于墙面粉刷和装饰。

7.4.5　质量标准

(1)中型砌块。

1)一般要求。

①砌筑前,砌块的产品龄期不应小于 28d,应清除表面污物和芯柱使用的砌块孔底毛边。

②砌筑时,底面应朝上,反砌于墙上。清除孔洞内的砂浆等杂物。

③设计规定的洞口、沟槽、管道和预埋件等应在砌筑时留出,不得打凿已砌筑好的墙体及在墙体上开通长沟槽。

④砌体灰缝不得出现瞎缝、透明缝和假缝。

⑤承重墙体严禁使用断裂的砌块。

⑥浇灌芯柱混凝土,应遵守下列规定。

a.清除孔洞内的砂浆等杂物,并用水冲洗。

b.砌筑砂浆强度大于 1MPa 时,方可浇灌芯柱混凝土。

c.在浇灌芯柱混凝土前应先注入适量与芯柱混凝土相同的去石水泥砂浆,再浇灌混凝土。

2)主控项目。

①砌块和砂浆的强度等级必须符合设计要求。抽检数量:每一生产厂家,按每 1 万块为一检验批,抽检数量为一组。砂浆试块每一楼层或 250m³ 砌体为一检验批,抽检数量为一组。检查方法:查砌块和砂浆试块试验报告。

②砌体水平灰缝和竖向灰缝的砂浆饱满度,按净面积计算不得低于 90%;竖向凹槽部位应用砂浆或细石混凝土填实;不得出现瞎缝、透明缝。抽检数量:每检验批不应少于 5 处。检验方法:用专用百格网检测砌块与砂浆粘结痕迹,每处检测 3 块,取平均值。

③墙体转角处、纵横墙交接处应同时砌筑。临时间断处应砌成斜槎,斜槎水平投影长度不应小于高度的 2/3。抽检数量:每检验批抽 20%接槎,且不应少于 5 处。检查方法:观察检查。

④混凝土中型空心砌块砌体的位置及垂直度允许偏差同砖砌体的有关规定。抽检数量:轴线查全部承重墙体;外墙垂直度全高查阳角,不应少于 4 处,每层每 20m 查一处;内墙按有代表性的自然间抽 10%,但不应少于 3 间,每间不应少于 2 处,柱不少于 5 根。

3)一般项目。

①砌块砌体组砌方法应正确,上、下错缝,内外搭砌,芯柱不得填砂浆。抽检数量:按自然间抽 10%,且不少于 3 间。检查方法:观察检查。

②墙体的灰缝应横平竖直,厚薄均匀。水平灰缝和竖直灰缝宽度不宜超过 15mm。抽检数量:每层楼的检测点不应少于 5 处。抽检方法:用尺量 5 皮砌块的高度和 2m 砌体长度折算。

③砌块砌体的一般尺寸偏差应符合表 7.4.5 的规定。

表 7.4.5　混凝土中型空心砌块砌体一般尺寸允许偏差

序号	项目		允许偏差/mm	检验方法	抽检数量
1	轴线位置偏移		10	用经纬仪或尺检查	查全部承重墙
2	基础顶面和楼面标高		±15	水平仪、经纬仪和尺检查	不应少于 5 处
3	表面平整度		10	用 2m 靠尺和楔形塞尺检查	不应少于 5 处
4	水平灰缝平直度	清水墙	7	拉 10m 线和尺检查	不应少于 5 处
		混水墙	10		
5	水平灰缝厚度		10,-5	用线杆比较,并用尺量	不应少于 5 处
6	垂直缝宽度		10,-5	用尺检查	不应少于 5 处
7	门窗洞口宽度(后塞口)		±5	用尺检查	不应少于 5 处

序号	项目	允许偏差/mm	检验方法	抽检数量
8	外墙上下窗口偏移	20	以底层窗口为准,用经纬仪或吊线检查	不应少于5处
9	清水墙面游丁走缝	20	吊线和尺检查,以第一皮砌块为准	不应少于5处

(2)小型砌块。

1)一般规定。

①施工时所用的小砌块的产品龄期不应小于28d。

②砌筑小砌块时,应清除表面污物和芯柱用小砌块孔洞底部的毛边,剔除外观质量不合格的小砌块。

③施工时所用的砂浆,宜选用《混凝土小型空心砌块砌筑砂浆》(JC 860—2008)专用的小砌块砌筑砂浆。

④底层室内地面以下或防潮层以下的砌体,应采用强度等级不低于C20的混凝土灌实小砌块的孔洞。

⑤小砌块砌筑时,在天气干燥、炎热的情况下,可提前洒水湿润小砌块;对轻骨料混凝土小砌块,可提前浇水湿润。小砌块表面有浮水时,不得施工。

⑥承重墙体严禁使用断裂小砌块。

⑦小砌块墙体应对孔错缝搭砌,搭接长度不应小于90mm。墙体的个别部位不能满足上述要求时,应在灰缝中设置拉结钢筋或钢筋网片,但竖向通缝仍不得超过两皮小砌块。

⑧小砌块应底面朝上反砌于墙上。

⑨浇注芯柱的混凝土,宜选用专用的《混凝土小型空心砌块灌孔混凝土》(JC 861—2008)小砌块灌孔混凝土,坍落度不应小于180mm;当采用普通混凝土时,其坍落度不应小于90mm。

⑩浇筑芯柱混凝土,应遵守下列规定。

a.清除孔洞内的砂浆等杂物,并用水冲洗。

b.砌筑砂浆强度大于1MPa时,方可浇筑芯柱混凝土。

c.在浇灌芯柱混凝土前应先注入适量与芯柱混凝土相同的去石水泥砂浆,再浇灌混凝土。

⑪需要移动砌体中的小砌块或小砌块被撞动时,应重新铺砌。

⑫承重墙体不得采用小砌块与黏土砖等其他块体材料混合砌筑。

2)主控项目。

①小砌块和芯柱混凝土、砂浆的强度等级必须符合设计要求。抽检数量:每一生产厂家,每1万块小砌块至少应抽检一批,不足1万块按1批计,抽检数量为1组;用于多层以上建筑基础和底层的小砌块抽检数量不应少于2组。检查方法:查砌块和芯柱混凝土、砂浆试块试验报告。

②砌体水平灰缝和竖向灰缝的砂浆饱满度,按净面积计算不得低于90%;竖向凹槽部位应用砂浆填实;不得出现瞎缝、透明缝。抽检数量:每检验批抽查不应少于5处。检验方法:用专用百格网检测砌块与砂浆粘结痕迹,每处检测3块小砌块,取其平均值。

③墙体转角处和纵横墙交接处应同时砌筑。临时间断处应砌成斜槎,斜槎水平投影长度不应小于斜槎高度。抽检数量:每检验批抽查不应少于5处。检查方法:观察检查。

④混凝土小型空心砌块砌体的位置及垂直度允许偏差同砖砌体的有关规定。抽检数量:轴线查全部承重墙体;外墙垂直度全高查阳角,不应少于5处,内墙每检验批抽查不少于5处。

3)一般项目。

①填充墙上下相邻皮小砌块应错缝搭砌。抽检数量:每检验批抽检不应少于5处。检查方法:观察和尺量检查;

②墙体的水平灰缝厚度和竖向灰缝宽度宜为10mm,但不应大于12mm,也不应小于8mm。抽检数量:每检验批抽检不应少于5处。抽检方法:用尺量5皮小砌块的高度和2m长度的墙体进行折算。

③混凝土小型空心砌块砌体的一般尺寸偏差同砖砌体的有关规定,按表7.2.5中1~5项规定执行。

7.4.6 成品保护

(1)砌块运输和堆放时,应轻吊轻放,中型密实砌块堆放高度不得超过3m,空心小型砌块不得超过1.6m,堆垛之间应保持适当的通道。

(2)砌块和楼板吊装就位时,避免冲击已完墙体。

(3)水电和室内设备安装时,应注意保护墙体,不得随意凿洞开槽,必要时应有可靠措施。

(4)雨天施工应有防雨措施,不得使用湿砌块。雨后施工时,应复核墙体的垂直度。

(5)先装门窗框时,在砌筑过程中应对所立之框进行保护;后装门窗框时,应注意固定框的埋件牢固,不可损坏、松动。

(6)拆除脚手架时,应注意保护墙体及门窗口角;防止碰撞;车辆运输应注意墙体被撞。

7.4.7 安全措施

(1)吊装砌块夹具应经试验检查,应安全、灵活、可靠,方可使用。

(2)砌块在楼面堆放时,严禁倾卸及撞击楼板。在楼板上堆放砌块,宜分散堆放,不得超过楼板的设计允许承载能力。

(3)砌块安装时,不得站在墙上指挥和操作,不准随意在墙上设置受力支撑或拉缆绳等。

(4)操作过程中,对稳定性较差的窗间墙、独立柱等部分,应适当加设临时支撑。

(5)当楼层砌到标高时,应即浇筑楼盖,使墙体保持稳定。未浇筑楼板的墙体,在大风天时,宜加设适当临时支撑,保证其稳定性。

(6)工人操作应戴安全帽,高空作业应系安全带;采用内脚手施工时,在二层楼面以上,应在房屋外墙四周设安全网,并随施工高度逐层提升,屋面工程未完不得拆除。

(7)砌块砌筑施工时,对砂石、水泥、粉状外加剂等材料应进行遮盖;搅拌机处应设置沉淀池;砌块的切割作业应选定加工点,并进行封闭作业,防止粉尘飞扬;操作人员应佩戴口罩,避免吸入粉尘;现场应经常进行清扫,并洒水,保持场地环境清洁,防止尘土飞扬;施工垃圾应装入水泥袋内统一运走,不得到处抛洒,外运时应进行遮盖,防止尘土飞扬,造成大气污染。

7.4.8　施工注意事项

(1)砌块墙砌筑前,应绘好砌块排列图,选好吊装机具和吊装路线,确定吊装程序,编制工艺卡,这是保证施工顺利进行,避免施工混乱的重要环节。

(2)砌块的堆放应按吊装或砌筑顺序,分型号、规格垂直整齐堆放,并布置在起重设备允许吊量的回转半径范围内,堆放数量应保证在半个楼层以上配套使用,以减少二次搬运,提高工效,避免停工待料。砌体中的芯柱是用以加强砌块建筑的整体性和结构延性,增强砌体刚度,抵抗水平荷载和地震力的重要措施,必须按设计位置设置,在孔中插入钢筋并浇筑混凝土,不得遗漏,不能马虎,应严格保证芯柱的混凝土质量,同时做好隐蔽验收的检查记录。

(3)墙体内应尽量不设脚手眼,如必须设置时,可用 190mm×190mm×190mm 砌块侧砌,利用其孔洞作为脚手眼,砌体完工后,应用 C15 混凝土将脚手眼填实。

(4)对墙体表面的平整度和垂直度、灰缝的均匀程度等,应随时检查并校正所发现的偏差。在砌完每一层楼后,应校核墙体的轴线尺寸和标高。在允许范围内的轴线以及标高的偏差,可在楼板面上予以校正。

(5)砌块在砌筑使用前不宜洒水,遇炎热干燥天气时,宜适当洒水湿润,砌筑时表面不得有浮水;随吊运随将砌块表面清理干净;砌块就位后应及时校正,紧跟着用砂浆(或细石混凝土)灌竖缝,以保证砌体粘结牢固。

(6)为避免造成砌筑时灰缝厚度不均匀,要特别注意第一皮砌块基底应事先用细石混凝土找平标高。

(7)应严格按设计要求和规范的规定,在砌体内设置拉结钢筋和压砌钢筋网片。

7.4.9　质量记录

(1)砌块、水泥等原材料出厂合格证,现场抽检报告单。
(2)砂浆配合比设计及试件抗压强度检验报告单。
(3)分项工程质量检验记录。
(4)施工记录。

7.5　加气混凝土砌块墙砌筑施工工艺标准

加气混凝土砌块是以水泥、矿渣、砂、石灰等为主要原料,加入发气剂,经搅拌成型、蒸压养护而成的实心砌块。用它砌筑墙体,可减轻墙重量,提高工效;同时具有隔音、抗震等功效。本工艺标准适用于工业与民用建筑围护墙、填充墙和隔墙采用加气混凝土砌块墙砌筑工程。工程施工应以设计图纸和施工质量验收规范为依据。

7.5.1　材料要求

（1）加气混凝土块。一般规格为 600mm×200mm、600mm×250（240）mm、600mm×300mm，宽度模数制为 25mm 和 60mm 进位的加气混凝土块，强度分 A10、A7.5、A5、A3.5、A2.5、A2.0、A1 七个强度等级，干容重（干密度）为 300～800kg/m³。产品的性能、强度、干密度、干燥收缩值、抗冻性等应符合设计与国家标准要求。

（2）水泥。用强度等级 42.5 级的普通硅酸盐水泥或矿渣硅酸盐水泥，新鲜无结块。

（3）砂。用中砂，含泥量不超过 5％，使用前过 5mm 孔径的筛。抹灰层宜用中砂，含泥量不超过 3％。

（4）胶粘剂。用聚乙烯醇缩甲醛（108 胶）。

（5）其他。混凝土块、木砖、Φ6mm 钢筋、锚固铁板（75mm×50mm×2mm），铁扒钉等。

7.5.2　主要机具设备

（1）机械。包括塔式起重机、砂浆机、卷扬机、提升架、电动切割机等。

（2）工具。包括瓦刀、电动手锯、灰斗、大铁锹、手推车、木槌、线坠、小撬棍等。

7.5.3　作业条件

（1）砌筑前，墙基层应经验收合格；砌筑加气混凝土墙部位的楼地面、灰渣杂物及高出部分应清除干净。

（2）在结构墙、柱上弹好 500mm 标高水平线、加气混凝土墙立边线、门口位置线。

（3）做好地面垫层；在砌块墙底部，砌好踢脚板高度的黏土砖或多孔砖墙或浇混凝土坎台。

（4）砌筑前 1d，应将加气混凝土砌块及与原结构相接处，洒水湿润，以保证砌体良好粘结。蒸压加气混凝土砌块含水率宜小于 30％，墙体抹灰前含水率宜为 15％～20％。

（5）按砌块每皮高度制作皮数杆，并竖立于墙的两端，在两相对皮数杆之间拉准线。

（6）确定施工方案，做好砌块排列设计。

7.5.4　施工操作工艺

（1）砌块排列。

1）为减少施工中的现场切锯工作量，避免浪费，便于备料，加气混凝土砌块砌筑前均应进行砌块排列设计。

2）平面排块是根据砌块的实际生产情况，目前砌块块长仅有 600mm 一种规格。异形规格需由施工现场切锯或专门生产。

平面排块应根据现行标准《蒸压加气混凝土应用技术规程》（JGJ/T 17）的规定，砌块"砌筑时应上下错缝，搭接长度不宜小于砌块长度的 1/3"的原则进行排列。

转角处的平面排块见图 7.5.4-1。当窗间墙宽度为 900mm、1200mm 和 1500mm 时的平面排块分别见图 7.5.4-2 至图 7.5.4-4。图中 D 为外墙厚度，a 为砌块厚度。

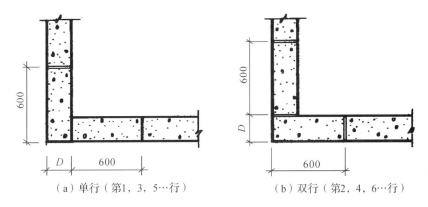

（a）单行（第1，3，5…行）　　　（b）双行（第2，4，6…行）

图 7.5.4-1　外墙转角处平面排块（单位:mm）

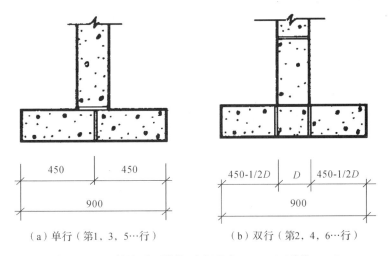

（a）单行（第1，3，5…行）　　　（b）双行（第2，4，6…行）

图 7.5.4-2　外墙平面排块（窗间墙宽 900mm）（单位:mm）

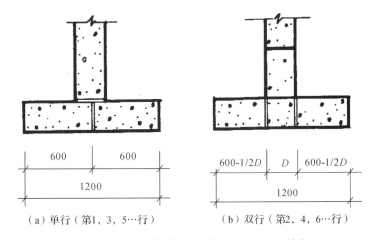

（a）单行（第1，3，5…行）　　　（b）双行（第2，4，6…行）

图 7.5.4-3　外墙平面排块（窗间墙宽 1200mm）（单位:mm）

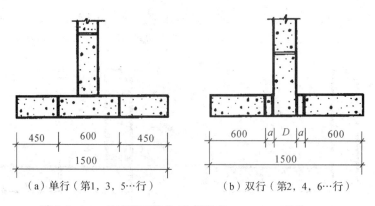

450　　600　　450
1500

（a）单行（第1，3，5…行）

600　a D a　　600
1500

（b）双行（第2，4，6…行）

图 7.5.4-4　外墙平面排块（窗间墙宽 1500mm）（单位:mm）

3)立面排块时均应以整块砌块沿高度排列。对于有窗口的外墙以圈梁与窗台板的高度来调整,对于有门口的外墙以门过梁的高度来调整,以保证层高尺寸。

当层高为 2700mm、2800mm、2900mm、3000mm 和 3300mm,砌块高度为 240mm、250mm 和 300mm 时,外墙窗口立面排块见图 7.5.4-5 至图 7.5.4-11。

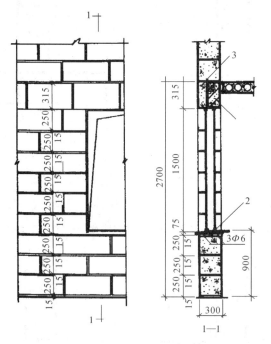

1—圈梁;2—窗台板;3—保温块

图 7.5.4-5　外墙窗口立面排块(一)(单位:mm)

(层高 2700mm,窗口高 1500mm,砌块高 250mm)

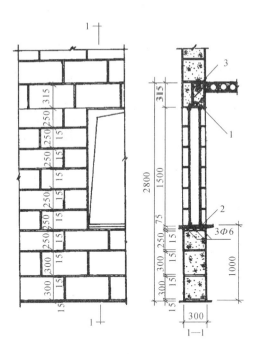

1—圈梁;2—窗台板;3—保温块

图 7.5.4-6 外墙窗口立面排块(二)(单位:mm)

(层高 2800mm,窗口高 1500mm,砌块高 250mm 和 300mm)

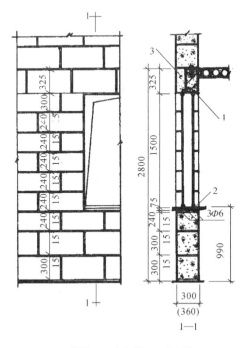

1—圈梁;2—窗台板;3—保温块

图 7.5.4-7 外墙窗口立面排块(三)(单位:mm)

(层高 2800mm,窗口高 1500mm,砌块高 240mm 和 300mm,墙厚 300mm 和 360mm)

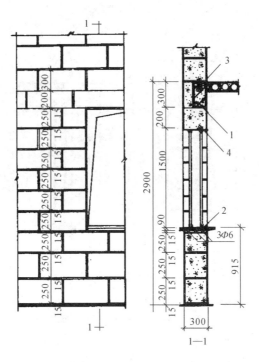

1—圈梁;2—窗台板;3—保温块;4—加气混凝土过梁

图 7.5.4-8　外墙窗口立面排块(四)(单位:mm)

(层高 2900mm,窗口高 1500mm,砌块高 200mm 和 250mm)

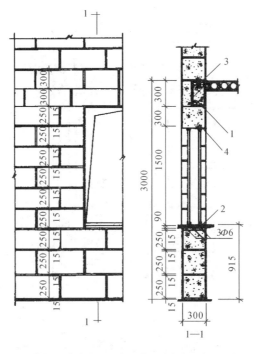

1—圈梁;2—窗台板;3—保温块;4—加气混凝土过梁

图 7.5.4-9　外墙窗口立面排块(五)(单位:mm)

(层高 3000mm,窗口高 1500mm,砌块高 250mm 和 300mm)

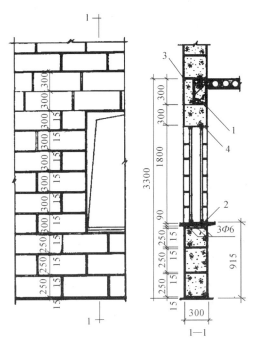

1—圈梁;2—窗台板;3—保温块;4—加气混凝土过梁

图 7.5.4-10 外墙窗口立面排块(六)(单位:mm)

(层高 3300mm,窗口高 1500mm,砌块高 250mm 和 300mm)

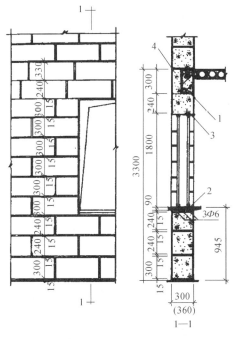

1—圈梁;2—窗台板;3—加气混凝土过梁;4—保温块

图 7.5.4-11 外墙窗口立面排块(七)(单位:mm)

(层高 3300mm,窗口高 1800mm,砌块高 240mm 和 300mm,墙厚 300mm 及 360mm)

(2)砌筑。

　　1)砌筑加气混凝土砌块外墙时,需在墙基上先弹线并进行试排。

　　2)砌块一律咬砌。墙垛处的咬砌见图7.5.4-12。

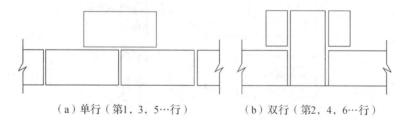

（a）单行（第1、3、5…行）　　　　（b）双行（第2、4、6…行）

图 7.5.4-12　墙垛处砌块

　　3)砌筑不得用超过表7.5.4规定的缺棱掉角砌块。对局部严重破损的砌块,需经切锯整齐后再行砌筑。切锯时应使用专门工具,不得任意乱砍。

表 7.5.4　加气混凝土砌块外观和尺寸允许偏差

项目		指标	
		优等品 A	合格品 C
缺棱掉角	缺棱最小尺寸不得大于/mm	0	30
	缺棱最大尺寸不得大于/mm	0	70
	大于以上尺寸的缺棱掉角个数不多于/个	0	2
裂纹	贯穿一棱二面的裂纹长度不得大于裂纹所在面的裂纹方向的尺寸总和	0	1/3
	任一面上的裂纹长度不得大于裂纹方向尺寸的	0	1/2
	大于以上尺寸的裂纹条数,不得多于/条	0	2
爆裂、粘模和损坏深度不得大于/mm		10	30
表面疏松、层裂		不允许	不允许
尺寸允许偏差/mm	长度	±3	±4
	高度	±1	±2
	宽度	±1	±2

　　4)不得在墙上设脚手眼,可采用里脚手或双排外脚手砌筑。

　　5)管线埋设于墙内时,不得用瓦刀、锤斧剔凿,要使用专门镂槽工具。管线外径不宜大于 25mm,埋好后用水冲去粉末,再用混合砂浆填实。

　　管线埋设应在抹灰前完成。

　　管线穿墙或其他原因必须在墙上开孔洞时,均不得用锤凿等冲击墙体,应用电钻钻洞。

　　6)墙上孔洞需要堵塞时,应用经切锯而成的异型砌块和加气混凝土修补砂浆填堵,不得用其他材料塞堵(如碎砖、混凝土块或普通砂浆等)。

　　7)砌块在砌筑前一天应在其砌筑面上充分浇水,砌筑前2小时适量浇水,砌筑时砌块表面不得有浮水,禁止随浇随砌。

8)砌筑时应在每一块砌块全长上铺满砂浆。铺浆要厚薄均匀,浆面平整。铺浆后立即放置砌块,要求对准皮数杆,一次摆正找平,保证灰缝厚度。如铺浆后不立即放置砌块、砂浆凝固了,需铲去砂浆,重新砌筑。竖缝可采用挡板堵缝法填满、捣实、刮平,也可采用其他能保证竖缝砂浆饱满的方法。随砌随将灰缝钩成深 0.5~0.8mm 的凹缝。

每皮砌块均须拉水准线。灰缝要求横平竖直,严禁用水冲浆灌缝。

9)砌体的转角处和交接处的各方向砌体应同时砌筑。对不能同时砌筑而又必须留置的临时间断处,应按图 7.5.4-13 的要求留置斜槎。

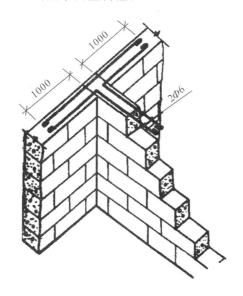

图 7.5.4-13　临时间断处斜槎(单位:mm)

接槎时,应先清理基面、浇水润湿,然后铺浆接砌,并做到灰缝饱满。

10)埋入砌体内部的拉结钢筋,应设置正确、平直,其外露部分在施工中不得任意弯折。

11)浇注钢筋混凝土圈梁前应清理基面,扫除灰渣,浇水润湿,圈梁外侧的保温块应同时润湿,然后浇注。

12)钢筋混凝土预制窗台板应在砌墙时先安放好,不应在立框后再塞放窗台板。

13)设计无规定时,不得有集中荷载直接作用在加气混凝土墙上,否则,应设置梁垫或采取其他措施。

14)穿越墙体的水管要严防渗漏。穿墙、附墙或埋入墙内的铁件应做防腐处理。

15)砌到接近上层梁、板底部时,应用普通黏土砖斜砌挤紧,砖的倾斜度约为 60°左右,砂浆应饱满密实。

16)砌块墙与承重墙或柱交接处,应按设计要求在承重墙或柱内预埋拉结筋,每高 1m 左右设一道 2Φ6mm 钢筋与承重墙或柱拉结,伸入砌块墙水平灰缝内不小于 700mm。地震区应采用通长钢筋。当墙长不小于 5m 或墙高不小于 4m 时,应根据结构计算采取其他可靠的构造措施。如设计无要求,一般每隔 1.5m 加设 2 根 Φ6mm 或 3 根 Φ6mm 钢筋带,以增强墙体的稳定性。

17)砌块与门口的联结:当采用后塞口时,将预制好埋有木砖或铁件的混凝土块,按洞口高度 2m 以内每边砌筑三块,洞口高度大于 2m 时,每边砌筑四块,安装门框时用手电钻在边框预先钻出钉孔,然后用钉子将木框与混凝土内预埋木砖钉牢;当采用先立口时,在砌块和门框外侧均涂抹粘结砂浆 5mm 厚挤压密实。同时校正墙面的垂直度、平整度和位置。然后再在每侧均匀钉三个长钉,与加气混凝土固定。

18)砌块与楼板或梁底的联结,一般在楼板或梁底每 1.5m 预留 2 根 Φ6mm 拉结筋插入墙内;如未预留拉结筋时,可先在砌块与楼板接触面抹粘结砂浆,每砌完一块,用小木楔在砌块上皮贴楼板底(梁底与砌块楔牢,将粘结砂浆塞实,灰缝刮平)。

19)加气混凝土砌块墙每天砌筑高度不宜超过 1.5m。

(3)砂浆和灰缝。

1)砌块墙体宜采用粘结性能良好的专用砂浆砌筑,也可用混合砂浆,砂浆的最低标号不宜低于 M2.5;有抗震及热工要求的地区,应根据设计选用相应的砂浆砌筑,在寒冷和严寒地区的外墙应采用保温砂浆,不得用混合砂浆砌筑。

2)砌筑砂浆必须拌和均匀,随拌随用,砂浆的稠度以 60～80mm 为宜。

3)砌筑灰缝要求饱满,对用普通砂浆砌筑的灰缝饱满度,水平缝和竖直灰缝不低于 80%;如砌块表面太干,砌筑前可适当浇水,当采用薄灰法砌筑时,砌筑面不易浇水。

4)当采用水泥砂浆、水泥混合砂浆或蒸压加气混凝土砌块砌筑砂浆时,水平灰缝厚度和竖向灰缝宽度不应超过 15mm;当采用蒸压加气混凝土砌块粘结砂浆时,水平灰缝厚度和竖向灰缝宽度宜为 3～4mm。

(4)冬期施工。

1)对所用材料应符合下列要求。

①砌块在砌筑前,应清除表面冰霜。

②拌制砂浆所用的砂中不得含有冰块,拌和砂浆时,水的温度不得超过 80℃,砂的温度不得超过 40℃,砂浆砌前温度不低于 5℃。

③不得采用刚出高压釜的加气混凝土砌块直接砌筑。

2)在 0℃ 或零下条件下砌筑时,可不浇水,但必须增大砂浆稠度。

3)加气混凝土砌体的冬期施工可采用外加剂法,即将掺有 5% 氯化钠的水拌下列任意一种砂浆。

①专用加气混凝土砌筑砂浆。

②重量比为 0.1：1：4.5 的 108 胶水泥砂浆(水泥标号不低于 325 号)。

如墙体中有配筋,则钢筋须做防锈处理。

4)如设计未做规定,当日最低温度等于或低于 -5℃ 时,承重砌块墙的砂浆强度等级,应比常温施工时提高一级。

7.5.5 质量标准

(1)一般规定。

1)施工时所用的砌块的产品龄期不应小于 28d。

2)砌筑砌块时,应清除表面污物,剔除外观质量不合格的小砌块。

3)施工时所用的砂浆,宜选用专用的砌块砌筑砂浆。

4)底层室内地面以下或防潮层以下的砌体,应采用强度等级不低于C20的混凝土砌块。

5)砌块砌筑时,在天气干燥炎热的情况下,可提前洒水湿润砌块;砌块表面有浮水时,不得施工。

6)承重墙体严禁使用断裂砌块。

7)砌块墙体应对孔错缝搭砌,搭接长度不宜小于砌块长度的1/3。墙体的个别部位不能满足上述要求时,应在灰缝中设置拉结钢筋或钢筋网片,但竖向通缝仍不得超过两皮砌块。

8)需要移动砌块体中的砌块或砌块被撞动时,应重新铺砌。

(2)主控项目。

1)砌块的砂浆的强度等级必须符合设计要求。抽检数量:每一生产厂家,每1万块砌块至少应抽检一组。用于多层以上建筑基础底层的砌块抽检数量不应少于2组。检验方法:查小砌块和砂浆度块试验报告。

2)砌体水平灰缝隙的砂浆饱满度,应扫净面计算不得低于90%;竖向灰缝饱满度不得小于80%,竖缝凹槽部位应用砌筑砂浆填实;不得出现瞎缝、透明缝。抽检数量:每检验批不应少于5处。检验方法:用专用百格网检测小砌块与砂浆粘结痕迹,每处检测3块小砌块,取其平均值。

3)墙体转角处和纵横墙交接处应同时砌筑。临时间断处应砌成斜槎,斜槎水平投影长度不应小于高度的2/3。抽检数量:每检验批抽20%接槎,且不应少于5处。检验方法:观察检查。

(3)一般项目。

1)墙体的水平灰缝厚度和竖向灰缝宽度宜为10mm,但不应大于12mm,也不应小于8mm。抽检数量:每检验批抽查不应少于5处。抽检方法:用尺量5皮砌块的高度和2m砌体长度折算。

2)砌块墙体的一般尺寸允许偏差应按表7.2.5中第1～5项的规定执行。

7.5.6 成品保护

(1)砌块在装卸、运输过程中,轻装轻放,防止损坏棱角边;计算好每处用量,分别整齐码放。

(2)加气混凝土砌块墙上不得留脚手眼,搭拆脚手架时不得碰撞已砌墙体和门窗边角。

(3)门框安装后,施工时应将门口框两侧300～600mm高度范围钉铁皮保护,防止手推车撞坏。

(4)落地砂浆及时清除干净,以免与地面粘结,影响地坪施工。

(5)在加气混凝土墙上预留孔槽应留准、留全;因漏埋或未留时,重新剔凿设备孔洞、槽时,应轻凿,保持砌块完整,如有松动或损坏,应进行补强处理。

(6)加气混凝土砌块堆放场地应比其他地面高一些,以防泡水;雨天应覆盖防雨水淋。

7.5.7　施工注意事项

(1)切锯加气混凝土砌块应使用专用工具,不得用斧或瓦刀随意砍劈。

(2)不同干密度(容重)和强度等级的加气混凝土砌块不应混砌。一般也不得与其他砖、砌块混砌,但在墙底、墙顶及门窗洞口处局部采用普通黏土砖或多孔砖砌筑,可不视为混砌。

(3)断裂砌块应经加工粘结成规格材使用,碎小块未经加工的不得上墙。

(4)拉结筋应按规定预留,其间距应小于 1.0m,以保证墙体的稳定。

(5)当砌块与墙柱相接处漏放拉结筋时,宜采用种植办法,按设计要求补设,以免影响墙体稳定性。

7.5.8　质量记录

与第 7.4.9 节中、小型砌块砌筑质量记录相同。

7.6　粉煤灰硅酸盐砌块施工工艺标准

粉煤灰硅酸盐砌块是以粉煤灰、石灰、石膏和轻集料等为原料,加水搅拌、振动成型,蒸汽养护而成的密实粉煤灰硅酸盐砌块和空心粉煤硅酸盐砌块。密实砌块一般用于低层或多层建筑的墙体和基础,不宜使用具有酸性侵蚀介质的建筑部位,在采取有效防护措施时,可使用于非承重结构部位,不宜用于经常处于高温影响下的建筑物。工程施工应以设计图纸和施工质量验收规范为依据。

7.6.1　材料要求

(1)砌块品种。粉煤灰硅酸盐砌块按强度等级分,有 MU10、MU13 两级;按密实情况分,有密实砌块和空心砌块;按外观质量和干缩性能分,有一等品和合格品。

(2)砌块规格见表 7.6.1-1。

表 7.6.1-1　粉煤灰硅酸盐砌块规格

品种	规格尺寸/mm			备注
	长度	高度	厚度	
密实粉煤灰硅酸盐砌块	880	380	180	
	580	380	180	
	480	380	180	
	280	380	180	

续表

品种	规格尺寸/mm			备注
	长度	高度	厚度	
空心粉煤灰砌块	1170	380	200	空心率一般为 35.35%～38.20%
	970	380	200	
	770	380	200	
	685	380	200	
	470	380	200	

(3)砌块技术要求。

1)性能要求见表 7.6.1-2 和表 7.6.1-3。

表 7.6.1-2　砌块技术要求

项目	指标	
	MU10	MU15
立方体试件抗压强度/MPa	三块试件值不小于 10,其中一块最小值不小于 8	三块试件平均值不小于 15,其中一块最小值不小于 12
人工碳化后强度/MPa	不小于 6	不小于 9
干缩值/(mm·m^{-1})	不大于 1	
密度/(kg·m^{-3})	不大于产品设计密度	
抗冻性	强度损失率不超过 25%;外观无明显疏松、剥落或裂缝	

表 7.6.1-3　砌块性能参考

项目		指标	
		以煤渣为集料	以砂石为集料
密度(自然状态)/(kg·m^{-3})		1650	2100
弹性模量(应力为 0.4～0.6 棱柱强度时)/(N·mm^{-2})		1.0×10^4～1.2×10^4	1.97×10^4
线膨胀系数/(m·℃$^{-1}$)		0.72×10^{-5}	
软化系数(饱水后强度损失)/%		10～15	
吸水性/%	湿排粉煤灰为原料	24～38	
	干排粉煤灰为原料	16～22	
导热系数(干燥状态)/(W·m^{-1}·K^{-1})		0.47～0.58	0.80
蓄热系数/(W·m^{-2}·K^{-1})		7.0	
耐火性能(强度损失)/%	550℃加热 3h	15.7	
	550℃加热 5h 浸水 1/4h	44.7	

2)外观和尺寸允许偏差见表 7.6.1-4。

表 7.6.1-4 砌块的外观和尺寸允许偏差

项目		指标	
		一等品	合格品
表面疏松		不允许	
贯穿面棱的裂缝		不允许	
任一面上的裂缝长度,不得大于裂缝方向砌块尺寸		1/3	
直径大于 5mm 的石灰团、石膏团		不允许	
粉煤灰团、空洞和爆裂		直径大于 30mm 的不允许	直径大于 50mm 的不允许
局部突起高度不大于/mm		10	15
翘曲不大于/mm		6	8
缺棱掉角在长宽高三个方向上投影的最大值不大于/mm		30	50
高低差不大于/mm	长度方向	6	8
	宽度方向	4	6
尺寸允许偏差/mm	长度	4、—6	5、—10
	宽度	±3	±6
	高度	4、—6	5、—10

7.6.2 主要机具设备

(1)机械。包括塔式起重机、卷扬机、提升架、搅拌机、电动切割机。

(2)工具。包括夹具、电动手锯、灰斗、大铁锹、手推车、吊篮、小撬棍。

7.6.3 作业条件

(1)合理选择建筑机械和机具,做好现场的平面布置,并根据施工条件和吊装设备的技术性能划分施工段,编制施工方案。

(2)砌筑前,做好墙体位置的定位和放线工作,并在建筑物的主要轴线部位设置标志板,标志板上应标明基础、墙身和轴线的位置和标高;外形或构造简单的建筑物,可用控制轴线的引桩代替标志板。

(3)根据砌块尺寸和灰缝厚度,计算皮数和排数,并绘制基础和墙体的砌块排列图,以保证砌体尺寸符合设计要求。砌块排列时,应尽可能采用主规格和大规格砌块,应占总量的 75%~80%;同时按砌块排列图、建筑施工图做好砌块和构件分型号、规格的统计工作。

(4)对砌块施工的楼面做好安排,确定砌块的堆放位置和数量以及吊装设备的行走路线及停放位置。必要时,应验算楼面施工荷载,做好楼板处理或临时加固工作。

(5)对于除砌块以外的其他构件、配件,应考虑砌块砌体施工速度快的特点,做好配套供应工作和现场布置、堆放安排。

7.6.4 一般构造要求

(1)应根据设计要求,在室内地坪以下、室外散水坡顶面以上的砌体内,应铺设防潮层,防潮层一般采用防水水泥砂浆。室外明沟或散水坡处的墙面应做水泥砂浆粉刷勒脚。地面以下或防潮层以下的砌体,砌筑砂浆应采用强度等级不低于 M5 的水泥砂浆。

(2)砌体上下皮砌块的搭砌长度不得小于砌块高度的 1/3,且不应小于 150mm。当搭砌长度不足时,应在水平灰缝内设置 2 根 Φ6mm 的钢筋或根 Φ4mm 的钢筋网片加强,长度不小于 700mm(见图 7.6.4-1)。

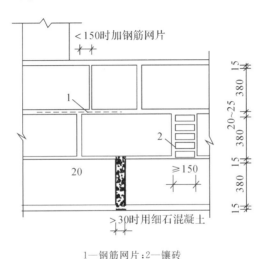

1—钢筋网片;2—镶砖

图 7.6.4-1 砌块排列要求(单位:mm)

(3)砌体的水平灰缝厚度一般为 15mm,采取加钢筋网片的砌体水平灰缝厚度为 20~25mm,垂直灰缝宽度为 20mm(不包括灌浆槽)。当垂直灰缝宽度大于 30mm 时,应用 C20 细石混凝土灌缝;宽度大于或等于 150mm(即二条灰缝+镶砖的宽度)时,应用整砖镶砌。镶砖应分散、均匀布置,砌体垂直缝与门窗洞口边线应避免通缝,且不得采用砖镶砌。

(4)纵横墙交接处,应分皮咬槎砌筑(见图 7.6.4-2)。粉煤灰砌块墙与半砖后烧结普通砖墙交接处应沿墙高 800mm 左右设置 Φ4 的钢筋网片,深入长度不小于 360mm(见图 7.6.4-3)。墙体洞口上部应放置 2 根 Φ6 钢筋,伸过洞口两边长度不小于 500mm。

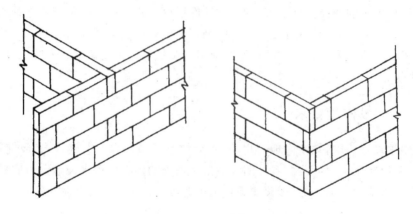

图 7.6.4-2　纵横墙交接处砌块搭接

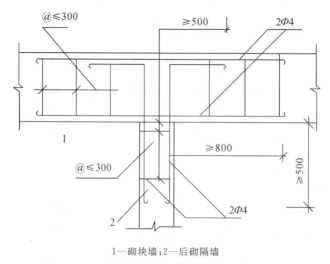

1—砌块墙；2—后砌隔墙

图 7.6.4-3　砌块墙体中钢筋拉结网片（单位：mm）

（5）砌块建筑应按设计图设置必要的圈梁、垫块和锚固钢筋，必要时，还要加钢筋混凝土构造柱。

（6）为防止外墙渗漏，改善墙体的隔热隔声性能，砌块建筑应按设计要求做好内外抹灰。

（7）门窗樘的固定必须牢靠，每边固定点不得少于三处；当窗宽小于 800mm 时，每边固定点不得少于两处。

（8）在硅酸盐砌块建筑中，有的在顶层内横墙上出现阶梯形裂缝（属于一般的结构裂缝，黏土砖墙也能出现），有的在外横墙上有周边形裂缝，这两种裂缝的主要原因是由于粉煤灰混凝土收缩性较大、钢筋混凝土层盖温度变形引起的推力和砌筑砂浆收缩性所致。因此，为减少砌块的收缩，应采取必要措施；粉煤灰砌块自生产之日起应放置 30d 以后方可用于砌筑；按规定设置圈梁；采取适当措施防止钢筋混凝土层盖由于温度变形而引起建筑物顶层砌体在灰缝处开裂；砌筑时垂直、水平灰缝应密实。

7.6.5　施工操作工艺

(1)砌筑工艺流程:定位放线、配制砂浆→砌块排列、砌块校正→竖缝灌砂浆、勒缝→养护并转入下道工序。

(2)砌块砌筑前 2d 应浇水润湿,冲去浮沉,严禁使用干粉煤灰砌块上墙,砌块含水率宜为 8%~12%,不得随砌随浇水。在冬季施工时,砌块不得浇水湿润。雨天施工时,应采取防雨、排水措施,不得使用过湿的砌块。

(3)砌体施工前,应先将基础面或楼地面按标高找平,然后按砌块排列图,放出第一皮砌块的轴线、边线和洞口线。砌筑前应清除砌块表面的污物及黏土,并对砌块做外观检查。

(4)砌块砌筑时,应按砌块排列图,从转角处或定位砌块处开始,依次施工。内外墙应同时砌筑,相邻施工段之间或临时间断处的高差不应超过一个楼层,并应留阶梯形斜槎。附墙垛与墙体同时交错搭接。

(5)砌筑时,宜采用无榫法操作,即将砌块直接放在平铺的砂浆上;当采用退榫法砌筑时,砌块就位时的榫面不得高出砂浆表面,内外墙面的榫孔不得贯通。

(6)砌筑砂浆应随伴随用,不得使用隔夜砂浆。砂浆或细石混凝土铺筑应平坦,铺灰长度不宜过长。如铺筑好的水平灰缝砂浆在砌筑前已失水、干硬,应刮去重铺。在每一楼层或 250m³ 砌体中,每种强度等级的砂浆或细石混凝土应至少制作一组试块(每组三块)。如砂浆或细石混凝土强度等级或配合比变更时,也应制作试块以便检查。

(7)砌块安装就位时,起吊砌块应避免偏心,尽可能使砌块的底面能水平下落;同时,可用手扶着砌块,对准就位位置,缓慢下落,避免冲击。

(8)砌块砌筑应做到横平竖直,砌体表面平整清洁,砂浆饱满,灌缝密实。每个楼层砌筑完成后,均应复核标高。如有误差,则须找平校正。砌块砌筑应吊一皮,校正一皮,皮皮拉麻线控制砌块标高和墙面平整度,垂直度可用托线板挂直控制。当砌块就位后略有偏差时,可采用人力推砌块,用瓦刀或小撬棒轻微撬动砌块,用拖线板拌直,以及用木槌敲击砌块顶面偏高处等方法进行校正。校正时,不得在灰缝内塞进石子、碎片,也不得强烈振动砌块。

(9)砌块就位并经校正平直、灌竖直缝后,应随即进行水平和垂直缝的勒缝(原浆勾缝),勒缝深度一般为 3~5mm。垂直缝灌注后的砌块不得碰撞或撬动,如发生移动,应重新铺砌。

(10)设计规定的洞口、沟槽、管道和预埋件等,一般应于砌筑时预留或预埋。

(11)镶砖应平砌;用烧结普通砖镶砌前后一皮砖应选用无横向裂缝的整砖,顶砖镶砌,不得使用半砖。

(12)粉刷前,应将墙面上的孔洞和砌块缺损部位镶嵌,修补密实,灰缝应修补平整;墙面底层要刮糙,浇水润湿。墙面底层刮造层和面层抹灰的总厚度宜控制在 15~20mm。

(13)砌块墙每天砌筑高度不应超过 1.5m 或一步脚手架高。

7.6.6　质量标准

第 7.5.5 节加气混凝土砌块墙砌筑质量标准相同。

7.6.7　成品保护

（1）砌块装卸时，严禁翻斗倾卸或任意抛、掷；运输时应保持平稳，尽量减少损耗。

（2）砌块的堆场应平整并具有一定的排水坡度；场地上宜铺垫一层碎石、碎渣或垫楞木及其他垫块。

（3）砌块应按其使用状态垂直堆放，并按不同规格、强度等级和质量级别分别堆放整齐、稳妥；堆垛上应设标志，堆垛之间应保留适当的通道；砌块应上下皮交叉叠放，顶面二皮宜成阶梯形，堆置高度不宜超过 2m；采用集装架时，堆垛高度不宜超过三格，集装架间的净距不宜小于 20mm。

（4）先装门窗框时，在砌筑过程中对所立之框进行保护；后装门窗框时，应防止固定框的埋设件损坏或松动。

（5）水、电、气和室内设施安装时，应注意保护墙体，不得随意凿洞。

（6）拆除施工架子时，注意保护墙体及门窗口角。

（7）粉煤灰砌块墙上不得留设脚手眼。洞口两侧的粉煤灰砌块应锯掉灌浆槽。锯割砌块应用专用手锯，不得用斧或瓦刀任意砍劈。

7.6.8　安全与环保措施

（1）砌体施工应组织专业小组进行，施工人员必须认真执行有关安全技术规程和本工种的操作规程。

（2）吊装砌块和构件时应注意重心位置，严禁用起重吊索托运砌块或起吊有破裂、脱落、危险的砌块。起重机吊杆回转时，严禁将砌块停留在操作人员上空或在空中整修、加工砌块。吊装较长构件时应加稳绳。

（3）堆放在楼板上的砌块不得超过楼板的允许承载力，采用里脚手架施工时，在二层楼面上必须沿建筑物四周设置安全网，并随施工进度提升，屋面工程未完工前不得拆除。

（4）安装砌块时，不准站在墙上操作和在墙上设置受力支撑、缆绳等，在施工过程中，对稳定性较差的窗间墙，独立柱应加稳定支撑。

（5）当遇到下列情况时，应停止吊装工作。

1）因刮风，使砌块和构件在空中摆动不能停稳。

2）噪声过大，不能听清指挥信号。

3）起吊设备、索具、夹具有不安全因素而没有排除。

4）大雾天气或照明不足。

（6）砌块施工过程中，砌块碎块要及时清理，指定地点堆放，适时洒水，减少扬尘，堆积到一定量时，运至场外环卫主管部门指定地点卸车。

（7）现场临时道路其面层应进行硬化，经常洒水、清扫，防止道路扬尘。

（8）水泥等粉细散装材料，应尽量采取室内（或封闭）存放或严密覆盖，卸料时要采取有效措施减少扬尘。

（9）砂浆搅拌作业现场，必须设置沉淀池，使清洗机械和运输车的废水经沉淀池后，方可排入市政污水管线,亦可回收用于洒水降尘。

(10)砌块切割噪声过大,凡在居民稠密区进行施工时,必须严格控制作业时间,必要时应征得地方部门的同意。

7.6.9　质量记录

(1)砂浆配合比设计检验报告单。

(2)砂浆抗压强度检验报告单。

(3)粉煤灰硅酸盐密实中型砌块检验报告。

(4)水泥检验报告单。

(5)砂检验报告单。

(6)粉煤灰硅酸盐密实中型砌块砌体工程检验批质量验收记录。

7.7　配筋砖砌体施工工艺标准

配筋砖砌体结构是指由配置钢筋的砖砌体作为建筑物主要受力构件的结构,包括网状配筋砖砌体柱、水平配筋砖砌体墙、砖砌体和钢筋混凝土构造柱组合墙结构。本施工工艺标准适用于工业与民用建筑工程配筋砖砌体的施工。工程施工应以设计图纸和施工质量验收规范为依据。

7.7.1　材料要求

(1)砌筑砂浆及浇筑混凝土。砌筑砂浆和浇筑混凝土强度等级必须符合设计要求。

1)采用强度等级42.5级的矿渣硅酸盐水泥或普通水泥,应有出厂合格证或试验报告。

2)一般宜用中砂并不得含有有害物质,勾缝宜用细砂。

3)应使用自来水或天然洁净可供饮用的水。

4)塑化材料有石灰膏、磨细石灰粉、电石膏和粉煤灰等,石灰膏的熟化时间不少于7d,严禁使用冻结和脱水硬化的石灰膏。

5)构造柱、圈梁用粒径5～40mm卵石或碎石,组合砖砌体用5～20mm细卵石或碎石,含泥量小于1%。

6)根据要求选用减水剂或早强剂,应有出厂合格质量证明,掺用时应通过试验确定掺加量。

(2)砖的品种、强度等级必须符合设计要求,并应规格一致,有出厂合格证及试验单。配筋砖砌体宜用烧结普通砖。

(3)钢筋必须具有出厂合格证,进场后要见证取样送检,合格后才能使用。

7.7.2　主要机具设备

(1)机械设备。包括砂浆搅拌机、混凝土搅拌机、插入式振动器、垂直运输机械等。

(2)主要工具。包括瓦刀、大铁锹、刨锛、手锤、钢凿、勾缝刀、灰板、筛子、铁锹、手推车、砖夹、砖笼等。

(3)检测工具。包括水准仪、经纬仪、钢卷尺、卷尺、锤线球、水平尺、皮数杆、磅秤、砂浆及混凝土试模等。

7.7.3 作业条件

(1)办完基础工程隐检验收。

(2)弹好轴线、墙身线,弹出门窗洞口位置线。

(3)根据施工需要和现场条件,完成工程测量控制点的设置、定位、移交、复核工作,并按需要立好皮数杆,间距以 15～20m 为宜。

(4)砂浆、混凝土由试验室做好试配,准备好砂浆、混凝土试模,材料准备到位。

(5)施工现场安全防护已完成,并通过质检员的验收。

(6)脚手架应随砌随搭设,运输通道通畅,各类机具应准备就绪。

(7)根据设计施工图纸(已会审)及标准规范编制配筋砖砌体的施工方案并经有关单位审核、批准。

(8)向参加施工人员进行详细的技术、质量、安全、环保交底。

(9)当采用商品砂浆时,砂浆供应商及供应计划已落实,砂浆的品种和技术性能符合设计要求。

7.7.4 一般构造要求

(1)配筋砖柱的组砌方式。砖柱主要断面形式有方形、矩、多角形、圆形等。砖柱组砌方法应正确,一般采用满丁满条,里外咬槎,上下层错缝,采用"三一"砌砖法(即一铁锹灰,一块砖,一挤揉),常见的矩形柱砌法见图 7.2.4-5,圆柱砌法见图 7.2.4-6。

(2)配筋砖墙体的组砌方式。墙体一般采用一顺一丁(满丁满条)、梅花丁或三顺一丁砌法,不采用五顺一丁砌法。墙体组砌形式见图 7.2.4-1。

组砌形式确定后,接头形式也随之而定,采用一顺一丁形式组砌的砌墙的接着形式组砌平面见图 7.2.4-2 所示,其余的接头形式依次类推。

(3)网状配筋砖柱(墙)的构造。网状配筋砖柱(墙)是用烧结普通砖与砂浆砌成的,在砖柱(墙)的水平灰缝中配有钢筋网片。所用砖的强度等级不应低于 MU10,砂浆的强度等级不应低于 M5。钢筋网片有方格网和连弯网两种形式。方格网宜采用 $\Phi 3～4mm$ 的钢筋。连弯网宜采用 $\Phi 6mm$ 或 8mm 的钢筋。钢筋网中钢筋的间距为 30～120mm。钢筋网的间距不应大于 5 皮砖,并不应大于 400mm。构造做法见图 7.7.4-1。

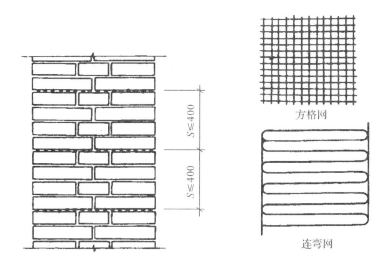

图 7.7.4-1   网状配筋砖柱(墙)构造做法(单位:mm)

(4)组合砖砌体的构造。组合砖砌体是由砖砌体和钢筋混凝土面层或钢筋砂浆面层组成,有组合配筋砖柱、组合砖壁柱及组合砖墙等。砖砌体所用砖的强度等级不宜低于MU10,砌筑砂浆的强度等级不宜低于 M7.5。面层混凝土强度等级宜采用 C20。面层水泥砂浆强度等级不宜低于 M10。砂浆面层厚度可采用 30~45mm。当面层厚度大于 45mm时,其面层宜采用混凝土。受力钢筋直径不应小于 8mm,钢筋净间距不应小于 30mm。构造做法见图 7.7.4-2。

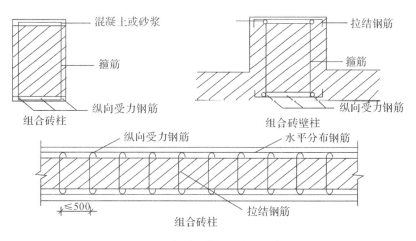

图 7.7.4-2   组合砖砌体构造做法(单位:mm)

(5)钢筋混凝土填心墙构造。钢筋混凝土填心墙是将采用烧结普通砖和砂浆砌好的两个平行独立墙片,用拉结钢筋连接在一起,在两片之间设置钢筋,并浇筑混凝土而成。所用砖强度等级不低于 MU7.5,砂浆强度等级不低于 M5。墙厚至少为 115mm。混凝土强度等级不低于 C15。竖向受力钢筋的直径及间距按设计计算而定,其直径不应小于 10mm。水平颁钢筋直径不应小于 8mm,垂直方向间距不应大于 500mm。拉结钢筋直径可用 4~6mm,垂直方向及水平方向间距均不大于 500mm,并不应小于 120mm。构造做法见图 7.7.4-3。

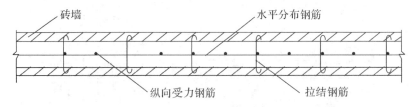

图 7.7.4-3 钢筋混凝土填心墙构造做法(单位:mm)

(6)钢筋混凝土构造柱。设置钢筋混凝土构造柱的墙体,砖及砂浆等级依设计而定。构造柱截面不应小于 240mm×180mm(实际应用最小截面积为 240mm×240mm)。钢筋一般采用Ⅰ级(HPB235)钢筋,竖砖墙与构造柱应沿墙高每隔 500mm 设置纵向受力钢筋,一般采用 4 根,Φ12mm。箍筋采用 Φ4~6mm,其间距不宜大于 250mm。2 根 Φ6mm 的水平拉结钢筋,拉结钢筋两边伸入墙内不应少于 1m。拉结钢筋穿过构造柱部位与受力钢筋绑牢。当墙上门窗洞边到构造柱边的长度小于 1m 时,拉结钢筋伸到洞口边为止。在外墙转角处,如纵横均为一砖半墙,则水平拉结钢筋应用 3 根。构造柱做法见图 7.7.4-4。

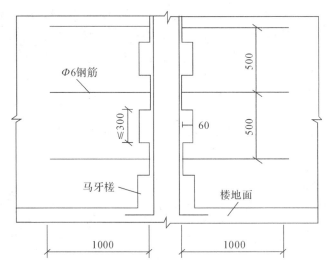

图 7.7.4-4 构造柱做法(单位:mm)

7.7.5 施工操作工艺

(1)工艺流程。基础验收、墙体放线→见证取样、拌制(混凝土)砂浆→排砖撂底、墙体盘角→立杆挂线、砌墙→扎筋、浇筑混凝土→验收、养护并转入下一循环。

(2)组砌方法:砌体一般采用一顺一丁(满丁、满条)、梅花丁或三顺一丁砌法。

(3)一般外墙第一层砖撂底时,两山墙排丁砖,前后檐纵墙排条砖。根据弹好的门窗洞口位置线,认真核对窗间墙、垛尺寸,其长度是否符合排砖模数,如不符合模数时,可将门窗口的位置左右移动。若有破活,七分头或丁砖应排在窗口中间,附墙垛或其他不明显的部位。移动门窗口位置时,应注意暖卫立管安装及门窗开启时不受影响。另外,在排砖时还要考虑在门窗口上边的砖墙合拢时也不出现破活。所以排砖时必须做全盘考虑,前后檐墙排第一皮砖时,要考虑甩窗口后砌条砖,窗角上必须是七分头才是好活。

(4)砌墙应选择棱角整齐,无弯曲、裂纹,颜色均匀,规格基本一致的砖。敲击时声音响亮,焙烧过火变色,变形的砖可用在基础及不影响外观的内墙上。

(5)砌砖前应先盘角,每次盘角不要超过五层,新盘的大角,及时进行吊、靠。如有偏差要及时修整。盘角时要仔细对照皮数杆的砖层和标高,控制好灰缝大小,使水平灰缝均匀一致。大角盘好后再复查一次,平整和垂直完全符合要求后,再挂线砌墙。

(6)砌筑一砖半墙必须双面挂线,如果长墙几个人均使用一根通线,中间应设几个支线点,小线要拉紧,每层砖都要穿线看平,使水平缝均匀一致,平直通顺;砌一砖厚混水墙时宜采用外手挂线,可照顾墙墙两面平整,为下道工序控制抹灰厚度奠定基础。

(7)砌砖宜采用"三一"砌砖法,即满铺、满挤操作法。砌砖一定要跟线,"上跟线,下跟棱,左右相邻要对平"。水平灰缝厚度和竖向灰缝宽度一般为10mm,但不应小于8mm,也不应大于12mm。皮数杆上要标明钢筋网片、箍筋或拉结筋的设置位置,并在该处钢筋进行隐蔽工程验收后方可上层砌砖,同时,要保证水平灰缝内放置的钢筋网片、箍筋或拉结筋上下至少各有2mm的砂浆保护层厚度,再按规定间距绑扎受力及分布钢筋。为保证墙面主缝垂直,不游丁走缝,当砌完一步架高时,宜每隔2m水平间距,在丁砖立楞位置弹两道垂直立线,可以分段控制丁走缝。

(8)外墙转角处应同时砌筑。内外墙交接处必须留斜槎,槎子长度不应小于墙体高度的2/3,槎子必须平直、通顺。分段位置应在变形缝或门窗口角处,隔墙与墙或柱不同时砌筑时,可留阳槎加预埋拉结筋。沿墙高按设计要求每50cm预埋Φ6钢筋2根,其埋入长度从墙的留槎处算起,一般每边均不小于50cm,末端应加90°弯钩。

(9)木砖预留孔洞和墙体拉结筋。木砖预埋时应小头在外,大头在内,数量按洞口高度决定。洞口高在1.2m以内,每边放2块;高1.2~2m,每边放3块;高2~3m,每边放4声,预埋木砖的部位一般在洞口上边或下边四皮砖,中间均匀分布。木砖要提前做好防腐处理。

钢门窗安装的预留孔,硬架支模、暖卫管道,均应按设计要求预留,不得事后剔凿。墙体拉结筋的位置、规格、数量、间距均应按设计要求留置,不应错放、漏放。

(10)安装过梁、梁垫时,其标高、位置及型号必须准确,坐浆饱满。如坐浆厚度超过2cm时,要用细石混凝土铺垫,过梁安装时,两端支承点的长度应一致。

(11)砂浆(混凝土)面层施工前,应清除面层底部的杂物,并浇水湿润砖砌体表面。砂浆面层施工从上而上分层涂抹,一般应两次涂抹,第一次主要是刮底,使受力钢筋与砖砌体有一定的保护层;第二次主要是抹面,使面层表面平整。混凝土面层施工应支设模板,每次支设高度宜为50~60cm,并分层浇筑,振捣密实,待混凝土强度达到设计强度30%以上才能拆除模板。

(12)构造柱施工。

1)应按下列顺序施工:绑扎钢筋、砌砖墙、支模板、浇捣混凝土。

2)构造柱的竖向受力钢筋,绑扎前必须做除锈、调直处理。钢筋末端应做弯钩。底层构造柱的竖向受力钢筋与基础圈梁(或混凝土底脚)的锚固长度不应小于35倍竖向钢筋直径,并保证钢筋位置正确。

3)构造柱的竖向受力钢筋需接长时,可采用绑扎接头,其搭接长度一般为35倍钢筋的直径,在绑扎接头区段内的箍筋间距不应大于 200mm。

4)在逐层安装模板之前,必须根据构造柱轴线校正竖向钢筋位置和垂直度。箍筋间距应准确,并分别与构造柱的竖筋和圈梁的纵筋相垂直,绑扎牢靠。构造柱钢筋的混凝土保护层厚度一般为 20mm,并不得小于 15mm。

5)砌砖墙时,从每层构造柱脚开始,砌马牙槎应先退后进,以保证构造柱脚为大断面。当马牙槎齿深为 120mm 时,其上口可采用一皮进 60mm,再一皮进 120mm 的方法,以保证浇筑混凝土后上角密实。马牙槎内的灰缝砂浆必须密实饱满,其水平灰缝饱满度不得低于 80%。

6)构造柱模板,在各层砖墙砌好后,分层支设。构造柱和圈梁的模板,都必须与所在砖墙面严密贴紧,支撑牢靠,堵塞缝隙,以防漏浆。

7)在浇筑构造柱混凝土前,必须将砖墙和模板浇灌水湿润(钢模板面不浇水,刷隔离剂),并将模板内的砂浆残块、砖渣杂物清理干净。为了便于清理,可事先在砌墙时,在各层构造柱底部(圈梁面上)留出二皮砖高的洞口,杂物清除后立即用砖砌封闭洞口。

8)浇筑构造柱的混凝土,其坍落度一般以 50~70mm 为宜,以保证浇筑密实,亦可根据施工条件、气温高低,在保证浇捣密实情况下加以调整。

9)构造柱的混凝土浇筑可以分段进行,每段高度不宜大于 1.8m,或每个楼层分二次浇筑。在施工条件较好,并能确保浇捣密实时,亦可每一楼层一次浇筑。

10)浇捣构造柱混凝土时,宜用插入式振动器,分层捣实。振捣棒随振随拔,每次振捣层的厚度不得超过振捣棒有效长度的 1.25 倍,一般为 200mm 左右。振捣时,振捣棒应避免直接接触钢筋和砖墙,严禁通过砖墙传振,以免砖墙鼓肚和灰缝开裂。在新老混凝土接槎处,须先用水冲洗、湿润,再铺 10~20mm 厚的水泥砂浆(用原混凝土配合比,去掉石子),方可继续浇筑混凝土。

7.7.6 质量标准

(1)一般规定。

1)砌筑砖砌体时除应满足配筋砌体工程外,尚应符合砖砌体工程的规定。砖应提前 1~2d 浇水湿润。烧结普通砖含水率宜为 10%~15%。

2)砌砖工程当采用铺浆法砌筑时,铺浆长度不得超过 750mm,施工期间气温超过 30℃时,铺浆长度不得超过 500mm。

3)砖过梁底部的模板,应在灰缝砂浆强度不低于设计强度的 75%时,方可拆除。

4)竖向灰缝不得出现透明缝、瞎缝和假缝。

5)砖砌体施工临时间断处补砌时,必须将接槎处表面清理干净,浇水湿润,并填实砂浆,保持灰缝平直。

6)构造柱浇灌混凝土前,必须将砌体表面(留槎部位)和模板浇水湿润,将模板内的落地灰、砖渣和其他杂物清理干净,并在结合面处注入适量与混凝土相同的去石水泥砂浆。振捣时,应避免触碰墙体,严禁通过墙体传振。

（2）主控项目。

1）钢筋的品种、规格、数量和设置部位应符合设计要求。检验方法：检查钢筋的合格证书、钢筋性能复试试验报告、隐蔽工程记录。

2）构造柱、芯柱、组合砌体构件、配筋砌体裁剪力墙构件的混凝土及砂浆的强度等级应符合设计要求。抽检数量：每检验批砌体，试块不应小于1组，验收批砌体的试块不得少于3组。检验方法：检查混凝土和砂浆试块试验报告。

3）构造柱与墙体的连接应符合下列规定。

①墙体应砌成马牙槎，马牙槎凹凸尺寸不宜小于60mm，高度不应超过300mm，马牙槎应先退后进，对称砌筑；马牙槎尺寸偏差每一构造柱不得超过2处。

②预留的拉结钢筋的规格、尺寸、数量及位置应正确，拉结钢筋应沿墙高每隔500mm设2Φ6，伸入墙内不宜小于600mm，钢筋的竖向位移不应超过100mm，且竖向移位每一构造柱不得超过2处。

③施工中不得任意弯折拉结钢筋。抽检数量：每检验批抽查不应少于5处。检验方法：观察检查和尺量检查。

4）构造柱位置及垂直度的允许偏差应符合表7.7.6的规定。抽查数量：每检验批抽查不应少于5处。

表 7.7.6 构造柱尺寸允许偏差

序号	项目			允许偏差/mm	抽检方法
1	柱中心线位置			10	用经纬仪和尺检查或用其他测量仪器检查
2	柱层间错位			8	用经纬仪和尺检查或用其他测量仪器检查
3	柱垂直度	每层		10	2m托线板检查
		全高	≤10m	15	经纬仪、吊线和尺检查，或用其他测量仪器检查
			>10m	20	

5）砖和砂浆的强度等级必须符合设计要求。检验方法：查砖和砂浆度块试验报告。

6）砌体水平灰缝的砂浆饱满度不得小于80%。检验方法：用百格网检查砖底面与砂浆的粘结痕迹面积。每处检测3块砖，取其平均值。

7）砖砌体的转角处和交接处应同时砌筑，严禁无可靠措施的内外墙分砌施工。对不能同时砌筑而又必须留置的临时间断处应砌成斜槎，斜槎水平投影长度不应小于高度的2/3。检验方法：观察检查。

8）砖砌体的位置及垂直度允许偏差应符合表7.2.5的规定。

（3）一般项目。

1）设置在砌体水平灰缝内的钢筋，应居中置于灰缝中。水平灰缝厚度应大于钢筋直径4mm以上，砌体外露面砂浆保护层的厚度不应小于15mm。

2）设置在砌体灰缝中钢筋的防腐保护应符合设计规定，且钢筋保护层完好，不应有肉眼可见裂纹、剥落和擦痕等缺陷。抽检数量:每检验批抽查不应少于5处。检验方法:观察检查。

3)网状配筋砌体中,钢筋网规格及放置间距应符合设计规定。每一构件钢筋网沿砌体高度位置超过设计规定一皮砖厚不得多于一处。抽检数量:每检验批抽查不应少于5处。检验方法:通过钢筋网成品检查钢筋规格,钢筋网放置间距采用局部剔缝观察,或用探针刺入灰缝内检查,或用钢筋位置仪测定。

4)组合砖砌体构件,竖向受力钢筋保护层应符合设计要求,距砖砌体表面距离不应小于5mm;拉结筋两端应设弯钩,拉结筋及箍筋的位置应正确。抽检数量:每检验批抽检10%,且不应少于5处。检验方法:支模前观察与尺量检查。合格标准:钢筋保护层符合设计要求;拉结筋位置及弯钩设置80%及以上符合要求,箍筋间距超过规定者,每件不得多于2处,且每处不得超过一皮砖。

5)砖砌体组砌方法应正确,上、下错缝,内外搭砌,砖柱不得采用包心砌法。检验方法:观察检查。

6)砖砌体的灰缝应横平竖直,厚薄均匀。水平灰缝厚度宜为10mm,但不应小于8mm,也不应大于12mm。检验方法:用尺量10皮砖砌体高度折算。

7)砖砌体的一般尺寸允许偏差符合表7.2.5规定。

7.7.7 成品保护

(1)墙体拉结筋、抗震构造柱钢筋、大模板混凝土墙体钢筋及各种预埋件,暖卫、电气管线等,均应注意保护,不得任意拆改或损坏。

(2)砂浆稠度应适宜,砌墙时应防止砂浆溅脏墙面。

(3)在吊放平台脚手架时,应防止碰撞已砌好的砖墙。

(4)在高层平台进料口周围,应用塑料薄膜或木板等遮盖,保持墙面洁净。

(5)尚未安装楼板或层面板的墙和柱,当刮大风时,应采取临时支撑等措施,以保证施工中墙体的稳定性。

(6)各类混凝土浇筑完毕后,要加强养护,一般不少于7d,保持混凝土表面湿润即可。

(7)加工好的砌体配筋和网片,应整齐堆放,雨天应覆盖,以防锈蚀。

(8)绑扎好的构造柱、圈梁钢筋不要踩踏,以免变形。

7.7.8 安全措施

(1)在操作之前必须检查操作环境是否符合安全要求,道路是否畅通,机具是否完好无损,安全设施和防护用品是否齐全,经检查符合要求后才可施工。

(2)脚手架应经检查方能使用。砌筑时不准随意拆除和改动脚手架,楼层屋盖上的盖板防护栏杆不得随意挪动拆除。

(3)在架子上砍砖时,操作人员应向里把碎砖打在架板上,打砖时严禁把砖头打向架外。挂线用的坠砖,应绑扎牢固,以免坠落伤人。

(4)脚手架上堆砖不得超过三层(侧放)。采用砖笼吊砖时,砖在架子或楼板上要均匀分布,不应集中堆放。灰桶、灰斗应放置有序,使架子上保持畅通。

(5)采用里架砌墙时,不得站在墙上勾缝或在墙顶上行走。

(6)起吊砖笼和砂浆料斗时,砖和砂浆不能过满。吊臂工作范围内不得有人停留。

(7)操作人员应戴好安全帽,高空作业时应挂好安全网。

(8)绑扎钢筋时,应戴好手套;浇筑混凝土时应站在操作架上,不得站在砖墙上。

7.7.9　质量记录

(1)砂浆配合比设计与砂浆立方体试件抗压强度检验报告单。

(2)混凝土配合比设计与混凝土抗压强度检验报告单。

(3)原材料(含水泥、钢筋、砂、石等)检验报告单。

(4)烧结普通砖检验报告单。

(5)分项工程检验批质量验收记录。

(6)施工日记。

7.8　配筋砌块砌体施工工艺标准

配筋砌体结构是指由配置钢筋的砌体作为建筑物主要受力构件的结构,它包括网状配筋砌体柱、水平钢筋砌体墙、砌体和钢筋混凝土构造柱组合墙和配筋砌块砌体剪力墙结构。本施工工艺标准适用于工业与民用建筑工程配筋砌体的施工。工程施工应以设计图纸和施工质量验收规范为依据。

7.8.1　材料要求

(1)砌筑砂浆及浇筑混凝土。砌筑砂浆和浇筑混凝土强度等级必须符合设计要求,用于配筋砌块砌体宜用水泥砂浆或混合砂浆。浇筑混凝土强度等级不低于 C15。

1)一般采用 42.5 级或 52.5 级普通硅酸盐水泥或矿渣硅酸盐水泥。

2)一般宜用中砂并不得含有有害物质,勾缝宜用细砂。

3)应使用自来水或天然洁净可供饮用的水。

4)塑化材料有石灰膏、磨细石灰粉、电石膏和粉煤灰等,石灰膏的熟化时间不少于 7d,严禁使用冻结和脱水硬化的石灰膏。

5)构造柱、圈梁用粒径 5~40mm 卵石或碎石,芯柱用 5~20mm 细卵石或碎石,含泥量小于 1%。

6)根据要求选用减水剂或早强剂,应有出厂合格质量证明,掺用时应通过试验确定掺加量。

(2)砌块的品种、强度等级必须符合设计要求,并应规格一致,有出厂合格证及试验单;用于配筋砌块砌体宜用混凝土小型空心砌块。

1)砌块的主要规格尺寸为 390mm×190mm×190mm。

2)砌块按抗压强度分为 MU3.5、MU5.0、MU7.5、MU10.0、MU15.0、MU20.0 六个强度等级。强度应符合表 7.8.1-1 的规定。

表 7.8.1-1　配筋砌块强度等级

强度等级	砌块抗压强度	
	平均值不小于	单块最小值不小于
MU3.5	3.5	2.8
MU5.0	5.0	4.0
MU7.5	7.5	6.0
MU10.0	10.0	8.0
MU15.0	15.0	12.0
MU20.0	20.0	16.0

3)尺寸允许偏差应符合表 7.8.1-2 的规定。

表 7.8.1-2　配筋砌块尺寸允许偏差

项目名称	优等品	一等品	合格品
长度允许偏差/mm	±2	±3	±3
宽度允许偏差/mm	±2	±3	±3
高度允许偏差/mm	±2	±3	+3、-4

4)外观质量应符合表 7.8.1-3 的规定。

表 7.8.1-3　配筋砌块外观质量

项目名称		优等品	一等品	合格品
弯曲不大于/mm		2	2	3
掉角缺棱	个数不多于/个	0	2	2
	三个方向投影尺寸的最大值不大于/mm	0	20	30
裂纹延伸的投影尺寸累计不大于/mm		0	20	30

(3)钢筋必须具有出厂合格证,进场后,要见证取样送检,合格后才能使用。

7.8.2　主要机具设备

(1)机械设备。包括砂浆搅拌机、混凝土搅拌机、插入式振动器、垂直运输机械等。

(2)主要工具。包括瓦刀、大铁锹、无齿锯、钢凿、勾缝刀、灰板、筛子、铁锹、手推车、砖夹、砖笼等。

(3)检测工具。包括水准仪、经纬仪、钢卷尺、卷尺、锤线球、水平尺、皮数杆、磅秤、砂浆与混凝土试模等。

7.8.3　作业条件

(1)办完基础工程隐检验收。对进场的砌块型号、规格、数量和堆放位置、次序等已进行检查、验收,能满足施工要求。砌块应按不同规格和强度等级整齐堆放。堆垛上应设标志。堆放场地应平整,并做好排水。

(2)根据施工图要求制订施工方案,绘好砌块排列图,选定砌块吊装路线、吊装次序和组砌方法。

(3)弹好轴线、墙身线,弹出门窗洞口位置线,经验线符合设计要求。

(4)按设计标高要求立好皮数杆,皮数杆的间距以15~20m为宜。复核基层标高,根据砌块尺寸符合设计要求,在皮数杆上标明钢筋位置。

(5)砂浆、混凝土由试验室做好试配,准备好砂浆、混凝土试模,材料准备到位。当采用商品砂浆和混凝土时,商品供应商和供应计划已落实,产品的规格与性能符合设计要求。

(6)施工现场安全防护已完成,并通过了质安员的验收。

(7)脚手架应随砌随搭设;运输通道通畅,各类机具应准备就绪。

7.8.4　一般构造要求

(1)配筋砌块的组砌方式。混凝土空心砌块的墙厚等于砌块的宽度,其立面砌筑形式只有全顺一种,即各皮砌块均为顺砖,上下皮竖缝相互错开1/2砌块长,上下砌块孔洞相互对准。空心砌块转角及T字交接处砌法见图7.8.4-1。

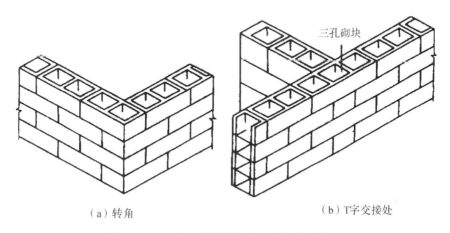

（a）转角　　　　　　　　　　　　　（b）T字交接处

图7.8.4-1　空心砌块转角及T字交接处砌法

(2)配筋砌块的配筋构造。配筋砌块的配筋构造主要有配筋砌块砌体剪刀墙、连梁构件、配筋砌块砌体柱构件、芯柱构件等。芯柱构造如图7.8.4-2所示。

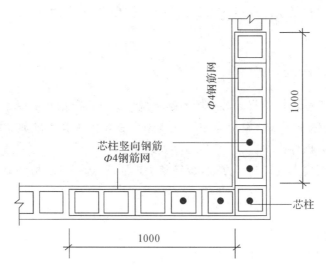

图 7.8.4-2　芯柱拉结钢筋网片及竖向钢筋设置(单位:mm)

7.8.5　施工操作工艺

(1)工艺流程。基层验收、墙体放线→见证取样、拌制(混凝土)砂浆→砌块摆底、墙体盘角→立杆挂线、砌墙→扎筋、浇筑混凝土→验收、养护并转入下一循环。

(2)施工程序。找平→放线→立皮数杆→排列砌块→拉线、砌筑、勾缝→芯柱施工等。

(3)砌筑前应在基础面或楼面上定出各层的轴线位置和标高,并用 1:2 水泥砂浆或 C15 级细石混凝土找平。

(4)砌筑前应按砌块尺寸和灰缝厚度计算皮数和排数。砌筑一般采用"披灰挤浆",先用瓦刀在砌块底面的周肋上满披灰浆,铺灰长度为 2~3m,再在待砌的砌块端头满披头灰,然后双手搬运砌块,进行挤浆砌筑。

(5)砌筑应尽量采用主规格砌块,用反砌法(底面朝上)砌筑,从转角或定位处开始向一侧进行。内外墙同时砌筑,纵横梁交错搭接。上下皮砌块要求对孔、错缝搭砌,个别不能对孔时,允许错孔砌筑,但搭接长度不应小于 90mm。如无法保证搭接长度,应在灰缝中设置构造筋或加网片拉结。

(6)砌体灰缝应横平竖直,砂浆严实。水平灰缝和竖直灰缝砂浆饱满度不得低于 90%,水平和垂直灰缝的宽度应为 8~12mm。

(7)墙体临时间断处应砌成斜槎,斜槎长度应等于或大于斜槎的高度(一般按一步脚手架高度控制),斜槎如图 7.8.5-1 所示;必须留直槎应设 Φ4mm 钢筋网片拉结或 2Φ6 的拉结筋,直槎如图 7.8.5-2 所示。

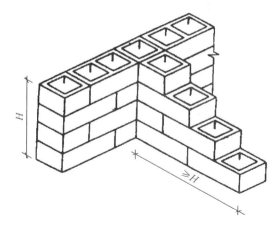

图 7.8.5-1　空心砌块墙斜槎

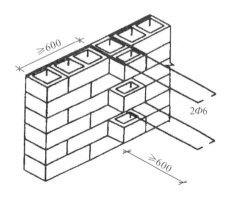

图 7.8.5-2　空心砌块墙直槎(单位:mm)

(8)预制梁、板安装应坐浆垫平。墙上预留孔洞、管道、沟槽和预埋件,应在砌筑时预留或预埋,不得在砌好的墙体上凿洞。

(9)如需移动已砌好的砌块,应清除原有砂浆,重铺新砂浆砌筑。

(10)在墙体下列部位,空心砌块应用混凝土填实:底层室内地面以下砌体;楼板支承处如无圈梁时,板下一皮砌块;次梁支承处等。

(11)对 5、6 层房屋,常在四大角及外墙转角处用混凝土填实砌块的三个孔洞以构成芯柱。在砌完一个楼层高度后连续分层浇灌,混凝土坍落度应不小于 5cm,每浇灌 40~50cm 高度应捣实一次。

(12)砌块每日砌筑高度应控制在 1.5m 或一步脚手架高度;每砌完一楼层后,应校核墙体的轴线尺寸和标高。在允许范围内的轴线及标高的偏差,应在楼板面上予以纠正。

(13)钢门、窗安装前,应按设计要求,设置好埋件。一般做法为先将弯成 Y 或 U 形的钢筋埋入混凝土小型砌块墙体的灰缝中,每个门、窗洞的一侧设置两只,安装门窗时用电焊固定。木门窗安装,事先在混凝土小砌块 190mm×190mm×190mm 内预埋经防腐处理的木砖,四周用 C15 细石混凝土填实,砌筑时将砌块侧砌在门窗洞的两侧,一般门洞用六块木砖,每个窗洞用四块木砖。

(14)在砌筑过程中,应采用"原浆随砌随收缝法",先勾水平缝,后勾竖向缝。灰缝与砌块面要平整密实,不得出现丢缝、瞎缝、开裂和粘结不牢等现象,以避免墙面渗水和开裂,以利于墙面粉刷和装饰。

7.8.6　质量标准

(1)一般规定。

1)除应满足本节规定外,尚应符合砌块砌体工程的有关规定。施工时所用的小砌块的产品龄期不应小于 28d。

2)砌筑小砌块时,应清除表面污物和芯柱用小砌块孔洞底部的毛边,剔除外观质量不合格的小砌块。

3)施工时所用的砂浆,宜先用专用的小砌块的砌筑砂浆。

4)底层室内地面以下或防潮层以下的砌体,应采用强度等级不低于 C20 的混凝土灌实小砌块的孔洞。

5)小砌块砌筑时,在天气干燥炎热的情况下,可提前洒水湿润小砌块;对轻骨料混凝土小砌块,应提前浇水湿润。小砌块表面有浮水时,不得施工。

6)承重墙体使用的小砌块应完整、无破损、无裂缝。

7)小砌块墙体应孔对孔、肋对肋错缝搭砌。单排孔小砌块的搭接长度应为块体长度的 1/2;多排孔小砌块的搭接长度可适当调整,但不宜小于砌块长度的 1/3,不应小于 90mm。墙体的个别部位不能满足上述要求时,应在灰缝中设置拉结钢筋或钢筋网片,但竖向通缝仍不得超过两皮小砌块。

8)小砌块应底面朝上反砌于墙上。

9)浇灌芯柱的混凝土,其坍落度不应小于 90mm;当采用泵送时,坍落度不宜小于 160mm。

10)浇灌芯柱混凝土,应遵守下列规定:清除孔洞内的砂浆等杂物,并用水冲淋壁孔;砌筑砂浆强度大于 1MPa 时,方可浇灌芯柱混凝土;在浇灌芯柱混凝土前,应先注入适量与芯柱混凝土相同的去石砂浆;每次连续浇筑的高度宜为半个楼层,但不应大于 1.8m;每浇筑 400～500mm 高度捣实一次,或边浇筑边捣实。

11)需要移动砌体中的小砌块或小砌块被撞动时,应重新铺砌。

12)设置在砌体水平灰缝中钢筋的锚固长度不宜小于 25d,且不应小于 200mm(对于一、二级抗震墙,不应小于 30d,且不应小于 250mm);其水平或垂直弯折段的长度不宜小于 12d;钢筋的搭接长度不应小于 48d,竖向钢筋的锚固长度不应小于 42d(d 为钢筋直径)。

(2)主控项目。

1)钢筋的品种、规格和数量应符合设计要求。检验方法:检查钢筋的合格证书、钢筋性能试验报告、隐蔽工程记录。

2)构造柱、芯柱、组合砌体构件、配筋砌块砌体剪力墙构件的混凝土或砂浆的强度等级应符合设计要求。抽检数量:各类构件每检验批砌体至少应做一组试块。检验方法:检查混凝土或砂浆试块试验报告。

3)对配筋混凝土小型空心砌块砌体,芯柱混凝土应在装配式楼盖处贯通,不得削弱芯柱截面尺寸。抽检数量:每检验批抽查不应少于 5 处。检验方法:观察检查。

4)小砌块和芯柱混凝土、砌筑砂浆的强度等级必须符合设计要求。抽检数量:每一生产厂家,每 1 万块小砌块为一验收批,不足 1 万块按一批计,抽检数量为 1 组;用于多层以上建筑的基础和底层的小砌块抽检数量不应少于 2 组。检验方法:查小砌块和芯柱混凝土、砂浆试块的试验报告。

5)砌体水平灰缝和竖向灰缝的砂浆饱满度,应按净面积计算不得低于 90％。抽检数量:每检验批不应少于 5 处。检验方法:用专用百格网检测小砌块与砂浆粘结痕迹,每处检测 3 块小砌块,取其平均值。

6)墙体转角处和纵横墙交接处应同时砌筑。临时间断处应砌成斜槎,斜槎水平投影长度不应小于斜槎高度。施工洞口可预留直槎,但在洞口砌筑和补砌时,应在直槎上下搭砌的小砌块孔洞内用强度等级不低于 C20(或 Cb20)的混凝土灌实。抽检数量:每检验批抽查不应少于 5 处。检验方法:观察检查。

（7）砌体的轴线偏移和垂直度偏差应符合表 7.2.5 的规定。

（3）一般项目。

1）设置在砌体水平灰缝内的钢筋,应居中置于灰缝中。水平灰缝厚度应大于钢筋直径 4mm 以上,砌体外露面砂浆保护层的 15mm。抽检数量:每检验批抽检 3 个构件,每个构件检查 3 处。检验方法:观察检查,辅以钢尺检测。

2）设置在潮湿环境或有化学侵蚀介质的环境中的砌体灰缝内的钢筋应采取防腐措施。抽检数量:每检验批抽检 10% 的钢筋。检验方法:观察检查。合格标准:防腐涂料无漏刷(喷浸),无起皮脱落现象。

3）网状配盘砌体中,钢筋网及放置间距应符合设计规定。抽检数量:每检验批抽查不应少于 5 处。检验方法:钢筋规格检查钢筋网成品,钢筋网放置间距局部剔缝观察,或用探针刺入灰缝内检查,或用钢筋位置测定仪测定。合格标准:钢筋网沿砌体高度位置超过设计规定一皮砖厚不得多于 1 处。

4）组合砖砌体构件,竖向受力钢筋保护层应符合设计要求,距砖砌体表面距离不应小于 5mm;拉结筋两端应设弯钩,拉结筋及箍筋的位置应正确。抽检数量:每检验批抽查不应少于 5 处。检验方法:支模前观察与尺量检查。合格标准:钢筋保护层符合设计要求;拉结筋位置及弯钩设置 80% 及以上符合要求,箍筋间距超过规定者,每件不得多于 2 处,且每处不得超过一皮砖。

5）配筋砌块砌体剪力墙中,采用搭接接头的竖向受力钢筋搭接长度 HRB400 以上不应小于 35d,HRB400 以下不应小于 30d;任何情况下钢筋的锚固长度不应少于 300mm。抽检数量:每检验批每类构件抽 20%(墙、柱、连梁),且不应少于 3 件。检验方法:尺量检查。

6）小砌块墙体的一般尺寸允许偏差应符合表 7.2.5 的规定。

7.8.7　成品保护

（1）砌块运输和堆放时,应轻吊轻放,空心小型砌块不得超过 1.6m,堆垛之间应保持适当的通道。

（2）砌块和楼板吊装就位时,避免冲击已完墙体。

（3）水电和室内设备安装时,应注意保护墙体,不得随意凿洞。

（4）雨天施工应有防雨措施,不得使用湿砌块。雨后施工时,应复核墙体的垂直度。

（5）各类混凝土浇筑完毕后,要加强养护,一般不少于 7d,保持混凝土表面湿润即可。

（6）加工好的钢筋要标识清楚,并堆放整齐,不能浸在水中,以免生锈。

（7）绑扎好的构造柱、圈梁钢筋不要踩踏,以免变形。

7.8.8　安全措施

与第 7.7.8 节配筋砖砌体安全措施相同。

7.8.9 质量记录

(1)砂浆配合比设计与砂浆立方体试件抗压强度检验报告单。

(2)混凝土配合比设计与混凝土抗压强度检验报告单。

(3)原材料(含水泥、钢筋、砂、石等)检验报告单。

(4)砌体检验报告单。

(5)分项工程检验批质量验收记录。

(6)填充墙砌体植筋锚固力检验抽样判定报告单。

(7)施工记录。

7.9 蒸压加气混凝土砌块填充墙施工工艺标准

本施工工艺标准适用于工业与民用建筑采用蒸压加气混凝土砌块作为填充墙的砌体工程。工程施工应以设计图纸和有关施工质量验收规范为依据。

7.9.1 材料要求

与第 7.5.1 节加气混凝土砌块墙砌筑材料要求相同。

7.9.2 主要机具设备

(1)机械。包括塔式起重机、卷扬机、井架、切割机、砂浆搅拌机等。

(2)工具。包括瓦刀、夹具、手锯、小推车、灰斗、灰铁锹、小撬棍、小木槌、线锤、皮数杆等。

7.9.3 作业条件

(1)砌筑前,将楼、地面基层水泥浮浆及施工垃圾清理干净。

(2)弹出楼层轴线及墙身边线,经复核,办理相关手续。

(3)根据标高控制线及窗台、窗顶标高,预排出砖砌块的皮数线,皮数线可划在框架柱上,并标明拉结筋、圈梁、过梁、墙梁的尺寸、标高,皮数线经技术质检部门复核,办理相关手续。

(4)根据最下面第一皮砖的标高,拉通线检查,如水平灰缝厚度超过 20mm,先用 C15 以上细石混凝土找平。严禁用砂浆或砂浆包碎砖找平,更不允许采用两侧砌砖,中间填芯找平。

(5)构造柱钢筋绑扎,隐检验完毕。

(6)砌筑砂浆配合比经有资质的试验部门试配确定,有书面配合比试配单。在施工现场根据砌体方量准备好取样砂浆试模。当采用商品砂浆和混凝土时应落实商品的供应计划、商品性能应符合设计要求。

(7)做好水电管线的预留预埋工作。

(8)"三宝"(安全帽、安全带、安全网)配备齐全,"四口"(通道口、预留口、电梯井口、楼梯口)和临边做好防护。

(9)框架外墙施工时,外防护脚手架应随着楼层搭设完毕,墙体距外架间的间隙应水平防护,防止高空坠物。内墙已准备好工具式脚手架。

7.9.4　施工操作工艺

(1)工艺流程。基层验收、墙体弹线→见证取样、拌制(混凝土)砂浆→砌筑坎台、排块撂底→立杆挂线、砌墙→构造柱、拉筋、浇筑混凝土→塞缝、收尾→验收、养护。

(2)结构经验收合格后,把砌筑基层楼地面的浮浆残渣清理干净并进行弹线,填充墙的边线、门窗洞口位置线尽可能准确,偏差控制在规范允许的范围内。皮数杆尽可能立在填充墙的两端或转角处,并拉通线。

(3)蒸压加气混凝土砌块砌筑时,墙底部应砌200mm高烧结普通砖、多孔砖或混凝土空心砌块,或浇筑200mm高墙厚混凝土坎台,混凝土强度等级宜为C20。

(4)砌筑时应预先试排砌块,并优先使用整体砌块。不得已需断开砌块时,应使用手锯、切割机等工具锯裁整齐,并保护好砌块的棱角,锯裁后砌块的长度不应小于砌块总长度的1/3。长度小于等于150mm的砌块不得上墙。砌筑最底层砌块时,当灰缝厚度大于20mm时应使用细石混凝土铺密实,上下皮灰缝应错开砌,搭砌长度不应小于砌块总长的1/3。当搭砌长度小于150mm时,即形成所谓的通缝,竖向通缝不应大于2皮砌块,否则应配$\Phi4$钢筋网片或2根$\Phi6$钢筋,长度宜为700mm,如图7.9.4-1所示。

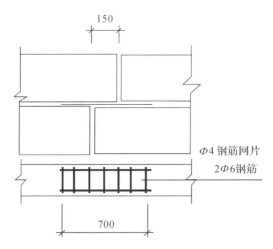

图7.9.4-1　蒸压加气混凝土砌块砌筑搭砌长度小于150mm时处理方法(单位:mm)

(5)砌块墙的转角处,应隔皮纵、横墙砌块相互搭砌。砌块墙的T字交接处,应使横墙砌块隔皮断面露头(见图7.9.4-2和图7.9.4-3)。

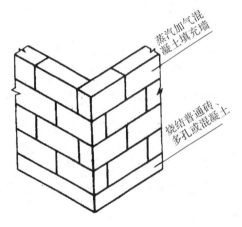

图 7.9.4-2 加气混凝土砌块转角砌法　　　图 7.9.4-3 加气混凝土砌块 T 形砌法

(6)蒸压加气混凝土砌体的竖向灰缝宽度和水平灰缝厚度宜分别为 20mm 和 15mm。灰缝应横平竖直、砂浆饱满,正、反手墙面均宜进行勾缝。砂浆的饱满度不得小于 80%。横向灰缝的一次铺灰长度不应大于 2m,竖向灰缝应采用临时内外夹板夹紧后灌缝。

(7)蒸压加气混凝土砌体填充墙与结构或构造柱连接的部位,应预埋 2 根 $\Phi 6$ 的拉结筋,拉结筋的竖向间距应为 $500\sim1000mm$,当有抗震要求时,拉结筋的末端应做 40mm 长 90°弯。

(8)有抗震要求的砌体填充墙按设计要求应设置构造柱、圈梁,构造柱的宽度由设计确定,厚度一般与墙等厚,圈梁宽度与墙等宽,高度不应小于 120mm。圈梁、构造柱的插筋宜优先预埋在结构混凝土构件中或后植筋,预留长度符合设计要求。构造柱施工时按要求应留设马牙槎,马牙槎宜先退后进,进退尺寸不小于 60mm,高度为 300mm 左右。当设计无要求时,构造柱应设置在填充墙的转角处、T 形交接处或端部;当填充墙长大于 5m 时,墙顶与梁宜有拉结;墙长超过层高 2 倍时,宜设置钢筋混凝土构造柱;墙高超过 4m 时,墙体半高宜设置与柱连接且沿墙全长贯通的钢筋混凝土水平圈梁。详见图 7.9.4-4。

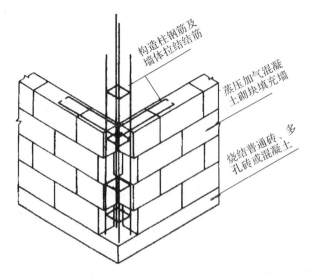

图 7.9.4-4 蒸压加气混凝土砌块填充墙构造柱

(9)蒸压加气混凝土砌块填充墙砌体与后塞门窗的连接:后塞门窗与砌体间通过木砖与门窗框连接,具体可用 100mm 长的铁钉把门框与木砖钉牢。木砖可以预埋,也可以后打。预埋木砖时,木砖应经过防腐处理,埋到预制混凝土块中,随加气混凝土块一起砌筑,预制混凝土块大小应符合砌体模数,或用普通烧结砖在需放木砖部位砌长度 240mm、宽度与加气块等厚的砖墩,木砖放置中间。

(10)加气混凝土填充墙砌体在转角处及纵横墙交接处,应同时砌筑,当不能同时施工时,应留成斜槎。砌体每天的砌筑高度不应超过 1.8m。

(11)切锯砌块应使用专用工具,不允许用斧或瓦刀任意砍劈。

(12)墙体洞口上部应放置 2 根 $\Phi6$ 的拉结筋,伸过洞口两边长度每边不少于 500mm。

(13)不同干密度和强度等级的加气混凝土不应混砌。加气混凝土砌块也不得与其他砖、砌块混砌。但在墙底、墙顶及门窗洞口处局部采用烧结普通砖和多孔砖砌筑不视为混砌。

7.9.5 质量标准

(1)一般规定。

1)蒸压加气混凝土砌块施工前,其产品龄期不应少于 28d。

2)蒸压加气混凝土砌块在运输、装卸过程中,严禁抛掷和倾倒。进场后应按品种、规格分别堆放整齐,堆置高度洞庭湖 超过 2m,并应采取措施,防止雨淋。

3)蒸压加气混凝土砌块砌筑时节,就应向砌筑面适量浇水。

4)蒸压加气混凝土砌块筑墙体时,墙底部应砌普通烧结砖或多孔砖,或普通小型混凝土空心砌块,或现浇混凝土坎台等,其高度不宜小 200mm。

(2)主控项目。蒸压加气混凝土砌块和砌筑砂浆的强度等级应符合设计要求。检验方法:检查砌块的产品合格证书、产品性能检测报告和砂浆试验报告。

(3)一般项目。

1)填充墙砌体一般尺寸的允许偏差应符合表 7.9.5-1 的规定。

表 7.9.5-1　填充墙砌体一般尺寸允许偏差

序号	项目		允许偏差/mm	检验方法
1	轴线位移		10	用尺检查
	垂直度	小于或等于 3m	5	用 2m 托线板或吊线、尺检查
		大于 3m	10	
2	表面平整度		8	用 2m 靠尺和楔形塞尺检查
3	门窗洞口高、宽(后塞口)		±5	用尺检查
4	外墙上、下窗口偏移		20	用经纬仪或吊线检查

抽检数量规定如下。

①对表中 1、2 项,在检验批的标准间中随机抽查 10%,但不应少于 3 间;大面积房间和楼道按两个轴线或每 10 延长米按一标准间计数。每间检验不应少于 3 处。

②对表中 3、4 项,在检验批中抽检 10％,且不应少于 5 处。

2)蒸压加气混凝土砌块砌体和轻骨料混凝土小型空心砌块砌体不应与其他块材混砌。抽检数量:在检验批中抽检 20％,且不应少于 5 处。检验方法:外观检查。

3)填充墙砌体的砂浆饱满度及检验方法应符合表 7.9.5-2 的规定。抽检数量:每检验批抽查不应少于 5 处。

表 7.9.5-2　填充墙砌体的砂浆饱满度及检验方法

砌体分类	灰缝	饱满度及要求	检验方法
空心砖砌体	水平	≥80％	采用百格网检查块材底面砂浆或侧面砂浆的粘结痕迹面积
	垂直	填满砂浆,不得有透明缝、瞎缝、假缝	
加气混凝土砌块和轻骨料混凝土小砌块砌体	水平	≥80％	
	垂直	≥80％	

4)填充墙砌体留置的拉结钢筋或网片的位置应与块体皮数相符合。拉结钢筋或网片应置于灰缝中,埋置长度应符合设计要求,竖向位置偏差不应超过一皮高度。抽检数量:每检验批抽查不应少于 5 处。检验方法:观察和用尺量检查。

5)填充墙砌筑时应错缝搭砌,蒸压加气混凝土砌块搭砌长度不应小于砌块长度的 1/3;轻骨料混凝土小型空心砌块搭砌长度不应小于 90mm;竖向通缝不应大于 2 皮。抽检数量:每检验批抽查不应少于 5 处。检查方法:观察检查。

6)填充墙砌体的水平灰缝厚度和竖向灰缝宽度应正确。空心砖、轻骨料混凝土小型空心砌块的砌体灰缝应为 8～12mm。当采用水泥砂浆、水泥混合砂浆或蒸压加气混凝土砌块砌筑砂浆时,水平灰缝厚度和竖向灰缝宽度不应超过 15mm;当采用蒸压加气混凝土砌块粘结砂浆时,水平灰缝厚度和竖向灰缝宽度宜为 3～4mm。抽检数量:每检验批抽查不应少于 5 处。检查方法:水平灰缝厚度用尺量 5 皮小砌块的高度折算;竖向灰缝宽度用尺量 2m 砌体长度折算。

7)填充墙砌至接近梁、板底时,应留一定空隙,待填充墙砌筑完并应至少间隔 7d 后,再将其补砌挤紧。抽检数量:每验收批抽 10％填充墙片(每两柱间的填充墙为一墙片),且不应少于 3 片墙。检验方法:观察检查。

7.9.6　成品保护

(1)加气混凝土砌块运输、装卸过程中,严禁抛掷和倾倒,防止损坏棱角边。

(2)搭、拆脚手架时,不得碰撞已砌墙体和门窗边角。

(3)在加气混凝土墙上开洞、开槽时,应弹线切割,并保持块体完整;如有活动或损坏,应进行补强处理。

7.9.7　安全与环保措施

(1)砌体施工脚手架要搭设牢固。

(2)外墙施工时,必须有外墙防护及施工脚手架,墙与脚手架间的间隙应封闭防高坠物伤人。

(3)严禁站在墙上做划线、吊线、清扫墙面、支设模板等施工作业。

(4)现场施工机械等应根据现行国家标准《建筑机械使用安全技术规程》(JGJ 33—2012)检查各部件工作是否正常,确认运转合格后方能投入使用。

(5)现场施工临时用电必须按照施工方案布置完成并根据现行国家标准《施工现场临时用电安装技术规范》(JGJ46—2005)检查合格后才可以投入使用。

(6)施工现场应经常洒水,防止扬尘。

(7)砂浆搅拌机污水应经过沉淀池沉淀后排入指定地点。

7.9.8　质量记录

(1)砂浆配合比设计和砂浆抗压强度检验报告单。

(2)原材料(砌块、水泥、砂等)检验报告单。

(3)加气混凝土砌块砌体工程检验批质量验收记录。

(4)施工记录。

7.10　轻骨料混凝土小型空心砌块填充砌体施工工艺标准

轻骨料混凝土小型砌块包括天然轻骨料混凝土砌块、人造轻骨料混凝土砌块和工业废渣轻骨料混凝土砌块,可分别用于工业与民用建筑的砌块房屋、框架结构的填充墙和一些隔墙工程。本施工工艺标准适用于轻骨料混凝土填充墙工程。工程施工应以设计图纸和施工质量验收规范为依据。

7.10.1　材料要求

(1)轻骨料混凝土小型空心砌块按孔的排数分实心(0)、单排孔(1)、双排孔(2)、三排孔(3)和四排孔(4)共五类,其主要规格为390mm×190mm×190mm。

(2)按砌块尺寸允许偏差和外观质量,分为两个等级:一等品(B)、合格品(C)。

(3)外观质量及尺寸允许偏差要求如表7.10.1-1所示。

表 7.10.1-1　砌块的外观质量及尺寸允许偏差

项目名称	一等品	合格品
长度允许偏差/mm	±2	±3
宽度允许偏差/mm	±2	±3

续表

项目名称		一等品	合格品
高度允许偏差/mm		+2	±3
缺棱掉角	个数不多于/个	0	2
	3个方向投影的最大值不大于/mm	0	30
	裂缝延伸投影的累计尺寸不大于/mm	0	30

注：1.承重砌块最小外壁厚不应小于30mm,肋厚不应小于25mm。

2.保温砌块最小壁厚和肋厚均不小于20mm。

（4）轻骨料混凝土小型空心砌块按密度可分为500、600、700、800、900、1000、1200、1300、1400 八个等级。按其强度可分为 MU10、MU7.5、MU5、MU3.5、MU2.5、MU1.5 六个等级。实际砌筑填充墙时,其强度等级及干密度应符合设计要求和施工规范的规定。轻骨料混凝土小型空心砌块的密度等级如表 7.10.1-2 所示。

表 7.10.1-2　轻骨料混凝土空心砌密度等级

密度等级	砌块干燥表观密度的范围/(kg·m⁻³)	密度等级	砌块干燥表观密度的范围/(kg·m⁻³)
500	≤500	900	810～900
600	510～600	1000	910～1000
700	610～700	1200	1010～1200
800	710～800	1400	1210～1400

（5）施工用水泥应符合国家标准的要求。

（6）轻骨料混凝土小型空心砌块应符合现行国家标准《建筑材料放射性核素限量》(GB 6566—2010)的相关规定。

（7）施工用砂宜采用中砂,砂中含泥量不超过 5%,并过 5mm 的密目网筛。

7.10.2　主要机具设备

（1）机械。包括塔式起重机、卷扬机、井架、切割机、砂浆搅拌机等。

（2）工具。包括瓦刀、夹具、手锯、小推车、灰斗、灰铁锹、小撬棍、小木槌、线锤、皮数杆等。

7.10.3　作业条件

（1）砌筑前,将楼、地面基层水泥浮浆及施工垃圾清理干净。

（2）弹出楼层轴线及墙身边线,经复核,办理相关手续。

（3）根据标高控制线及窗台、窗顶标高,预排出砖砌块的皮数线,皮数线可划在框架柱上,并标明拉结筋、圈梁、过梁、墙梁的尺寸、标高,皮数线经技术质检部门复核,办理相关手续。

（4）根据最下面第一皮砖的标高,拉通线检查,如水平灰缝厚度超过 20mm,先用 C15 以上细石混凝土找平。严禁用砂浆或砂浆包碎砖找平,更不允许采用两侧砌砖,中间填芯找平。

（5）构造柱钢筋绑扎,隐检验收完毕。

（6）砌筑砂浆配合比经有资质的试验部门试配确定,有书面配合比试配单。在施工现场根据砌体方量准备好取样砂浆试模。

（7）做好水电管线的预留预埋工作。

（8）"三宝"(安全帽、安全带、安全网)配备齐全,"四口"(通道口、预留口、电梯口、楼梯口)和临边做好防护。

（9）框架外墙施工时,外防护脚手架应随着楼层搭设完毕,墙体距外架间的间防止高空坠物。内墙已准备好工具式脚手架。

7.10.4　施工操作工艺

（1）工艺流程。基层验收、墙体弹线→见证取样、拌制(混凝土)砂浆→砌筑坎台、排块摆底→立杆挂线、砌墙→构造柱、拉筋、浇筑混凝土→塞缝、收尾→验收、养护并转入下一循环。

（2）结构经验收合格后,把砌筑基层楼地面的浮浆残渣清理干净并弹线。填充墙的边线、门窗洞口位置线尽可能准确,偏差控制在规范允许的范围内。皮数杆尽可能立在填充墙的两端或转角处,并拉通线。

（3）轻骨料小砌块用于未设混凝土反坎或坎台(导墙)的厨房、卫生间及其他需防潮、防湿房间的墙体时,其底部第一皮应用 C20 混凝土填实孔洞的普通小砌块或实心小砌块（90mm×190mm×53mm）三皮砌筑。

（4）填充墙砌筑时应预选、预排砌块,并清除砌块表面污物,剔除外观质量不合格的砌块。当填充墙设置芯柱时,还应清除所用砌块的底部毛边,并在砌柱第一皮砌块时,采用开口小砌块或 U 形小砌块,以形成清理口,混凝土浇筑前,可从清理口中掏出落在砌块孔洞中的杂物。

（5）砌块墙的转角处,应隔皮纵、横墙砌块相互搭砌。砌块墙的 T 字交接处,应使横墙砌块隔皮断面露头(见图 7.10.4-1 和图 7.10.4-2)。

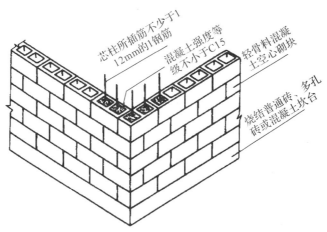

图 7.10.4-1　轻骨料混凝土空心砌块转角砌法

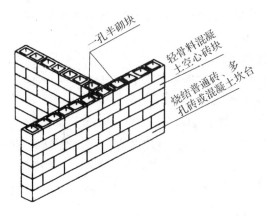

图 7.10.4-2　轻骨料混凝土空心砌块 T 形交接处砌法

（6）砌筑时填充墙必须遵循"反砌"原则，每皮砌块底部朝上砌筑，上下皮应对孔错缝搭砌，搭砌长度一般为砌块长度的 1/2。如上下皮砌块不能对孔砌筑时，搭砌长度也不应小于砌块 90mm，如不能满足上述要求时，应在水平灰缝预埋 2 根 Φ6 拉结筋或 Φ4 钢筋焊接网片，拉结筋或钢筋网片的长度不宜小于 700mm。但是，竖向通缝不应大于 2 皮砌块。

（7）轻骨料混凝土小型空心砌块填充墙砌体的竖向灰缝宽度和水平灰缝厚度应为 8～12mm。砌筑时的铺灰长度不得超过 750mm。

（8）填充墙砌体的水平灰缝和竖向灰缝应平直，按净面积计算的砂浆饱满度不应小于 80%。竖向灰缝应采用加浆方法，使砌砂浆饱满，严禁用水冲浆灌缝，不得出现假缝、瞎缝、透明缝。

（9）轻骨料混凝土小型空心砌块填充墙砌体与结构构件的连接部位应预埋拉结筋。当设计有要求时按设计要求预埋，当设计没有要求时沿高度间距 500～1000mm 预埋或后植 2 根 Φ6 的拉结筋。当有抗震要求时，拉结筋的末端应做 40mm 长 90°弯钩。拉结筋不得任意弯曲，应埋在水平灰缝的砂浆中。

（10）当设计有要求的，轻骨料混凝土小型空心砌块填充墙应按设计要求设置素混凝土或钢筋混凝土芯柱，芯柱的宽度由设计确定，留设位置宜在填充墙的转角处、十字交接处、T 形交接处或大开间中纵横向填充墙中间等部位。芯柱布置应体现对称均匀的原则。

（11）轻骨料混凝土小型空心砌块填充墙砌体在转角处及纵横墙交接处，应同时砌筑，当不能同时施工时，应留成斜槎，斜槎水平投影长度不应小于斜槎高度。如留斜槎确实有困难时，除外墙转角处或有抗震设防的地区墙体临时间断除外，可从墙面伸出 200mm 砌成阴阳槎，并沿墙高每两皮小砌块或 600mm 高，宜设 2 根 Φ6 拉结筋。从留槎处算起，拉结筋每边伸入墙体或芯柱内不应小于 600mm（见图 7.10.4-3 和图 7.10.4-4）。

（12）芯柱所用混凝土的强度等级不应小于 C15。为便于混凝土的浇筑，混凝土的坍落度不应低于 90mm。宜采用软轴式混凝土振捣器每 400～500mm 高分层边振捣边浇筑。混凝土浇筑时应保证砌体砂浆的强度等级不应低于 1MPa。

（13）轻骨料混凝土小型空心砌块填充墙砌体与后塞口门窗与砌体间的连接有多种方式，当用预埋混凝土块时，各种材料的门窗框铁皮拉条或燕尾铁等固定件，通过射钉、膨胀螺栓等打入混凝土预埋块中即可。混凝土预埋块的尺寸宜为：与墙等厚、与砌块等高、砌入墙

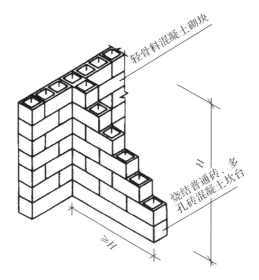

图 7.10.4-3   轻骨料混凝土空心砌块墙斜槎

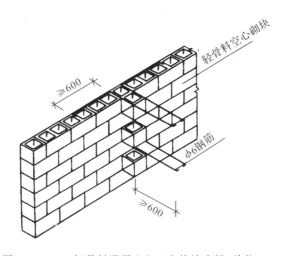

图 7.10.4-4   轻骨料混凝土空心砌块墙直槎(单位:mm)

中 200mm 或 300mm 的正六面体。其他形式的连接方式可根据国家标准、本地区的图集或地方标准灵活选用。

(14)轻骨料混凝土小型空心砌块墙体每天的砌筑高度不应超过 1.4m 或一步脚手架高度内。

(15)墙体洞口上部应放置 2 根 Φ6 的拉结筋,伸过洞口两边长度每边不少于 600mm。

(16)对设计规定的洞口、管道、沟槽和预埋件,应在砌筑墙体时预留和预埋,不得随意打凿砌好的墙体。

7.10.5   质量标准

(1)一般规定。

1)轻骨料混凝土小型空心砌块施工前,其产品龄期宜延长至 45d。

2)轻骨料混凝土小型空心砌块在运输、装卸过程中,严禁抛和倾倒。进场后应按品种、规格分别堆放整齐,堆置高度不应超过 1.6m。

3)轻骨料混凝土小砌块,应提前浇水湿润,块体的相对含水率宜为 40%～50%。雨天及小砌块表面有浮水时,不得施工。

4)轻骨料混凝土小型空心砌块砌筑墙体时,墙底部应砌普通烧结砖或多孔砖或普通小型混凝土空心砌块,或现浇混凝土坎台等,其高度不宜小于 200mm。

5)框架柱、剪力墙侧面等结构部位应预埋根 Φ6 的拉墙筋及芯柱、圈梁的插筋,或者结构施工后植上钢筋。

6)砌体每天的砌筑高度不宜超过 1.4m,填充墙上不得留设脚手眼,搭设脚手架。

7)砌体灰缝砂浆的饱满度应符合施工规范规定≥90%的要求,尤其是外墙,防止因砂浆不饱满、假缝、透明缝等引起墙体渗漏,内墙的抗剪切强度不足引起裂缝质量通病。

8)填充墙砌至接近梁底、板底时,应留一定的空隙,待填充墙砌筑完并至少间隔 7d 后,再将其补砌挤紧,防止上部砌体因砂浆收缩而开裂。方法为:当上部空隙小于等于 20mm 时,用 1:2 水泥砂浆嵌填密实;稍大的空隙用细石混凝土镶填密实;大空隙用烧结标准砖或多孔砖宜成 60°度角斜砌挤紧,但砌筑砂浆必须密实,不允许出现平砌、生摆(填充墙上部斜砖砌筑时出现的干摆砖或砌筑砂浆不密实形成孔洞等)等现象。

9)砌筑过程中,应经常检查墙体的垂直平整度,并应在砂浆初凝前用小木槌或撬杠轻轻进行修正,防止因砂浆初凝造成灰缝开裂。

10)砌体施工应严格按施工规范的要求进行错缝搭砌,避免墙体因出现通缝而削弱其稳定性。

(2)主控项目与一般项目。与第 7.5.5 节加气混凝土砌块墙砌筑相同。

7.10.6 成品保护

(1)空心砌块运输、装卸过程中,严禁抛掷和倾倒,防止损坏棱、角。

(2)在搭、拆脚手轲和砌筑施工过程中,不得碰撞已砌墙体和门窗边角。

(3)在墙体上开洞、开槽时,应弹线切割,并保持块体完整,如有活动或损坏,应进行补强处理。

7.10.7 安全与环保措施

(1)对工人进行三级安全教育,做好职业健康安全教育。结合培训,对各个工种进行安全操作规程教育,合格后方能上岗。

(2)砂浆搅拌机、卷扬机等应根据现行国家规范《建筑机械使用安全技术规程》(JGJ 33—2012)检查各部件工作是否正常,确认运转合格后方能投入使用。

(3)施工现场的临时用电必须按照施工方案布置完成并根据现行国家规范《施工现场临时用电安装技术规范》(JGJ 46—2005)检查合格后才可以投入使用。

(4)施工现场应经常洒水,防止扬尘;砂浆搅拌机污水应经过觉沉淀池沉淀后排入指定地点。

7.10.8　质量记录

与第7.5.8节加气混凝土砌块墙砌筑质量记录相同。

7.11　自保温混凝土复合砌块墙体施工工艺标准

自保温混凝土复合砌块，是通过在骨料中复合轻质骨料和（或）在孔洞中填插保温材料等工艺产生的，其所砌筑墙体具有保温功能的混凝土小型空心砌块，简称自保温砌块。由自保温砌块采用抹灰砂浆抹面而成的自保温混凝土复合墙体，通过结构热桥处理、保温处理和交接面处理后，构成整墙保温体系。

7.11.1　材料要求

（1）自保温砌块。

1）自保温砌块性能应符合国家现行行业标准《自保温混凝土复合砌块》（JG/T 407—2013）的有关规定；自保温砌块砌体的使用寿命应与主体结构一致。

2）自保温砌块的强度等级可选用 MU3.5、MU5.0 或 MU7.5；自保温砌块密度等级可采用 500、600、700、800、900、1000、1100、1200 或 1300。

3）去除填插保温材料后，Ⅰ型、Ⅲ型自保温砌块的质量吸水率不应大于18%，Ⅱ型自保温砌块的质量吸水率不应大于10%；去除填插保温材料后，自保温砌块的干缩率不应大于0.065%。

4）对掺工业废渣的自保温砌块及填充无机保温材料，其放射性核素限量应符合现行国家标准《建筑材料放射性核素限量》（GB 6566—2010）的规定。

（2）砌筑砂浆。

1）砌筑砂浆用原材料应符合国家现行相关标准的规定；砌筑砂浆的物理性能应符合表 7.11.1 的规定。

表 7.11.1　砌筑砂浆物理性能

项目	指标	
	普通砌筑砂浆	专用砌筑砂浆
密度/kg·m^{-3}	≥1800	—
抗压强度/MPa	Mb5.0	≥5.0
	Mb7.5	≥7.5
拉伸粘结强度/MPa	0.20	
稠度/mm	50~80	
分层度/mm	—	10—30

续表

项目	指标	
	普通砌筑砂浆	专用砌筑砂浆
凝结时间/h	4～8	
保水性/%	≥88	
抗冻指标	—	夏热冬冷地区 F25；寒冷地区 F35；严寒地区 F50。质量损失≤5%；强度损失≤25%
干燥收缩率/mm·m^{-1}	—	≤1.0
导热系数(热工性能有要求时)/W·m^{-1}·K^{-1}	—	≤0.20

注：1. F25、F35、F50 分别指冻融循环 25 次、35 次、50 次。

2. 对Ⅱ型、Ⅲ型自保温砌块，应去除填插保温材料后再进行测试。

3. 自保温砌块砌体宜采用专用砂浆砌筑。

7.11.2 主要机具设备

同混凝土小型空心砌块的施工工具。

7.11.3 作业条件

(1)自保温砌块、结构性热桥保温处理材料等进场，质量证明文件、型式检验报告等符合相关要求。

(2)已按房屋设计图纸编绘好自保温砌块平、立面排块图，并以主规格砌块为主、辅以相应的配套砌块。

(3)完成基层清理和找平，立好皮数杆。

(4)自保温砌块砌筑的前一道工序验收合格。

7.11.4 一般构造要求

(1)自保温砌块墙体的平面尺寸宜采用 2M 为基本模数，特殊情况下可采用 1M；其立面设计及砌块砌体的分段长度尺寸宜采用 1M 为基本模数。门窗洞口尺寸宜与自保温砌块尺寸相协调。

(2)当墙体中埋设管线及固定件时，对墙上预留的孔洞、管线槽口及门窗、设备等固定件位置，应在墙体排块设计图上标注。

(3)自保温砌块墙体应按下列规定设置钢筋混凝土构造柱。

1)符合下列情况之一时应设置构造柱。

①自保温砌块墙体长度大于 5m 时，应在墙体中设置构造柱，其间距不应大于 5m。

②端部无柱或无剪力墙的自保温砌块墙体端部。

③自保温砌块内外墙交接处及外墙转角处。

④自保温混凝土砌块墙体中的门窗洞口宽度尺寸大于或等于2m时的两侧。

2)构造柱的截面尺寸、混凝土强度等级及配筋应符合下列规定。

①当构造柱截面厚度与砌体厚度一致时,宽度不应小于190mm;当门窗洞口两侧的构造柱厚度与砌体厚度一致时,宽度不应小于100mm;当有抗震设防要求时,宽度不应小于190mm。

②混凝土强度等级不应小于C20。

③纵向钢筋直径不应小于Φ12,数量不应少于4根,箍筋直径不应小于Φ6,箍筋间距不应大于200mm,且应在上下端加密箍筋。

(4)自保温砌块砌体高度不宜大于6m;当高度大于4m时,宜在中部设置与钢筋混凝土柱或剪力墙连通的水平系梁。水平系梁的截面高度不应小于60mm,纵向钢筋直径不宜小于Φ12,箍筋直径不应小于Φ6,箍筋间距不应大于200mm;端开间水平系梁的纵向钢筋直径不宜小于Φ14,箍筋直径不宜小于Φ8,箍筋间距不应大于200mm。

(5)当保温砌块墙体中有洞口时,宜在窗洞口上端或下端、门洞口上端设置钢筋混凝土水平过梁。过梁的断面及配筋应根据设计确定,混凝土强度等级不应小于C20,并宜与水平系梁的混凝土同时浇灌。

(6)自保温砌块墙体和钢筋混凝土柱、剪力墙之间的拉结应符合下列规定。

1)沿钢筋混凝土柱、剪力墙高度方向每600mm应配置2根Φ6拉结筋,钢筋伸入自保温砌块砌体中长度不应小于1000mm。

2)自保温砌块墙体与钢筋混凝土梁柱、剪力墙脱开时,应按下列规定进行连接设计。

①自保温砌块砌体两端与混凝土柱或剪力墙以及自保温砌块砌体顶面与梁之间应留出20mm的间隙。

②自保温砌块砌体与钢筋混凝土柱或剪力墙之间宜采用钢筋拉结。

③自保温砌块墙体与钢筋混凝土柱或剪力墙、梁之间的缝隙可采用阻燃型聚苯板填充,并应采用弹性密封材料密封。

3)内墙或后砌隔墙与自保温砌块外墙连接处无预埋拉结筋的构造柱时,宜预先在连接部位的外墙中设置竖向间距为600mm的拉结钢筋或拉结钢筋网片(见图7.11.4)。

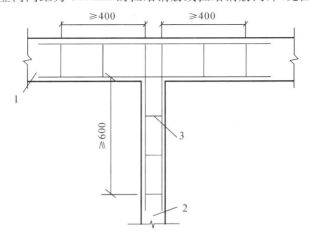

1—砌块墙;2—后砌隔墙;3—Φ4焊接钢筋网片

图7.11.4 自保温砌块墙体与后砌隔墙交接处拉结处理(单位:mm)

4)钢筋混凝土梁、柱与自保温砌块墙体交界面处,宜采用耐碱玻璃纤维网格布做抗裂增强层,当采用面砖饰面时,应采用双层耐碱玻璃纤维网格布或热镀锌电焊钢丝网作为增强网。

5)采暖地区的自保温砌块墙体系统中的构造柱和水平系梁等结构热桥部位外侧,应采取保温、抗裂、防水处理措施。

6)自保温砌块墙体中的门窗洞口两侧及窗台与过梁部位的构造设计应符合下列规定。

①除已设计钢筋混凝土凸窗套或窗台板外,窗台应加设现浇或预制钢筋混凝土压顶,压顶的高度不应小于100mm;窗台压顶可结合水平系梁设置,或与水平系梁连成一体。

②门窗洞口上方应设置钢筋混凝土过梁,过梁宜与框架梁或水平系梁连成一体。预留的门窗洞口宜采用钢筋混凝土框加强,同时应根据设计建筑所在气候区国家现行建筑节能设计标准的要求,对钢筋混凝土压顶、过梁及框采取适宜的保温构造设计。

7)在自保温砌块墙体中留槽、洞及埋设管道时,应符合下列规定。

①对墙肢长度小于500mm的墙体、独立柱不应埋设水平管线。

②排水管道的主管、支管宜明敷。管径较小的其他管,可埋设与砌块墙体内。

③埋设管、线、板的槽、洞宜在自保温砌块砌筑过程中预留,且应采用专用切割机切割。

④管线埋设好后,应先用轻质保温材料填充,再用水泥砂浆进行密封处理。

7.11.5 施工操作工艺

自保温砌块砌筑的主要工艺流程与混凝土小型空心砌块砌筑工艺相同,操作要点如下。

(1)墙体的砌筑应从房屋外墙转角定位处开始。砌筑皮数、灰缝厚度、标高应与该工程的皮数杆相应标志一致。皮数杆应竖立在墙体的转角和交界处,间距宜小于15m。

(2)自保温砌块砌筑前不应浇水。当施工期间气候异常炎热干燥时,Ⅰ型自保温砌块可在砌筑前稍加喷水湿润,对表面明显潮湿的自保温砌块不应使用。

(3)砌筑时砌块底面应反砌于墙上。砌筑砂浆应随铺随砌,灰缝应横平竖直。水平灰缝宜采用坐浆法满铺自保温砌块的底面;竖向灰缝宜将自保温砌块一个端面朝上铺满砂浆,上墙应挤紧,并应加浆插捣密实。灰缝饱满度不宜低于90%。

(4)自保温砌块墙体水平灰缝厚度和竖向灰缝宽度宜为8~12mm。砌筑时,墙面灰缝应采用原浆进行勾缝处理,缺灰处应补浆压实,并宜做成凹缝,凹进墙面2mm。

(5)砌筑时应错缝搭接,搭接长度不宜小于90mm。当搭接长度小于90mm时应在此水平灰缝中设Φ4电焊钢筋网片,网片两端与该位置的竖缝距离不应小于400mm。竖向通缝不应超过两皮砌块。

(6)内外墙和纵横墙应同时砌筑并相互交错搭砌。临时间断处应砌成斜槎,斜槎水平投影长度不应小于斜槎高度。

(7)砌筑时应一次摆正,在砂浆失去塑性前调平;砌上墙的砌块不应任意移动或受冲撞,若需校正,应清除原砂浆,重新砌筑。

(8)不同材质的墙体材料不应混砌,镶砌时应采用与自保温砌块同类材质的配套砌块。

(9)正常施工条件下,自保温砌块每日砌筑高度宜控制在1.4m或一步脚手架高度内。

(10)对设计规定或施工所需的孔洞、管道、沟槽和预埋件等,应在砌筑时进行预留或预埋,不应在已砌筑的墙体上打洞和凿槽。水电管的敷设安装应按自保温砌块排块图的要求与土建施工进度密切配合,不应事后凿槽打洞。

(11)自保温砌块墙体与钢筋混凝土框架柱、剪力墙交接处施工应符合下列规定。

1)当自保温砌块墙体与钢筋混凝土框架梁柱、剪力墙交接处施工应符合下列规定。

①沿框架柱、剪力墙全高每隔400mm埋设或用植筋法预留2Φ6拉结钢筋或Φ4的钢筋网片,钢筋伸入自保温砌块砌体中的长度不应小于700mm。自保温砌块墙体与钢筋混凝土框架梁柱、剪力墙交接处的竖向灰缝砂浆饱满密实,并应采用原浆二次勾缝处理。

②自保温砌块砌至梁、板底留一定空隙,宜在15d后采用配套砌块逐块斜砌顶紧,其倾斜度宜为60°~75°。

2)当自保温砌块墙体与钢筋混凝土框架梁柱、剪力墙构件脱开时,应符合下列规定。

①自保温砌块砌体两端与钢筋混凝土柱或剪力墙以及自保温砌块砌体顶面与梁之间应留出20mm的间隙。

②自保温砌块墙体与钢筋混凝土框架柱梁柱、剪力墙的缝隙内应嵌填阻燃型聚苯板,其宽度应为墙厚减60mm,厚度比缝宽大1~2mm,应挤紧。聚苯板外侧应喷25mm厚PU发泡剂,并应采用弹性腻子封至缝口。

(12)结构性热桥部位保温层的施工要求应符合下列规定。

1)粘贴式保温系统的施工应符合下列规定。

①施工前宜根据热桥部位尺寸进行排版设计。

②保温板粘贴宜采用满粘法。

③粘贴顺序自下而上沿水平方向横向铺贴,上下相邻两行板缝应错缝搭接;阴阳角部位应搓口咬合;现场裁切保温板的切口边缘应平直。

④锚栓施工时,锚栓应采用拧入打结式。螺钉应采用不锈钢或镀锌的沉头自攻钢钉,膨胀套管外径应为7~10mm,应采用尼龙6或尼龙66制成,不应使用回收的再生材料,且应带大于Φ50塑料圆盘压住保温板或带U形金属压盘固定钢丝网。单个锚栓抗拉承载力标准值不应小于0.6kN。

⑤锚栓安装应在保温板粘贴24h后进行。锚栓孔应采用旋转方式钻孔并清孔。孔深应大于锚栓长度至少20mm,锚入结构有效深度不应少于25mm。

2)外贴自保温砌块的施工应符合下列规定。

①施工前应根据热桥部位尺寸进行排版设计,并应按排版设计进行画线分格。

②施工时应优先选用主规格自保温砌块,辅助规格及局部不规则处可现场裁切。

③应按设计要求在基层钻孔锚固或射钉固定拉结片。

④从自保温砌块墙体凸出部分或挑板往上砌贴,应采用专用砂浆砌贴,竖缝应逐行错缝,砌贴时应采用2m靠尺及托线板检查平整度和垂直度,砌贴应牢固,不应有松动及空鼓。

⑤墙角处的外砌自保温砌块应交错互锁。

3)其他类型的结构热桥部位保温材料的施工应按相关标准技术要求执行。

(13)施工中如需设置临时施工洞口,其侧边离交接处的墙面不应小于600mm,洞口的净宽不应大于1m。

7.11.6　施工注意事项

(1)当自保温砌块墙体在严寒、寒冷地区应用时,应进行结露验算,并应采取相应的墙体隔气排湿措施。

(2)当自保温砌块用于外墙时,其强度等级不应低于 MU5.0;当用于内墙时,其强度等级不应低于 MU3.5。

(3)自保温砌块在工厂内的自然养护龄期或蒸汽养护后的停放时间不应少于 28d。

7.11.7　质量标准

(1)一般规定。

1)自保温砌块墙体砌筑过程中,应及时进行质量检查、隐蔽工程验收和检验批验收,施工完成后,墙体节能分项工程应与砌体分项工程一同验收,验收时结构部分应符合现行国家标准《砌体结构工程施工质量验收规范》(GB 50203—2011)自承重墙体的有关规定,节能部分应符合现行国家标准《建筑节能工程施工质量验收规范》(GB 50411—2007)的有关规定。

2)墙体节能分项工程验收应对下列部位进行隐蔽工程验收,并应有详细的文字记录和必要的图像资料。

①自保温砌块填充墙体。

②增强网铺设。

③墙体热桥部位处理。

3)墙体节能工程验收的检验批划分应符合下列规定。

①采用相同材料、工艺和施工做法的墙体,每 500m³ 到 1000m³ 砌体应划分一个检验批,不足 500m³ 也应为一个检验批。

②检验批的划分也可根据施工段划分,应与施工流程相一致且方便施工与验收。

(2)主控项目。

1)用于自保温砌块墙体工程的相关材料,其品种、规格应符合设计要求和国家现行相关标准的规定。应按进场批次,每批随机抽取 3 个试样进行外观观察检查、尺量检查及核查质量证明文件。

2)自保温砌块的密度、抗压强度、当量导热系数应符合设计要求,应全数核查质量证明文件、型式检验报告及进场复验报告。

3)专用砌筑砂浆的强度等级应符合设计要求,应按现行国家标准《砌体结构工程施工质量验收规范》(GB 50203—2011)的有关规定确定检查数量,检查专用砌筑砂浆试块抗压试验报告。

4)自保温砌块墙体的耐火极限应符合现行国家标准《自保温混凝土复合砌块墙体应用技术规程》(JGJ/T 323—2014)的相关要求,应全数检查质量证明文件和型式检验报告。

5)自保温砌块墙体的传热系数应符合设计要求,应核查复验报告。

6)自保温砌块进场应对其下列性能进行复验,复验应为见证取样送检。

①自保温砌块密度、抗压强度。

②自保温砌块墙体传热系数。检查方法：应随机抽样送检、核查复验报告。检查数量：抽样原则按同一厂家同一品种，当单位工程建筑面积在 $20000m^2$ 以下时各检测不少于 1 次；当单位工程建筑面积在 $20000m^2$ 以上时各检测不少于 2 次；同一施工许可证每个单位面积在 $800m^2$ 以下时，累计施工建筑面积在每增加 $10000m^2$ 应增加 1 次，不足 $10000m^2$ 的按 $10000m^2$ 计。

7）自保温砌块墙体系统配套保温材料的密度、抗压强度或压缩强度、导热系数、燃烧性能应符合设计要求。应全数核查质量证明文件、型式检验报告及进场复验报告。

8）自保温砌块墙体系统配套的保温材料、增强网、粘结材料等材料进场应对其下列性能进行复验，复验应为见证取样送检。

①保温材料密度、抗压强度或压缩强度、导热系数。

②增强网的力学性能、抗腐蚀性能。

③粘结材料的粘结强度。检查方法：应随机抽样送检、核查复验报告。检查数量：抽样原则按同一厂家同一品种，当单位工程建筑面积在 $20000m^2$ 以下时各检测不少于 3 次；当单位工程建筑面积在 $20000m^2$ 以上时各检测不少于 6 次。

（3）一般项目。

1）进场自保温砌块的外观应符合现行行业标准《自保温混凝土复合砌块》（JG/T 407—2013）的规定。应全数观察自保温砌块的外观。

2）当采用增强网作为防止开裂措施时，增强网的铺贴和搭接应符合本规程要求。应对每个验收批进行抽查，且不应少于 5 处。应观察增强网的铺贴和搭接且核查隐蔽工程验收记录。

3）自保温砌块砌体尺寸的允许偏差应符合现行国家标准《砌体结构工程施工质量验收规范》（GB 50203—2011）的规定。

4）自保温砌块砌体的水平灰缝、竖直灰缝饱满度均不应低于 90%。每楼层每施工段应至少抽查一次，每次抽查 5 处，每处不应少于 3 块自保温砌块，对照设计核查施工方案和砌筑砂浆强度试验报告，用百格网检查灰缝砂浆饱满度的方法进行检验。

5）自保温砌块砌体留置的拉结钢筋或网片的位置应于块体皮数相符合。拉结钢筋或网片应置于灰缝中，埋置长度应符合设计要求。每检验批抽查不少于 5 处，观察检查和用尺量方法检验。

6）对有裂缝的自保温砌块砌体应分别按下列情况进行验收。

①有可能影响结构安全性的自保温砌块砌体裂缝，应由有资质的检测单位检测鉴定。凡返修或加固处理的部分，应符合使用要求并进行再次验收。

②不影响结构安全性的砌体裂缝，应予以验收。有碍使用功能或观感效果的裂缝，应进行遮蔽处理。

7.11.8　成品保护

（1）堆放自保温砌块的场地应事先硬化平整，并采取防潮、防雨雪等措施，不同规格型号、强度等级的自保温砌块应分类堆放及标识，堆置高度不宜超过 1.6m。

（2）砌筑自保温砌块墙体应采用双排外脚手架、里脚手架或工具式脚手架，不应在砌筑的墙体上设脚手孔洞。

（3）自保温砌块产品宜包装出厂，采用托板装运，并应符合下列规定。

1）当雨雪天运输时，应采取防雨雪措施。

2）应采取防止砌块被油污等污染的措施。

7.11.9　质量记录

（1）自保温砌块、结构性热桥保温处理材料等质量证明文件、型式检验报告。

（2）专用砌筑砂浆试块抗压试验报告

（3）自保温砌块墙体传热系数复验报告

（4）自保温砌块密度、抗压强度复验报告。

（5）分项工程质量检验记录。

（6）施工记录。

主要参考标准名录

[1]《建筑工程施工质量验收统一标准》(GB 50300—2013)

[2]《砌体结构设计规范》(GB 50003—2011)

[3]《混凝土结构工程施工规范》(GB 50666—2011)

[4]《砌体结构工程施工质量验收规范》(GB 50203—2011)

[5]《砌体结构工程施工规范》(GB 50924—2014)

[6]《建筑抗震设计规范》(GB 50011—2010)

[7]《混凝土结构工程施工质量验收规范》(GB 50204—2015)

[8]《工程测量规范》(GB 50026—2007)

[9]《砌体基本力学性能试验方法标准》(GB/T 50129—2011)

[10]《砌体工程现场检测技术标准》(GB/T 50315—2011)

[11]《施工现场临时用电安全技术规范》(JGJ 46—2005)

[12]《建筑机械使用安全技术规程》(JGJ 33—2012)

[13]《混凝土小型空心砌块建筑技术规程》(JGJ/T 14—2011)

[14]《建筑分项施工工艺标准手册》，江正荣，中国建筑工业出版社，2009

[15]《建筑砌体工程施工工艺标准》，中国建筑工程总公司，中国建筑工业出版社，2003

[16]《新型建筑材料施工手册》，中国新型建筑材料（集团）公司等，中国建筑工业出版社，2001

[17]《建筑工程施工质量检查与验收手册》，毛龙泉等，中国建筑工业出版社，2002